普通高等教育"十一五"国家级规划教材

网络综合布线技术
（第二版）

主　编　岳经伟

副主编　宋真君　吴学毅

中国水利水电出版社
www.waterpub.com.cn

内 容 提 要

本书参照综合布线从业人员的职业岗位要求，系统地介绍了网络综合布线系统的建设规划、工程设计、安装施工、测试验收等方面的内容。全书共分9章，分别介绍了综合布线系统的组成，综合布线的国际、国内标准，常用的综合布线系统产品以及综合布线系统的设计、工程测试与验收等。还对综合布线工程施工与常用工具使用、综合布线工程招标与方案设计等内容进行了介绍。

本书从实际出发，按新版国家标准，以实际应用为目的，力求内容新颖、概念清楚、技术实用、通俗易懂。并以多年教学经验对本书章节顺序进行合理编排，引入实际工程案例，由浅入深，配合基于工作过程的教学，利于学生掌握布线设计与施工等综合技能。

本书可作为高等院校计算机网络、智能楼宇等相关专业教材，也可作为学习计算机网络综合布线知识的培训教材或自学参考书。

本书配有电子教案，读者可以从中国水利水电出版社网站和万水书苑免费下载，网址为：http://www.waterpub.com.cn/softdown/和 http://www.wsbookshow.com。

图书在版编目（CIP）数据

网络综合布线技术 / 岳经伟主编. -- 2版. -- 北京
: 中国水利水电出版社, 2010.7（2020.1重印）
普通高等教育“十一五”国家级规划教材
ISBN 978-7-5084-7610-0

Ⅰ. ①网… Ⅱ. ①岳… Ⅲ. ①计算机网络－布线－技术－高等学校－教材 Ⅳ. ①TP393.03

中国版本图书馆CIP数据核字(2010)第115190号

策划编辑：杨庆川　责任编辑：杨元泓　加工编辑：陈　洁　封面设计：李　佳

书　名	普通高等教育“十一五”国家级规划教材 网络综合布线技术（第二版）
作　者	主　编　岳经伟 副主编　宋真君　吴学毅
出版发行	中国水利水电出版社 （北京市海淀区玉渊潭南路1号D座　100038） 网址：www.waterpub.com.cn E-mail：mchannel@263.net（万水） sales@waterpub.com.cn 电话：（010）68367658（营销中心）、82562819（万水）
经　售	全国各地新华书店和相关出版物销售网点
排　版	北京万水电子信息有限公司
印　刷	三河市鑫金马印装有限公司
规　格	184mm×260mm　16开本　15印张　363千字
版　次	2003年8月第1版 2010年7月第2版　2020年1月第13次印刷
印　数	46001—47000册
定　价	26.80元

第二版前言

综合布线是一种模块化的、灵活性极高的建筑物内或建筑群之间的信息传输通道。通过它可使话音设备、数据设备、交换设备及各种控制设备与信息管理系统连接起来，同时也使这些设备与外部通信网络相连的综合布线。它还包括建筑物外部网络或电信线路的连接点与应用系统设备之间的所有线缆及相关的连接部件。

由于综合布线采用结构化、模块化的设计思想，具有非常灵活的选择和配置，能适应任何大楼或建筑群体的布线要求，因此，自 20 世纪 90 年代传入中国后，相继被我国的中央机关、新闻机构、金融、税务、安全、电信、旅游、商务、宾馆和住宅等系统所广泛采用。

本书系统地介绍了网络综合布线系统的建设规划、工程设计和安装施工等方面的内容。全书共分 9 章，分别介绍了综合布线的国际、国内标准；常用的网络传输介质；综合布线系统的设计、施工、测试和验收等，还介绍了工程中经常使用的综合布线系统产品。

本书共分 9 章，内容安排如下：

第 1 章对综合布线系统进行了简单介绍，主要介绍了综合布线系统的特点、产品标准以及综合布线技术的发展等。

第 2 章介绍综合布线中常用的传输介质，介绍了双绞线、光缆等有线网络传输介质和微波通信、红外通信等无线介质。

第 3 章介绍综合布线工程中常用到的设备与器材，如配线架、理线架、信息盒、信息模块、光纤配线架等。

第 4 章重点讲述综合布线系统涉及的国内外各种相关综合布线标准，如中国国家标准 GB50311、美洲标准 ANSI/TIA/EIA 568B、国际标准 ISO11801。

第 5 章详细介绍综合布线系统中的配线间、工作区、管理区、水平子系统、垂直子系统、建筑群子系统的构成及设计原则。

第 6 章主要讲解综合布线系统中的设备及线缆的施工标准及操作流程、综合布线系统中常见设备的安装、各种线缆的安装等。

第 7 章主要讲解双绞线和光纤测试内容及常用测试工具的工作原理与使用方法。

第 8 章主要讲述布线工程验收的主要内容以及竣工文档的主要内容。

第 9 章以布线工作中的六大子系统为主线，介绍了一些较常用的综合布线产品及国内外知名的综合布线产品厂商。

本书由岳经伟任主编，宋真君、吴学毅任副主编。参与编写的还有郭峻玮、赵海洋、崔开广、刘君、杜丽、徐辉等。本书根据我国已经制定的和国外现行的综合布线标准，结合工程实践编写而成，力求内容新、概念清楚、技术实用、通俗易懂。可以作为高等院校计算机相关专业教材，也可以作为学习计算机网络综合布线知识的培训教材或自学参考书。

由于作者水平有限，时间仓促，加之综合布线技术日新月异，书中存在的错误和不当之处，敬请读者指正。

编　者

2010 年 3 月

第一版前言

综合布线是自 20 世纪 90 年代初传入中国的一套新型的、多学科、多边缘的布线技术，主要为了解决建筑物内部和建筑物之间的信号快速传递问题（如计算机信号、电话信号、音响信号、监控图像、自动化设备控制信号等的传送），它相当于传统布线模式中的弱电系统。与传统布线模式相比，新型的综合布线系统将上述应用中的绝大部分内容融合在一起，采用标准的高速线材，统一设计，统一布线施工，统一管理，给使用和维护带来了极大的方便。

由于综合布线采用结构化、模块化的设计思想，具有非常灵活的选择和配置，能适应任何大楼或建筑群体的布线要求，因此，自传入中国后，相继被我国的国家机关、新闻机构、金融、税务、安全、电信、旅游、商务、宾馆和电力等系统所采用推广。

本书系统地介绍了网络综合布线系统的建设规划、工程设计和安装施工等方面的内容。全书共分 9 章，分别介绍了综合布线的国际、国内标准；常用的网络传输介质；综合布线系统的设计、施工、测试和验收等。还介绍了关于工程投标、工程预算与标书写作等知识以及在工程中常使用的综合布线系统产品。

各章内容安排如下：第 1 章对综合布线系统进行简单介绍，主要介绍综合布线系统的特点以及综合布线技术的发展等；第 2 章对常用的综合布线标准做了较为详尽的介绍；第 3 章介绍综合布线中常用的传输介质，介绍同轴电缆、双绞线、光缆等有线网络传输介质和微波通信、红外通信等无线介质；第 4 章详细介绍综合布线系统中的“一间、两区、三个子系统”——配线间、工作区、管理区、水平子系统、垂直子系统、建筑群子系统的构成及设计原则；第 5 章主要讲解综合布线系统中的设备及线缆的施工标准及操作流程、综合布线系统中常见设备的安装、各种线缆的安装等；第 6 章主要讲解双绞线和光纤测试内容及常用测试工具的工作原理与使用方法；第 7 章主要讲述布线工程验收的主要内容以及竣工文档的主要内容；第 8 章主要讲述信息工程监理、综合布线系统工程的需求分析及系统工程各阶段的质量控制内容；第 9 章以布线工作中的六大子系统为主线，介绍了一些较常用的综合布线产品。

本书由岳经伟主编，相明科任副主编，各章编写分工如下：第 1、2、3、4、8 章由相明科编写，第 5 章由崔凯编写，第 6 章由吴学毅编写，第 7 章由岳经伟编写，第 9 章由吴绍根编写。

由于作者水平有限，时间仓促，加之综合布线技术的发展日新月异，书中存在的错误和不当之处，恳请读者批评指正。

编　者

2003 年 5 月

目　　录

第 1 章　综合布线系统概述

本章学习目标

本章对综合布线系统进行简单介绍，并初步讲述综合布线系统与现代的智能楼宇、智能建筑系统的关系，以及综合布线系统的组成。通过本章内容的学习，读者应掌握如下能力：

- 能表述清楚综合布线系统的含义
- 能说明综合布线系统的特点、综合布线的发展趋势
- 能表述综合布线的组成及综合布线系统的常用术语
- 能说明综合布线与智能建筑的关系

建筑物综合布线系统的兴起与发展，是在计算机技术和通信技术发展的基础上进一步适应社会信息化和国际化的需要，也是办公自动化进一步发展的结果。它也是建筑技术与信息技术相结合的产物，是计算机网络工程的基础。

综合布线在英文里对应的表述是 Cabling System，是一种模块化的、灵活性极高的建筑物内或建筑群之间的信息传输通道。它既能使语音、数据、图像设备和交换设备与其他信息管理系统彼此相连接，也能使这些设备与外部通信网络相连接。它还包括建筑物外部网络或电信线路的连接点与应用系统设备之间的所有线缆及相关的连接部件。综合布线由不同种类和规格的部件组成，其中包括传输介质、相关连接硬件（如配线架、连接器、插座、插头、适配器）以及电气保护设备等。这些部件可用来构建各种子系统，它们都有各自的具体用途，不仅易于实施安装，而且能随需求的变化而平稳升级。

1.1　综合布线系统概述

1.1.1　综合布线的定义

所谓综合布线系统就是指按标准的、统一的和简单的结构化方式编制和布置各种建筑物（或建筑群）内各种系统的通信线路，包括网络系统、电话系统、监控系统、电源系统和照明系统等。因此，综合布线系统是一种通用的信息传输系统。

综合布线系统是一个用于语音、数据、影像和其他信息技术的标准结构化布线系统。

综合布线系统是建筑物或建筑群内的传输网络，它能使语音和数据通信设备、交换设备和其他信息管理系统彼此相连接，包括建筑物到外部网络或电话局线路上的连接点与工作区的语音或数据终端之间的所有电缆及相关联的布线部件。

综合布线是集成化网络系统实现的基础，它能够支持数据、话音及图形图像等的传输要

求，成为现今和未来的计算机网络和通信系统的有力支撑环境。同时，作为开放系统，综合布线也为其他系统的接入提供了有力的保障。

综合布线系统与智能大厦的发展紧密相关，是智能大厦的实现基础。智能大厦具有舒适性、安全性、方便性、经济性和先进性等特点。智能大厦也就是我们常说的三 A 大厦，即楼宇管理自动化、通信网络化和办公信息自动化。智能大厦一般包括中央计算机控制系统、楼宇自动控制系统、安防自动化控制系统、消防自动化系统、通信自动化系统、办公自动化系统等，它通过对建筑物的四个基本要素（结构、系统、服务和管理）以及它们内在联系最优化的设计，提供一个投资合理同时又拥有高效率的优雅舒适、便利快捷、高度安全的环境空间。综合布线系统正是实现这一目标的基础。

另一方面，综合布线是住宅小区智能化的基础。社会的信息化唤起了人们对住宅智能化的要求，人们从没有如此近的被各种信息和媒体联系在一起。业主们开始考虑在舒适的家中了解他们想知道的各种信息。在家办公、在家炒股、互动电视、住宅自控等新生事物为他们所关注。智能化住宅小区近几年成了一个热门的话题。智能住宅小区系统这个概念有两层含义，它是由智能住宅（小区）综合布线系统和基于该系统上人性化的各种各样多媒体应用组成的。所以说综合布线系统又是智能化小区实现的基础。

1.1.2 综合布线的特点

综合布线同传统的布线相比较，有着许多优越性，是传统布线远无不及的。其特点主要表现在它具有兼容性、开放性、灵活性、可靠性、先进性和经济性，而且在设计、施工和维护方面也给人们带来了许多方便。

1．兼容性

综合布线的首要特点是它的兼容性。所谓兼容性是指它自身是完全独立的，与应用系统相对无关，可以适用于多种应用系统。

过去为一幢大楼或一个建筑群内的语音或数据线路布线时，往往是采用不同厂家生产的电缆线、配线插座以及接头等。例如用户交换机通常采用双绞线，计算机系统通常采用粗同轴电缆或细同轴电缆。这些不同的设备使用不同的配线材料，而连接这些不同配线的插头、插座及端子板也各不相同，彼此互不相容。一旦需要改变终端机或电话机位置时，就必须敷设新的线缆，以及安装新的插座和接头。

综合布线将语音、数据与监控设备的信号线经过统一的规划和设计，采用相同的传输介质、信息插座、交连设备、适配器等，把这些不同信号综合到一套标准的布线系统中。由此可见，这种布线比传统布线大为简化，可节约大量的物资、时间和空间。

在使用时，用户可不用定义某个工作区的信息插座的具体应用，只把某种终端设备（如个人计算机、电话、视频设备等）插入这个信息插座，然后在管理间和设备间的交接设备上做相应的接线操作，这个终端设备就被接入到各自的系统中了。

2．开放性

对于传统的布线方式，只要用户选定了某种设备，也就选定了与之相适应的布线方式和传输介质。如果更换另一设备，原来的布线就要全部更换。对于一个已经完工的建筑物，这种变化是十分困难的，要增加很多投资。

综合布线由于采用开放式体系结构，符合多种国际上现行的标准，因此它几乎对所有著名厂商的产品都是开放的，如计算机设备、交换机设备等；并对所有通信协议也是支持的，如 ISO/IEC8802-3、ISO/IEC8802-5 等。

3．灵活性

传统的布线方式是封闭的，其体系结构是固定的，若要迁移设备或增加设备是相当困难而麻烦的，甚至是不可能的。

综合布线采用标准的传输线缆和相关连接硬件，模块化设计，因此所有通道都是通用的。每条通道可支持终端、以太网工作站及令牌环网工作站。所有设备的开通及更改均不需要改变布线，只需增减相应的应用设备，并在配线架上进行必要的跳线管理即可。另外，组网也可灵活多样，甚至在同一房间可有多用户终端，以太网工作站、令牌环网工作站并存，为用户组织信息流提供了必要条件。

4．可靠性

传统的布线方式由于各个应用系统互不兼容，因而在一个建筑物中往往要有多种布线方案。因此建筑系统的可靠性要由所选用的布线可靠性来保证，当各应用系统布线不恰当时，还会造成交叉干扰。

综合布线采用高品质的材料和组合压接的接线方式构成一套高标准的信息传输通道。所有线槽和相关连接件均通过 ISO 国际认证，每条通道都要采用专用仪器测试链路阻抗及衰减率，以保证其电气性能。应用系统布线全部采用点到点端接，任何一条链路故障均不影响其他链路的运行，这就为链路的运行维护及故障检修提供了方便，从而保障了应用系统的可靠运行。各应用系统往往采用相同的传输介质，因而可互为备用，提高了设备冗余性。

5．先进性

综合布线，采用光纤与双绞线混合布线方式，极为合理地构成一套完整的布线。

所有布线均采用世界上最新通信标准，链路均按 8 芯双绞线配置。五类双绞线带宽可达 100MHz，六类双绞线带宽可达 250MHz，七类双绞线带宽可达 600MHz。对于特殊用户的需求可把光纤引到桌面（Fiber to the Desk）。语音干线部分用铜缆，数据部分用光缆，为同时传输多路实时多媒体信息提供足够的带宽容量。

6．经济性

综合布线相比传统布线具有经济性，主要综合布线可适应相当长时间需求，传统布线改造很费时间，耽误工作造成的损失更是无法用金钱计算。

通过上面的介绍可知，综合布线较好地解决了传统布线方法存在的许多问题，随着科学技术的迅猛发展，人们对信息资源共享的要求越来迫切，尤其以电话业务为主的通信网逐渐向综合业务数字网过渡，越来越重视能够同时提供语音、数据和视频传输的集成通信网。因此，综合布线取代单一、昂贵、复杂的传统布线，是“信息时代”的要求，是历史发展的必然趋势。

1.1.3 综合布线的应用

由于现代化的智能建筑和建筑群体的不断涌现，综合布线系统的适用场合和服务对象逐渐增多，目前主要有以下几类：

（1）商业贸易类型：如商务贸易中心、金融机构（如银行和保险公司等）、高级宾馆饭店、股票证券市场和高级商城大厦等高层建筑。

（2）综合办公类型：如政府机关、群众团体、公司总部等办公大厦，办公、贸易和商业兼有的综合业务楼和租赁大厦等。

（3）交通运输类型：如航空港、火车站、长途汽车客运枢纽站、江海港区（包括客货运站）、城市公共交通指挥中心、出租车调度中心、邮政枢纽楼、电信枢纽楼等公共服务建筑。

（4）新闻机构类型：如广播电台、电视台、新闻通讯社、书刊出版社及报社业务楼等。

（5）其他重要建筑类型：如医院、急救中心、气象中心、科研机构、高等院校和工业企业的高科技业务楼等。

此外，在军事基地和重要部门（如安全部门等）的建筑以及高级住宅小区等也需要采用综合布线系统。

在 21 世纪，随着科学技术的发展和人类生活水平的提高，综合布线系统的应用范围和服务对象会逐步扩大和增加，例如智能化居住小区（又称智能化社区）。从以上所述和建设规划来看，综合布线系统具有广泛使用的前景，为智能化建筑中实现传送各种信息创造有利条件，以适应信息化社会的发展需要，这已成为时代发展的必然趋势。

1.2 综合布线与智能建筑

1.2.1 智能建筑概述

智能建筑（Intelligent Building，IB）是指以计算机网络为核心的信息技术在建筑行业的最新应用，是当代高科技与古老的建筑技术相结合的产物，它成为当今世界各类建筑特别是大型建筑的主流。

智能建筑一般由土木建筑、电力设施、内外装潢、智能化设备和计算机网络五部分组成。智能建筑的最终目标就是系统集成，也就是能将建筑物中用于综合布线、楼宇自控、安防监控、计算机应用等系统中的所有设备有机地组合在一起，成为一个既相互关联又统一协调的整体；各种硬件与软件资源被优化组合成一个能满足用户功能需要的完整体系，并朝着高运行速度、高集成度、高性能价格比的方向发展。

1．智能建筑的定义

智能建筑可以理解为具有智能的建筑物，但目前还没有关于智能建筑的统一定义。智能建筑的定义是不断发展的，以下是关于智能建筑的一些典型的定义。

国际智能工程学会对智能建筑的定义为："可提供相应的功能以及适应用户对建筑物用途、信息技术要求变动时的灵活性的建筑。智能建筑应具备安全、舒适、节能、系统综合等很强的功能，能满足用户实现高效率的需要。"

我国对智能建筑的定义重点在于使用先进的技术对楼宇进行控制、通信和管理，强调实现楼宇三个方面自动化的功能，即建筑物自动化（Building Automation，BA）、通信系统自动化（Communication Automation，CA）、办公自动化（Office Automation，OA）。

2．智能建筑的分类

智能建筑的发展已经并将继续呈现出多样化的特征，从单栋大楼到连片的建筑广场，从大到摩天大楼到小至家庭住宅，从集中布局的楼宇到地理分散的居民小区，均被统称为智能建筑。智能建筑能使人与人之间的距离拉近，实现零时间、零距离的交流。智能建筑有如下的常见类型和层次结构：

（1）智能大厦。智能大楼主要是指将单栋办公大楼建成综合性智能化大厦。智能大厦的基本框架是将 BA、CA、OA 三个子系统结合成一个完整的整体，发展趋势则是向系统集成化、管理综合化和多元化以及智能城市化的方向发展，真正实现智能大厦作为现代化办公和生活的理想场所。

（2）智能广场。智能建筑简单地说就是智能大厦的集合体，将单幢智能大厦组合成为成片开发的，形成一个位置相对集中的智能建筑群体，所以称之为智能广场。这时，智能建筑不再局限于办公类大楼，逐步向医院、学校、商场、公寓等建筑领域扩展。智能广场除具备智能大厦的所有功能外，还具有系统更庞大、结构更复杂的特点，一般应具有智能建筑集成管理系统——IBMS，能对智能广场中所有楼宇进行全面和综合性的管理。

（3）智能家居。智能家居的发展一般可分为三个层次：首先是家庭电子化，其次是住宅自动化，最后才是住宅智能化。智能家居在美国称其为智慧屋，欧洲则称之为时髦屋。

智能家居是指通过家居布线系统把住宅内的各种与信息相关的通信设备、家用电器和住宅保安装置都并入到一个网络之中，进行集中或异地的监视控制和住宅事务性管理，并保持这些住宅设施与住宅环境的协调，提供工作、学习、娱乐等各项服务，营造出具有多功能的信息化居住空间。

（4）智能小区。智能小区是对有一定智能程度的住宅小区的统称。智能小区是具有居家生活信息化、小区物业管理智能化、IC 智能卡通用化的住宅小区。智能小区建筑物除满足基本生活功能外，还要考虑健康、安全、节能、便利、舒适五大要素。住宅小区智能化是一个过程，它伴随着智能化技术的发展及人们需求的增长而不断完善，表明了可持续发展是小区智能化的重要特性。

（5）智能城市。在实现智能家居和智能小区后，城市的智能化程度将被进一步强化，出现以信息化为特征的智能化城市。

智能城市的主要标志首先是通信的高度发达。光纤到路边（Fiber to the Curb，FTTC）、光纤到楼宇（Fiber to the Building，FTTB）、光纤到办公室（Fiber to The Office，FTTO）、光纤到小区（Fiber to the Zone，FTTZ）、光纤到家庭（Fiber to the Home，FTTH）。其次是计算机的普及和城际网络化。计算机网络将渗入到人们的工作、学习、办公、购物、休闲等几乎所有领域，电子商务已成为时尚。还有就是无纸化办公和远程化办公。

（6）智能国家。智能国家是在智能城市的基础上，将各城际网络互联成广域网，地域覆盖全国，从而可方便地在全国范围内实现远程作业、远程会议、远程办公，也可通过 Internet 或其他通信手段与全世界相沟通，进入信息化社会，整个世界将因此而变成“地球村”。

3．智能建筑的功能

（1）应具有快速的信息处理功能。

（2）各种信息都能进行快速通信。信息通信的范围不局限于建筑物内部，也有可能在城市、地区或国家间进行。

（3）要能对建筑物内的照明、电力、暖通、空调、给排水、防灾、防盗和运输设备等进行综合的自动控制。

（4）能实现对建筑物内的各种设备运行状态进行监视和统计记录设备的管理自动化，并实现以安全状态监视与报警为中心的防灾自动化。

（5）建筑物应具有充分的适应性和可扩展性。它的所有功能应能随技术进步和社会需要而发展。

4．智能建筑的组成

智能建筑或智能大厦通常包含三大基本组成要素，即建筑物自动化（Building Automation，BA）、通信系统的自动化（Communication Automation，CA）、办公自动化（Office Automation，OA），通常人们把它们称为3A。这三者是有机结合的，是一个综合性的整体。建筑环境是智能大厦基本组成要素的支持平台。有部分房地产开发商将建筑物自动化BA 中的防火监控系统（Fire Automation System，FAS）和保安监控系统（Safety Automation System，SAS）独立出来，这样智能建筑就变成五大组成要素，即通常所说的5A。

在国际上，智能建筑的综合管理系统通常又被分解为若干个子系统，这些子系统分别是：

- 中央计算机管理系统（Central Computer Management System，CCMS）
- 办公自动化系统（Office Automation System，OAS）
- 楼宇设备自控系统（Building Automation System，BAS）
- 保安管理系统（Security Management System，SMS）
- 智能卡系统（Smart Card System，SCS）
- 火灾报警系统（Fire Alarm System，FAS）
- 卫星及共用电视系统（Central Antenna Television，CATV）
- 车库管理系统（Car Parking Management System，CMS）
- 综合布线系统（Premises Distribution System，PDS）
- 局域网络系统（Local Area Network System，LANS）

智能建筑在物理上可分为 4 个基本组成部分：结构——建筑环境结构；系统——智能化系统；服务——住、用户需求服务；管理——物业运行管理。这 4 个基本组成部分缺一不可，它们既相互关联又相互依存，组成一个完整一致的智能建筑体系。

1.2.2 综合布线与智能家居

随着社会的发展、人们生活水平的提高，几乎所有的城市家庭都已经通过多种方式接入互联网。高带宽网络的出现，使有线电视网、计算机网、公用电话网三网合一成为可能，并能为大众提供集成的服务。而现代家庭娱乐、通信、安防的需求也在不断增长和提高，人们需要接入互联网；要在家办公（即 SOHO），也需要网络。这样，家庭网络布线已成为迫切的需求，规范的家用布线系统逐渐成为继水、电、气之后第四种必不可少的家庭基础设施。可以说，家用综合布线系统是家居智能化发展的必然产物。

随着人们生活水平的提高，在不久的将来，没有进行综合布线的房屋就会像没有通水、通电、通气一样不可思议了，家庭布线会变得和水、电、气一样必不可少。

（1）在现代家庭中，弱电线缆越来越多：有线电视线缆、电话线缆、计算机宽带网线、组合音响各种音频线，防盗报警信号线等，往往带来线大多、太乱的烦恼，如果使用家居综合布线管理系统预先暗埋全部弱电线缆，既省去了以后再拉明线的麻烦，又保证了家庭装修的美观和一致。

（2）随着国际互联网，特别是家用宽带网的迅速发展和普及，很快将会实现例如 VOD 视频点播、网上购物、SOHO 家庭办公、远程教育、远程医疗等，使家庭能真正高享受地工作、学习和娱乐，因此，以家居综合布线管理系统为基础所构建的家庭网络应该包括宽带互联网、家庭互联网和家庭控制网络等几方面。

（3）随着计算机技术、通信技术、自动化技术等多学科的发展和相互融合，家庭将在不远的将来真正实现智能化，利用住户家庭内的电话、电视、计算机等工具通过家用综合布线管理系统将电、水、气等设备连成一体，并与互联网相连，从而达到自主控制、管理并实现如家用电器智能遥控、家庭防盗防灾报警等强大的功能。

根据用户的实际需求，可以灵活组合、使用家庭综合布线，从而支持电话/传真、上网、有线电视、家庭影院、音乐欣赏、视频点播、消防报警、安全防盗、空调自控、照明控制、煤气泄漏报警、水/电/煤气三表远程自动抄送等各种应用。

1.3 综合布线系统的组成

1.3.1 综合布线的术语

准确把握综合布线的术语有助于我们对综合布线标准的理解和布线工程设计，否则在进行方案设计时将无从着手，或者设计出的方案没有条理性，更为重要的一点是，无法按照结构化的方法进行系统的分析与设计，从而为系统的合理施工、有效运行、维护、升级等造成不必要的麻烦。

1．综合布线基本结构

- 布线（cabling）

能够支持信息电子设备相连的各种缆线、跳线、接插软线和连接器件组成的系统。

- 建筑群子系统（campus subsystem）

由配线设备、建筑物之间的干线电缆或光缆、设备缆线、跳线等组成的系统。

- 建筑群配线设备（campus distributor）

终接建筑群主干缆线的配线设备。

- 建筑物配线设备（building distributor）

为建筑物主干缆线或建筑群主干缆线终接的配线设备。

- 楼层配线设备（floor distributor）

终接水平电缆、水平光缆和其他布线子系统缆线的配线设备。

- 建筑物入口设施（building entrance facility）

提供符合相关规范机械与电气特性的连接器件，将外部网络电缆和光缆引入建筑物内。

- 电信间（telecommunications room）

放置电信设备、电缆和光缆终端配线设备并进行缆线交接的专用空间。

- 工作区（work area）

需要设置终端设备的独立区域。

- 信道（channel）

连接两个应用设备的端到端的传输通道。信道包括设备电缆、设备光缆和工作区电缆、工作区光缆。

- 链路（link）

一个 CP 链路或是一个永久链路。

- 永久链路（permanent link）

信息点与楼层配线设备之间的传输线路。它不包括工作区缆线和连接楼层配线设备的设备缆线、跳线，但可以包括一个 CP 链路。

- CP 链路（cp link）

楼层配线设备与集合点（CP）之间，包括各端的连接器件在内的永久性的链路。

- 集合点（consolidation point，CP）

楼层配线设备与工作区信息点之间水平缆线路由中的连接点。

2．线缆

- 缆线（cable，包括电缆、光缆）

在一个总的护套里，由一个或多个同一类型的缆线线对组成，并可包括一个总的屏蔽物。

- 电缆、光缆单元（cable unit）

型号和类别相同的电缆线对或光纤的组合。电缆线对可有屏蔽物。

- 光缆（optical cable）

由单芯或多芯光纤构成的缆线。

- 设备电缆、设备光缆（equipment cable）

通信设备连接到配线设备的电缆、光缆。

- 建筑群主干电缆、建筑群主干光缆（campus backbone cable）

用于在建筑群内连接建筑群配线架与建筑物配线架的电缆、光缆。

- 建筑物主干缆线（building backbone cable）

连接建筑物配线设备至楼层配线设备及建筑物内楼层配线设备之间相连接的缆线。建筑物主干缆线可为主干电缆和主干光缆。

- 水平缆线（horizontal cable）

楼层配线设备到信息点之间的连接缆线。

- 永久水平缆线（fixed horizontal cable）

楼层配线设备到 CP 的连接缆线，如果链路中不存在 CP 点，为直接连至信息点的连接缆线。

- CP 缆线（cp cable）

连接集合点（CP）至工作区信息点的缆线。

- 跳线（jumper）

不带连接器件或带连接器件的电缆线对与带连接器件的光纤，用于配线设备之间进行连接。

- 线对（pair）

一个平衡传输线路的两个导体，一般指一个对绞线对。

- 平衡电缆（balanced cable）

由一个或多个金属导体线对组成的对称电缆。

- 屏蔽平衡电缆（screened balanced cable）

带有总屏蔽和/或每线对均有屏蔽物的平衡电缆。

- 非屏蔽平衡电缆（unscreened balanced cable）

不带有任何屏蔽物的平衡电缆。

- 接插软线（patch cable）

一端或两端带有连接器件的软电缆或软光缆。

3．其他

- 连接器件（connecting hardware）

用于连接电缆线对和光纤的一个器件或一组器件。

- 光纤适配器（optical fibre connector）

将两对或一对光纤连接器件进行连接的器件。

- 信息点（telecommunications outlet，TO）

各类电缆或光缆终接的信息插座模块。

- 多用户信息插座（multi-user telecommunications outlet）

在某一地点，若干信息插座模块的组合。

- 交接（交叉连接，cross-connect）

配线设备和信息通信设备之间采用接插软线或跳线上的连接器件相连的一种连接方式。

- 互连（interconnect）

不用接插软线或跳线，使用连接器件把一端的电缆、光缆与另一端的电缆、光缆直接相连的一种连接方式。

综合布线的系统结构如图 1-1 所示。

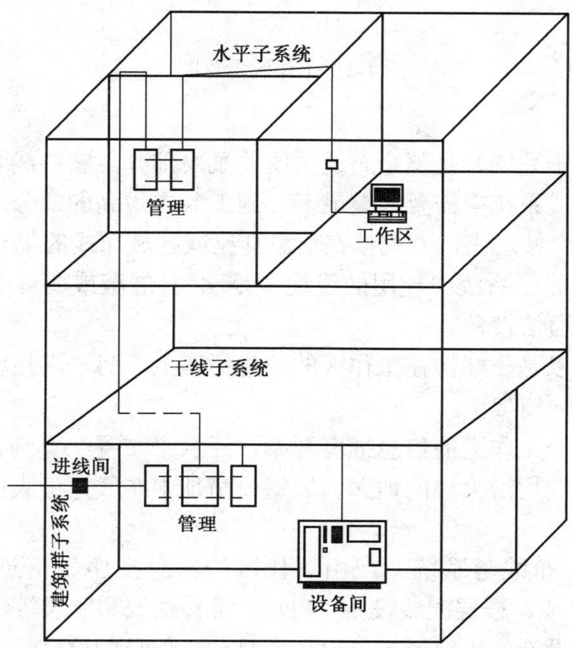

图 1-1 综合布线系统结构

1.3.2 综合布线系统的组成

1．工作区

工作区包括办公室、写字间、作业间、技术室、机房等需用电话、计算机终端等设施和放置相应设备的区域。工作区布线系统由工作区内的终端设备连接到信息插座的线缆（3m左右）组成。它包括带有多种插头的连接线缆和适配器，如Y型适配器、无源或有源适配器等各种连接器，起到工作区的终端设备与信息插座插孔之间的连接，并根据不同的用户的终端设备配置相应的连接设备。

工作区可支持电话机、数据终端、计算机、电视机、监视器以及传感器等为终端设备。工作区的每一个信息插座均设计为RJ-45制式。

它包括信息插座、信息模块、网卡和连接所需的跳线，并在终端设备和输入/输出（I/O）之间搭接，相当于电话配线系统中连接话机的用户线及话机终端部分。终端设备可以是电话、微机和数据终端，也可以是仪器仪表、传感器的探测器。

一个独立的工作区通常是一部电话机和一台计算机终端设备，如图1-2所示。

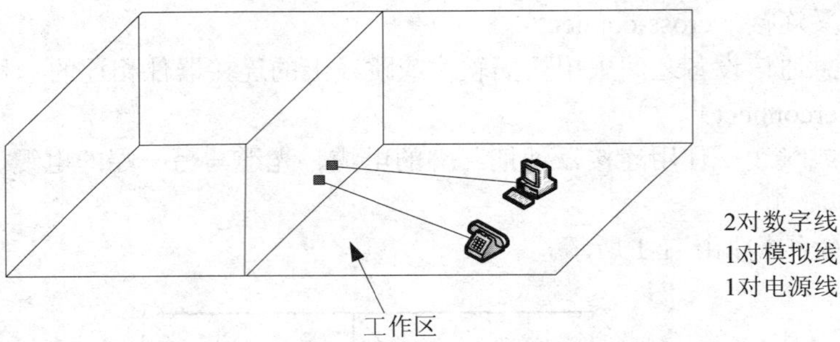

图1-2 工作区示意图

2．配线子系统

配线子系统（水平子系统）是整个布线系统的重要部分，它将线缆从干线子系统延伸到用户工作区，是综合布线系统中需要线缆最多、施工要求最高的部分。一般来说，水平布线子系统多数总是处在一个楼层上，并端接在信息插座或区域布线的集合点上。

综合布线系统在配线子系统中使用的线缆多是4对屏蔽或非屏蔽双绞线和多模光纤，它们能支持大多数现代通信设备。

水平布线子系统可以是一端接在工作区的信息插座上，另一端接在干线接线间、卫星接线间或设备机房的管理配线架上。

水平子系统由每一个工作区的信息插座开始，经水平布置一直到管理区的内侧配线架的线缆组成。水平布线线缆均沿大楼的地面、墙壁或吊顶中布线，最大的水平线缆长度应不超过90m。

配线子系统（水平布线子系统）应由工作区的信息插座、信息插座至楼层配线设备（FD）的配线电缆或光缆、楼层配线设备（FD）、设备缆线和跳线等组成，如图1-3所示。水平布线子系统在工程设计中内容最多，也较为复杂，但总的原则要考虑发展和冗余。配线子系统如图1-3所示。

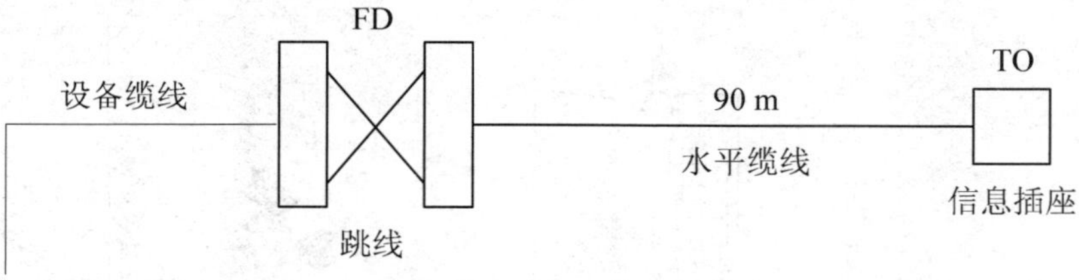

图 1-3　配线子系统的组成

主要设备：4 对屏蔽或非屏蔽双绞线、室内多模光纤、配线架等。配线子系统如图 1-4 所示。

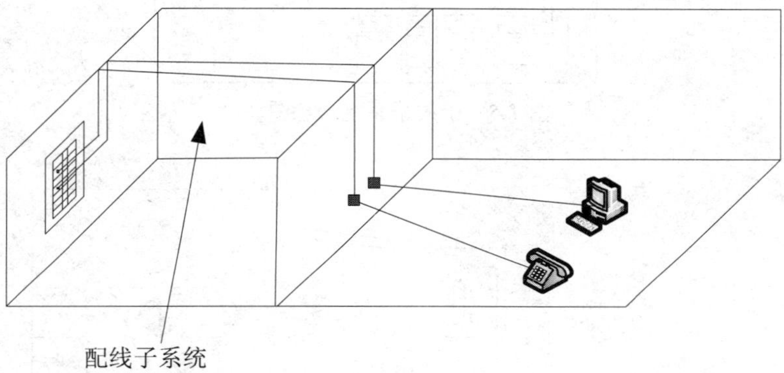

图 1-4　配线子系统示意图

3．干线子系统

干线子系统是整个建筑物综合布线系统的一部分。它提供建筑物的主干线电缆的路由。通常由光缆或大对数铜缆组成，它的一端接在设备机房的主配线架上，另一端通常接在楼层接线间的各个管理分配线架上。

水平干线也可以是一端接在楼层接线间配线架上，另一端则接在卫星接线间的配线架上。

垂直干线子系统由建筑物内所有的用作垂直干线的多种线缆组成，即由大对数铜缆、多模光纤、单模光纤以及将此光缆连接到其他地方的相关连接硬件组成，以提供设备间总配线架与干线接线间楼层配线架之间的干线路由。按照 EIA/TIA568 标准和 ISO/IEC11801 国际布线标准，规定了设备间主交叉连接架与中间交接架以及与楼层管理区的楼层配线架 IDF 之间各类主干线线缆布线的最长距离。干线子系统如图 1-5 所示。

主要设备：大对数线缆、多模光纤、单多模光纤、配线架和跳线等。

4．建筑群子系统

从系统划分来说，建筑群子系统是结构化综合布线系统一个可能的组成部分，当布线系统覆盖不止一个大厦时，建筑群子系统就是一个必不可少的子系统；如布线系统只覆盖一幢大楼时，建筑群子系统就形同虚设，或者可以不设这个子系统。

建筑群子系统一个建筑物中的电缆延伸到建筑群的另外一些建筑物中的通信设备和装置上。它是整个布线系统中的一部分（包括传输介质）并支持提供楼群之间通信设施所需要的硬件，其中导线电缆、光缆和防止电缆的浪涌电压进入建筑物的电气保护设备。建筑群子系统如图 1-6 所示。

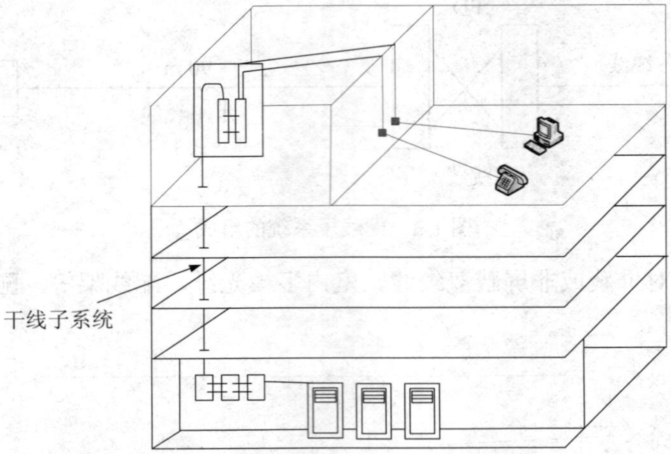

图 1-5　干线子系统示意图

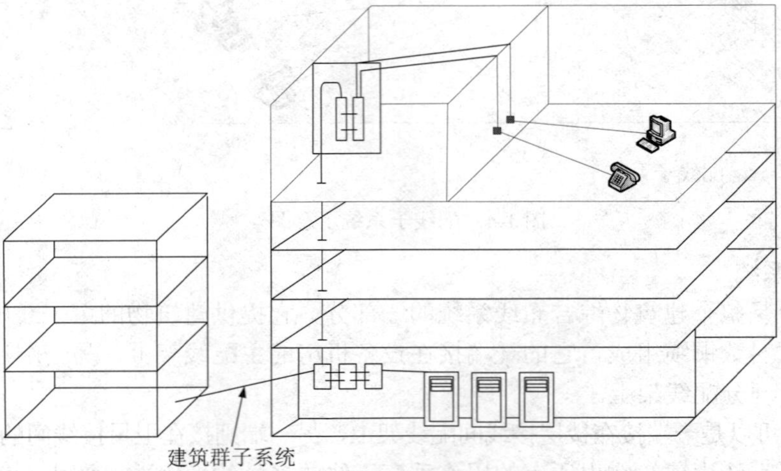

图 1-6　建筑群子系统示意图

主要设备：建筑群主干子系统由连接各建筑物之间的综合布线缆线、建筑群配线设备（CD）和设备缆线及跳线等组成。

5．设备间

在大楼的适当地点设置电信设备和计算机网络设备，以及建筑物总配线设备（BD）安装的地点，也是进行网络管理的场所。对综合布线工程设计而言，设备间主要安装总配线设备，电话、计算机等各种主机设备及其进线保安设备不属综合布线工程设计的范围，但可合装在一起。当分别设置时，考虑到设备电缆有长度限制的要求，安装总配线架的设备间与安装程控电话交换机及计算机主机的设备间的距离不宜太远。

设备间内的所有总配线设备应采用色标区别各类用途的配线区。

设备间子系统由设备间中的跳线电缆、适配器组成，它把中央主配线架与各种不同设备互连起来、如 PBX、网络设备和监控设备等与主配线架之间的连接。通常该子系统设计与网络具体应用有关，相对独立于通用的结构布线系统。

6．管理

管理是针对设备间、交接间和工作区的配线设备、缆线、信息插座等设施，按一定的模式进行标识和记录的规定。在管理点宜根据应用环境用标识来标出各个端接点。内容包括管理方式、标识、色标、交叉连接等，这些内容的实施将给今后维护和管理带来很大的方便，有利于提高管理水平，提高工作效率。特别是规模大和复杂的综合布线系统，统一采用计算机进行管理，其效果将十分明显。

目前，市场上已有现成的管理软件可供选用。有的布线产品利用布线模块和跳线设置电子的接点和网络设备，并经过专用的软件实现管理。这对于较大的布线工程管理有一定的优势，但也应考虑到工程的整体造价。

综合布线的各种配线设备，应采用色标区分干线电缆、配线电缆或设备端接点，同时，还用标记条表明端接区域、物理位置、编号、容量、规格等特点，以便维护人员在现场一目了然地识别。

管理系统又由交叉连接、直接连接配线的连接硬件等设备组成，以提供干线接线间、中间接线间、主设备间中各个楼层配线架、总配线架上水平线缆与干线线缆之间通信、线路定位与移位的管理。系统中各楼层配线架 IDF 可根据不同的连接硬件分别安装在各干线接线间墙面防火板上，以及安装在 19 英寸墙面安装铁架或安置在 19 英寸机柜中。总配线架 MDF 可安装在设备机房总配线间的墙面防火板上或安装在专用配线架上。

通过卡或插接式跳线，交叉连接允许将端接在配线架一端的通信线路与端接于另一端配线架上的线路相连。插入线为重新安排线路提供一种简易的方法，而且不需要安装跨接线时使用的专用工具。互连完成交叉连接，只需要使用带插头的跳线、插座和适配器。光缆交叉连接要求使用光缆的跳线——在两端都有 ST 接头的光缆跳线。管理示意图如图 1-7 所示。

主要设备：24 口配线架、S110 配线架、光纤配线架、跳线、机柜等。

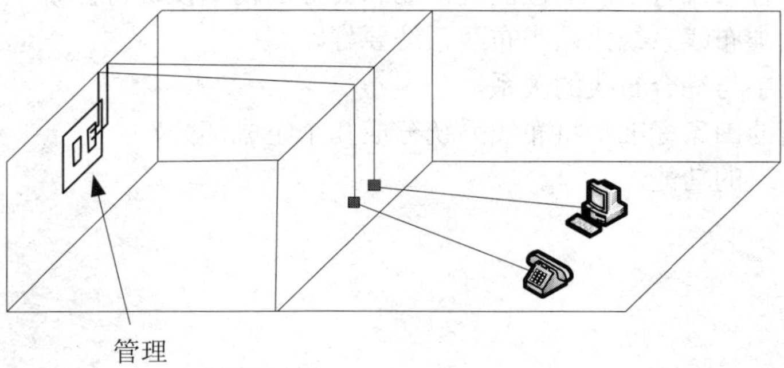

图 1-7　管理示意图

交接间的数目应从所服务的楼层范围来考虑。如果配线电缆长度都在 90m 范围以内，如覆盖的信息插座为 200 个时，宜设置一个交接间，当超出这一范围时，可设两个或多个交接间并相应地在交接间内或紧邻处设置干线通道。

交接间的面积不应小于 $5m^2$，如采用墙挂机柜安装或信息点较少时也可减小面积，反之应适当增加面积。

在交接间应设置等电位的接地装置。

7. 进线间

进线间是建筑物外部通信与信息管线的入口部位，并可作为入口设施和建筑群配线设备的安装场地。旧的综合布线国家标准只将综合布线系统划分为 6 个子系统，而新国家标准 GB20311 在系统设计内容中专门增加的，要求在建筑物前期系统设计中要有进线间，满足多家运营商业务需要，避免一家运营商自建进线间后独占该建筑物的宽带接入业务。进线间一般通过地埋管线进入建筑物内部，宜在土建阶段实施。

新规范对进线间是这样定义的：进线间是建筑物外部通信和信息管线的入口部位，并可作为入口设施和建筑群配线设备的安装场地。原先在进线部分没有明确定义，仅仅是在建筑群子系统作了简单说明。随着社会发展，拥有大规模的建筑群越来越多，因此建筑群之间的进线设施已经越来越不可忽视了。进线的铜缆要考虑线路浪涌保护装置、接地装置，室外线缆进入室内还需要考虑防火级别的变化等。

建筑群主干电缆和光缆、公用网和专用网电缆、光缆及天线馈线等室外缆线进入建筑物时，应在进线间转换成室内电缆、光缆，并在缆线的终端处可由多家电信业务经营者设置入口设施。入口设施中的配线设备应按引入的电缆、光缆容量配置。

电信业务经营者在进线间设置安装的入口设备应与 BD 或 CD 之间敷设相应的连接电缆或光缆，实现路由互通。线缆类型应与网络设备相一致。

在进线间线缆入口处的管孔数量应满足建筑物之间、外部接入业务及多家电信业务经营者缆线接入的需求，并应预留有 2～4 孔的余量。

习　题

1. 什么是综合布线？综合布线有哪些特点？
2. 为什么说综合布线有很高的性能价格比和良好的初期投资特性？
3. 为什么说七类布线系统比六类布线系统要好？
4. 简述智能楼宇与综合布线的关系。
5. 综合布线新的国家标准中将布线系统分成几个组成部分？
6. 简述智能建筑的功能。

第 2 章　综合布线系统使用的线缆

本章学习目标

本章对综合布线中常用的介质作了较为详尽的介绍，读者应掌握以下基本能力：

- 认识网络传输介质，能在具体的应用中正确选择
- 能将传输介质的性能参数运用于工程实际
- 在选择传输介质时，能说明选择理由
- 正确表述光纤的特性，并在不同应用选择合适的连接器
- 掌握关于无线的标准

在学习综合布线系统的设计和施工前，首先要了解综合布线系统中用到的各种传输介质。传输介质的物理特性直接决定了网络的传输性能极限，并一定程度上限定了网络连接的形式；第二个面临的问题是连接器，连接器的形状与工艺水平不仅影响到网络的连接形式，同时影响到网络的传输性能及网络的硬件兼容性。

目前，计算机通信分为有线通信和无线通信两种。有线通信是利用铜缆或光缆等有线介质来充当传输导体，通过连接器、配线设备及交换设备将计算机连接起来。无线通信是利用卫星、微波、红外线等无线技术，借助空气来进行信号的传输，通过相应的信号收发器将计算机连接起来。

有线通信中的线缆主要有两大类：铜缆、光纤。铜缆主要有两种形式：一种是同轴式电缆；另一种是双绞线式电缆。光纤依据其光信号在光纤中的传播模式来分，可分为单模光纤和多模光纤。本章主要介绍它们的品种、性能、标准与安装规程。

无线网络的发展虽然正在悄然崛起，但是由于无线产品的管制较为严格，且无线产品的价格过高，所以实际的工程实践中应用较少，本章仅作简要介绍。

2.1　网络传输介质的选择

当为 LAN 或 WAN 选择最佳介质时，充分考虑各种类型的介质的能力和局限性是很重要的，其包含的因素如下：

- 数据传输速度。
- 在某网络拓扑结构中的使用。
- 距离要求。
- 电缆和电缆组件的成本。
- 要求的其他网络设备。
- 安装的灵活性和方便性。

- 可防止外界干扰。
- 升级选择。
- 在具体实施时，应注意传输频率与传输速率的区别。

传输频率和传输速率是在综合布线系统设计中接触最多的两个基本概念。线缆的频带带宽（MHz）和线缆上传输的数据速率（Mb/s）是两个截然不同的概念。MHz 表示的是单位时间内线路中的信号振荡的次数，是一个表征频率的物理量，而 Mb/s 表示的是单位时间内线路中传输的二进制位的数量，是一个表征速率的物理量。传输频率表示传输介质提供的信息传输的基本带宽，带宽取决于所用导线的质量、每一根导线的精确长度及传输技术。传输频率表征了器件或介质对信息进行传输的带宽，衡量器件或介质传输性能时，可以采用带宽。在这种情况下，传输性能的指标包括衰减和近端串音，整体链路性能的指标则用衰减/串音比 ACR 来衡量。带宽越宽传输越流畅，允许传输速率越高。网络系统中的编码方式建立了 MHz 和 Mb/s 之间的联系，某些特殊的网络编码方案能够在有限的频率带宽度上高速地传输数据。一般情况下，人们关心特定传输介质在满足系统传输性能下的最高传输速率。表 2-1 直观地体现了二者的区别。

表 2-1　传输频率与传输速率

	三类	四类	五/超五类	六类	七类
传输频率 MHz	16	20	100	250	600
传输速率 Mb/s	10	16	155	1000	10000

2.2　双绞线

双绞线是局域网布线中最常用到的一种传输介质，尤其在星型网络拓扑结构中，双绞线是必不可少的布线材料。

双绞线既可以传输模拟信号，又能传输数字信号。用双绞线传输数字信号时，其数据传输率与电缆的长度有关。距离短时，数据传输率可以高一些。

2.2.1　概述

双绞线（Twisted Pairwire，TP）是综合布线工程中最常用的一种传输介质。双绞线由两根具有绝缘保护层的铜导线组成。把两根绝缘的铜导线按一定密度互相绞在一起，可降低信号干扰的程度，每一根导线在传输中辐射的电波会被另一根导线上发出的电波抵消。双绞线一般由两根 22～26 号绝缘铜导线相互缠绕而成。如果把一对或多对双绞线放在一个绝缘套管中便成了双绞线电缆。在双绞线电缆（也称双扭线电缆）内，不同线对具有不同的扭绞长度，一般地说，扭绞长度在 13mm 至 14mm 内，按逆时针方向扭绞，相临线对的扭绞长度在 12.7cm 以上。与其他传输介质相比，双绞线在传输距离、信道宽度和数据传输速度等方面均受到一定限制，但价格较为低廉。目前，双绞线可分为非屏蔽双绞线（Unscreened Twisted Pair，UTP）和屏蔽双绞线（Screened Twisted Pair，STP）。

虽然双绞线主要是用来传输模拟声音信息的，但同样适用于数字信号的传输，特别适用于较短距离的信息传输。在传输期间，信号的衰减比较大，并且产生波形畸变。采用双绞线的局域网的带宽取决于所用导线的质量、长度及传输技术。只要精心选择和安装双绞线，就可以在有限距离内达到每秒几百万位的可靠传输率。当距离很短，并且采用特殊的电子传输技术时，五类/超五类双绞线的传输率可达 100～155Mb/s。由于利用双绞线传输信息时要向周围辐射，信息很容易被窃听，因此要花费额外的代价加以屏蔽。屏蔽双绞线电缆的外层由铝箔包裹，以减小辐射，但并不能完全消除辐射。

屏蔽双绞线在线径上要明显粗过非屏蔽双绞线，而且由于它具有较好的屏蔽性能，所以也具有较好的电气性能。但由于屏蔽双绞线的价格较非屏蔽双绞线贵，且非屏蔽双绞线的性能对于普通的企业局域网来说影响不大，甚至说很难察觉，所以在企业局域网组建中所采用的通常是非屏蔽双绞线。不过七类双绞线除外，因为它要实现全双工 10Gb/s 速率传输，以只能采用屏蔽双绞线，而没有非屏蔽的七类双绞线。六类双绞线通常也建议采用屏蔽双绞线。

所有的双绞线电缆根据其是否屏蔽可以分为两类：屏蔽双绞线电缆（STP）、非屏蔽双绞线电缆（UTP）。常用线缆分类如图 2-1 所示。

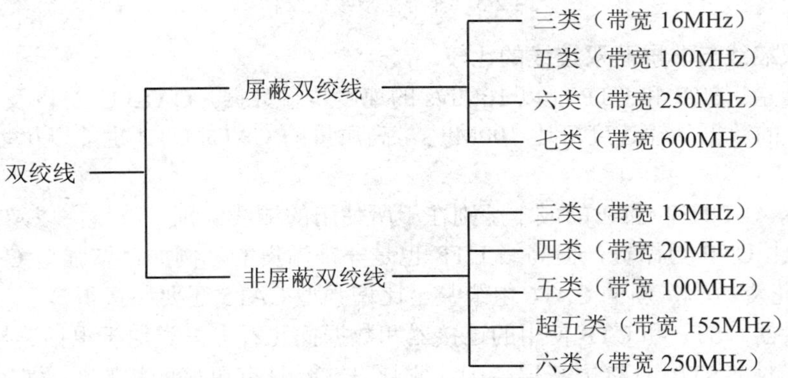

图 2-1　综合布线工程常用的双绞线种类

1．屏蔽双绞线

屏蔽双绞线（STP）电缆中的缠绕电线对被一种金属制成的屏蔽层包围，而且每个线对中的电线也是相互绝缘的。一些屏蔽双绞线电缆使用网状金属屏蔽层，该屏蔽层能将噪声转变成直流电。屏蔽层上的噪声电流与双绞线上的噪声电流相反，因而两者可以相抵消。影响屏蔽双绞线屏蔽作用的因素包括：环境噪声的级别和类型、屏蔽层的厚度和所使用的材料、接地方法以及屏蔽的对称性和一致性。

屏蔽双绞线缆的结构如图 2-2 所示。

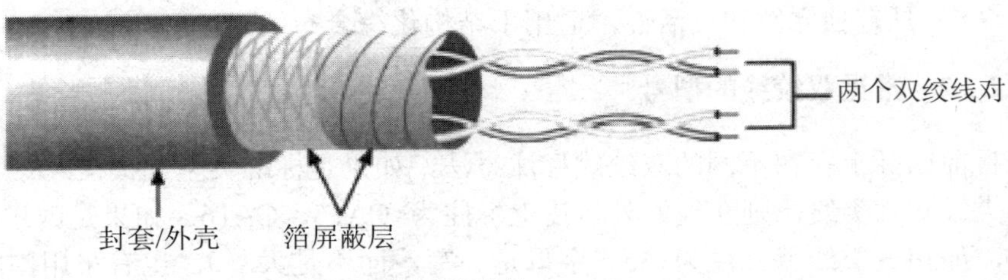

图 2-2　双绞线结构

2．非屏蔽双绞线

非屏蔽双绞线（UTP）电缆包括一对或多对由塑料封套包裹的绝缘电线对。非屏蔽双绞线没有用来屏蔽双绞线的额外屏蔽层。因此，非屏蔽双绞线比屏蔽双绞线便宜，但其抗噪性也相对较低。IEEE 已将非屏蔽双绞线电缆命名为 X Base T，其中 X 代表最大数据传输速度为 X Mb/s，Base 代表采用基带传输方法传输信号，T 代表 UTP。

非屏蔽双绞的结构如图 2-3 所示。

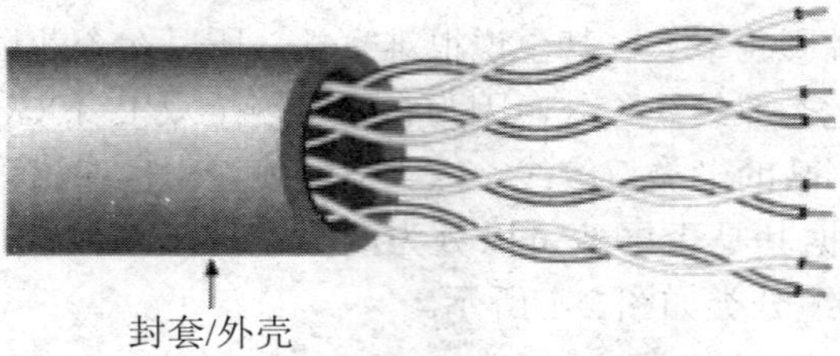

图 2-3 非屏蔽双绞线结构

3．屏蔽双绞线与非屏蔽双绞线的比较

（1）吞吐量。STP 和 UTP 能以 10Mb/s 的速度传输数据，CAT5 UTP 以及在某些环境下的 CAT3 UTP 的数据传输速度可达 100Mb/s。高质量的 CAT5 UTP 也能以每秒 1GB 的速度传输数据。

（2）成本。STP 和 UTP 的成本区别在于所使用的铜线级别、缠绕率以及增强技术。一般来说，STP 比 UTP 更昂贵，但高级 UTP 也是非常昂贵的。例如，增强型 CAT5 每英尺比常规 CAT5 多花费 20%，新的 CAT6 电缆甚至比增强型 CAT5 还要昂贵得多。

（3）连接器。STP 和 UTP 使用的连接器和数据插孔看上去类似于电话连接器和插孔。

（4）抗噪性。STP 具有屏蔽层，因而它比 UTP 具有更好的抗噪性。但是，在另一方面，UTP 可以使用过滤和平衡技术抵消噪声的影响。

（5）尺寸和可扩展性。STP 和 UTP 的最大网段长度都是 100m，即 328 英尺。它们的跨距小于同轴电缆所提供的跨距，这是因为双绞线更易受环境噪声的影响。双绞线的每个逻辑段最多仅能容纳 1024 个结点，整个网络的最大长度与所使用的网络传输方法有关。

另外，非屏蔽双绞线电缆具有以下优点：

（1）无屏蔽外套，直径小，节省所占用的空间。

（2）重量轻、易弯曲、易安装。

（3）将串扰减至最小或加以消除。

（4）具有阻燃性。

（5）具有独立性和灵活性，适用于结构化综合布线。

2.2.2 常见双绞线的型号

目前国际上存在不同的双绞线标注方法，如果是标准类型则按 CATx 方式标注，如常用的五类线和六类线，则在线的外包皮上标注为 CAT5、CAT6。如果是改进版，就按 xe 方式标注，如超五类线就标注为 5e（字母是小写，而不是大写），也有采用国际标准 ISO 11801 进行标注。

下面是对标准中规定的各双绞线类型的一些简单说明。计算机网络综合布线使用第三、四、五类、六类和七类。

（1）一类双绞线。一类线是 ANSI/EIA/TIA-568A 标准中最原始的非屏蔽双绞铜线电缆，但它开发之初的目的不是用于计算机网络数据通信，而是用于电话语音通信。

（2）二类双绞线。二类线是 ANSI/EIA/TIA-568A 和 ISO 2 类/A 级标准中第一个可用于计算机网络数据传输的非屏蔽双绞线电缆，传输频率为 1MHz，传输速率达 4Mb/s。二类线主要用于旧的令牌网。

（3）三类双绞线。三类线是 ANSI/EIA/TIA-568A 和 ISO 3 类/B 级标准中专用于 l0Base-T 以太网络的非屏蔽双绞线电缆，传输频率为 16 MHz，传输速度可达 10Mb/s。三类线主要应用于语音和最高传输速率为 10Mb/s 的 10Base-T 以太网中，最大网段长度为 100m，连接器采用 RJ 形式。

（4）四类双绞线。四类线是 ANSI/EIA/TIA-568A 和 ISO 4 类/C 级标准中用于令牌环网络的非屏蔽双绞线电缆，传输频率为 20MHz，传输速度达 16Mb/s。四类线主要用于基于令牌的局域网和 10Base-T/100Base-T，最大网段长度也是 100m，连接器采用 RJ 形式。

（5）五类双绞线。五类线是 ANSI/EIA/TIA-568A 和 ISO 5 类/D 级标准中用于运行 CDDI（CDDI 是基于双绞铜线的 FDDI 网络）和快速以太网的非屏蔽双绞线电缆。由于五类双绞线增加了绕线密度，使用了特殊的绝缘材料，使其最高传输频率达到 100MHz，最高传输速率达 100Mb/s，既可用于语音，也可用于 100 Base-T 以太网的数据传输。其最大网段长度也是 100m，连接器采用 RJ 形式。

双绞线分为屏蔽双绞线与非屏蔽双绞线两大类。在这两大类中又分 100Ω电缆、双体电缆、大对数电缆、150Ω屏蔽电缆。具体型号有多种，图 2-4 为五类线的横截面。

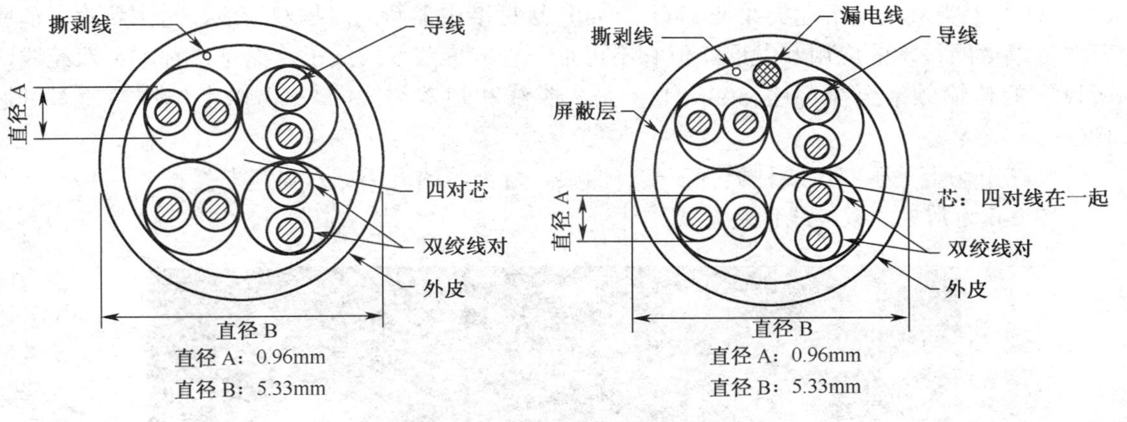

图 2-4　五类双绞线的横截面结构

（6）超五类双绞线。超五类线是 ANSI/EIA/TIA-568B.1 和 ISO 5 类/D 级标准中用于运行快速以太网的非屏蔽双绞线电缆，传输频率也为 100MHz，传输速度也可达到 100Mb/s。与五类线缆相比，超五类是增强型的五类双绞线，由于材料技术的提高，超五类双绞线在近端串扰、串扰总和、衰减和信噪比 4 个主要指标上都有较大的改进，故可以提供更坚实的网络基础，满足大多数应用的需求，给网络安装和测试带来了便利，成为目前国内网络应用中较好的解决方案。虽然原标准规定超五类的传输特性与普通五类的相同，但现在许多厂家的产品都已远远超出标准的要求，最高的传输频率可达 200MHz，在四对线都工作于全双工通信时，最高传输速率可达近 1000Mb/s。其最大网段长度也是 100m，连接器采用 RJ 形式。

（7）六类双绞线。六类线是 ANSI/EIA/TIA-568B.2 和 ISO 6 类/E 级标准中规定的一种非屏蔽双绞线电缆，它也主要应用于百兆位快速以太网和千兆位以太网中。因为它的传输频率可达 200～250MHz，是超五类线带宽的 2 倍，最大速度可达到 1000Mb/s，能满足千兆位以太网需求。其最大网段长度也是 100m，连接器采用 RJ 形式。六类线结构如图 2-5 所示。

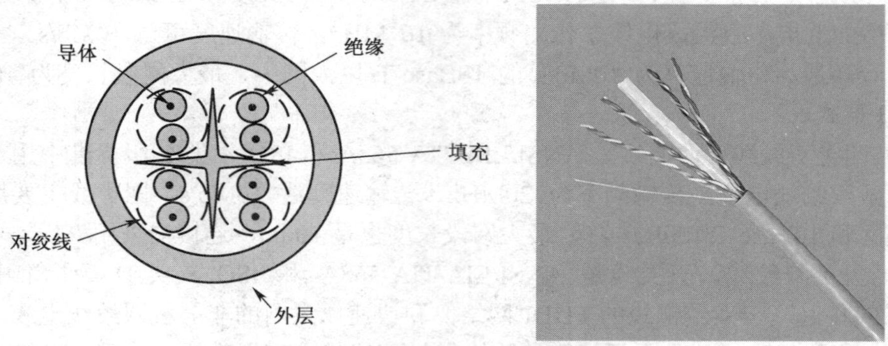

图 2-5 六类双绞线的结构

（8）超六类双绞线。超六类线是六类线的改进版，同样是 ANSI/EIA/TIA-568B.2 和 ISO 6 类/E 级标准中规定的一种非屏蔽双绞线电缆，主要应用于千兆位网络中。在传输频率方面与六类线一样，也是 200～250MHz，最大传输速度也可达到 1000Mb/s，只是在串扰、衰减和信噪比等方面有较大改善。

（9）七类双绞线。七类线是 ISO 7 类/F 级标准中最新的一种双绞线，它主要为了适应万兆位以太网技术的应用和发展。但它不再是一种非屏蔽双绞线了，而是一种屏蔽双绞线，所以它的传输频率至少可达 500MHz，是六类线和超六类线的 2 倍以上，传输速率可达 10Gb/s。

现在市场上关于双绞线种类有三类、四类、五类、超五类、六类和七类。

图 2-6 为常见的双绞线包装方式。

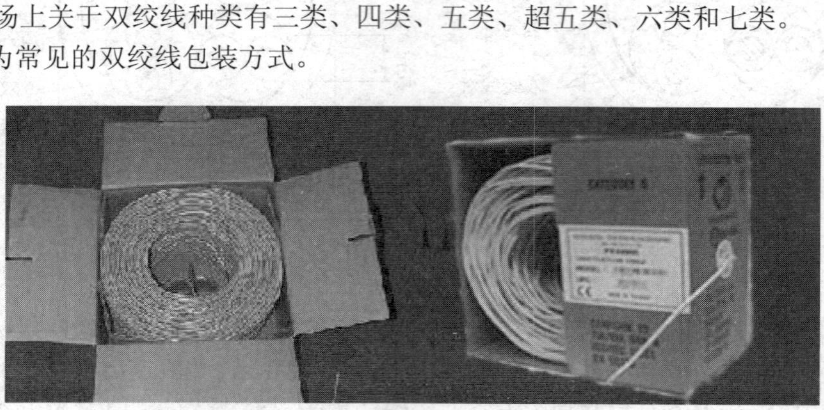

图 2-6 常见的双绞线包装方式

按我国《综合布线系统工程设计规范》GB50311－2007，铜缆布线系统的分级与类别如表 2-2 所示。

表 2-2 铜缆布线系统的分级与类别

系统分级	支持带宽（Hz）	支持应用器件	
		电缆	连接器件
A	100K	—	—
B	1M	—	—
C	16M	3 类	3 类
D	100M	5/5e 类	5/5e 类
E	250M	6 类	6 类
F	600M	7 类	7 类

2.2.3 双绞线有关的技术名词

对于双绞线，用户最关心的是表征其性能的几个指标。这些指标包括衰减、近端串扰、衰减串音比、阻抗特性、分布电容、直流电阻等。这里介绍与传输介质有关的技术名词，及综合布线中与介质相关的性能参数。

1．接线图（Wire map）

导通性主要包括线序是否正确、是否存在断路或短路、阻抗。

2．长度（Length）

线缆的物理路径长度与电子长度是两个完全不同的概念，这里的长度是指电子长度。常见的标准中规定的长度参数一般都是指信号传输时所经过的距离，即电子长度。

3．衰减（Attenuation）

电信号在介质上传输时，一定会有能量损耗，这就意味着在接收端接收到的信号能量一定会比发送端发送的信号能量小。如果信号经过损耗，其能量与干扰信号相当，则接收端就无法分辨原先所传送的信号。

衰减是沿链路的信号损失度量。衰减与线缆的长度有关系，随着长度的增加，信号衰减也随之增加。衰减用“dB”作单位，表示源传送端信号到接收端信号强度的比率。由于衰减随频率而变化，因此，应测量在应用范围内的全部频率上的衰减。

4．近端串音（Near End Cross-talk，NEXT）

当电信号在线缆及连接器上传送时，会在导体周围产生一个电磁场。这个电磁场辐射到相邻线对上，就会对其信号传输造成不良干扰。

串扰分近端串扰和远端串扰（FEXT），近端串扰表征了这种干扰对同在近端的传送线对与接收线对所造成的影响。测试仪主要是测量 NEXT，由于存在线路损耗，因此 FEXT 的量值的影响较小。近端串扰（NEXT）损耗是测量一条 UTP 链路中从一对线到另一对线的信号耦合。对于 UTP 链路，NEXT 是一个关键的性能指标，也是最难精确测量的一个指标。随着信号频率的增加，其测量难度将加大。

NEXT 并不表示在近端点所产生的串扰值，它只是表示在近端点所测量到的串扰值。这个量值会随电缆长度不同而变化，电缆越长，其值变得越小。同时发送端的信号也会衰减，对其他线对的串扰也相对变小。实验证明，只有在 40m 内测量得到的 NEXT 是较真实的。

如果另一端是远于 40m 的信息插座，那么它会产生一定程度的串扰，但测试仪可能无法测量到这个串扰值。因此，最好在两个端点都进行 NEXT 测量。现在的测试仪都配有相应设备，使得在链路一端就能测量出两端的 NEXT 值。NEXT 测试的结果参照表 2-3 和表 2-4。

表 2-3　信道衰减极限

频率（MHz）	最大衰减（dB）					
	A 级	B 级	C 级	D 级	E 级	F 级
0.1	16.0	5.5	—	—	—	—
1	—	5.8	4.2	4.0	4.0	4.0
16	—	—	14.4	9.1	8.3	8.1
100	—	—	—	24.0	21.7	20.8
250	—	—	—	—	35.9	33.8
600	—	—	—	—	—	54.6

表 2-4　信道 NEXT 衰减极限

频率（MHz）	最大衰减（dB）					
	A 级	B 级	C 级	D 级	E 级	F 级
0.1	27.0	40.0	—	—	—	—
1	—	25.0	39.1	60.0	65.0	65.0
16	—	—	19.4	43.6	53.2	65.0
100	—	—	—	30.1	39.9	62.9
250	—	—	—	—	33.1	56.9
600	—	—	—	—	—	21.2

5．综合近端串扰（Power Sum Cross-talk，PSNEXT）

综合近端串扰表明 4 对线缆中 3 对线缆传输信号时对另一对在近端所造成的影响。

6．平衡等级远端串扰（Equal Level Far End Cross-talk，ELFEXT）

平衡等级远端串扰是传送端的干扰信号对相邻线对在远端所造成的影响，平衡等级远端串扰对进行同步双向传输的应用极为重要。

7．综合平衡等级远端串扰（Power Sum ELFEXT，PSELFEXT）

综合平衡等级远端串扰表明 3 对线缆处于通信状态时，对另一对线缆在远端所造成的干扰。

8．衰减串扰比（Attenuation to Cross-talk Ratio，ACR）

衰减串扰比是在某一频率上测得的串扰与衰减的比值。这个比值是表征衰减与串扰关系的一个重要参数，它由最差的衰减量与 NEXT 量值的差值计算。对于一个两对线的应用来说，ACR 是体现整个系统信号与串扰比的唯一参数，因此 ACR 是体现系统性能余量的重要参数。如果 ACR 为负值，则说明噪音的强度高于所传送的信号强度。ACR 有时也以信噪比（Signal-Noise Ratio，SNR）表示，ACR 值较大，表示抗干扰的能力更强。一般系统要求至少大于 10dB。

9．综合衰减串扰比（Power Sum Attenuation to Cross-talk Ratio，PSACR）

综合衰减串扰比反映了 3 对线同时进行信号传输时对另一对线所造成的综合影响。它主要用于保证布线系统的高速数据传输，即多线对传输协议。

10．回波损耗（Return Loss）

电信号在遇到端接点阻抗不匹配的情况时，部分能量会反射回传送端。回波损耗表征了因阻抗不匹配反射回来的能量大小，回波损耗对全双工传输的应用非常重要。

11．传输时延差（Delay Skew）

传输时延差是不同线对的传输时延的差值，以传输时延的最小值为基准点，其余线对的时延与之的差值即为传输时延差。

12．信道（Channel Link）

信道是通信系统中必不可少的组成部分，它是从发送输出端到接收输入端之间传送信息的通道。

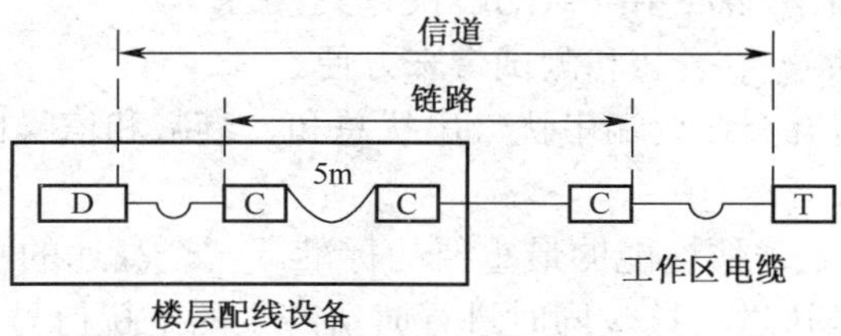

注：D 为设备，T 为终端。

图 2-7　信道与链路

以狭义来定义，它是指信号的传输通道，即传输介质，不包括两端的设备。综合布线系统中的有线信道和链路如图 2-7 所示，从图 2-7 中可看出信道不包括两端设备。

上述名词解释中关于“综合”一词的含义如图 2-8 所示。

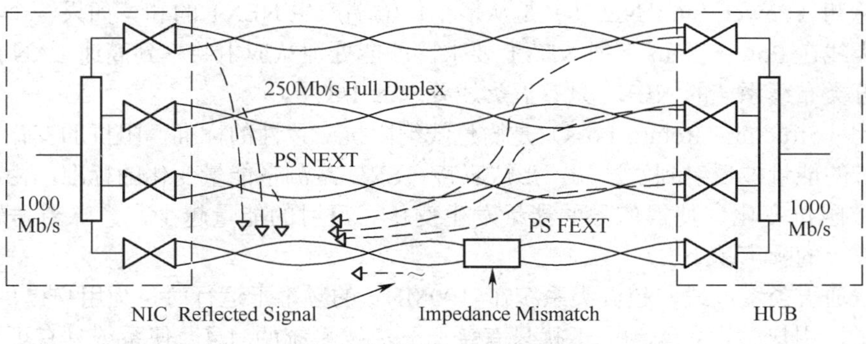

图 2-8　“综合”的含义

2.2.4　超五类布线系统

虽然双绞线的类型到目前为止已有七大类了，但在实际的企业局域网组建中，目前主要应用的还是中间的两大类，即五类和六类。七类线在一些大型企业网络中，为了支持 10 Gb/s 万兆位网络才采用，该网络构建成本非常贵，一般企业在目前来说是不可能采用的。

在五类和六类中又可细分为五类、超五类、六类、超六类（有的称为“增强型六类”）4种。虽然是在性能指标上这4个小类各有不同，但从总的方面来说，这4个小类的双绞线都差不多，而且在局域网组建中基本上都是采用非屏蔽类型。

超五类双绞线国际标准是于1999年正式发布的。与五类双绞线一样，它也有屏蔽双绞线（STP）与非屏蔽双绞线（UTP）两类，但在企业局域网组建中基本都是采用廉价的非屏蔽双绞线布线系统。

超五类布线系统通常是一个非屏蔽双绞线（UTP）布线系统，通过对它的“链路”和“信道”性能的测试表明，它超过TIA/EIA568的五类线要求。与普通的五类UTP比较，其衰减更小，串扰更少，同时具有更高的衰减与串扰的比值（ACR）和信噪比（SRL）、更小的时延误差，性能得到了提高。它具有四大优点：

（1）提供了坚实的网络基础，可以方便转移、更新网络技术。

（2）能够满足大多数应用的要求，并且满足低偏差和低串扰总和的要求。

（3）被认为是为将来网络应用提供的解决方案。

（4）充足的性能余量，给安装和测试带来方便。

与五类线缆相比，超五类在近端串扰、串扰总和、衰减和信噪比四个主要指标上都有较大的改进。

近端串扰（NEXT）是评估性能的最重要的标准。一个高速的LAN在传送和接收数据时是同步的。NEXT是当传送与接收同时进行时所产生的干扰信号。NEXT的单位是dB，它表示传送信号与串扰信号之间的比值。

在普通应用中，衡量NEXT的标准方法是用一对线进行传送，另一对线用于接收，如10Base-T和Token Ring，甚至100Base-T和155Mb/s ATM。但是，有时候也可以使用另外两对线，并接到另一工作站，这样可以加快LAN的速度，如622Mb/s ATM和1000Base-T，不只用一对（可能用全部的4对线）来传送和接收。在一根线缆中使用多对线进行传送会增加这根线缆的串扰。现在的4对五类双绞线没有考虑这种情况。

串扰总和（Power Sum NEXT）是从多个传输端产生NEXT的和。如果一个布线系统能够满足五类线在Power Sum下的NEXT要求，就能处理从应用共享到高速LAN应用的任何问题。超五类布线系统的NEXT只有五类线要求的1/8。

信噪比（Structural Return Loss）是衡量线缆阻抗一致性的标准，阻抗的变化引起反射。一部分信号的能量被反射到发送端，形成噪声。SRL是测量能量变化的标准，由于线缆结构变化而导致阻抗变化，使得信号的能量发生变化。反射的能量越少，意味着传输信号越完整，在线缆上的噪声越小。

比起普通五类双绞线，超五类系统在100MHz的频率下运行时，为用户提供8dB近端串扰的余量，用户的设备受到的干扰只有普通五类线系统的1/4，使系统具有更强的独立性和可靠性。

超五类布线系统性能大大超过五类UTP的性能要求，五类UTP系统传输速率为100MHz，而超五类布线系统传输速率可达350MHz，超五类UTP与普通五类UTP比较，其衰减更小，串扰更少，同时具有更高的衰减串扰比和回波损耗，以及更小的延时误差。这一点对系统的长期运行是非常有利的。

1．超五类系统的主要性能与测试

超五类布线系统的主要性能指标如下（100m 长度、100MHz 时）：

频率范围：100MHz

电缆插入损耗：22.0dB

连接器插入损耗：0.4dB

线对间的近端串扰：35.3dB

线对间的综合近端串扰：32.3dB

连接器线对间的近端串扰：40.3dB

连接器线对间的综合近端串扰：40.0dB

信道的近端串扰：30.1dB

信道的综合近端串扰：27.1dB

衰减串扰比：6.1dB

综合衰减串扰比：3.1dB

电缆的远端串扰：23.8dB

电缆的综合远端串扰：20.8dB

连接器的远端串扰：35.1dB

连接器的综合远端串扰：32.1dB

信道的远端串扰：17.4dB

信道的综合远端串扰：14.4dB

电缆回波损耗：20.1dB

连接器回波损耗：20.0dB

信道回波损耗：10.0dB

缆线最大延时：538ns

连接器最大延时：2.5ns

信道最大延时：548ns

缆线最大延时差：45ns

连接器最大延时差：1.25ns

信道最大延时差：50ns

2．超五类双绞线的应用

超五类双绞线一般用于星型网络的布线，每条双绞线通过两端安装的 RJ-45 连接器（又称水晶头）与网卡和集线器或交换机相连，最大网线长度为 100m，如果要加大网络的范围，可在两段双绞线电缆间安装中继器。中继器可以通过共享式集线器或交换机实现，但在实际应用中注意一条链路最多可安装 4 个中继器进行级联，使网络的最大范围达到 500m。

RJ-45 接头中的 8 个 PIN 分布如图 2-9 所示。

其中 1 脚为发送的正极 TX+，2 脚为发送的负极 TX-，3 脚为接收的正极 RX+，6 脚为接收的负极 RX-。

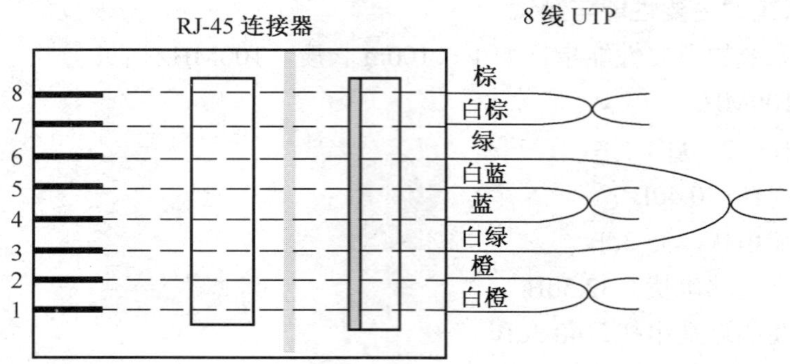

图 2-9 RJ-45 引脚步分布

2.2.5 六类布线系统

在过去 10 年中，满足高带宽应用需要的布线技术发生了巨大的变化，布线系统支持的带宽已从最初 10MHz 发展到今天的 250MHz。六类技术采用与以往超五类之前完全不同的线缆结构，可支持高达 250MHz 的网络传输带宽。尽管布线厂商采用不同的制造工艺和布线结构，但是殊途同归，最后必须满足六类标准规定的 250MHz 带宽要求。

2002 年 6 月，TIA/EIA 组织最终核准了六类布线标准，这是对电信业及智能建筑业的巨大贡献。六类标准的推出将最终促使所有厂商的布线产品实现标准化，而网络设备制造商也将保证它们的设备在六类布线上高速运行。

六类布线系统的性能等级定义为 200MHz，是五类系统带宽的 2 倍。因此，五类涉及的一些性能参数同样也定义于六类系统，如近端串扰、衰减等，只不过六类的带宽更大，它表明六类的数据传输通道比五类宽一倍，就好比马路被拓宽了一倍的道理一样。

当系统传输带宽从 100MHz 扩展到 200MHz。任何微小的性能不匹配都可能对整个系统性能产生很大影响，例如跳线，就会对整个系统的性能造成很大影响。也许，某一元器件的性能作了提升但整个系统的性能却并未提升。因此，将系统中的所有器件作为一个有机的整体来设计整个系统是非常重要的。这就是布线设计中的“端到端设计理念（End to End)”。

端到端的设计方式将确保整个系统发挥最高性能。因为其设计是从信源端到信宿端，所以系统的性能衡量应该是从信息的发出端到信息的接收端，而不是网络的各个链路段和设备。

1. 六类系统与五类系统的主要区别

尽管六类线缆被认为是一种标准的 4 对线缆，但是，它与五类或超五类线缆完全不同。六类线缆一般由稍粗一些的线缆构成，具体情况视各布线厂商的六类技术而定。由于采用较粗的线缆规格，六类线缆能够支持更高的网络传输带宽。此外，与五类或超五类线缆不同，六类线缆通常在线缆护套中包含隔离构件，这种构件用来隔离不同的线缆对。通过将同一条线缆中的线缆对相互隔离，减少了串音干扰，并提高了传输质量。因此，六类线缆的总直径略粗一些，线缆体一般也更硬。

除了六类线缆本身的物理差异之外，六类连接硬件的差异也必须予以考虑。由于线缆中采用更粗的导线，因此，六类连接硬件（插座、面板等）一般使用更粗规格的端接针。与五类或超五类连接硬件不同，这些端接针常常是偏置排列（offset）而非平行（inline）排列，因此，选择六类布线产品时，一定要同时关注六类连接硬件和六类线缆两方面的因素。

TIA/EIA 规定的六类系统的标准与五类系统有较大的差别，主要有以下几个方面：

（1）结构变化。新的 568-B 标准从结构上分为三部分：568-B1 综合布线系统总体要求、568-B2 平衡双绞线布线组件和 568-B3 光纤布线组件。

568-B1 综合布线系统总体要求：在新标准中，包含电信布线系统设计原理、安装准则与现场测试相关的内容。

568-B2 平衡双绞线布线组件：在新标准中，包含组件规范、传输性能、系统模型和用于验证电信布线系统的测量程序相关内容。

568-B3 光纤布线组件：在新标准中，包含与光纤电信布线系统的组件规范和传输相关要求的内容。

（2）关键新项目。568-B 标准除了结构上的变化外，还增加了一些关键新项目。

新术语：术语"衰减"改为"插入损耗"，用于表示链路与信道上的信号损失量，电信间 TC 改为 TR。

介质类型：在水平电缆方面，为 4 对 100Ω三类 UTP 或 SCTP；4 对 100Ω超五类 UTP 或 SCTP；4 对 100Ω六类 UTP 或 SCTP；2 条或多条 62.5/125μm 或 50/125μm 多模光纤。在主干电缆方面，为 100 Ω双绞线，三类或更高；62.5/125μm 或 50/125μm 多模光纤；单模光纤。568B 标准不认可 4 对四类和五类电缆。150 Ω屏蔽双绞线是认可的介质类型，然而，不建议在安装新设备时使用。混合与多股电缆允许用于水平布线，但每条电缆都必须符合相应等级要求，并符合混合与多股电缆的特殊要求。

接插线、设备线与跳线：对于 24AWG（0.51mm）多股导线组成的 UTP 跳接线与设备线的额定衰减率为 20%，采用 26AWG（0.4mm）导线的 SCTP 缆线的衰减率为 50%。多股线缆由于具有更大的柔韧，建议用于跳接线装置。

距离变化：现在，对于 UTP 跳接线与设备线，水平永久链路的两端最长为 5m（16 英尺），以达到 100m（328 英尺）的总信道距离。对于二级干线，中间跳接到水平跳接（IC 到 HC）的距离减为 300m（984 英尺）。从主跳接到水平跳接（MC 到 HC）的干线总距离仍遵循 568-A 标准的规定。中间跳接中与其他干线布线类型相连的设备线和跳接线不应超过 20m（66 英尺）改为不得超过 20m（66 英尺）。

安装规则：4 对 SCTP 电缆在非重压条件下的弯曲半径规定为电缆直径的 8 倍。2 股或 4 股光纤的弯曲半径在非重压条件下是 25mm，在拉伸过程中为 50mm。电缆生产商应确定光纤主干线的弯曲半径要求。如果无法从生产商获得弯曲半径信息，则建筑物内部电缆在非重压条件下的弯曲半径是电缆直径的 10 倍，在重压条件下是 15 倍。2 芯或 4 芯光纤的牵拉力是 222N（501bf）。超 5 类双绞线开绞距离距端接点应保持在 13mm 以内，三类双绞线应保持在 75mm 以内。

（3）永久链路替代基本链路。水平布线永久链路测试连接方式和测试指标要求永久链路方式供安装人员和数据电信用户用来认证永久安装电缆的性能，今后将替代基本链路方式。永久链路信道由 90m 水平电缆和一个接头，必要时再加一个可选转接/汇接头组成。永久链路配置不包括现场测试仪插接软线和插头。

超五类及六类双绞线除了测试接线图、线缆链路长度、特性阻抗、直流环路电阻、衰减、近端串扰损耗外，还在各项测试参数上有一定区别。

（4）测试参数的变化。超五类及六类双绞线除了测试导通性（Wire Map）、线缆链路长度、特性阻抗、直流环路电阻、衰减、近端串扰、插入损耗外，各项测试参数的限定值上也有所变化。

六类布线系统测量中新增加的两个参数为传播时延、传播时延差。

传播时延是传播信号延长时间。在确定通道和基本链路传播时延时，连接硬件的传播时延在 1MHz 至 250MHz 的范围内不超过 2.5ns。所有各类通道配置的最大传播时延不超过 10MHz 下的 555ns。所有各类基本链路配置的最大传播时延不超过 100MHz 下的 518ns 和 250MHz 下的于 498ns。

延时偏移是最快线对与最慢线对发送信号延时差的尺度。对于安装每米的配备接线来说，延时偏移不超过 1.25ns。对于所有各类通路配置的最大延时倾斜不大于 50ns。所有各类链路配置的最大延时偏移不超过 45ns。

（5）推动高速应用。为保证网络的高效运行以及对未来高速网络的支持，目前至少要选择超五类电缆系统。而对于更高要求，特别是考虑长远的投资时，建议选择六类布线系统。它使高速数据的传输变得简单，用户可以利用更廉价的 1000Base-TX 设备。其传输性能远远高于超五类标准，适用于传输速率等于或高于 1Gb/s 的应用，打开了通往未来高速应用发展的大门。六类布线不仅提供了新的网络应用平台，还大大提升了数字话音和视频应用到桌面的服务质量。六类标准的出台，极大推动了电信工业的发展。

2. 六类产品

目前的六类产品主要有：六类双绞线、六类 RJ-45 连接器、六类布线架、六类信息插座等，如图 2-10 所示。

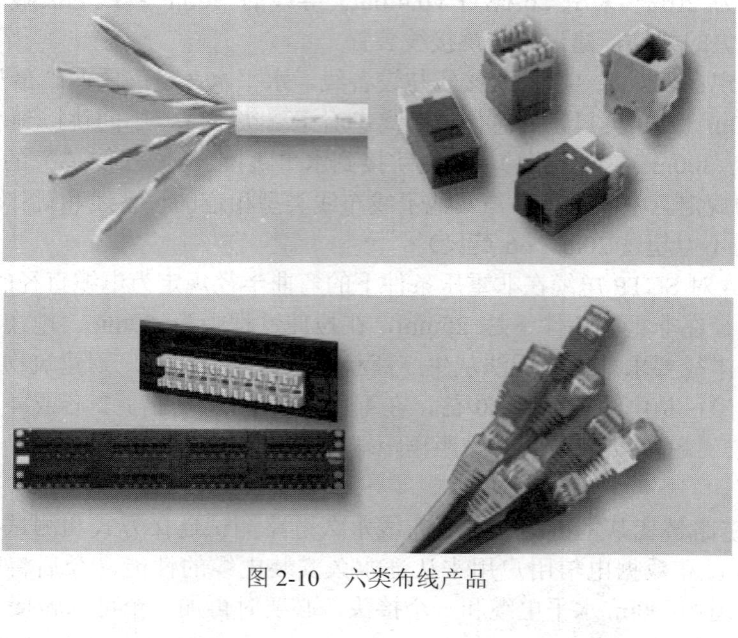

图 2-10　六类布线产品

3．六类系统的安装注意事项

六类布线系统在传输速率上可提供高于超五类 2.5 倍的高速带宽，在 100MHz 时高于超五类 300%的 ACR 值。在施工安装方面，六类比超五类难度也要大很多。

六类布线系统的施工人员必须按照国际标准要求的规范去执行。因为越是高级的铜缆，对外界的异常就越敏感。随着传输速率的上升，安装施工的正确与否对系统性能的影响就越大。不合理的管线设计，不规范的安装步骤，不到位的管理体制，都会对六类布线的测试结果（包括物理性能和电气性能）带来影响，而且有些会成为难以修复的故障，甚至只能重新敷设一条链路来代替。

六类布线系统施工时应该注意以下六大方面：

（1）由于六类线缆的外径要比一般的五类线粗，为了避免线缆的缠绕（特别是在弯头处），在管线设计时一定要注意管径的填充度，一般内径 20mm 的线管以放 2 根六类线为宜。

（2）桥架设计合理，保证合适的线缆弯曲半径。上下左右绕过其他线槽时，转弯坡度要平缓，重点注意两端线缆下垂受力后是否还能在不压损线缆的前提下盖上盖板。

（3）放线过程中主要是注意对拉力的控制，对于带卷轴包装的线缆，建议两头至少各安排一名工人，把卷轴套在自制的拉线杆上，放线端的工人先从卷轴箱内预拉出一部分线缆，供合作者在管线另一端抽取，预拉出的线不能过多，避免多根线在场地上缠结环绕。

（4）拉线工序结束后，两端留出的冗余线缆要整理和保护好，盘线时要顺着原来的旋转方向，线圈直径不要太小，有可能的话用废线头固定在桥架、吊顶上或纸箱内，做好标注，提醒其他人员勿动勿踩。

（5）在整理、绑扎、安置线缆时，冗余线缆不要太长，不要让线缆叠加受力，线圈顺势盘整，固定扎绳不要勒得过紧。

（6）在整个施工期间，工艺流程及时通报，各工种负责人做好沟通，发现问题马上通知甲方，在其他后续工种开始前及时完成本工种任务。

2.2.6　七类布线系统

飞速发展的网络应用对带宽的需求不断增加。六类布线系统凭借其 250MHz 的带宽满足了目前大多数的商业应用。然而，随着技术的不断进步，250MHz 带宽不能充分地满足人们的需求只是一个时间的问题。

早在 1997 年布线标准化机构和制造商就已经提出了七类铜缆布线系统的构想，其中康宁公司在 1997 年发布了 600MHz 的七类布线。它能提供至少 500MHz 的综合衰减对串扰比和 600MHz 的整体带宽，其连接头要求在 600MHz 时所有的线对提供至少 60dB 的综合近端串绕。而超五类系统只要求在 100MHz 提供 43dB，六类在 250MHz 的数值为 46dB。而且，由于其绝佳的屏蔽设计和高带宽，一个典型的七类信道甚至可以同时提供一对线 862MHz 的带宽用于传输有线电视信号，在另外一个线对传输模拟音频信号，然后在第三、四线对传输高速局域网信息。这种应用在目前是无法想象的，但不久将由七类布线系统实现，目前的七类布线系统已经领先业界达到 1200MHz 的带宽。

七类标准是一套在 100Ω双绞线上支持最高 600MHz 带宽传输的布线标准。1997 年 9 月，ISO/IEC 确定七类布线标准的研发。与四类、五类，超五类和六类相比，七类具有更高的传输带宽（至少 600MHz）。从七类标准开始，布线历史上出现和“RJ 型”和“非 RJ”型接口的划分。由于“RJ 型”接口目前达不到 600MHz 的传输带宽，七类标准还没有最终论断，目前国际上正在积极研讨七类标准草案。但是在 1999 年 7 月，ISO/IEC 接受了西蒙 TERA 为非 RJ 类接口标准，并于 2002 年 7 月最终确定西蒙的 TERA 为七类非 RJ 接口。

RJ 是 Registered Jack 的缩写。在 FCC（美国联邦通信委员会标准和规章）中 RJ 是描述公用电信网络的接口，常用的有 RJ-11 和 RJ-45，计算机网络的 RJ-45 是标准 8 位模块化接口的俗称。在以往的四类、五类、超五类，包括刚刚出台的六类布线中，采用的都是 RJ 型接口。

“非-RJ 型”七类布线技术完全打破了传统的 8 芯模块化 RJ 型接口设计，从 RJ 型接口的限制脱离出来，不仅使七类的传输带宽达到 1.2GHz，还开创了全新的 1、2、4 对的模块化形式。这是一种新型的满足线对和线对隔离、紧凑、高可靠、安装便捷的接口形式。

七类布线系统的竞争优势主要体现在以下几个方面：

（1）至少 600MHz 的传输速率。正在制定中的“非-RJ 型”七类标准，不仅要求七类部件的链路和信道标准将提供过去双绞布线系统不可比拟的传输速率（逼近光纤传输速率，目前标准要求七类的传输带宽高达 600MHz），而且要求使用“全屏蔽”的电缆，即每线对都单独屏蔽而且总体也屏蔽的双绞电缆，以保证最好的屏蔽效果。此七类系统的强大噪声免疫力和极低的对外辐射性能使得高速局域网（LAN）不需要更昂贵的电子设备来进行复杂的编码和信号处理。

“全屏蔽”的七类电缆在外径上比六类电缆大得多并且没有六类电缆的柔韧性好。这要求在设计安装路由和端接空间时要特别小心，要留有很大的空间和较大的弯曲半径。另外二者在连接硬件上也有区别。正制定中的七类标准要求连接头要在 600MHz 时，提供至少 60dB 的线对之间的串扰隔离，这个要求比超五类在 100MHz 时的要求严格 32dB，比六类在 250MHz 时的要求严格 20dB，因此，七类具有强大的抗干扰能力。

（2）节约一半成本。人们可能有这样的疑问：既然“非-RJ 型”七类布线可以达到光纤的传输性能，为什么不使用光纤来代替“非-RJ 型”七类布线系统呢？

其一是成本问题。与一个光纤局域网（LAN）的全部造价相比较，“非-RJ 型”七类布线具有明显优势。对 24 个 SYSTEM7（SYSTEM7 采用全屏蔽的 TERA 连接头，具有每一线对可达 1GHz 传输性能的标准双绞布线系统解决方案）和 62.5/125μm 多模光纤信道系统的安装作一个成本比较研究后发现，二者的安装成本接近，但一个光纤局域网设备大约是铜缆设备的 6 倍。当考虑全部的局域网络安装成本时，SYSTEM7 不仅能提供高带宽，而且其成本只是多模光纤的一半。

其二是“非-RJ 型”七类/F 级具有光纤所不具备的功能。由于“非-RJ 型”七类/F 级的每对均单独屏蔽，极大地减少了线对之间的串扰，这样允许 SYSTEM7 能在同一根电缆内支持语音、数据、视频多媒体三种应用。

2.3 光纤

自从 1975 年光纤革命以来，在过去的 25 年里，我们已经看到了巨大的变化。光纤作为一种通信链路，其幼年时期是从 1975 年开始的。从那以后它的发展令人惊奇。由光纤带来的带宽革命将在未来几十年里继续保持快速发展势头。

2.3.1 什么是光纤

因光在不同物质中的传播速度是不同的，所以光从一种物质射向另一种物质时，在两种物质的交界面处会产生折射和反射。而且，折射光的角度会随入射光的角度变化而变化。当入射光的角度达到或超过某一角度时，折射光会消失，入射光全部被反射回来，这就是光的全反射。不同的物质对相同波长光的折射角度是不同的（即不同的物质有不同的光折射率），相同的物质对不同波长光的折射角度也是不同的。光纤通信就是基于以上原理而形成的。

光纤即光导纤维，是一种传输光束的细而柔韧的媒质。光导纤维电缆由一捆纤维组成，简称为光缆。光缆是数据传输中最有效的一种传输介质。

光纤和同轴电缆相似，只是没有网状屏蔽层。光纤通常是由石英玻璃制成，其横截面积很小的双层同心圆柱体，也称为纤芯，中心是光传播的玻璃芯。在多模光纤中，芯的直径是15～50mm，大致与人的头发的粗细相当。而单模光纤芯的直径为 8～10mm。芯外面包围着一层折射率比芯低的玻璃封套，以使光纤保持在芯内。再外面是一层薄的塑料外套，用来保护封套。光纤通常被扎成束，外面有外壳保护。纤芯通常是由石英玻璃制成的横截面积很小的双层同心圆柱体，它质地脆，易断裂，因此需要外加一保护层。其结构如图 2-11 所示。

随着光通信技术的飞速发展，现在人们已经可以利用光导纤维来传输数据。人们用光脉冲的出现表示“1”，不出现表示“0”。由于可见光所处的频段为 108MHz 左右，因而光纤传输系统可以使用的带宽范围极大。

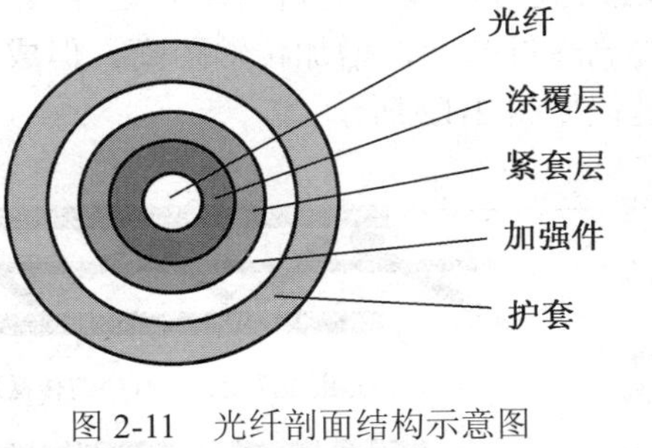

图 2-11 光纤剖面结构示意图

事实上，目前为止的光纤传输技术使得人们可以获得超过 50000GHz 的带宽，今后还可能更高。当前实际使用的 10Gb/s 限制是因为光/电以及电/光信号转换的速度跟不上。在实验室里，短距离可以获得 100Gb/s 的带宽，甚至更高。今后将有可能实现完全的光交叉和光互连，即构成全光网络，到那时网络的速度将成倍地增加。

2.3.2 光纤的种类

1．光纤的种类

（1）按光在光纤中的传输模式可分为：单模光纤和多模光纤。

多模光纤（Multi Mode Fiber）是在给定的工作波长上，能以多个模式同时传输的光纤。中心玻璃芯较粗（50μm 或 62.5μm），可传多种模式的光。但其模间色散较大，这就限制了传输数字信号的频率，而且随距离的增加会更加严重。例如：600MB/km 的光纤在 2km 时则只有 300MB 的带宽了。因此，多模光纤传输的距离就比较近，一般只有几公里。

单模光纤（Single Mode Fiber）中心玻璃芯较细（芯径一般为 8μm 或 10μm），只能传一种模式的光。因此，其模间色散很小，适用于远程通信，但其色度色散起主要作用，这样单模光纤对光源的谱宽和稳定性有较高的要求，即谱宽要窄，稳定性要好。

单模和多模光纤的特性比较如表 2-5 所示。

表 2-5 光纤单模、多模特性比较

单模	多模
用于高速度、长距离	用于低速度、短距离
成本高	成本低
窄芯线，需要激光源	宽芯线，聚光好
耗散小，高效	耗散大，低效

（2）按最佳传输频率窗口分：常规型单模光纤和色散位移型单模光纤。

常规型：光纤生产厂家将光纤传输频率最佳化在单一波长的光上，如 1300μm。

色散位移型：光纤生产厂家将光纤传输频率最佳化在两个波长的光上，如 1300μm 和 1550μm。

（3）按折射率分布情况分：突变型和渐变型光纤。

突变型：光纤中心芯到玻璃包层的折射率是突变的。其成本低，模间色散高。适用于短途低速通信，如工控。但单模光纤由于模间色散很小，所以单模光纤都采用突变型。

渐变型光纤：光纤中心芯到玻璃包层的折射率是逐渐变小，可使高模光按正弦形式传播，这能减少模间色散，提高光纤带宽，增加传输距离，但成本较高，现在的多模光纤多为渐变型光纤。光束的传输过程如图 2-12 所示。

（a）光束在跃变式光纤中的传播过程

（b）光束在渐变式光纤中的传播过程

图 2-12 光在按折射率分布分类光纤中的传输过程

（4）常用光纤规格。

单模：8/125μm，9/125μm，10/125μm。

多模：50/125μm 欧洲标准、62.5/125μm 美国标准。

工业、医疗和低速网络： 100/140μm，200/230μm。

塑料：98/1000μm，用于汽车控制。

2．光纤的优点

（1）光纤的通频带很宽。理论可达 30 亿兆赫兹。

（2）无中继段长。几十到 100 多公里，铜线只有几百米。

（3）不受电磁场和电磁辐射的影响。

（4）重量轻，体积小。例如：通 2.1 万话路的 900 对双绞线，其直径为 3 英寸，重量 8 吨/km。而通信量为其十倍的光缆直径为 0.5 英寸，重量 450kg/km。

（5）光纤通信不带电，使用安全可用于易燃，易爆场所。

（6）使用环境温度范围宽。

（7）耐化学腐蚀，使用寿命长。

3．光纤通信概述

光缆在普通计算网络中的安装是从用户设备开始的。因为光缆只能单向传输，为实现双向通信，必须成对出现，一个用于输入，一个用于输出。光缆两端接到光学接口器上。

光纤透明、纤细，虽比头发丝还细，却具有把光封闭在其中并沿轴向进行传播的导波结构。光纤通信就是因为光纤的这种神奇结构而发展起来的以光波为载频，光导纤维为传输介质的一种通信方式。

光纤通信系统主要由光源、光纤、光发送机和光接收机组成，如图 2-13 所示。

（1）光源。光源是光波产生的根源。

（2）光纤。光纤是传输光波的导体。

（3）光发送机。光发送机负责产生光束，将电信号转变成光信号，再把光信号导入光纤。

（4）光接收机。光接收机负责接收从光纤上传输过来的光信号，并将它转变成电信号，经解码后再作相应处理。

图 2-13　光通信系统结构

通过光波进行信号传输时，传输行为和光的波长有关。有些波长的光在光纤中进行传输时比其他波长的光效率更高。光的波长所使用的计量单位为纳米（nm）。可见光的波长范围是 400～700nm，这种波长的光在光纤中进行传输时，其数据传输的效率不高。使用波长范围为 700～1600nm 的红外光进行数据传输的效率较高。光波通信的理想波长范围或者说窗口有 3 个，分别是 850nm、1300nm、1550nm。高速的数据传输使用的波长窗口为 1300nm。

使用光学信号进行数据传输，当光信号到达接收方时必须具有足够的强度，这样接收方才能够准确地检测到它。光衰减是指当信号从源节点（传送节点）向目标节点进行传输时，光信号在通信介质中的损失。在光纤中的衰减是用分贝（dB）进行度量的。光信号的能量损失与光纤的长度、光纤弯曲的程度、弯曲的数量有直接关系。在光波经过接合点或结合部时也会有能量损失。

为了能够准确地传输到接收方，当光波离开传输设备时，必须具有一定的能量级别。这个最小的能量级别称为功率分配。对于光纤电缆通信而言，功率分配就是按分贝度量传送能量和接收方最终得到的信号强度之间的关系。它是发送信号能够完好无损地到达接收方所必须具有的最小发送能量和接收方敏感度。对于高速通信，光功率分配必须为 11dB。

光纤通信的主要特点如下：

1）传输频带宽、通信容量大，短距离时达几千兆的传输速率；

2）线路损耗低、传输距离远；

3）抗干扰能力强，应用范围广；

4）线径细、质量小；

5）抗化学腐蚀能力强；

6）光纤制造资源丰富。

正是由于光纤的以上优点，使得从 20 世纪 80 年代开始，宽频带的光纤逐渐代替窄频带的金属电缆。但是，光纤本身也有缺点，如质地较脆、机械强度低就是它的致命弱点。稍不注意就会折断于光缆外皮中。施工人员要有比较好的切断、连接、分路和耦合技术。然而，随着技术的不断发展，这些问题是可以克服的。

在网络工程中，一般是 62.5/125μm 规格的多模光纤，有时也用 50/125μm 和 100/140μm 规格的多模光纤。户外布线大于 2km 时可选用单模光纤。在进行综合布线时需要了解光纤的基本性能，下面以 AMP（安普）公司的光纤线缆产品为例介绍多模光纤的特性、光纤的温度适用范围，如表 2-6 和表 2-7 所示。

表 2-6　光纤特性说明

		单模（1310/1550nm）	多模 50/125μm（850/1330nm）	多模 LSZH 50/125μm（850/1330nm）	多模 62.5/125μm（850/1330nm）	多模扩展型 Grade 62.5/125 μm（850/1330nm）
室内光纤	最大衰减值	0.7/0.7	3.5/2.0	3.5/2.0	3.5/1.0	3.5/1.0
	典型衰减值	0.5/0.5	2.6/1.1	2.6/1.1	2.9/0.9	2.9/0.9
	带宽（MHz/km）	-/-	400/400	400/400	160/500	200/600
室外光纤	最大衰减值	0.5/0.4	3.5/2.0	3.5/2.0	3.5/1.0	3.5/1.0
	典型衰减值	0.4/0.3	2.6/1.1	2.6/1.1	2.9/0.9	2.9/0.9
	带宽（MHz/km）	-/-	400/400	400/400	160/500	200/600

2.3.3 单模光纤和多模光纤

光纤主要有两种分类的方法：一是按照模数来分，可分为单模、多模；二是按照折射率分布来分，可分为跳变式光纤和渐变式光纤。

表 2-7 光纤使用温度范围

	室内和阻燃型	低烟及无毒气性能（SZH）
室内光纤 储存 应用	 -40～+85℃（-40～+185℉） -20～+85℃（-40～+185℉）	 -10～+60℃（-40～+140℉） -10～+60℃（-40～+140℉）
	标准光纤	LSZH 及铝外衣
室内光纤 储存 应用	 -40～+75℃（-40～+167℉） -40～+75℃（-40～+167℉）	 -20～+60℃（-4～+190℉） -20～+60℃（-4～+190℉）

1．单模/多模

光纤网线可被分为单模、多模两类。它们主要的区别在于模的数量，或者说是它们能够携带的信号的数量。

单模光纤（Single Mode Fiber，SMF）主要用于长距离通信，纤芯直径很小，其芯直径为 8～10μm，而包层直径为 125μm。单模光纤在给定的时间、给定的工作波长上只能以单一模式传输，即只能有一个光波在光纤中进行传输，所以传输频带宽，传输容量大。单模光纤使用的通信信号是激光。激光光源包含在发送方发送接口中，由于带宽相当大，所以能够以很高的速度进行长距离传输。

单模光纤中光的传输如图 2-14 所示。

图 2-14　单模光纤

TIA/TIS-568A 规范规定的单模光纤电缆的主要特征如表 2-8 所示。

表 2-8　标准中的单模光纤规格

属性	值或特征
主干段的最大长度	3000m
一水平段（到桌面）的最大长度	不建议用于水平布线
每段上结点的最大数目	2
最大衰减	不高于 0.5dB/km
缆线类型	8.3/125μm
连接器	ST 或 SC 连接器

多模光纤（Multi Mode Fiber，MMF）是在给定的工作波长上，能以多个模式同时传输的光纤。在传输距离上没有单模光纤那么长，因为其可用的带宽较小，光源也较弱。对于多模光纤，在传输时使用的光源为 LED，该设备位于发送结点的网络接口中。

多模光纤中光的传输如图 2-15 所示。

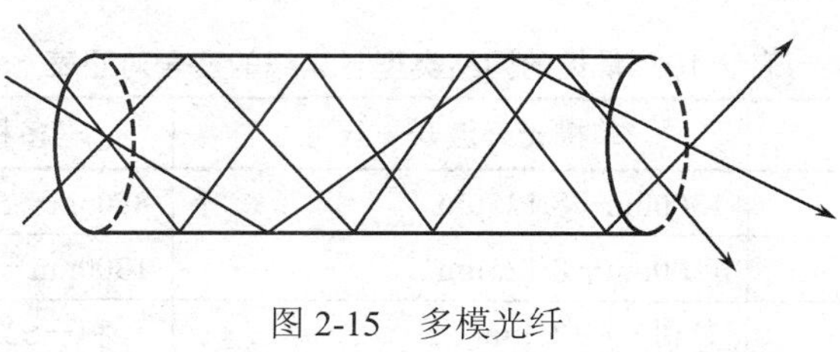

图 2-15　多模光纤

TIA/TIS-568A 规范规定的多模光纤电缆的主要特征如表 2-9 所示。

表 2-9 标准中的单模光纤规格

属性	值或特征
主干段的最大长度	2000m
一水平段（到桌面）的最大长度	100m
每段上结点的最大数目	2
最大衰减	850nm 波长下传输的衰减为 3.75 dB/km 1300nm 波长下传输的衰减为 1.5 dB/km
段的最大数目	1024
带有结点的段的最大数目	1024
菊花链集线器的最大数目	4
缆线类型	62.5/125μm
连接器	ST 或 SC 连接器

2．折射率分布

跳变式光纤芯的折射率和保护层的折射率都是常数。在纤芯和保护层的交界面折射率呈阶梯型变化。

渐变式光纤芯的折射率随着半径的增加而按一定规律减小，到纤芯与保护层交界处减小为保护层的折射率。纤芯的折射率的变化近似抛物线型。

3．光纤的其他分类方法

可用波长：即用来传输数据的光的波长，一个特定的光源的波长是指从光源发出的一束标准光波中相邻波峰间的距离，这个长度是以 nm 来度量的。由此可以分为长波与短波光纤。一般来说光纤使用波长在 800nm 到 1500nm 之间的光信号，具体由光源而定。

芯层/包层的尺寸：芯层和包层的尺寸是指网线中一根单个光纤的芯层和包层的尺寸，一根光纤常常以芯层和包层的尺寸来划分等级，这个尺寸包括两个数字，用一个比值来表示。第一个数据是光纤芯层的直径，单位是μm，第二个数据是光纤包层的外径，单位也是μm。现在常见的主要有 3 种：8/125 主要应用于高速网，如 FDDI、ATM 等；62.5/125 作为一种通用光纤使用在局域网或广域网中；100/140 主要应用于令牌环网中。

光纤线芯的数目：线芯的数目指一根缆线中的线芯个数，主要有 3 类：单芯的网线护套中只有一根光纤，通常有一个较大的缓冲层和一个较厚的外衣；双芯网线的网线护套中有两根光纤线芯，通常用于光纤局域网的主干网线；多芯光纤是指一个护套中包裹了两根以上的线芯，主要应用于局域网。常见网络使用的光纤型号如表 2-10 所示。

表 2-10 常见的网络类型与光纤的型号对照表

网络类型	单模光纤波长－尺寸	多模光纤波长－尺寸
以太网	1300nm－8/125μm	850nm－62.5/125μm
高速以太网	1300nm－8/125μm	1300nm－62.5/125μm
令牌环网	专利－8/125μm	专利－62.5/125μm
ATM 网	1300nm－8/125μm	1300nm－62.5/125μm
高速光纤环网	1300nm－8/125μm	1300nm－62.5/125μm

2.3.4 光缆

1．光缆的制造

光缆的制造过程一般分以下几个过程：

（1）光纤的筛选。选择传输特性优良和张力合格的光纤。

（2）光纤的染色。应用标准的全色谱来标识，要求高温不褪色不迁移。

（3）二次挤塑。选用高弹性模量，低线胀系数的塑料挤塑成一定尺寸的管子，将光纤纳入并填入防潮防水的凝胶，最后存放几天（不少于两天）。

（4）光缆绞合。将数根挤塑好的光纤与加强单元绞合在一起。

（5）挤光缆外护套。在绞合的光缆外加一层护套。

2．光缆的种类

（1）按敷设方式分有：自承重架空光缆、管道光缆、铠装地埋光缆和海底光缆。

（2）按光缆结构分有：束管式光缆、层绞式光缆、紧抱式光缆、带式光缆、非金属光缆和可分支光缆。

（3）按用途分有：长途通信用光缆、短途室外光缆、混合光缆和建筑物内用光缆。

光缆的截面图如图 2-16 所示。

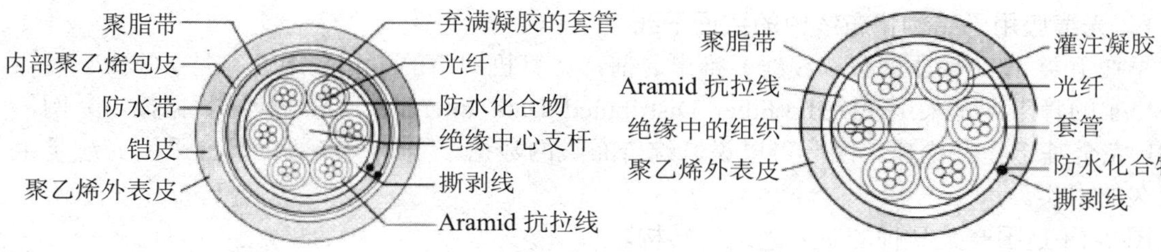

图 2-16 某种室外光缆截面图

3．光缆的标号

光缆型号及规格标注形式如图 2-17 所示。

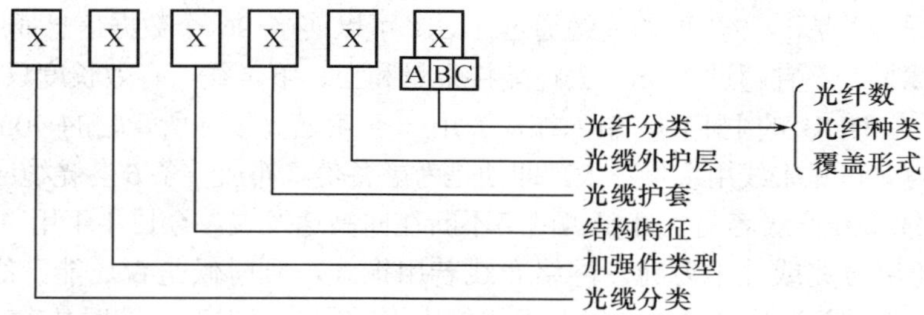

图 2-17 光缆型号标注形式

光缆型号中的常见代号如表 2-11 所示。

表 2-11 光缆型号中的常见符号

分类代号		加强件类型		结构特征		护套		外护层	
代号	含义	代号	含义	代号	含义	代号	含义	代号	含义
GY	通信用室（野）外光缆		金属加强件	T	填充式光缆	Y	聚乙烯护套	23	绕包钢带铠装聚乙烯护层
GR	通信用软光缆	F	非金属加强件		非填充式光缆	V	聚氯乙烯护套	22	烧包钢带铠装聚氯乙烯护层
GJ	通信用室（局）内用光缆	G	金属重型加强件	Z	自承式结构	U	聚氨酯护套	53	纵包钢带铠装聚乙烯护层
GS	通信用设备内光缆	H	非金属重型加强件	B	扁平形状	A	铝塑综合护套	52	绕包钢带铠装聚氯乙烯护层
GH	通信用海底光缆					S	钢塑综合护套	33	细圆钢丝铠装聚乙烯护层
						L	铝护套	32	细圆钢丝铠装聚氯乙烯护层

2.3.5 光缆在综合布线中的应用

1. 光缆应用于结构化布线中的数据干线

早在五类 UTP（非屏蔽双绞线）推出之前，计算机网络的桌面应用速率是 10Mb/s 时，100Mb/s 的骨干网是采用 FDDI（Fiber Distributed Data Interface，光纤分布数据接口）网，FDDI 完全基于光纤构建。因此可以说，综合布线的数据干线绝大多数工程都采用光缆是由来已久的事实。

图 2-18 是国产某品种的室外光缆的结构。

在计算机网络引入基于 100Mb/s 的以太网以来，光纤在综合布线系统中的应用，仍然主要集中于干线级，只是在拓扑结构上发生了变化。

大约是 1996 年前后，尽管是出现了可以支持快速以太网的五类 UTP，价格大大低于光缆线，并且易于安装。但是，至今在主干级，鉴于以下原因，人们一直是倾向于选择光缆。

（1）干线用缆量不大。计算机网络采用光纤 HUB（集线器），每 48 个数据信息插座只需要配置 2 根光纤。于是，一条 4 芯光缆通过 HUB 可以连接 96 个数据信息插座。众所周知，UTP 的水平布线长度不宜超过 90m，去掉端接余量和上、下走线，有效长度只不过是 70m 左右。也就是说，在 HUB 的主干侧（输入端口）用一条 4 芯光缆，所管辖的 70m 水平范围内，可有 96 个数据点。可见干线用缆量不大，即便是考虑备份，布放一条 6 芯光缆应当是足够了。

（2）用光缆干线升级容易。计算机网络不断在向高速发展，今日主干用 1000Mb/s，过若干年就很可能要用万兆或几十万兆。网络布线若用铜缆，到时候是否还能升级，总归是个疑问；若用光缆，则不必为升级疑虑。何况干线的应用常常是多对芯线同时传输信号，铜缆容易引入线对之间的近端串扰（NEXT）以及它们之间的叠加问题，对高速数据传输十分不利。

（3）对于电磁干扰较严重的弱电井，光缆比较理想。光缆布线具有最佳的防电磁干扰性能，既能防电磁泄漏，也不受外界电磁干扰影响，这对于干线处于电磁干扰较严重的弱电井情况来说，是比较理想的防电磁干扰布线系统。

<table>
<tr><th>产品名称</th><th>产品描述</th></tr>
<tr><td>标准全介质自承式光缆 ADSS
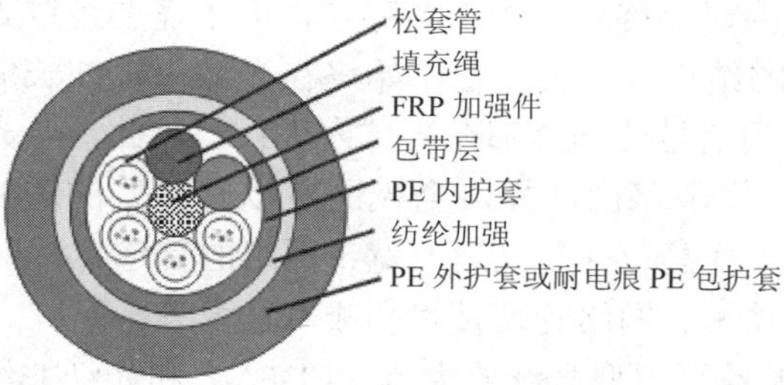
</td><td>ADSS 光缆采用松套层绞式结构，将单模或多模光纤套入由高模量的塑料做成的松套管中，套管内填充阻水化合物。松套管（和填充绳）围绕中心非金属加强芯（FRP）绞合成紧凑和圆形的缆芯，缆芯内的缝隙充以阻水填充物，缆芯外挤制聚乙烯内护套，然后双向绞绕两层起加强作用的芳纶，最后挤制聚乙烯外护套或耐电痕外护套。</td></tr>
<tr><td>标准非金属松套管层绞式光缆 GYFTY
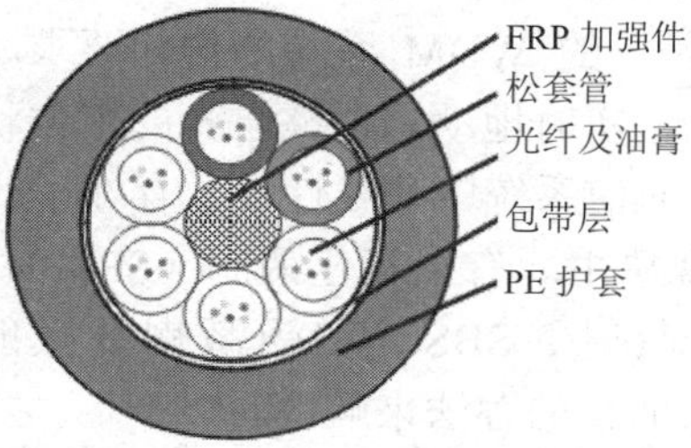
</td><td>GYFTY 光缆的结构是将单模或多模光纤套入由高模量的塑料做成的松套管中，套管内填充阻水化合物。缆芯的中心是一根非金属加强芯（FRP），对于某些芯数的光缆来说，非金属加强芯外还需挤上一层聚乙烯，松套管（和填充绳）围绕中心加强芯绞合成紧凑和圆形的缆芯，缆芯内的缝隙充以阻水填充物，最后挤制聚乙烯护套成缆。</td></tr>
<tr><td>标准松套管加强铠装光缆 GYTA53
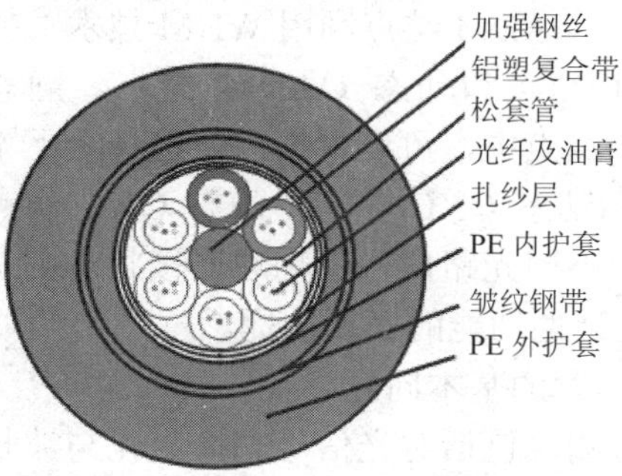
</td><td>GYTA53 光缆的结构是将单模或多模光纤套入由高模量的塑料做成的松套管中，套管内填充阻水化合物。缆芯的中心是一根金属加强芯，对于某些芯数的光缆来说，金属加强芯外还需挤上一层聚乙烯，松套管（和填充绳）围绕中心加强芯绞合成紧凑和圆形的缆芯，缆芯内的缝隙充以阻水填充物。涂塑铝带（APL）纵包后挤上一层聚乙烯护层，双面涂塑钢带（PSP）纵包后聚乙烯外护套成缆。</td></tr>
<tr><td>标准松套管层绞式非铠装光缆 GYTA
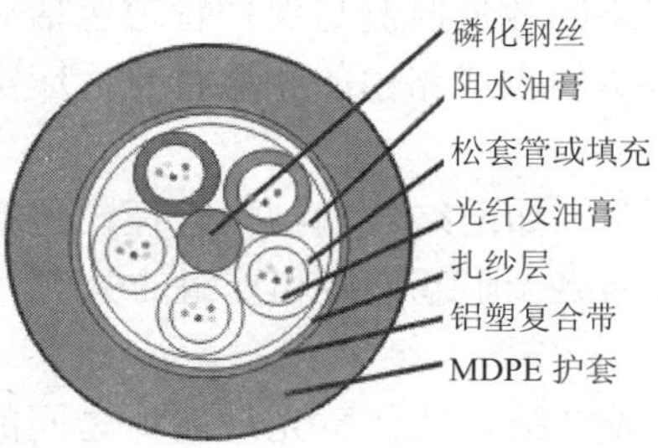
</td><td>GYTA 光缆的结构是将单模或多模光纤套入由高模量的塑料做成的松套管中，套管内填充阻水化合物。缆芯的中心是一根金属加强芯，对于某些芯数的光缆来说，金属加强芯外还需挤上一层聚乙烯，松套管（和填充绳）围绕中心加强芯绞合成紧凑和圆形的缆芯，缆芯内的缝隙充以阻水填充物。涂塑铝带（APL）纵包后聚乙烯外护套成缆。</td></tr>
</table>

图 2-18　常见的光缆型号

（4）光缆在弱电井布放，安装难度较小。光缆在弱电井布放，安装难度较小。况且光缆的布放和安装，供货厂商本来就是提供一条龙服务，由专业技术人员实施，保证工程质量。

（5）对于大对数“超五类”线缆提出质疑。大对数超五类线缆，所有线对都全双工传输信号时，是否能保证 5E 系统的 POWER SUM？有些厂商将优于五类的大对数电缆称为“超五类大对数电缆”。超五类相对于千兆以太网，必须强调各参数的功率和（Power Sum，PS）指标。

2．全光网

全光网络是指光信息流在网络中的传输及交换时始终以光的形式存在，而不需要经过光/电、电/光变换。也就是说，信息从源结点到目的结点的传输过程中始终在光域内，波长成为全光网络的最基本积木单元。由于全光网络中的信号传输全部在光域内进行，因此，全光网络具有对信号的透明性，它通过波长选择器件实现路由选择。全光网络以其良好的透明性、波长路由特性、兼容性和可扩展性，成为下一代高速（超高速）宽带网络的首选。

全光网波分复用技术分涉及传输技术、结点技术、网络管理技术和成网技术等。

（1）传输技术：具有动态可调增益的宽带增益平坦型光纤放大器（EDFA）和光纤非线性对抗技术是当前波分复用技术传输中的关键性技术。目前，EDFA 的带宽已达 35～40nm，只能够满足普通波长密度（即每根光纤 4～16 个波长）的 WDM 系统的传输要求。另外，WDM 通信网要求网络中 EDFA 能够根据信号的变化，实时地动态调整自身的工作状态，从而减小信号波动的影响，保证整个信道的稳定。光纤通信系统中非线性现象存在于光纤信道的各个部分，其累计效应非常可观。光纤中非线性现象主要有自相位调制（SPM）、互相位调制（XPM）、四波混频（FWM）、受激布里渊散射（SBS）和受激喇曼散射（SRS）。影响最大的是互相位调制，只能通过增大光纤有效面积的办法来解决。

（2）结点技术：WDM 全光网中结点分为光上下路结点（OADM）、光交叉连接结点（OXC）和混合结点（兼有 OADM 和 OXC 功能的结点）。OADM 结点利用 WDM 技术直接实现光波信号的上下。OADM 结点可分为静态 OADM 结点和动态 OADM 结点。静态 OADM 中，使用上下固定波长的光路信号。动态 OADM 结点中，可以根据需要选择上下不同波长的光路信号。OXC 结点也可分为静态 OXC 结点和动态 OXC 结点。静态 OXC 结点中，不同光信号的物理连接是固定的。动态 OXC 结点中不同光路信号的物理连接状态则是可以根据需要进行实时改变的，是真正实现全光网许多关键性功能的必要前提。

（3）网络管理技术：监测、控制和管理是所有网络运营的基本问题。

网络及其各组成系统的电气特性（或光频特性）的监测，包括对光信号功率变化与波长（或频率）的系统噪声与非线性效应、系统的传输色散与衰减、系统各单元部件的接口状态等的监测，还包括对网络的部分单元工作状态的控制等。网络的故障监测与保护管理包括局部或全部的故障诊断（故障位置诊断和故障状态诊断）和故障结点或路由的回避、自适应实时保护倒换和网络自愈、重构的实现控制等。

（4）成网技术：成网技术主要处理对全光网的设计规划，如网络传输结构管理，包括波长路由管理、波长变换的控制管理等，这是在光域内实现网络无阻塞连接和重组的关键。

在全光网中，主要设备在于光交换和光路由。

光交换/光路由属于全光网络中的关键光结点，主要完成光结点处任意光纤端口之间的光信号交换及路由选择，它完成的最关键工作就是波长变换。由于实质上是对光的波长进行处理，所以更确切地说，光交换/光路由应该称为波长交换/波长路由。全光网络的几大优点如带宽优势、透明传送、降低接口成本等都是通过该技术体现的。从功能上划分，光交换/光路由、OXC、OADM 是顺序包容的，即 OADM 是 OXC 的特例，而 OXC 是光交换/光路由的特例。由于 OXC 和光交换/光路由还在发展之中，目前对光交换/光路由的命名比较混乱。有的把现有的 OADM、OXC 都称为光交换系列，有的又称之为光路由器。所以目前的光交换/光路由大多以 OXC 甚至 OADM 暂时充当。

通常 OXC 有 3 种实现方式：光纤交叉连接、波长交叉连接和波长变换交叉连接。其中，光纤交叉连接以一根光纤上所有波长的总容量为基础进行交叉连接，容量大但不灵活；波长交叉连接可将任何光纤上的任何波长交叉连接到使用相同波长的任何光纤上。比如，波长λ1、λ2、λ3 和λ4 从输入端 1 号光纤输入，波长交叉连接可以将这 4 个波长选路到输出端口的 1、2、3 和 4 号光纤上去。现在也有人将这种波长交叉连接称为无源光路由器，它的波长可以通过空间分割实现重用。波长的选路路由由内部交叉矩阵决定，一个交叉矩阵可以同时建立 N^2 条路由。它的其他几个别名是拉丁路由器、波导光栅路由器 WGRs 和波长路由器 WRs；波长变换交叉连接可将任何光纤上的任何波长交叉连接到使用不同波长的任何光纤上，具有最高的灵活性。它和波长交叉连接的区别是可以进行波长转换。

3. 全光网络中的新型光纤

全光网络的出现，使原来为单波长信道设计的光纤已经不能满足全光网络的要求，即波长窗口多而且宽（即能容纳更多波长），允许注入更高的光功率（满足每个波长信号对光功率的要求）等。开发适合全光网络的光纤已经成为开发全光网络基础设施的重要组成部分。为适应全光网飞速发展的需要，新一代各具特色的非零色散光纤已经应运而生。

全光网络对光纤和光纤特性的不同要求取决于光纤用于何种场合。

新型光纤能提供更宽的光谱带宽用于城域网的光纤。

由于城域网的典型距离小于 80km，光放大器很少被使用，而且光纤的群速度色散并不是首要的限制。更为重要的是，城域网通常要求支持大量到端的用户，并且倾向于频率带宽的不断增加以及加强管理能力，减少光纤中增加业务和取消业务的成本。实现这一要求的办法之一是将业务分配到数百个波长上（每个波长采用低速中等速率）并采用全光的分路、上下波长。能够被单模光纤传输的波长数目在短波长端受到光纤截止波长的限制（大约在 1260nm），并且在长波长端受到二氧化硅材料吸收和弯曲引入损耗的限制（大约在 1650mm）。从这个角度考虑，理想的光纤应当能够容纳最多数目的波长。

新型光纤中单位面积上的光功率的强度小。

海底光纤通信系统的特点是在几千公里的传输途中仅需少量或不需要上下业务，使用具有大有效面积光纤可以减少昂贵的光放大器的数量来节省开支。这种光纤的大有效面积减小了光纤中单位面积上的光功率的强度，允许更大光功率入射进光纤。因此，信号能够传输更远的距离后才需要放大。另外，与光纤的正色散相关的一种被称为调制不稳定性的光纤非线性效应会使光信号通过长距离海底后变差。在实际的海底光纤通信系统线路中巧妙地采用大有效面积光纤、具有负色散的光纤和色散非位移光纤混合使用的办法来解决这个问题。色散非位移光纤的正色散用来补偿负色散，从而实现整个线路的平均色散接近于零。

对不同波长的群速度色散，其变化量应达到最小。

陆地长途光缆网中的光纤的波长带宽应更宽，每个波长传输的信号具有更高速率。在光纤中传输的不同波长的光产生的群速度色散变化量应达到最小，尽量少用或者不用复杂而昂贵的色散补偿器件。

2.3.6 光纤连接器

光纤连接器是很独特的，光纤必须同时在其中建立光学连接和机械连接。这种连接不像铜介质网线的连接器，铜介质网线的连接器只要金属针接触就可以建立起足够的连接。光纤连接器则必须使网线中的光纤几乎完美地对齐在一起。

在安装所有的光纤系统时，都必须考虑以低损耗的方法把光纤或光缆相互连接起来，以实现光链路的接续。光纤链路的接续，又可以分为永久性的和活动性的两种。永久性的接续，大多采用熔接法、粘接法或固定连接器来实现；活动性的接续，一般采用活动连接器来实现。因为布线中连接器与光纤的连接只使用活动连接器，这里只对活动连接器作介绍。

光纤活动连接器，俗称活接头，一般称为光纤连接器，是用于连接两根光纤或光缆形成连续光通路的可以重复使用的无源器件，已经广泛应用在光纤传输线路、光纤配线架和光纤测试仪器、仪表中，是目前使用数量最多的光无源器件。

1．光纤连接器的一般结构

光纤连接器的主要用途是用以实现光纤的接续。现在已经广泛应用在光纤通信系统中的光纤连接器，其种类众多，结构各异。但细究起来，各种类型的光纤连接器的基本结构是一致的，即绝大多数的光纤连接器一般采用高精密组件（由两个插针和一个耦合管共三个部分组成）实现光纤的对准连接。

这种方法是将光纤穿入并固定在插针中，并将插针表面进行抛光处理后，在耦合管中实现对准。插针的外组件采用金属或非金属的材料制作。插针的对接端必须进行研磨处理，另一端通常采用弯曲限制构件来支撑光纤或光纤软缆以释放应力。耦合管一般是由陶瓷、或青铜等材料制成的两半合成的、紧固的圆筒形构件做成，多配有金属或塑料的法兰盘，以便于连接器的安装固定。为尽量精确地对准光纤，对插针和耦合管的加工精度要求很高。

2．光纤连接器的性能

光纤连接器的性能，首先是光学性能，此外还要考虑光纤连接器的互换性、重复性、抗拉强度、温度和插拔次数等。

（1）光学性能。对于光纤连接器的光性能方面的要求，主要是插入损耗和回波损耗这两个最基本的参数。

插入损耗（Insertion Loss）即连接损耗，是指因连接器的导入而引起的链路有效光功率的损耗。插入损耗越小越好，一般要求应不大于 0.5dB。

回波损耗（Return Loss，Reflection Loss）是指连接器对链路光功率反射的抑制能力，其典型值应不小于 25dB。实际应用的连接器，插针表面经过专门的抛光处理，可以使回波损耗更大，一般不低于 45dB。

（2）互换性、重复性。光纤连接器是通用的无源器件，对于同一类型的光纤连接器，一般都可以任意组合使用，并可以重复多次使用，由此而导入的附加损耗一般都在小于 0.2dB 的范围内。

（3）抗拉强度。对于做好的光纤连接器，一般要求其抗拉强度应不低于 90N。

（4）温度。一般要求，光纤连接器必须在-40℃～+70℃的温度下能够正常使用。

（5）插拔次数。目前使用的光纤连接器一般都可以插拔 1000 次以上。

3．部分常见光纤连接器

按照不同的分类方法，光纤连接器可以分为不同的种类，按传输媒介的不同可分为单模光纤连接器和多模光纤连接器；按结构的不同可分为 FC、SC、ST、D4、DIN、Bionic、MU、LC、MT 等类型；按连接器的插针端面可分为 PC（UPC）和 APC；按光纤芯数还有单芯、多芯之分。

下面具体介绍插针端面 PC 与 APC。

PC 型：端面呈球形，表明其对接端面是物理接触。即端面呈凸面拱型结构，微球面研磨抛光，常应用于数据传输网，应用普遍。

APC 型：接触端中央部分仍保持 PC 型的球面，但端面其他部分加工成斜面，增大接触面积。端面与光纤轴线夹角一般为 8°，插入损耗小于 0.5dB，俗称斜八度，常用于广播电视光纤传输系统。所以光纤连接器的型号一般表示为结构形式/端面形式，如 FC/PC－FC/APC、FC/PC－ST/PC 等。

在实际应用过程中，一般按照光纤连接器结构的不同来加以区分。以下简单介绍一些目前比较常见的光纤连接器。

（1）FC 型光纤连接器。这种连接器最早是由日本 NTT 研制。FC 是 Ferrule Connector 的缩写，表明其外部加强方式是采用金属套，紧固方式为螺丝扣。最早，FC 类型的连接器，采用的陶瓷插针的对接端面是平面接触方式（FC）。此类连接器结构简单，操作方便，制作容易，但光纤端面对微尘较为敏感，且容易产生菲涅尔反射，提高回波损耗性能较为困难。后来，对该类型连接器做了改进，采用对接端面呈球面的插针（PC），而外部结构没有改变，使得插入损耗和回波损耗性能有了较大幅度的提高。

（2）SC 型光纤连接器。这是一种由日本 NTT 公司开发的光纤连接器。其外壳呈矩形，所采用的插针与耦合套筒的结构尺寸与 FC 型完全相同，其中插针的端面多采用 PC 或 APC 型研磨方式；紧固方式是采用插拔销闩式，不需旋转。此类连接器价格低廉，插拔操作方便，介入损耗波动小，抗压强度较高，安装密度高。

（3）双锥型连接器（Biconic Connector）。这类光纤连接器中最有代表性的产品由美国贝尔实验室开发研制，它由两个经精密模压成形的端头呈截头圆锥形的圆筒插头和一个内部装有双锥形塑料套筒的耦合组件组成。

（4）DIN47256 型光纤连接器。这是一种由德国开发的连接器。这种连接器采用的插针和耦合套筒的结构尺寸与 FC 型相同，端面处理采用 PC 研磨方式。与 FC 型连接器相比，其结构要复杂一些，内部金属结构中有控制压力的弹簧，可以避免因插接压力过大而损伤端面。另外，这种连接器的机械精度较高，因而介入损耗值较小。

（5）MT-RJ 型连接器。MT-RJ 起步于 NTT 开发的 MT 连接器，带有与 RJ-45 型 LAN 电连接器相同的闩锁机构，通过安装于小型套管两侧的导向销对准光纤，为便于与光收发信机相连，连接器端面光纤为双芯（间隔 0.75mm）排列设计，是主要用于数据传输的下一代高密度光连接器。

（6）LC 型连接器。LC 型连接器是著名 Bell 研究所研究开发出来的，采用操作方便的模块化插孔（RJ）闩锁机理制成。其所采用的插针和套筒的尺寸是普通 SC、FC 等所用尺寸的一半，为 1.25mm。这样可以提高光纤配线架中光纤连接器的密度。目前，对于单模，LC 类型的连接器实际已经占据了主导地位，在多模方面的应用也增长迅速。

（7）MU 型连接器。MU（Miniature Unit Coupling）连接器是以目前使用最多的 SC 型连接器为基础，由 NTT 研制开发出来的世界上最小的单芯光纤连接器，该连接器采用 1.25mm 直径的套管和自保持机构，其优势在于能实现高密度安装。利用 MU 的 1.25mm 直径的套管，NTT 已经开发了 MU 连接器的系列。它们有用于光缆连接的插座型光连接器

（MU-A 系列）、具有自保持机构的底板连接器（MU-B 系列）、用于连接 LD/PD 模块与插头的简化插座（MU-SR 系列）等。随着光纤网络向更大带宽更大容量方向的迅速发展和 DWDM 技术的广泛应用，对 MU 型连接器的需求也将迅速增长。

图 2-19 为常用的几种光纤连接器。

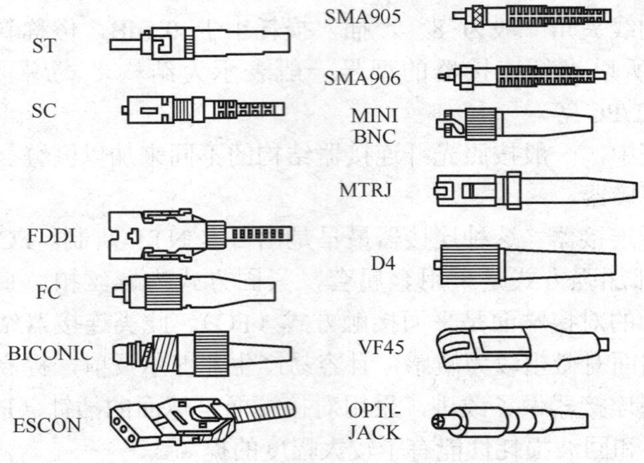

图 2-19 常用的几种光纤连接器

（8）光纤接头小结。

- FC 圆形带螺纹，ST 卡接式圆形，SC 卡接式方形，LC 类似于 SC，但体形小一半。
- PC 微球面研磨抛光，APC 呈 8°并做微球面研磨抛光，MR-TJ 方型，一头是双纤收发一体（多为 3COM 上用）。
- GBIC 使用的光纤接口多为 SC 或 ST 型。
- SFP、小型封装 GBIC 使用的光纤为 LC 型。
- 单模 L，波长 1310；单模长距 LH，波长 1310、1550；多模 SM，波长 850；
- SX/LH 表示可以使用单模或多模光纤。

图 2-20 为常用的几种光纤接头。

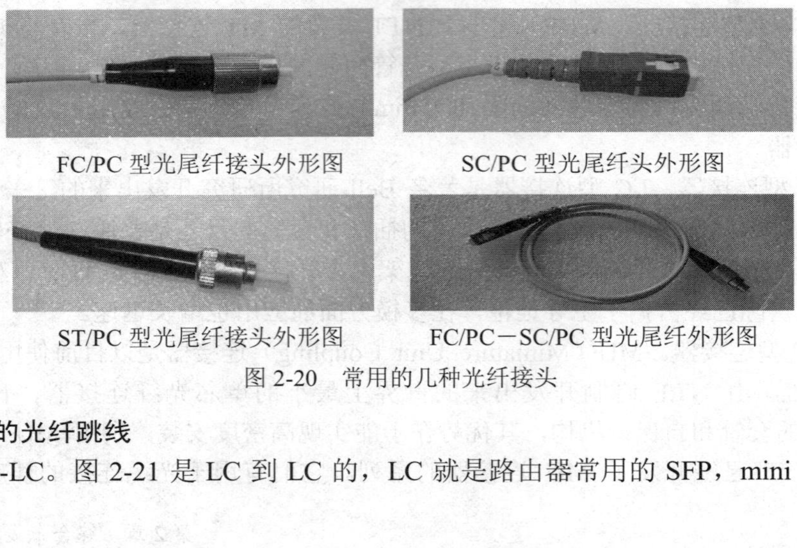

FC/PC 型光尾纤接头外形图　　SC/PC 型光尾纤头外形图

ST/PC 型光尾纤接头外形图　　FC/PC－SC/PC 型光尾纤外形图

图 2-20 常用的几种光纤接头

4. 常用的光纤跳线

（1）LC-LC。图 2-21 是 LC 到 LC 的，LC 就是路由器常用的 SFP，mini GBIC 所插的

线头。LC 接头和 SC 接头形状相似，较 SC 接头小些。插拔式锁紧结构，外形为矩形。Cisco 比较新的设备基本上都是这种接口了。

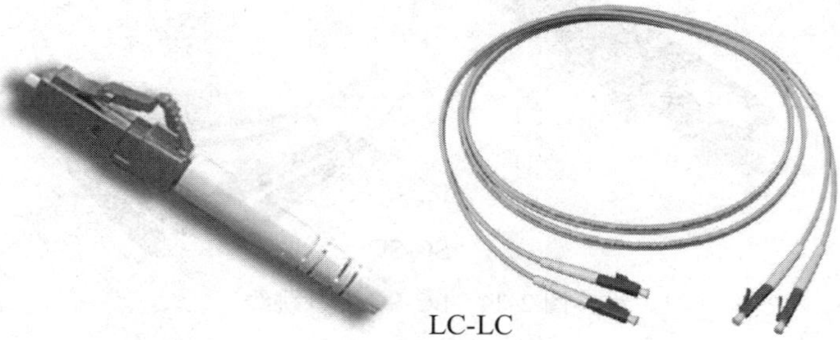

图 2-21 LC-LC 光纤跳线

（2）FC-SC。FC 到 SC，FC 一端插光纤布线架，SC 一端就是 catalyst 交换机或其他设备上面的 GBIC 所插线缆，如图 2-22 所示。

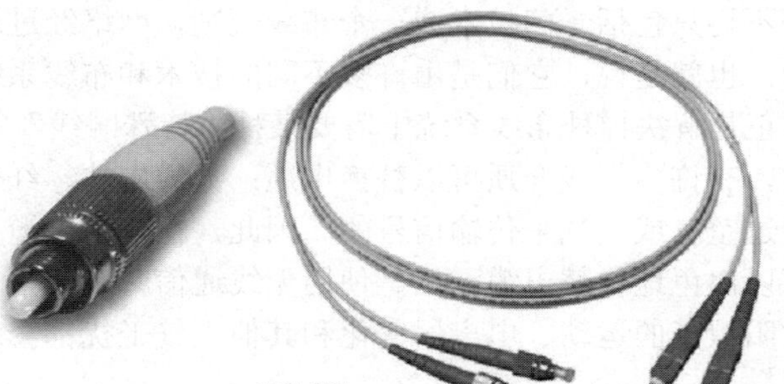

图 2-22 FC-SC 光纤跳线

（3）ST-FC。ST 到 FC，对于 10Base-F 连接来说，连接器通常是 ST 类型，ST 为卡接式圆形，即金属圆形卡口式结构，圆形接口，通过卡口连接。ST 头插入后旋转半周后由一卡口固定。另一端 FC 连的是光纤布线架，如图 2-23 所示。

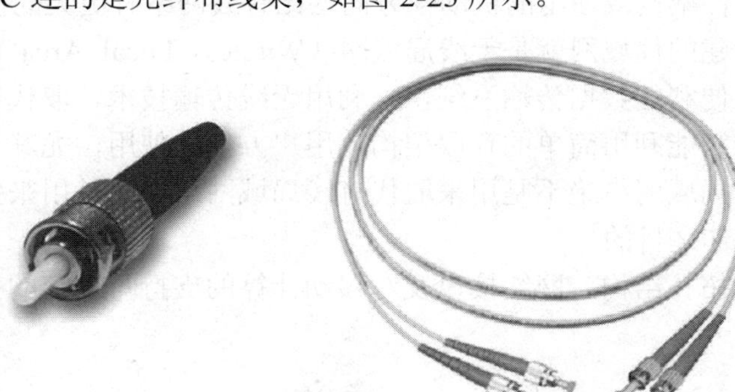

图 2-23 FC-ST 光纤跳线

（4）SC-SC。SC 到 SC 两头都是连接到 GBIC 的。SC 为卡接式方形，简称大方。即塑料矩形插拔式结构，方形接口。SC 曾最常用在交换机、路由器上，如图 2-24 所示。

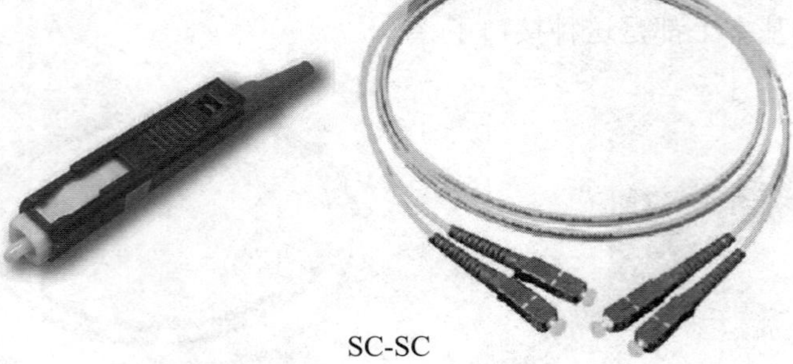

SC-SC

图 2-24 SC-SC 光纤跳线

（5）SC 到 LC。SC 到 LC，一头连接 GBIC，另一头连接 MINI-GBIC 或 SFP。

2.4 无线介质

今天的网络已经不再只包括一门技术或一个布线规则，网络经过近几十年的发展，人们普遍认为它是异构的。也就是说，它们是由许多不同的技术和布线系统组成的，而且来自不同制造者。无线技术正是解决异种布线系统中需要某种“特殊网线”的一种途径。

网络信号传输时，有许多无线介质可以替换电缆：无线电波、红外线信号以及微波等。所有这些技术都是通过空气或大气来传输信号的。因此，在使用电缆非常困难或者说根本不可能时，无线通信可以出色地代替电缆。但是使用无线通信时有一个非常重要的限制：同一介质的其他信号、太阳黑子的运动、电离层变化和其他大气干扰都会对通信信号形成干扰，从而会产生许多问题。

2.4.1 无线网络的概念

所谓无线网络就是利用无线介质作为信号的传输介质，从应用的角度来看，它与有线网络的用途完全相似，两者最大的不同在于传输信息的媒介不同。除此之外，正因为它是无线，因此无论是在硬件架设或使用的机动性方面均比有线网络有更大的优势。

采用无线技术构建的局域网就是无线局域网（Wireless Local Area Network，WLAN）。无线局域网络是相当便利的数据传输系统，它利用无线传输技术，取代铜线所构成的局域网络，使得无线局域网络能利用简单的存取架构让用户方便地使用，尤其是在移动办公方面体现得更为明显。无线局域网络绝不是用来取代有线局域网络，而是用来弥补有线局域网络的不足，以达到网络延伸之目的。

无线网络的网络拓扑结构、网络接口及对移动计算的支持与传统的有线网络相比有着明显的不同。

1. 拓扑结构

无线局域网的拓扑机构可归结为两类：无中心或叫对等式（Peer To Peer）拓扑、有中心（HUB-BASED）拓扑。

（1）无中心拓扑。无中心拓扑的网络要求网中任意两个站点均可直接通信。采用这种拓扑结构的网络一般使用公用广播信道，各站点都可竞争公用信道，而信道接入控制

（MAC）协议大多采用 CSMA（载波监测多路访问）类型的多址接入协议。这种结构的优点是网络抗毁性好、建网容易且费用较低。但当网中用户数（站点数）过多时，信道竞争成为限制网络性能的要害。并且为了满足任意两个站点可直接通信，网络中的站点布局受环境限制较大。因此这种无中心拓扑结构适用于用户数相对较少的工作群。

（2）有中心拓扑。在有中心拓扑结构中，要求一个无线站点充当中心站，所有站点对网络的访问均由其控制。由于每个站点只要在中心站覆盖范围内就可以与其他站点通信，故网络中心点布局受环境限制较小。此外，中心站为接入有线主干网提供了一个逻辑接入点。但是，随着网络业务量增大，网络吞吐性能及网络延时性能会急剧恶化。有中心网络拓扑结构的弱点是抗毁性差，中心站点的故障容易导致整个网络瘫痪，并且中心站点的引入增加了网络成本。在实际应用中，无线局域网往往与有线主干网络结合起来使用。这时，中心站点充当无线局域网与有线主干网的转接器。

2．网络接口

通常网络接口可以选择在 OSI 参考模型的物理层或数据链路层。所谓物理层接口指使用无线信道替代通常的有线信道，而物理层以上各层不变。这样做的最大优点是上层的网络操作系统及相应的驱动程序可不做任何修改。这种接口方式，在使用时一般作为有线局域网的集线器和无线转发器，以实现有线局域网间互联或扩大有线局域网的覆盖范围。另一种接口方法是从数据链路层接入网络。这种接口方法并不沿用有线局域网的 MAC（介质访问控制）协议，而采用更适合无线传输环境的 MAC 协议。这种情况下，MAC 层及其以下层对上层是透明的，配置相应的驱动程序来完成与上层的接口，这样可保证现有的有线局域网操作系统或应用软件可在无线局域网上正常运行。目前，大部分无线局域网厂商都采用数据链路层接口方法。

3．对移动计算网络的支持

在无线局域网发展的初期阶段，无线局域网的最大特征是用无线介质替代线缆，这样可省去布线，网络安装简便。随着笔记本型、膝上型、掌上型电脑个人数字助手（PDA），以及便携式终端等的普及应用，支持移动计算网络的无线局域网就显得尤为重要。从移动通信的观点来讲，移动计算网络应提供以下功能：

（1）小区内的站点可移动。

（2）不同小区内站点可经过网络接入点及主干网进行通信。

（3）当某一站点由一个小区移动至另一个小区时，通过越区切换协议或算法，该站点被切换至新的小区。在新的小区中该站点仍和在以前小区时一样保持与外界的连接。

（4）小区中的站点可通过主干网上的路由器访问公共网或被公共网访问。

无线局域网主要应用于移动网络中。对于移动应用环境，又可分为室内应用和室外应用。

室内应用：在室内应用下，无线局域网作为有线局域网的补充，与有线局域网并存。由于无线局域网的价格比有线局域网高，故在室内环境下，无线局域网在以下应用情况可发挥其无线特长：大型办公室、车间、超级市场、智能仓库、临时办公室、会议室、证券市场等。

室外应用：在难以布线的室外环境中，无线局域网可充分发挥其高速率、组网灵活的优点。尤其在公共通信网不发达的状态下，无线局域网可作为区域网（覆盖范围几十千米）使用。下面列出几种应用情况：城市建筑群间通信，学校校园网络，工矿企业厂区自动化控制与管理网络，银行与金融证券城区网络，城市交通信息网络，矿山、水利、油田等区域网络，港口、码头、江河湖坝区网络，野外勘测、实验等流动网络，军事、公安流动网络等。

2.4.2 无线通信技术发展进程

1832 年莫尔斯发明了电报，它传送的信息是由众所周知的点划码组成的，即人类最早的通信是采用数字方式进行的。以后贝尔又发明了电话，并由此造就一个电信产业。一个多世纪以来，以电话服务为主的电信业走了一条成功之路，取得了极大的发展。

然而随着人类社会的发展，电信业务也从早期的电报、电话发展到今天多种业务并存的局面，通信的规模也发生了翻天覆地的变化。随着科学技术的发展，现代通信又进入了数字时代。20 世纪 90 年代信息革命的浪潮，建设信息高速公路的号角声，信息和知识爆炸式的增长，特别是因特网商用化后的迅猛发展，使传统的电信业受到巨大的震动和冲击。带给我们的启示是，问题的核心在于“信息”。在信息和知识已成为社会和经济发展的战略资源和基本要素的时代中，人们更加需要随时随地获取信息，原来点对点的固定电话通信方式已远不能满足需求了。人类需要宽带的无线通信技术，来满足多媒体化、普及化、多样化、全球化和个性化的信息交流。

无线通信是指采用电磁波进行信息传递的通信方式。早在 1897 年，马可尼使用 800kHz 中波信号进行了从英国至北美纽芬兰的世界上第一次横跨大西洋的线无电报通信试验，开创了人类无线通信的新纪元。在无线通信初期，受技术条件的限制，人们大量使用长波及中波进行通信。20 世纪 20 年代初人们发现的短波通信，直到 20 世纪 60 年代卫星通信兴起前，它一直是远程国际通信的重要手段，并且目前对应急通信和军用通信依然有一定的实用价值。

20 世纪 40 年代到 50 年代产生了传输频带较宽、性能较稳定的微波通信，成为长距离大容量地面干线无线传输的重要手段。模拟调频传输容量高达 2700 路，亦可同时传输高质量彩色电视信号；尔后逐步进入中容量至大容量数字微波传输。

20 世纪 80 年代中期以来，随着频率选择性色散衰落对数字微波传输中断影响的发现及一系列自适应衰落对抗技术与高状态调制与检测技术的发展，使数字微波传输产生了一个革命性变化。特别应该指出的是 20 世纪 80 年代到 90 年代发展起来的一整套高速多状态自适应编码调制解调技术与信息号处理及信号检测技术，对现今卫星通信、移动通信、全数字 HDTV 传输、通用高速有线/无线接入，乃至高质量磁性记录等诸多领域的信号设计与信号处理及应用，发挥了重要作用。

随着国民经济和社会发展的信息化，人们要通过信息化开创新的工作方式、管理方式、商贸方式、金融方式、思想交流方式、文化教育方式、医疗保健方式以及消费与生活方式。无线通信也从固定方式发展为移动方式，移动通信发展至今大约经历了五个阶段。

第一阶段为 20 世纪 20 年代初至 50 年代初，主要用于舰船及军用，采用短波频及电子管技术，至该阶段末期才出现 150MHz VHF 单工汽车公用移动电话系统 MTS。

第二阶段为 20 世纪 50 年代到 60 年代，此时频段扩展至 UHF 450MHz，器件技术已向半导体过渡，大都为移动环境中的专用系统，并解决了移动电话与公用电话网的接续问题。

第三阶段为 20 世纪 70 年代初至 80 年代初，频段扩展至 800MHz，美国 Bell 研究所提出了蜂窝系统概念并于 70 年代末进行了 AMPS 试验。

第四阶段为 20 世纪 80 年代初至 90 年代中，为第二代数字移动通信兴起与大发展阶段，并逐步向个人通信业务方向迈进；此时出现了 D-AMPS、TACS、ETACS、GSM/DCS、CDMAONE、PDC、PHS、DECT、PACS、PCS 等各类系统与业务运行，频段扩展至 900MHz～1.9GHz，而且除公众蜂窝电话通信系统外，无线寻呼系统、无绳电话系统、集群系统、无中心多信道选址移动通信系统等各类移动通信手段适应用户市场需求而兴起并各显神通。

第五阶段为 20 世纪 90 年代中至今，随着数据通信与多媒体业务需求的发展，适应移动数据、移动计算及移动多媒体运作需要的第三代移动通信开始兴起，其全球标准化及相应融合工作与样机研制和现场试验工作在快速推进，包括从第二代至第三代移动通信的平滑过渡问题在内。对于第三代移动 TMT-2000 纷纷参与标准的制定，经多次融合努力在 1999 年 10 月 25 日至 11 月 5 日芬兰赫尔辛基召开的 ITU-R TG8/1 第 18 次会议上 5 类 RTT 技术标准共 6 种方案成为最终结果。中国的 TD-SCDMA 方案也已成为其中之一。应该指出，UTRA WCDMA DS 及 TIA CDMA2000MC 的相应起步样机已经诞生，包括以 GSM、CSMAONE 后向兼容为基础的第二代半过渡设备（G）EDGE、CDMA IS-95B HDR（2.4Mb/s 峰值速率，64QAM 调制）及 CDMA2000-1X 等亦已推出。

此外，为接续 Internet 移动游览应用的无线应用协议（WAP）与无线连接技术蓝牙（Blue Tooth）已经产生。从网络的角度来看，接入网可分成有线接入网和无线接入网、光缆同轴混合接入网、铜线电缆、对绞线、电话（一般为铜线）接入网等；无线接入技术是近些年迅速发展起来的新技术领域，它从概念上产生了一个重大的飞跃，即不需要缆线类物理传输介质而采用无线传播手段来代替部分接入网甚至入网的全部，从而达到降低成本、提高灵活性和扩展传输距离的目的。

无线接入网品种繁多，如移动卫生系统、蜂窝移动通信系统、集群通信系统，一点到多点微波通信系统、微波蜂窝的无线本地接入系统（PHS、PAS、PACS、DECT）等。

短距离之内的接入技术主要有蓝牙（Blue Tooth）、红外线、DECT、IEEE802.11 和共享无线接入协议（SWAP）/HOMERF 等系统。

继广域网（Wide Area Network，WAN）或城域网（Metropolitan Area Network，MAN）、局域网（Local Area Network，LAN）之后，最近人们又提出了“无线个域网”（Wireless Personal Area Network，WPAN）。这一新概念将小范围应用提升至网络理论的高度。在短短的时间内，WPAN 成为一个受人瞩目的新热点。

2.4.3 无线局域网标准简介

美国 IEEE802 委员会制定了关于无线网物理层和链路层的 802.11 协议。主要的版本有：802.11、802.11a、802.11b、802.11b+、802.11g。IEEE 802.11 系列无线局域网标准的比较见表 2-13。

表 2-13 IEEE 802.11 系列无线局域网标准对比表

标准指标	802.11	802.11a	802.11b	802.11b+	802.11g	802.11i
工作频带	2.4GHz	5GHz	2.4GHz	2.4GHz	2.4GHz	2.4GHz
带宽	1～2Mb/s	54Mb/s	11Mb/s	22Mb/s	36m（最高 54Mb/s）	54Mb/s
传输距离	100m	20～50m	100～400m	100～400m	100～400m	100～400m

续表

兼容性	无	无	无	兼容 802.11b	兼容 802.11b	兼容 802.11b 802.11g
业务	数据	语音、数据、图像	语音、数据、图像	语音、数据、图像	语音、数据、图像	语音、数据、图像
加密方式	WPA	WPA	WPA	WPA	WPA	WPA2（128 位）

1．802.11 全家族

IEEE 802.11，1997 年，原始标准（2Mb/s，工作在 2.4GHz）。

IEEE 802.11a，1999 年，物理层补充（54Mb/s，工作在 5GHz）。

IEEE 802.11b，1999 年，物理层补充（11Mb/s，工作在 2.4GHz）。

IEEE 802.11c，符合 802.1D 的媒体接入控制层桥接（MAC Layer Bridging）。

IEEE 802.11d，根据各国无线电规定做的调整。

IEEE 802.11e，对服务等级（Quality of Service, QoS）的支持。

IEEE 802.11f，基站的互连性（Inter-Access Point Protocol，IAPP），2006 年 2 月被 IEEE 批准撤消。

IEEE 802.11g，2003 年，物理层补充（54Mb/s，工作在 2.4GHz）。

IEEE 802.11h，2004 年，无线覆盖半径的调整，室内（indoor）和室外（outdoor）信道（5GHz 频段）。

IEEE 802.11i，2004 年，无线网络的安全方面的补充。

IEEE 802.11j，2004 年，根据日本规定做的升级。

IEEE 802.11l，预留及准备不使用。

IEEE 802.11m，维护标准；互斥及极限。

IEEE 802.11n，2008 年上半年通过正式标准，WLAN 的传输速率由目前 802.11a 及 802.11g 提供的 54Mb/s、108Mb/s 提高到 300Mb/s，甚至高达 600Mb/s。

IEEE 802.11k，该协议规范规定了无线局域网络频谱测量规范。该规范的制定体现了无线局域网络对频谱资源智能化使用的需求。

IEEE 802.11s，2007 年 9 月，这一年出现很多新的术语，如拓扑发现、路径选择与转发、信道定位、安全、流量管理和网络管理等。

除了上面的 IEEE 标准，另外有一个被称为 IEEE 802.11b+的技术，通过 PBCC 技术（Packet Binary Convolution Code）在 IEEE 802.11b（2.4GHz 频段）基础上提供 22Mb/s 的数据传输速率。但这事实上并不是一个 IEEE 的公开标准，而是一项产权私有的技术，产权属于美国德州仪器公司。

2．802.11b

IEEE 802.11b 无线局域网的带宽最高可达 11Mb/s，比 IEEE 802.11 标准快 5 倍，扩大了无线局域网的应用领域。另外，也可根据实际情况采用 5.5Mb/s、2Mb/s 和 1Mb/s 带宽，实际的工作速度在 5Mb/s 左右，与普通的 10Base-T 规格有线局域网几乎处于同一水平。作为公司内部的设施，可以基本满足使用要求。IEEE 802.11b 使用的是开放的 2.4GB 频段，不需要申请就可使用。既可作为对有线网络的补充，也可独立组网，从而使网络用户摆脱网线的束缚，实现真正意义上的移动应用。

IEEE 802.11b 无线局域网与我们熟悉的 IEEE 802.3 以太网的原理很类似，都是采用载波监听的方式来控制网络中信息的传送。不同之处是以太网采用的是 CSMA/CD（载波监听/冲突检测）技术，网络上所有工作站都监听网络中有无信息发送，当发现网络空闲时即发出自己的信息，如同抢答一样，只能有一台工作站抢到发言权，而其余工作站需要继续等待。如果一旦有两台以上的工作站同时发出信息，则网络中会发生冲突，冲突后这些冲突信息都会丢失，各工作站则将继续抢夺发言权。而 802.11b 无线局域网则引进了冲突避免技术，从而避免了网络中冲突的发生，可以大幅度提高网络效率。

802.11b 运作模式基本分为两种：点对点模式和基本模式。点对点模式是指无线网卡和无线网卡之间的通信方式。只要 PC 插上无线网卡即可与另一具有无线网卡的 PC 连接，对于小型的无线网络来说，是一种方便的连接方式，最多可连接 256 台 PC。而基本模式是指无线网络规模扩充或无线和有线网络并存时的通信方式，这是 802.11b 最常用的方式。此时，插上无线网卡的 PC 需要由接入点与另一台 PC 连接。接入点负责频段管理及漫游等指挥工作，一个接入点最多可连接 1024 台 PC（无线网卡）。当无线网络结点增多时，网络存取速度会随着范围扩大和结点的增加而变慢，此时添加接入点可以有效控制和管理频宽与频段。无线网络需要与有线网络互连，或无线网络结点需要连接或存取有线网的资源和服务器时，接入点可以作为无线网和有线网之间的桥梁。

802.11b 中规定了一个统一的媒介访问控制（MAC）协议，RF 收发器和红外收发器的物理层接口，无线网络厂家在此协议的规范下，将可以推出大量的可互操作的低价格无线网络产品。802.11b 协议目前已提出无线网桥、路由器和中继器等更先进设备的标准；发展更快的数据传输速率，以扩大无线网络的能力和适用范围。

在此技术背景和急剧扩大的社会需求的条件下，无线网络将会迅速地为需要在移动中联网及在网间漫游的任何场合，为在不易布线的地方和远距离的数据处理结点提供强大的网络支持。运行于网上的信息将是数据、实时的语音和图像。

习　题

1. 综合布线中的传输介质主要性能参数有哪些？
2. IEEE 对双绞线是如何分类的？试比较各类双绞线的性能。
3. 试说明 End to End 布线理念。
4. 按照光在光纤中的传播模式来分，光纤可分为哪几类？各有什么特点？
5. 按照适用于光纤传输的波长分类，光纤可分为哪几类？
6. 光纤通信有哪些特点？
7. 常见的光纤连接器有哪些？
8. 光纤接续分为哪两种？分别适用于什么场合？
9. 什么是无线网络？
10. 试述无线局域网标准的发展进程。
11. 简述 802.11b 标准。

第 3 章　综合布线系统常用器材

本章学习目标

本章主要讲述综合布线系统工程中的常用的设备和器材，并对这些设备与器材的形状、功能及使用方法进行描述。通过对本章的学习，读者应掌握以下基本能力：

- 认识综合布线系统工程中较常用设备
- 能进行简单的综合布线工程的设计，并在设计中准确使用这些设备
- 能在设计中熟练选择布线设备及器材
- 在特殊情况下能根据用户的实际需要合理选择布线设备

3.1　综合布线系统常用器材

3.1.1　面板与信息盒

信息盒是位于工作区子系统的综合布线产品，面板覆盖在信息盒的外表面上，用于在信息出口位置固定信息模块。国内市场常用的信息面板一般是 86mm×86mm 规格，分白色和象牙色两种，材质多为 ABS/PC 工程塑料。常见有单口和双口型号，如图 3-1 所示。

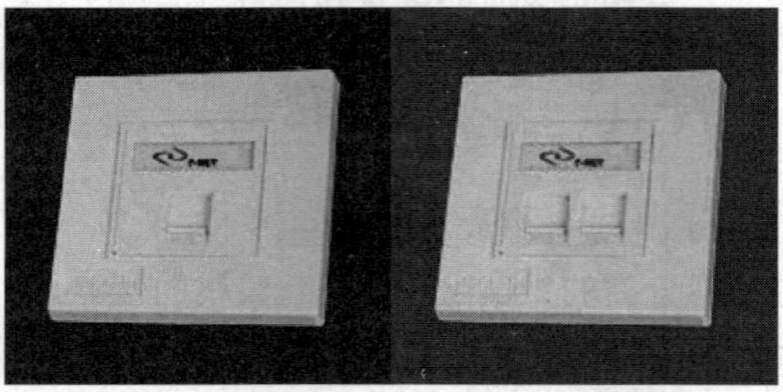

图 3-1　信息面板

面板有带盖和不带盖之分，面板盖主要是为了防止灰尘和污物进入模块内部。有盖面板又分扣式防尘盖和弹簧防尘盖两大系列。

在工作区信息面板安装方式一般有 3 种：墙面上、桌面上和地面上。

1．安装在墙面上

这种安装方式一般是将信息盒安装于新建建筑的墙面或软间壁墙上，是综合布线中最常用的信息盒安装方法。它需要在土建时将建筑用标准 86 底盒安装于大开间的墙面上，也可以在内部装饰时将标准 86 底盒埋于软间壁墙中。它在造价、整洁、安装与维护等方面都很

有优势。

2．安装在桌面上

在建筑内装修已经完成后需要再增加信息点时，就只能采用这种安装方式。它是将综合布线专用的桌面式信息底盒固定在墙面或桌面上，再将信息模块和信息面板安装于底盒上。

3．安装在地面上

对于大开间，信息点较多、较密时一般使用地面式信息盒。在地面上布置信息点时，需要选用专门的地面信息盒和地面信息插座。地面式信息盒多采用铜质且应当是密封的，防水、防尘并可带有升降功能。铜质地面插座有旋盖式、翻扣式、弹启式 3 种，铜面又分为圆、方两款。其中弹启式地面插座应用最广，它采用铜合金或铝合金材料制造而成，安装于厅、室内任意位置的地板平面上，适用于大理石、木地板、地毯、架空地板等各种地面。

使用时面盖与地面相平，不影响通行及清扫。在面盖合上的状态下走路时，即使踩上了面盖也不容易弹出。地面插座的防渗结构，在插座盖合上时可保证水滴等流体不易渗入。

还有几种面板应用于一些特殊场合，如多媒体信息端口、区域接线盒、多媒体面板、家具式模块化面板等。

3 种不同的信息盒如图 3-2 所示。

图 3-2　3 种常用信息盒

图 3-3 为某品牌墙面型防尘面板，规格如下：

图 3-3　某品牌信息盒

- 墙面型面板为 86 系列，其外形尺寸为 86×86（mm）。
- 配有防尘滑门防止灰尘和污物进入模块。
- 可安装多类型模块，应用于工作区的布线子系统。
- 嵌入式面框，安装方便；面板表面带嵌入式图表及标签位置，便于识别数据和语音端口。
- 配合防尘滑门用以保护模块、遮灰尘和污物进入。
- 型号：备有适用于各种环境的单、双孔、三孔、四孔面板。
- 颜色：白色、象牙色。
- 材料：ABS/PC 工程塑料。附有相应的安装附件：螺钉和塑料铆钉。单个 PP 塑料袋包装。

3.1.2　RJ-45 接头（水晶头）

水晶头的术语名称叫 RJ-45 连接器，是铜缆布线中的标准连接器，它和信息模块共同组成一个完整的连接器单元，用来连接双绞线的两端。

水晶头按连接不同级别的铜缆可分为三类、五类、六类等。RJ-45 接头同样也有屏蔽与非屏蔽之分，如图 3-4 所示。

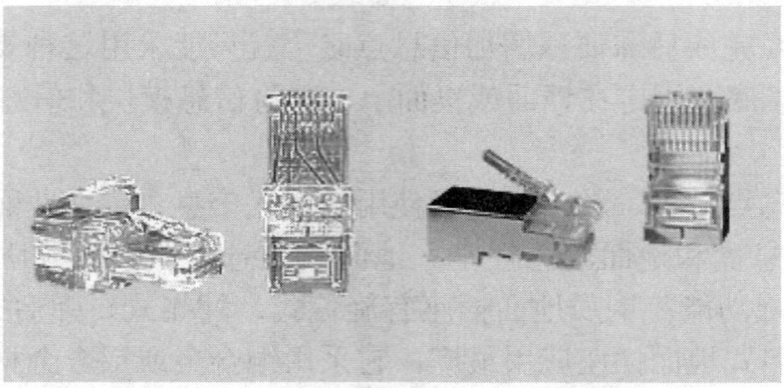

图 3-4 水晶头

RJ 系列接头还有 RJ-11（4 芯）、RJ-12（六芯），也就是常说的电话插头或电话水晶头。综合布线使用的水晶头还可以配上护套使用，它除了保护水晶头、防滑和便于插拔外，还有多种颜色可以选择，有些厂家的护套产品还有加锁和防误插等功能。

例如，某品牌超五类 RJ-45 模块插头规格。镍材表面镀金厚度 50-micro-inch，Y 型刀片结构，适合单、多股线缆，全面支持所有话音通信系统、10Base-T、16Mb/s、100Base-T、155Mb/s、多媒体等方面的高速应用。

物理特性：

- 配线规格：24-26AWG 非屏蔽
- 耐压：30V
- 连接数量：8P8C
- 电流：1.5Amps
- 接触电阻：< 20 mΩ
- 绝缘耐压：1000V AC
- 绝缘电阻：>500 MΩ
- 温度要求：-10℃～40℃

3.1.3 RJ-45 模块

RJ-45 模块是综合布线系统中最常用的连接器，一般装配在工作区信息盒里和配线架上。信息盒中的 RJ-45 模块一般是单个的，而配线架上的 RJ-45 模块有单个的，也有多个一组的。

RJ 是 Registered Jack 的缩写，意思是“注册的插座”。在 FCC（美国联邦通信委员会标准和规章）中的定义是，RJ 是描述公用电信网络的接口，计算机网络的 RJ-45 是标准 8 位模块化接口的俗称。在以往的四类、五类、超五类和六类布线中，采用的都是 RJ 型接口。在七类布线系统中，将允许“非-RJ 型”的接口。

RJ-45 模块的立体图如图 3-5 所示。

常见的非屏蔽模块高 20mm、宽 20mm、厚 30mm，由塑料制成，能够抗高压且有阻燃功效，可卡接到自己品牌的工作区信息盒中。RJ-45 模块上都标示了 T568A 和 T568B 两种通用线序标签，便于施工人员对照操作。

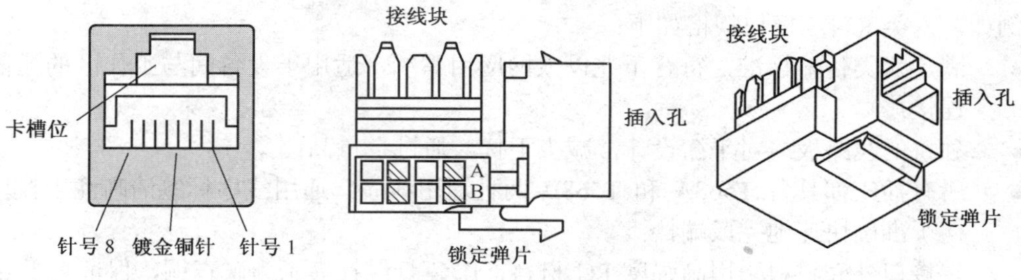

图 3-5　RJ-45 模块的三视图

RJ-45 模块通常需要带有 110 型刀片的 914 工具来打接线缆。这种非屏蔽模块也是国内综合布线系统中应用最多的一种模块，无论从三类、五类还是超五类、六类，它的结构都保持了相当的一致。图 3-6 为几种常用的 RJ-45 模块图，右侧为屏蔽式 RJ-45 模块。

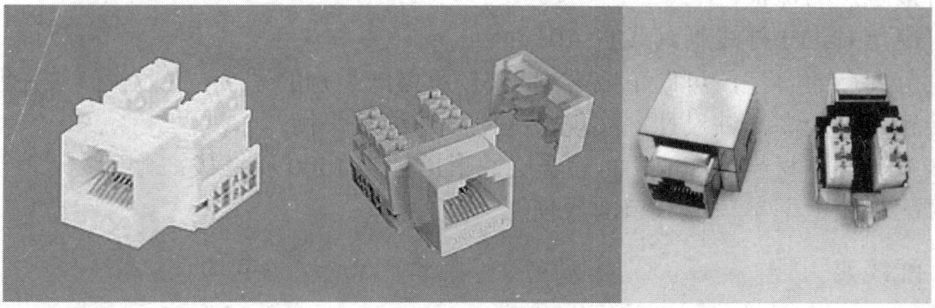

图 3-6　RJ-45 模块

某些综合布线厂家还推出了免工具的 RJ-45 模块。这种模块在端接线缆时不需要使用专用打线工具，只需要一把钳子就能完成操作，如 IBM、Siemon 都有此类产品，如图 3-7 所示。

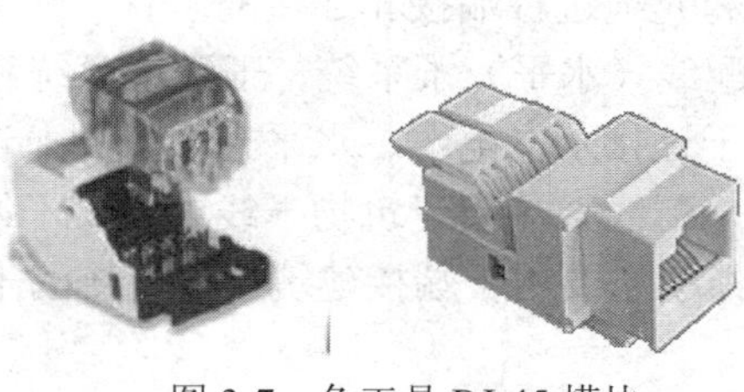

图 3-7　免工具 RJ-45 模块

随着智能家居综合布线系统的快速发展，在一些新型家居综合布线的设计中，多媒体接口模块已经出现。该接口类似于标准的数据/语音模块接口，也可以直接卡接在信息盒的面板上，如图 3-8 所示。

音频/视频　　8 端子

图 3-8　音频、视频标准模块

例如，六类 RJ-45 模块规格如下：

- 满足六类传输标准，符合千兆以太网应用系统，适用于设备间与工作区的通信插座连接；
- 独特的线路板线对平衡设计，减少干扰，通过余量高；
- 所有插座都具备 T568A 和 T568B 两种通用线序，通用线序标签清晰注于模块上，便于准确快速地完成端接；
- 端接口外壳材料采用高强度 PC 材料，IDC 打线柱夹子为磷青铜，保证大于 250 次的端接；
- 适用于 23 AWG 线缆；
- 端接的打线卡口 45° 角设计，保障更可靠的接触点；
- 后部的端接保护帽具有扣锁式设计，可以保证线缆避免端接后的过度弯曲、脱落和对接触点的保护；
- 可用单对 110 打线工具（TLA01）；
- 具有向后兼容性，可向下兼容 CAT5E 及更低类别的系统，避免用户的投资损失；
- 接触针采用高低针设计，实现最大限度的线对平衡；
- 接触针触点材料为 50μm 的镀金层，耐用性为 1500 次插拔；
- 可配合墙上型单口或双口面板使用。

3.1.4 配线架

配线架作为综合布线系统的核心产品，起着传输信号的灵活转接、灵活分配以及综合统一管理的作用，又因为综合布线系统的最大特性就是利用同一接口和同一种传输介质，让各种不同信息在上面传输，这一特性的实现主要通过连接不同信息的配线架之间的跳接来完成。

配线架是在管理间对电缆和光缆进行端接和连接的装置，线缆可以在配线架上进行互连或交接操作。配线架可以用于配线（水平）子系统、干线子系统和建筑群子系统。

在楼层配线间，配线架用于连接水平电缆、水平光缆，并通过跳线与其他布线子系统或设备连接；在建筑物配线间中，配线架端接建筑物干线电缆、干线光缆，并可连接建筑群干线电缆或干线光缆。建筑群配线架主要用于端接建筑群子系统的干线光缆。

1. 配线架的种类

20 世纪 80 年代末，综合布线系统刚进入中国，当时信息传输速率很低，布线系统只有 3 类（16MHz）产品，配线系统主要采用 110 鱼骨架式配线架，主要分为 50 对、100 对、300 对、900 对壁挂式几种，而且从主设备间的主配线架到各分配线间的分配线架，无论连接主干还是连接水平线缆，全部采用此种配线架。

110 鱼骨架式配线架的优点是体积小，密度高，价格便宜，主要与 25/50/100 对大对数线缆配套使用；其缺点是线缆端接较麻烦，一次性端接不宜更改，无屏蔽产品，端接工具较昂贵，维护管理升级不方便。

随着网络传输速率的不断提高，布线系统出现了五类（100MHz）产品，网络接口也逐渐向 RJ-45 统一，用于端接传输数据线缆的配线架采用 19 英寸 RJ-45 口 110 配线架，此种配线架背面进线采用 110 端接方式，正面全部为 RJ-45 口，用于跳接配线，它主要分为 24 口、36 口、48 口，96 口几种，全部为 19 英寸机架/机柜式安装，其优点是体积小，密度高，端接较简单且可以重复端接；主要用于 4 对双绞线的端接，有屏蔽产品；其缺点是由于进线线缆在配线架背面端接，而出线的跳接管理在配线架正面完成，所以维护管理较麻烦；由于端口相对固定，无论要管理的桌面信息口数多少，必须按 24 和 36 的端口倍数来配置，造成了配线端口的空置和浪费，也不灵活；另外价格相对 110 鱼骨架式配线架较贵。

目前，在综合布线系统中 RJ-45 模块式配线架和 110IDC 配线架都还有使用，互相配合。

2．RJ-45 模块式配线架

RJ-45 模块式配线架又称机柜式配线架，是一种标准宽度（19 英寸）的、可安装在标准机柜中的配线架。前面板为 RJ-45 接口，用于跳线连接其他配线架或网络设备；后面板通常为印刷电路板构成的 IDC 接口，需要打接各类双绞线或大对数电缆。

一个完整包装的模块式配线架包括配线架、标签、绑线、理线托杆，但不同的品牌会有些差异。双绞线配线架的型号很多，每个厂商都有自己的产品系列，并且对应三类、五类、超五类、六类和七类线缆分别有不同的规格和型号，在具体项目中，应参阅产品手册，根据实际情况进行配置。

常用的配线架一般为 24 口、48 口。图 3-9 所示为超五类 RJ-45 模块式配线架。

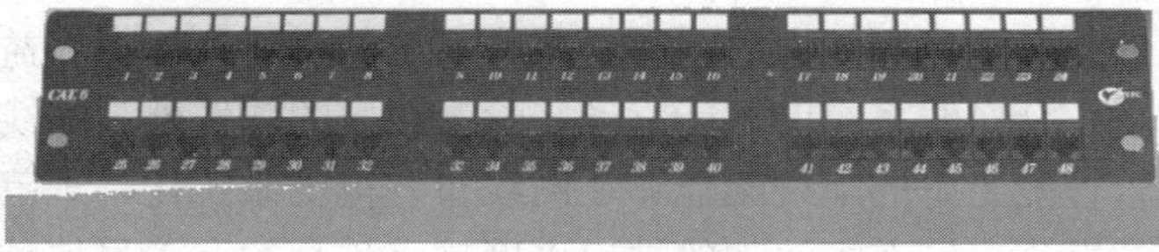

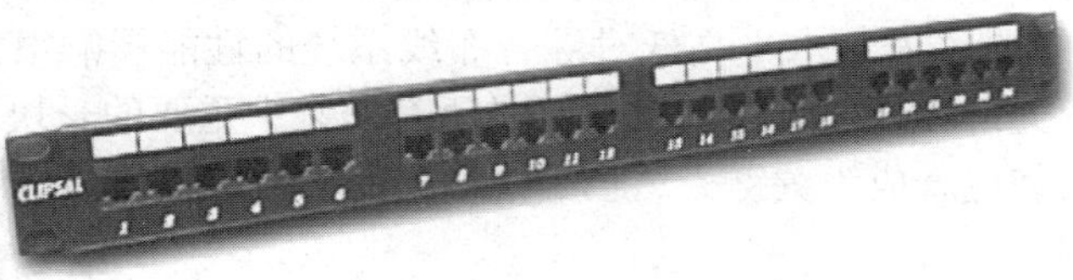

图 3-9　24 口和 48 口配线架

这种配线架还有屏蔽与非屏蔽之分，图 3-10 为超五类屏蔽配线架。

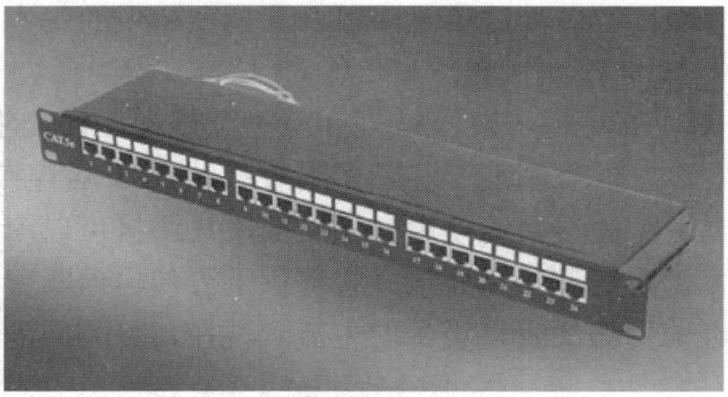

图 3-10　屏蔽配线架

随着网络技术和传输速率的高速发展，千兆/万兆以太网技术的涌现，超五类（100MHz）、六类（250MHz）布线系统的推出，另外使用者对网络系统的应用提出多种需求，如内网（屏蔽）、外网（非屏蔽）、语音，光纤到桌面等，面对较多功能信息端口的灵活管理，对配线系统的多元化、灵活性、可扩展等性能提出了更高要求，一些布线厂商推出的多媒体配线架，适应了现代网络通信应用对配线系统的要求。

此种配线架摒弃了以往固定 RJ-45 口式、110 配线架端口固定无法更改的弱点，它本身为标准 19 英寸宽高度为 1U 的空配线板，在其上可以任意配置超五类、六类、七类、语音、光纤和屏蔽/非屏蔽布线产品，高度为 1U 最多可以配置 24 个数据铜缆或光纤端口以及 48 个语音端口，充分体现了配线的多元化和灵活性，对升级和扩展带来了极大的方便；由于其采用独立模块化配置，配线架上的每一个端口与桌面的信息端口一一对应，所以在配置配线架时无需按 24 或 36 的端口倍数来配置，从而也不会造成配线端口的空置和浪费；另外此种配线架的安装、维护、管理都在正面操作，大大简化了操作程序；可以同时在同一配线板上配置屏蔽和非屏蔽系统，这是它区别于老式配线架的另一大特色。

3．配线架的发展方向

（1）密度越来越高。随着网络应用的普及和深入，高端口密度成为很多网络设备发展的一个方向（如 24 端口甚至 48 端口的交换机已经非常普及），另一方面由于项目越来越大，信息点密度越来越高，特别是数据中心的大量应用，这就需要在机架中支持尽可能多的端口。为了满足这一需要，高端口密度的配线架也诞生了。

（2）管理越来越强。网络系统的管理和安全越来越得到重视，在网络规模逐渐变大的今天，对网络的可管理性提出了更高的要求，综合布线系统的智能管理也日益提到日程上来。事实上，为了更好地实现综合布线系统的智能管理，除了相应的软件外，配线架自身的可管理也是非常重要的一环。管理能力好的配线架能够让网线布置得更系统化、规范化和合理化，从而避免“炒面式”线缆的发生，这在配线架的端口密度越来越高的今天显得越发重要。

（3）安装越来越易。安装水平高低对综合布线系统的性能影响很大，而配线架自身的安装以及各种线缆、光纤在配线架中的跳接又是所有安装中重要的一块，因此，把配线架设计成更方便这部分安装也就成为关键。这也是配线架的一大追求。

4．110 型配线架

110 型连接管理系统由 AT&T 公司于 1988 年首先推出，该系统后来成为工业标准的蓝本，当年的综合布线系统配线设备都采用此配线架进行管理。

110 型连接管理系统的基本部件是配线架、连接块、跳线和标签。110 型配线架是 110 型连接管理系统的核心部分，110 配线架是阻燃、注模塑料做的基本器件，布线系统中的电缆线对就端接在其上。

110 型配线架有 25 对 110 型配线架、50 对 110 型配线架、100 对 110 型配线架、300 对 110 型配线架等多种规格，它的套件还应包括 4 对连接块或 5 对连接块（见图 3-11）、空白标签和标签夹、基座。110 型配线系统使用方便的插拔式跳接可以简单地进行回路的重新排列，这样就为非专业技术人员管理交叉连接系统提供了方便。但随着综合布线技术的快速发展，模块化配线设备已经成为布线管理设备的主流。现在，110 型配线架一般只用于综合布线系统中的语音部分。

110 型配线架主要分为有腿型、无腿型和机架型 3 种，可以安装在墙上或 19 寸标准机柜上，可以叠起来进行更大型交叉连接安装。

3 种配线架都可再分为 25 对、50 对、100 对和 300 对几种类型，它们都可以配以 4 对或 5 对连接模块。具体应用：在远程通信接线间中用于水平分配或设备端接；在归并点上用于相互端接；在工作区用于多用户通信插座。

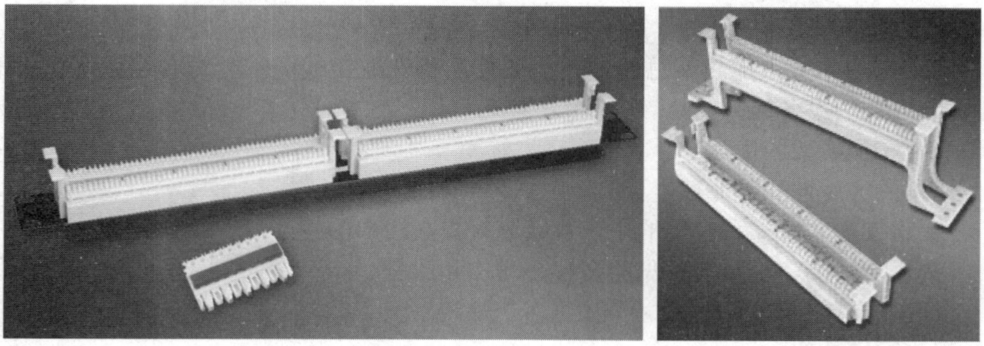

图 3-11　110 型配线架

5. 智能配线系统

随着网络的日渐普及，信息化建设逐步完善，网络系统的稳定运行及维护工作变得越来越重要，而数据中心承载着企业的核心计算、信息资源管理、信息资源服务及企业对外通信联络等功能，对企业可持续运营的重要性日益加强，所以数据中心信息点的管理维护工作变得非常重要。

在日常的网络维护工作中，对于物理层和数据链路层综合布线系统出现的故障，如何迅速找到故障点的位置，并清晰显示链路之间复杂的连接关系，网管工具无法满足相应需求。经过统计才发现大多的网络故障是由综合布线系统引起的。数据中心信息点非常密集，且采用大量光纤和铜缆，虽然数据中心在建设过程中，对数据中心每个数据端口都明确标注路由，但是查找跳线标签判断走线路由工作非常繁琐，管理和维护非常不方便。若在数据中心内部布置智能配线系统，可以大大减轻数据中心线路维护的工作量，有助于网络管理人员的网络维护服务。图 3-12 是某品牌的电子配线架。

图 3-12　某品牌的电子配线架

（1）电子配线架的组成。

电子配线架系统一般由 3 个部分组成：无源的配线架和跳线、有源的探测设备和管理软件。

（2）电子配线架的特点。

1）可以与任何标准的铜缆或光缆跳线兼容。

2）简单灵活的设计规则。

3）易于实施（提供配线架总线，不需要使用特殊连接线；不会对布线系统有所干扰；不需要任何外加的设备）。

（3）电子配线架的优点。

1）网络的实用性和可靠性。

- 提供安全、可靠和有用的用户跳线系统提高用户的生产力。
- 提供更快的、更多可预见的搬移、增加和改变。
- 简单的网络管理。

2）提高网络的安全性。

- 能够提高物理连接的安全性和可靠性。
- 能够提高安全的访问和监控分支机构的端口连接。

3）降低维护成本。

- 改进的管理系统能够通过必需的 IT 资源的优化来使业主的总成本降到最低。
- 保护了当前的网络投资。
- 提高了现有结构网络的性能。

3.1.5 线缆管理器

线缆管理器又叫理线架，通常与配线架一起配套使用，用于对配线架前面板跳接使用的各种跳线进行管理。因为各类跳线自身都一定的重量，跳接到配线架模块的接口后会自然下垂。如果连接点长期受力，就会使接口引起接触不良而造成网络不通等故障。因此在过去的工程中常使用绑线捆扎固定等手法，以减少线缆对 RJ-45 模块的拉力。这在有些区域和场合可能适用，但并不能根本解决问题。理线架可以将线缆托平，使线缆不对模块施力，从本质上解决了这个长期以来一直存在的问题。

再有，理线架将线缆托起，跳线接头水平地进入 RJ-45 模块，使电缆插入模块之前不再转直角弯，减少了自身信号的损耗，同时也减少了对周围电缆的辐射干扰。

理线架也有 19"标准宽度理线架、110 型配线架两种产品。

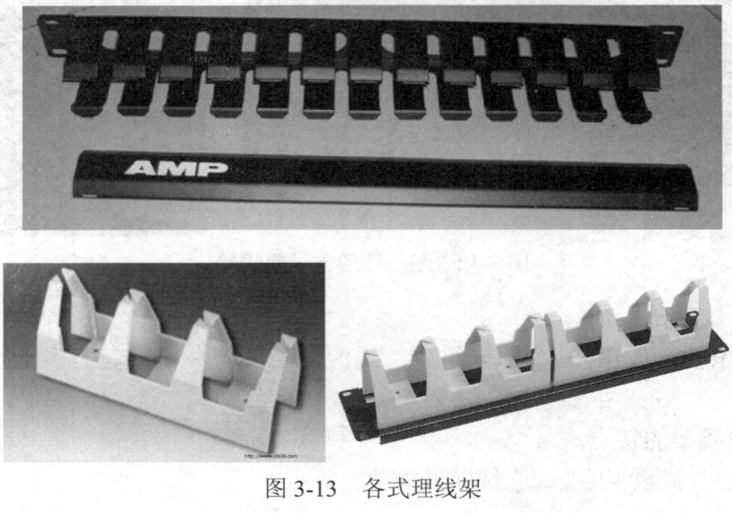

图 3-13　各式理线架

标准宽度的理线架可直接安装于 19"机柜，极大方便了设备间的线缆管理工作。依照 19"机架标准，适用于配线架及设备跳线的水平和垂直方向的线缆管理，设计简洁，对于各种线缆提供灵活、有效和安全的管理，使布线系统整洁美观。

3.1.6 光纤配线架

光纤配线架也是综合布线系统的重要设备，用于连接建筑群子系统、建筑子系统和干线子系统的各类光纤，主要用于光缆终端的光纤熔接、光连接器安装、光路的调接、多余尾纤的存储及光缆的保护等，它对于光纤通信网络安全运行和灵活使用有着重要的作用。

光纤配线架是光传输系统中一个重要的配套设备，在过去光通信建设中使用的光缆通常为几芯至几十芯，光纤配线架的容量一般都在 100 芯以下，这些光纤配线架越来越表现出尾纤存储容量较小、调配连接操作不便、功能较少、结构简单等缺点。

光纤配线架作为光缆线路的终端设备应具有 4 项基本功能。

（1）固定功能。光缆进入机架后，对其外护套和加强芯要进行机械固定，加装地线保护部件，进行端头保护处理，并对光纤进行分组和保护。

（2）容接功能。光缆中引出的光纤与尾纤熔接后，将多余的光纤进行盘绕储存，并对熔接接头进行保护。

（3）调配功能。将尾纤上连带的连接器插接到适配器上，与适配器另一侧的光连接器实现光路对接。适配器与连接器应能够灵活插拔；光路可进行自由调配和测试。

（4）存储功能。为机架之间各种交叉连接的光连接线提供存储，使它们能够规则整齐地放置。配线架内应有适当的空间和方式，使这部分光连接线走线清晰，调整方便，并能满足最小弯曲半径的要求。

随着光纤网络的发展，光纤配线架现有的功能已不能满足许多新的要求。有些厂家将一些光纤网络部件如分光器、波分复用器和光开关等直接加装到光纤配线架上。这样，既将这些部件方便地应用到网络中，又给光纤配线架增加了功能和灵活性。

通常使用的光纤配线架分为标准 19"机架式和壁挂式两种。

机架式光纤配线架由基本框架部分、内部连接单元、固定夹、耦合器、保护器等组成，如图 3-14 所示。

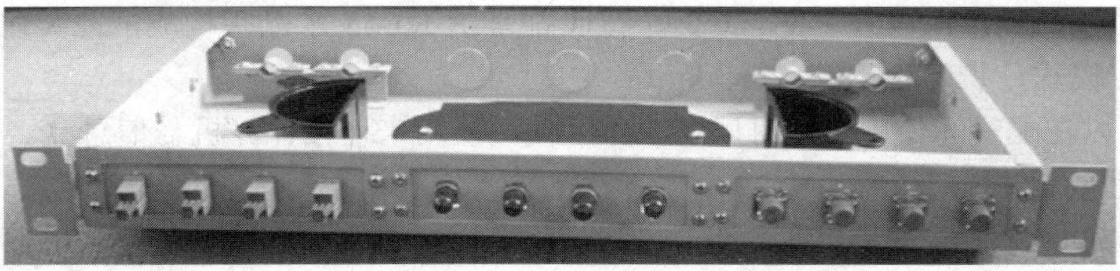

图 3-14 光纤配线架

在实际布线工程中还会常用到金属光纤接线盒，又叫光纤盒、光纤终端盒、光纤接续（头）盒等，常见的有 8 口、12 口等。如图 3-15 所示即为 8 口光纤盒。

现在光通信已经在长途干线和本地网中继传输中得到广泛应用，光纤化也已成为接入网的发展方向。各地在新的光纤网建设中，都尽量选用大芯数光缆，这样就对光纤配线架的容量、功能和结构等提出了更高的要求，大容量的光纤配架或光纤盒也随之产生，如图 3-16 所示。

图 3-15　光纤配线架

图 3-16　60 口光纤配线架

3.1.7　跳线

跳线一般指用于连接综合布线设备之间、网络设备之间或布线设备与网络设备之间的线缆。跳线的两个接头可以是 RJ-45 接头，也可以是其他类型的接头，模块化配线架采用模块化跳线（RJ-45 跳线）进行线路连接，IDC 式配线架可采用模块化的 IDC 跳插线（俗称“鸭嘴跳线”，如 BIX-BIX、BIX-RJ45 跳插线），以及交叉连接跳线（Jumper Wire，Crossconnect Wire）进行线路连接。图 3-17 为几种常用的跳线。

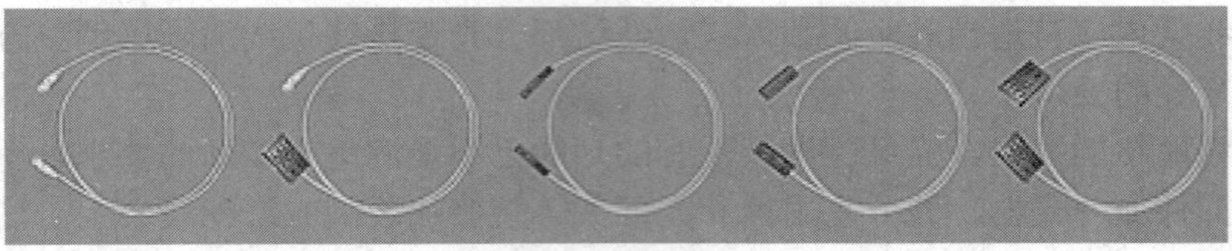

图 3-17　常用跳线

模块化跳线和 IDC 跳插线可方便地插拔，而交叉连接跳线则需要专用的压线工具（如 BIX 压线刀）将跳线压在 IDC 连接器的卡线夹中。

跳线可以根据实际需要自己制作，或购买成品跳线。

最常用的跳线是 RJ-45 跳线，即两个接头都是由 RJ-45 水晶头构成。此类跳线接头一般采用 T568A 模式，长度为 1m、2m、3m 不等。

跳线可以在配线间使用，也可以在工作区使用，用来连接计算机与信息盒。

1．跳线的标准

跳线作为布线系统中一个重要部分，测试问题却一直未引起重视。跳线的测试问题也是随着综合布线标准的不断进步而出现的。

① TIA/EIA-568-A-4-1999：100Ω 4 对电缆的传输延迟和延迟偏离规范；

② TIA/EIA-568-A-5-2000：100Ω 4 对增强五类布线技术规范；

③ TIA/EIA-568-B PART 2：100Ω平衡双绞线部件标准。

在几个先后发表的标准中，分别涉及 CAT5、CAT5E 的跳线测试方法和要求，TIA/ELA-568B.2-1 六类布线标准中对跳线作了具体要求。

2．跳线的选用

建议选用原厂的跳线，因为原厂跳线工艺严谨，采用多股软线设计，可承受反复插拔次数多。

对于跳线来说，一个重要的性能就是弯曲时的性能问题，由于 UTP 双绞线一般为实线芯，所以在可管理性能上很差。一是线缆比较硬，不利于弯曲，二是实线芯线缆在弯曲时会有很明显的回波损耗出现，导致线缆的性能下降，所以对于实线芯的电缆一般有弯曲半径上的明确要求。标准规定，非屏蔽双绞线（UTP）的最小弯曲半径应为缆线直径的 4 倍，屏蔽双绞线则为缆线直径的 8 倍。如果弯曲半径小于此标准，则可能导致导线的相对位置发生变动，从而导致传输性能降低。而对于专门用于管理跳线的多股线芯的软电缆来说就没有这些问题了。

3．光纤跳线

光纤连接器（又称跳线）指光缆两端装上连接插头，用以实现光路的活动连接的无源器件。尾纤是指光缆一端装有插头，用于熔接用的连接器。转接跳线是指在光缆两端装有不同类型插头的光纤连接器。

（1）分类。按模式分，单模光纤跳线、多模光纤跳线；按接口类型分（常用型），包括 FC、SC、ST；按接口类型分（特殊型），包括 FDDI、LC、MU、MT-RJ、SMA、D4、MOLEX VF45；按芯数分，包括单芯、双芯光纤连接器。

（2）注意事项。在使用光纤跳线要注意：光纤跳线两端的光模块的收发波长必须一致，也就是说光纤的两端必须是相同波长的光模块，简单的区分方法是光模块的颜色要一致。一般情况下，短波光模块使用多模光纤（橙色的光纤），长波光模块使用单模光纤（黄色光纤），以保证数据传输的准确性。

光纤跳线在使用中不要过度弯曲和绕环，这样会增加光在传输过程的衰减。光纤跳线使用后一定要用保护套将光纤接头保护起来，灰尘和油污会损害光纤的耦合。

光纤跳线既可以是单纯的一种接头，也可以是各种光纤接头中任两者的混合。光纤跳线可以是单芯的，也可以是双芯的。光纤跳线的标准长度从 1m 到 10m 不等，也可以向厂家订做特殊长度的光纤跳线。如图 3-18 所示为几种光纤跳线。

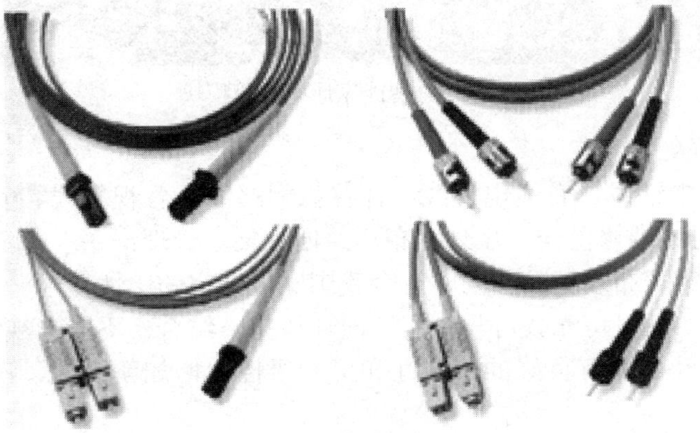

图 3-18　光纤跳线

关于光纤接头，本书第 2 章已经有较详细的叙述。

3.1.8 家居布线产品

家居布线应该说是一个小型的综合布线系统。它可以作为一个完善的智能小区综合布线系统的一部分，也可以完全独立成为一套综合布线系统。从功用来说，智能家居布线系统是智能家居系统的基础，是其传输的通道。目前，许多国内外大的综合布线厂家都针对智能家居市场推出了解决方案和产品。

智能家居布线也要参照综合布线标准进行设计，但它的结构相对简单。目前应用较多的应是实施以下几个功能模块：

（1）高速数据网络模块：可以建立家庭办公室，满足 SOHO 应用。模块为标准 RJ-45 接口，可以连接各种网络设备。

（2）电话语音系统模块：可以实现住宅电话小交换机的需要，满足多线路通信。

（3）有线电视网模块：可分散到多个房间，实现双向有线电视功能，也可接卫星电视接收设备。

（4）音响视频模块：可以是能够接音频线、S 端子视频线、莲花组合式音视频线等的模块。

（5）其他信号传输线缆：如弱电集成、三表、监控等。

图 3-19 为某品牌的智能家居布线箱的模块。

图 3-19 智能家居布线箱模块

家居布线箱的好处如下：

（1）让室内的电话线、有线电视线、计算机网络线、音视频线、安防控制线等弱电信号线，在住宅设计时或装修前统一规划、布局，便于集中管理；

（2）采用国际家居布线标准，同时符合我国家居住宅的国情要求。

（3）外观精美，质量可靠。可与家居墙面环境完美结合，不影响视觉效果。

（4）模块化设计。具有良好的扩展性和可升级性，增加新模块，满足用户现在和未来的需求。

（5）一次布线，终身享用，不用二次布线。布线具有超前性。

（6）性价比高，冗余布线一次投资、设备可分期投入，功能逐步扩充，省去许多花费。

（7）星型拓扑结构或家庭总线方式，结构清晰，安全可靠，便于管理和维护。

3.2　综合布线使用的其他设备与工具

近几年来，随着 CAT5E、CAT6 的布线系统广泛应用，人们对高性能的网络传输也越来越重视。但值得引起重视的是，在人们将布线原器件性能逐渐提高到新的水平的同时，却忽略了对布线安装工具的重视。直到今天，我们看到布线施工的工人和网络的安装技术人员仍然使用劣质廉价的工具去安装对性能要求极高的布线链路。人们似乎仍然相信，凭着细致认知的态度工作，一样可以做好网络的安装，对工具不过是一个辅助的手段罢了。

在分析大量的工程和进行认真的对比试验后，我们得出了完全相反的结论。那就是，在对布线安装工艺要求十分精确的施工中，安装工具对布线链路的连接性能甚至对网络传输性能都起着十分重要的作用。一般来说，低质量的链路完全可以通过连接性能的测试，而在传输性能的测试上却往往出现问题，即使通过了传输性能的测试，但传输性能的余量往往很小。在人们追求高余量的布线工程中，使用高性能/精确的工具就可以让我们得到不少意外的余量。

本节对布线常用的工作进行介绍，图 3-20 为常用的布线工具汇总。

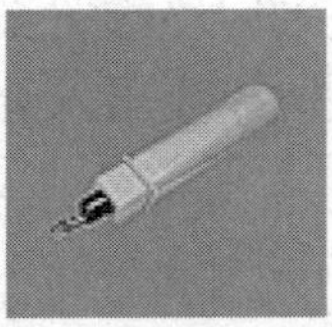

单对 110 型打线工具
适用于模块、配线架的连接作业，依照人体工程学原理设计，使用方便

RJ-45+RJ-11 双用压线钳
适用于 RJ-45 和 RJ-11 接头的压接作业，依照人体工程学原理设计，使用方便

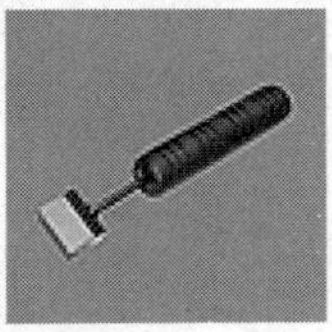

5 对 110 型打线工具
适用于跳线架和跳接块的连接作业，依照人体工程学原理设计，使用方便

剥线工具
提供快速安全的双绞线剥线方式，刀位可调节，提高作业效率

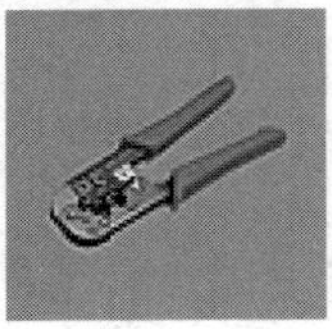

RJ-45+RJ-11 双用压线钳
适用于 RJ-45 和 RJ-11 接头的压接作业，依照人体工程学原理设计，使用方便

图 3-20　布线常用打线工具汇总

3.2.1　布线安装工具

1．RJ-45 压线钳

现在网络布线基本上都采用双绞线布线了，RJ-45 压线钳是制作双绞线网线的必备工具。

图 3-21 就是一款最常见的普通 RJ-45 压线钳。它有两个刃口，靠近把手的刃口用于剪断整根双绞线，靠近转轴的刃口用于剥掉双绞线外面的塑料护套。两个刃口中间有一个 RJ-45 的压制模子，用于把水晶头的铜片压入已经按线序插入的双绞线，使铜片和双绞线紧密接触，这样做出的网线才是通的，这是双绞线制作的关键步骤。

但是这种钳子只能适合偶尔做做网线的用户，因为使用时间长了，压制效果会越来越差，水晶头的报废率也会越来越多。要很好地完成综合布线工程，必须使用质量好的钳子。图 3-22 是 AMP 牌的 RJ-45 压线钳。

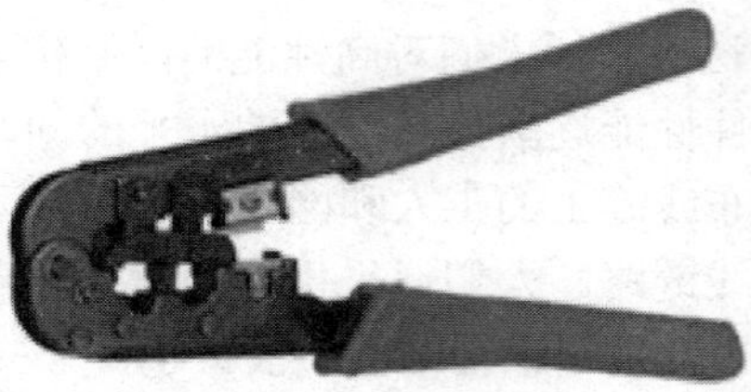
图 3-21　RJ-45 压线钳

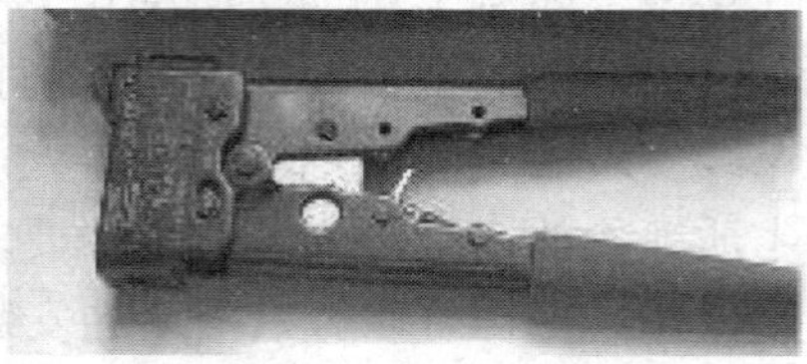
图 3-22　AMP RJ-45 压线钳

2．网络打线刀

这种工具是针对模块特点，依照人体工程学原理设计，确保工作效率并能减少作业疲劳。适用于配线架、模块、线缆等连接作业，能满各种现场端接要求；金属构件采用优质冷轧钢板成型，渗碳处理；手柄采用工程塑料 PC 注塑而成，经久耐用；刀头采用特殊耐磨材质，确保剪线、切线功能优良；传动部分的材料采用优质的工具钢（弹簧件采用优质的钢带和弹簧专用钢加工制成）；工作时理论操作力为 130N。

打线工具用于将双绞线压接到信息模块和配线架上，信息模块配线架是采用绝缘置换连接器（IDC）与双绞线连接的，IDC 实际上是具有 V 形豁口的小刀片，当把导线压入豁口时，刀片割开导线的绝缘层，与其中的导体形成接触，如图 3-23 所示。

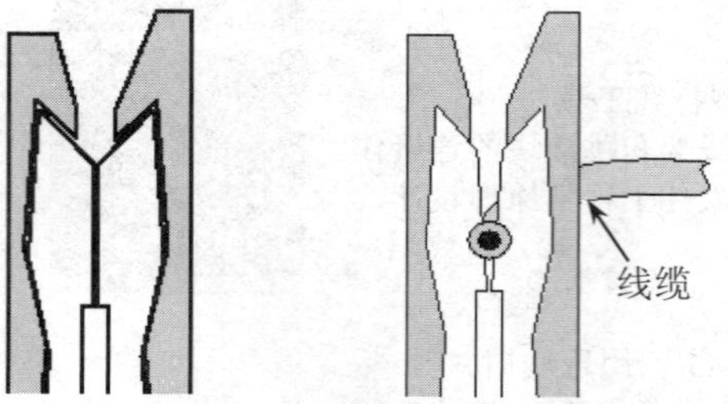

图 3-23　打线前后刀片位置图

打线刀还可分为单刀和 5 对两种。

3．光纤工具

光纤的制备工具与电缆工具有较大的不同。光纤制作工作通常有如下几种：

（1）光纤剥离钳：用于剥离光纤涂覆层和外护层。

（2）光纤剪刀：用于修剪凯弗拉线（Kevlar）。

（3）光纤连接器压接钳：用于压接 FC、SC 和 ST 连接器。

（4）光纤接续子：用于尾纤接续、不同类型的光缆转接、室内外永久或临时接续、光缆应急恢复。

（5）光纤切割工具：用于多模和单模光纤切割。

（6）单芯光纤熔接机：熔接机采用芯对芯标准系统（PAS）进行快速、全自动熔接。

（7）光纤显微检视镜：用于检视接头核心及光纤端面周围。

4. 其他布线工具

（1）剥线刀。网线外层都有一层用于保护芯线的胶皮，只有将网线头部分的胶皮剥掉，才能制作水晶头和接入模块。此时需要将网线放入剥线刀中，然后握住手柄轻轻旋转360°就可以将外层胶皮剥下，现在就可以看到包裹在网线中的芯线了。当然剥线刀除了上面介绍的这种旋转式的，还有一种压制式的，只要将线放入孔中，轻轻握下手柄并旋转就可将胶皮剥离。

（2）测线器。将制作好的网线两头插入测线器并打开开关，观察指示灯的显示是否正确。这里需要注意的是网线有直通和交叉两种，所以在测试网线的时候测线器上的灯会根据网线的种类不同而发生变化。如果是直通线，那么左右灯的顺序是由 1 到 8 依次闪亮。如果是交叉线，那么其中的一边闪亮顺序是由 1 到 8，另一边将对应为 3，6，1，4，5，2，7，8。

（3）手电钻。手电钻既能在金属型材上钻孔，也适用于在木材、塑料上钻孔，在布线系统安装中是经常用到的工具。将钻头放入手枪钻中，插上电源，找到需要打洞的位置，然后按动开关，此时手枪钻开始钻洞。当钻入深度差不多时就可以停止了。要注意的是钻头的粗细不能超过膨胀螺钉的粗细。另外在打孔前需要先将 PVC 管放在墙面上，然后检查是否与地面成 90°角，接着用笔画出直线，沿着这条直线打孔，这样就可避免孔位偏离。

除了安放膨胀螺钉外，还可用手枪钻打洞，穿越墙体，以便将网线穿墙，减少不必要的走线。

（4）充电起子。充电起子是工程安装中经常使用的一种电动工具，它既可当作螺丝刀又可以用作电钻，特殊情况下带充电电池使用，不用电线提供电源，在任何场合都能工作。

（5）冲击电钻。冲击电钻简称冲击钻，它是一种旋转带冲击的特殊用途的手提式电动工具。

（6）膨胀螺钉。当把膨胀螺钉钉入钻孔后，再把螺钉钉入膨胀螺钉中，此时膨胀螺钉的顶部就会展开，从而起到加强固定的作用。将膨胀螺钉放入先前的洞中，然后用铁锤敲击，使它和墙面平行以保持墙面美观。

膨胀螺钉也是有粗细的，在选购时必须根据螺钉的粗细来购买，同时其材质还分铁制和塑料两种，一般用塑料的就可以了。

（7）线卡。将线卡上的螺钉插入膨胀螺钉中，然后全部钉好，再将 PVC 管插入线卡即可。需要注意的是在钉入膨胀螺钉的时候，一定要掌握好力度，因为固定 PVC 管的线卡是塑料的，用力过大会使塑料线卡破损。当然除了用线卡可以固定 PVC 管外，U 形钉也可用于固定 PVC 管道或网线，用法和线卡大致相同。

（8）绑线。在布线时，我们时常会为某段网络预留一定长度的网线，但又不能让这段预留网线散布开来，否则散布的网线会阻碍工作。此时可以用绑线将网线盘绕并捆起来，阻止它占用地盘。用绑线缠绕网线一周，然后将绑线头部穿过尾部的方口，接着适当用力拉紧即可。要注意的是在拉紧时要留一定的空隙，这样如果以后有网线需要更换，可以很方便地将网线取出来，不然的话就只有将绑线剪断才行，这样就会损失一条捆线绳。

通常它有以下几种使用方式：使用不同颜色的尼龙扎带，进行识别时可对繁多的线路加以区分；使用带有标签的标牌尼龙扎带，在整理线缆的同时可以加以标记；使用带有卡头的尼龙扎带，可以将线缆轻松地固定在面板上。扎带使用时也可用专门工具，它使得扎带在安装时极为简单省力。还可使用线扣将扎带和线缆等进行固定，线扣分粘贴型和非粘贴型两种。

（9）其他工具。在综合布线系统工程中所用的施工工具是进行安装施工的必要条件，随施工环境和安装工序的不同，有不同类型和品种的工具。

例如建筑群主干布线子系统的线缆敷设，是室外施工，主要有挖掘沟槽的工具，如铁锹、十字镐、电镐和电动蛤蟆夯等；在室内、外施工的工具，主要有登高的工具，如梯子、高凳等；牵引线缆的工具有牵引绳索、牵引缆套、拉线转环、滑车轮和防磨装置（俗称铜瓦，置于管孔口以防牵引电缆时外护套受损）、人工牵引器（又称钢绳鬼抓或紧线器）和电动牵引绞车等；电缆或光缆的接续工具，如有剥线器、电缆芯线接线机、光缆切割器、光纤磨光机、光纤熔接机、各种手动剪钳（如扁口钳、尖头钳、斜口钳和电缆剪刀等）；安装工具有射钉枪、切割机、电转和人工活动扳手等。

在布线工程中常用的工具如图 3-24 至图 3-29 所示。

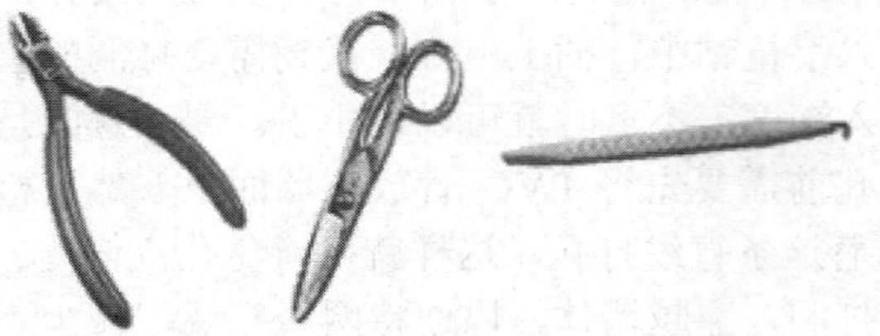

图 3-24 常用工具

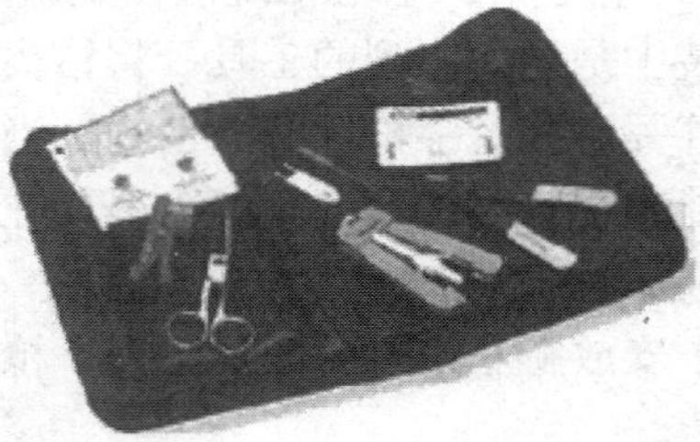

图 3-25 MT-RJ 工具包

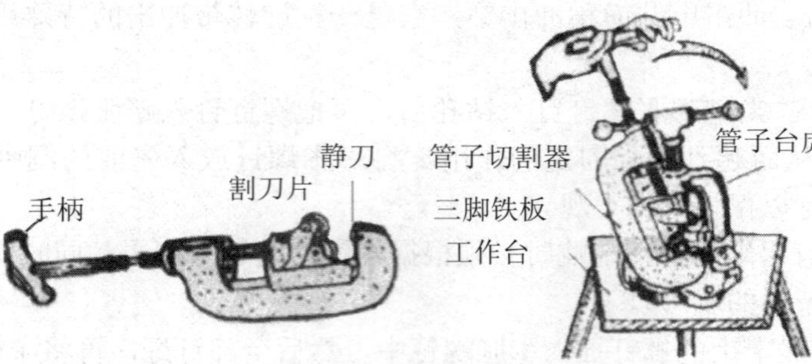

图 3-26 管材切割器及其操作方法

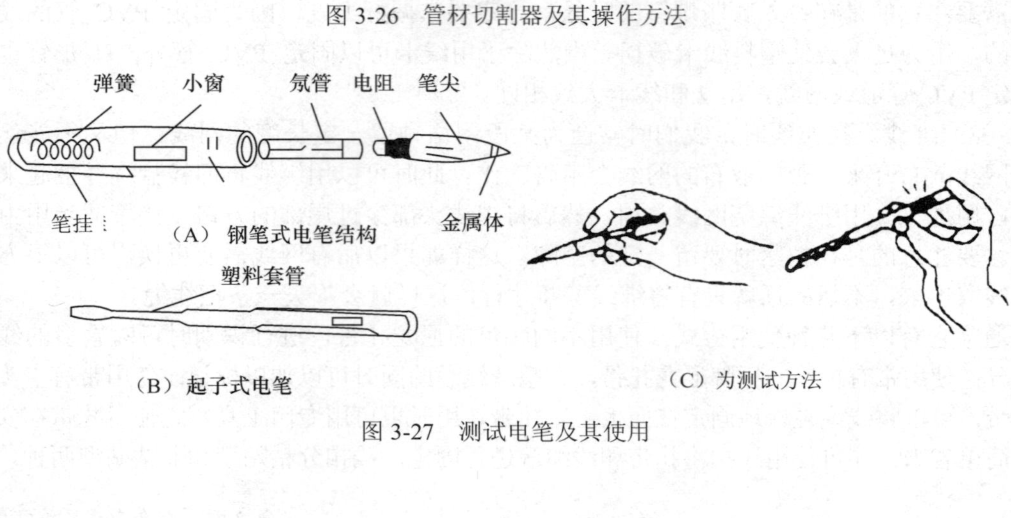

图 3-27 测试电笔及其使用

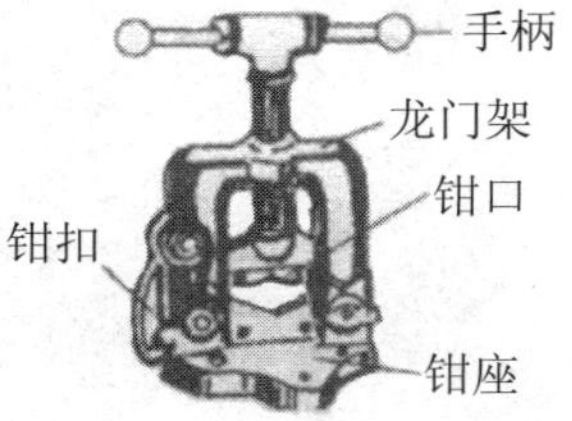

图 3-28　管子台虎钳

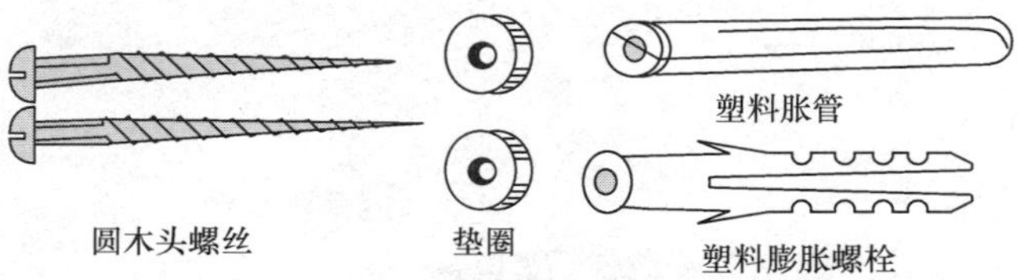

图 3-29　常用的螺丝及垫圈

3.2.2　机柜

机柜是什么？很多人把机柜看作是用来装 IT 设备的柜子。机柜是柜子，但并不仅仅如此。随着计算机与网络技术的发展，数据中心的服务器、网络通信设备等 IT 设施，正在向着小型化、网络化、机架化的方向发展。这都给数据中心的构建模式带来了新的变化。而机柜，正在逐渐成为这个变化中的主角之一。对数据中心而言，机柜正成为其重要的组成部分。

机柜一般分为服务器机柜、网络机柜、控制台机柜等。网络机柜主要是布线工程上用的，存放路由器、交换机、显示器、配线架等的东西，工程上用得比较多。一般情况下服务器机柜的深≥800mm，而网络机柜的深≤800mm。图 3-30 至图 3-32 为标准机柜。

图 3-30　标准网络机柜

图 3-31　19 英寸标准 U 网络机柜

图 3-32　标准壁挂式网络机柜

机柜通常有能快速装卸的前后门及侧门、顶部风扇盘及 4 个散热风扇。

网络布线机柜具有较强的网络线缆管理功能，在机柜内部两侧提供大量的走线空间，设有便利的垂直理线管理附件，内部标准 19 英寸，可安装交换机、路由器、配线架等设备；可以配置专用固定托盘、专用滑动托盘、电源支架、地脚轮、地脚钉、理线环、理线架、L 支架、扩展横梁等。

安装于机柜底部，有特殊的锁死设计，在需要移动机柜时可对滑动轮解锁，在安放好机柜的位置之后可对滑动轮锁紧，防止滑动和走位。

网络机柜的设计特性如下：

（1）大量的走线空间。

（2）多处进线通道。

（3）立柱两边的垂直理线槽设计。

（4）兼容 19 英寸的设备安装。

（5）快速装卸的前后门及侧门。

（6）顶部风扇盘及 4 个散热风扇。

（7）设备层板承重（50kg）。

（8）机柜承重 450kg。

（9）19 英寸及 27 英寸转换脚柱。

3.2.3　槽、管和桥架

综合布线系统中明敷或暗敷管路和槽道系统是常用的一种辅助设施，有时把它简称为管槽系统。管槽系统中使用的材料包括管路材料、槽道（桥架）材料和防火材料。

管路材料有钢管、塑料管和室外用的混凝土管及高密度乙烯材料（HDPE）制成的双壁波纹管。

1．钢管

按照制造方法不同，钢管可分为无缝钢管和焊接钢管（或称接缝钢管和有缝钢管）两大类。无缝钢管按制造工艺可分为热轧无缝钢管、冷拔无缝钢管、异形无缝钢管及渗铅或镀锌钢管。按化学成分可分为普通碳素钢、优质碳素结构钢、普通低合金结构钢和合金结构钢的一般无缝钢管。综合布线系统中只有一些特殊场合（如管路引入屋内承受极大的压力时）且短距离和要求高时才采用，因此用量极少。

暗敷管路系统中常用的钢管为焊接钢管，焊接钢管一般由钢板卷焊制成，按卷焊制作方法不同，又可分为对边焊接（又称对缝焊接）、叠边焊接和螺纹焊接 3 种，后两种焊接钢管的内径都在 150mm 以上，在屋内不会采用。

综合布线及水、煤气输送采用的钢管主要有以下几种：

（1）按钢管的壁厚不同分为普通钢管（水压实验压力为 2.5MPa）、加厚钢管（水压实验压力为 3MPa）和薄壁钢管（水压实验为 2MPa）。普通钢管和加厚钢管统称为水管，有时简称为厚管（G）。薄壁钢管又称为普通碳素钢电线套管，简称薄管或电管（DG）。

（2）按有无螺纹可分为带螺纹（有圆形螺纹和圆柱形螺纹）和不带螺纹（又称光管）两种。按表面是否处理可分为有镀锌（又称白铁管）和不镀锌（又称黑铁管）两种。

（3）按规格分为水管和电管两种。这两种规格在综合布线系统中都有使用。由于水管的管壁较厚，机械强度高，主要用在垂直主干上升管路、房屋底层或受压力较大的地段；有时也用于屋内线缆的保护管，它是最普遍使用的一种管材。电管因管壁较薄承受压力不能太大，常用于屋内吊顶中的暗敷管路，以减轻管路的重量，使用也很广泛。

根据 GB/T 3091－2008《低压流体输送用焊接钢管》国家标准，钢管规格分类如表 3-1 所示。

钢管具有机械强度高、密封性能好、抗弯、抗压和抗拉能力强等特点，尤其是有屏蔽电磁干扰的作用，管材可根据现场需要任意截锯拗弯，施工安装方便。但是它存在管材重、价格高且易锈蚀等缺点，所以在综合布线中的一些特别场合需要用塑料管来代替。

表 4-1　钢管的公称口径与钢管的外径、壁厚对照表　　单位：mm

公称口径	外径	壁厚	
		普通钢管	加厚钢管
6	10.2	2.0	2.5
8	13.5	2.5	2.8
10	17.2	2.5	2.8
15	21.3	2.8	3.5
20	26.9	2.8	3.5
25	33.7	3.2	4.0
32	42.4	3.5	4.0
40	48.3	3.5	4.5
50	60.3	3.8	4.5
65	76.1	4.0	4.5
80	88.9	4.0	5.0
100	114.3	4.0	5.0
125	139.7	4.0	5.5
150	168.3	4.5	6.0

注：表中的公称口径系近似内径的名义尺寸，不表示外径减去两个壁厚所得的内径。

2．塑料管

塑料管是由树脂、稳定剂、润滑剂及填加剂配制挤塑成型。目前按塑料管的主要材料分类有聚氯乙烯管（PVC-U 管）、聚乙烯管（PE 管）、聚丙烯管（PP 管）、铝塑复合管、交联聚乙烯管、无规共聚聚丙烯管（PP-R）等。综合布线常用的有 PE 阻燃导管和 PVC 阻燃导管。

如果加以细分，又有以高、低密度聚乙烯为主要材料的高、低密度聚乙烯管（HDPE 和 LDPE），以软质或硬质聚氯乙烯为主要材料的软、硬聚氯乙烯管（PVC-U）。

此外，按管材结构划分为以下几种：

（1）内壁光滑、外壁波纹的双壁波纹管（简称双壁波纹管）。

（2）内、外壁光滑，中间含有发泡层的复合发泡管（简称复合发泡管）。

（3）内、外壁光滑的实壁塑料管（简称实壁管）。

（4）内、外壁均成凹凸状的单壁波纹管。

按塑料管成型外观又分为硬直管、硬弯管和可绕管等。

近期又有在高密度聚乙烯管内壁附有固体永久润滑剂硅胶层的硅胶管（简称硅管）面市，它具有与高密度聚乙烯管相同的物理和机械性能，但其摩擦系数极小。

PVC 穿线管常用的规格按外径分有 16、20、25、30、40、50、75、90、110。PVC 管如图 3-33 所示。

图 3-33　PVC 管材与 PVC 线槽

3．铝塑复合管

铝塑复合管是最近广泛使用的一种新的塑料材料，它是以焊接管为中间层，内外层均为聚乙烯，聚乙烯与铝管之间以高分子热熔胶粘合，经复合挤出成型的一种新型复合管材。铝塑复合管综合了塑料管和金属管各自的优点，如稳定的化学性质、耐腐蚀、无毒无污染、表面光洁、无结垢、重量轻、抗应力裂纹以及热膨胀系数低、氧渗透率低、弯曲性能好等，因而具有良好的使用性能。由于其中间铝层具有抗静电性，使铝塑复合管具有防电磁干扰和辐射的能力，也可以用作综合布线、通信线路的屏蔽管道。

铝塑复合管（搭接焊）的环境温度、工作温度及工作压力如表 3-2 所示。

4．硅芯管

硅芯管可作为直埋光缆套管，内壁预置永久润滑内衬，具有更小的摩擦系数，采用气吹法布放光缆，敷管快速，一次性穿缆长度 500～2000m，沿线接头、入孔、手孔相应减少。

表 3-2 铝塑复合管（搭接焊）的环境温度、工作温度及工作压力

用途代号	环境温度（℃）	工作温度（℃）	工作压力（Mps）
L	−40～60	≤60	≤1.0
R	−40～95	≤95	≤1.0
Q	−20～40	≤40	≤0.4
T	−40～60	≤40	≤0.5

5. 混凝土管

混凝土管按所用材料和制造方法不同分为干打管和湿打管两种，目前因湿打管制造成本高、养护时间长等缺点不常采用，较多采用的是干打管（又称砂浆管）。这种混凝土管在一些大型的电信通信施工中常常使用。

综合布线系统中通常采用的是软、硬聚氯乙烯管，且是内、外壁光滑的实壁塑料管。室外的建筑群主干布线子系统采用地下通信电缆管道时，其管材除主要选用混凝土管（又称水泥管）外，目前较多采用的是内外壁光滑的软、硬质聚氯乙烯实壁塑料管（PVC-U）和内壁光滑、外壁波纹的高密度聚乙烯管（HDPE）双壁波纹管，有时也采用高密度聚乙烯（HDPE）的硅芯管。由于软、硬质聚氯乙烯管具有阻燃性能对综合布线系统防火极为有利。此外，在有些软聚氯乙烯实壁塑料管使用场合中，有时也采用低密度聚乙烯光壁（LDPE）子管。

6. PVC 线槽

PVC 线槽一般通用叫法有行线槽、电气配线槽、走线槽等。采用 PVC 塑料制造，具有绝缘、防弧、阻燃自熄等特点，主要用于电气设备内部布线，在 1200V 及以下的电气设备中对敷设其中的导线起机械防护和电气保护作用。使用产品 PVC 线槽后，配线方便，布线整齐，安装可靠，便于查找、维修和调换线路。PVC 线槽如图 3-33 所示。

PVC 线槽的截面有圆弧型和矩形两种，如图 3-34 所示，它的品种与规格较多，从型号上讲有：PVC-20 系列、PVC-25 系列、PVC-25F 系列、PVC-30 系列、PVC-40 系列、PVC-40Q 系列等。

从规格上讲常用的有：20mm×12mm、25mm×12.5mm、25mm×25mm、30mm×15mm、40mm×20mm、50mm×25mm、100mm×50mm 等。

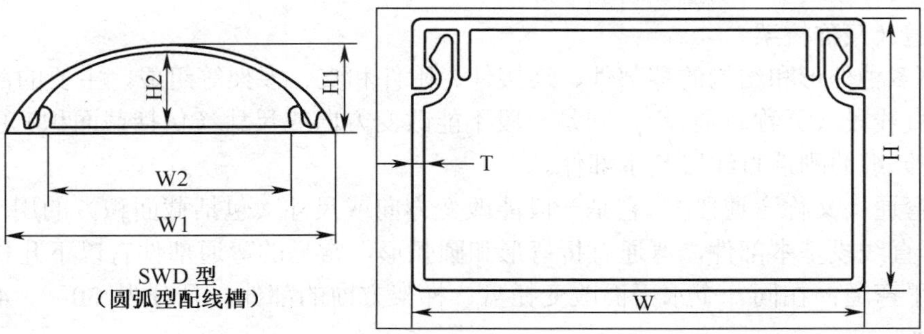

图 3-34 PVC 线槽的截面

PVC 线槽所有的规格如表 3-3 所示。

表 3-3 PVC 线槽总汇

规格（mm）	单价	规格（mm）	单价
加厚型电线槽		普通电线槽 6	
20×10A	1.25	20×10B	1.09
24×14A	1.70	24×14B	1.40
30×15A	2.24	39×19B	2.60
39×19A	3.20	59×22B	4.40
59×22A	5.80	120×80	22.00
50×25A	6.00	160×100	33.00
60×40A	8.00	200×100	39.00
80×40A	11.00	200×160	47.00
80×50A	13.00	300×150	80.00
100×27A	11.00	弧形槽、地板线槽 6	
100×40A	13.00	1 号	3.67
100×50A	15.00	2 号（底宽 3cm）	4.67
100×60A	15.80	3 号（底宽 4cm）	6.67
100×80A	29.00	4 号（底宽 5cm）	9.00
100×100A	39.00	5 号（底宽 6cm）	12.50
150×50A	39.00	6 号（底宽 7cm）	15.67
铝合金弧形槽 9		7 号（底宽 8cm）	22.70
2 号（底宽 3cm）	45.20		
3 号（底宽 4cm）	53.60	8 号（底宽 9cm）	23.50
4 号（底宽 5cm）	62.00	9 号（底宽 10cm）	32.00
6 号（底宽 7cm）	92.00	35×10	8.80
		48×14	13.60

与 PVC 线槽配套使用的附件还有阳角、阴角、直转角、平三通、左三通、右三通、连接头、终端头、接线盒（明盒、暗盒）等。

7. 槽道（又称桥架）

槽道由多种外形和结构的零部件、连接件、附件和支、多架等组成，主要的部件如下：

（1）直线段（又称直通段），它是一段不能改变方向或尺寸（包括截面积）的用于直接承托电（光）缆的刚性直线段基本部件。

（2）弯通（又称弯通段），它是一段能改变方向或尺寸（包括截面积）的用于电（光）缆的刚性非直线段基本部件，弯通有折弯形和圆弧形，常见的弯通部件有以下几种：

1）水平弯通：在同一个水平面改变托盘、梯架方向的部件，且分为 30°、45°、60° 和 90° 四种形式。

2）水平三通：在同一个水平面上以 90° 分开 3 个方向（成丁字形）连接托盘、梯架的部件，分为等宽和变宽两种形式。

3）水平四通：在同一个水平面上以 90° 分开 4 个方向（成十字形）连接托盘、梯架的部件，分为 4 种形式。

4）上弯管：使连接托盘、梯架从水平面改变方向向上连接的部件，它分为 30°、45°、60° 和 90° 四种形式。

5）下弯管：使连接托盘、梯架从水平面改变方向向下连接的部件，它分为 30°、45°、60° 和 90° 四种形式。

6）垂直三通：在同一垂直面以 90° 分开 3 个方向连接托盘、梯架的部件，分为等宽和变宽两种形式。

7）垂直四通：在同一垂直面以 90° 分开 4 个方向连接托盘、梯架的部件，分为等宽和变宽两种形式。

8）变径直通：在同一平面上连接不同宽度和高度的连接托盘、梯架的部件。

槽道的连接件和附件较多，它们是槽道连接的重要部件，具有品种繁杂、数量较多和涉及面广的特点。

（1）连接件。它包括调宽片、调高片、连接片、调角片、隔板和护罩等。它是电缆桥架安装中的变宽、变高、连接、水平和垂直走向中的小角度转向，动力电缆与控制电缆的分隔等必需的附件。

（2）附件。这部分主要包括各种电缆、管缆卡子和连接、紧固螺栓等电缆桥架安装中所需的通用附件，供用户在订货、安装时选用。附件部分中所有连接、紧固螺栓、电缆卡子全部镀锌，其他槽板、花盘角铁表面处理分为静电喷塑、镀锌、烘漆 3 种。

（3）其他部件。槽道的其他部件品种较多，主要用来对槽道支承或悬吊的部件（又称支架或吊架），它们直接支承或吊挂固定安装托盘或梯架。通常有托壁、立柱、吊架和其他固定支架几种形式。

槽道的类型按其材料划分有金属材料和非金属材料两大类。

金属材料制成的槽道有以下几种现场应用方式：

（1）有孔托盘式槽道，简称托盘式槽道或托盘式桥架，如图 3-35 所示。它是由带孔洞眼的底板和无孔洞眼的侧边所构成的槽形部件，或采用由整块钢板冲出底板的孔眼后，按规格弯成槽形的部件。它适用于敷设环境无电磁干扰，不需要屏蔽接地的地段，或环境干燥清洁、无灰、无烟等不会污染的、要求不高的一般场合。

（2）无孔托盘式槽道，简称槽式槽道或槽式桥架，如图 3-36 所示。无孔托盘式槽道和有孔托盘式槽道的主要区别是底板无孔洞眼，它是由底板和侧边构成或由整块钢板弯制成的槽形部件，因此有时称它为实底型电缆槽道。这种无孔托盘式槽道如配有盖时，就成为一种全封闭型的金属壳体，它具有抑制外部电磁干扰、防止外界有害液体、气体和粉尘侵蚀的作用。因此，它适用于需要屏蔽电磁干扰或防止外界各种气体或液体等侵入的场合。

（3）梯架式槽道，又称梯级式桥架，简称梯式桥架，如图 3-37 所示。它是一种敞开式结构，它由两个侧边与若干个横挡组装构成梯形部件，与布线机柜/机架中常用的电缆走线架的形式和结构类似。因为它的外面没有遮挡，是敞开式部件，在使用上有所限制，适用于环境干燥清洁、无外界影响的一般场合。不得用于有防火要求的区段，或易遭受外界机械损害的场所，更不得在有腐蚀性液、气体或有燃烧粉尘等场合使用。

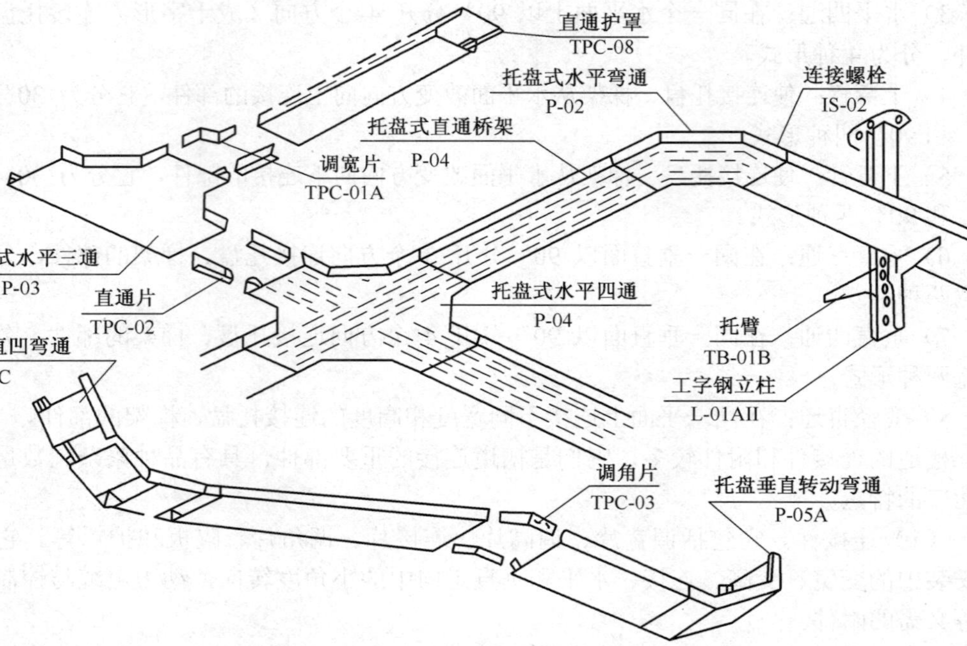

图 3-35　托盘式桥架

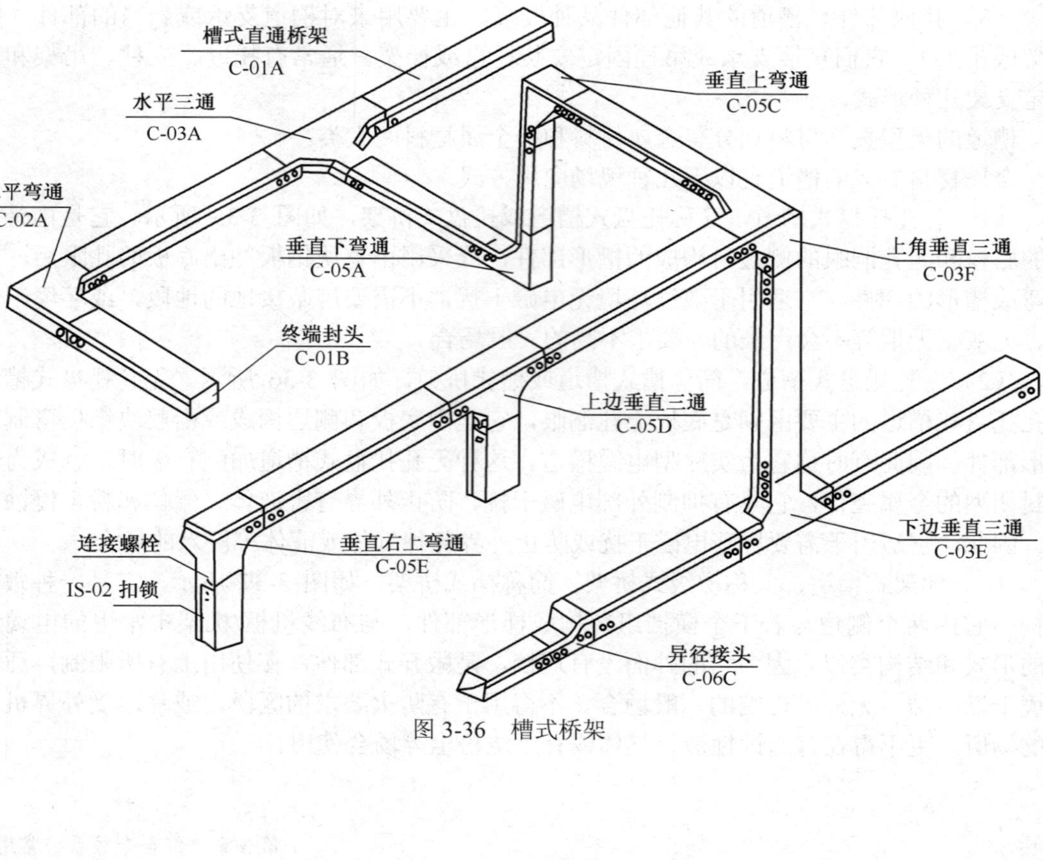

图 3-36　槽式桥架

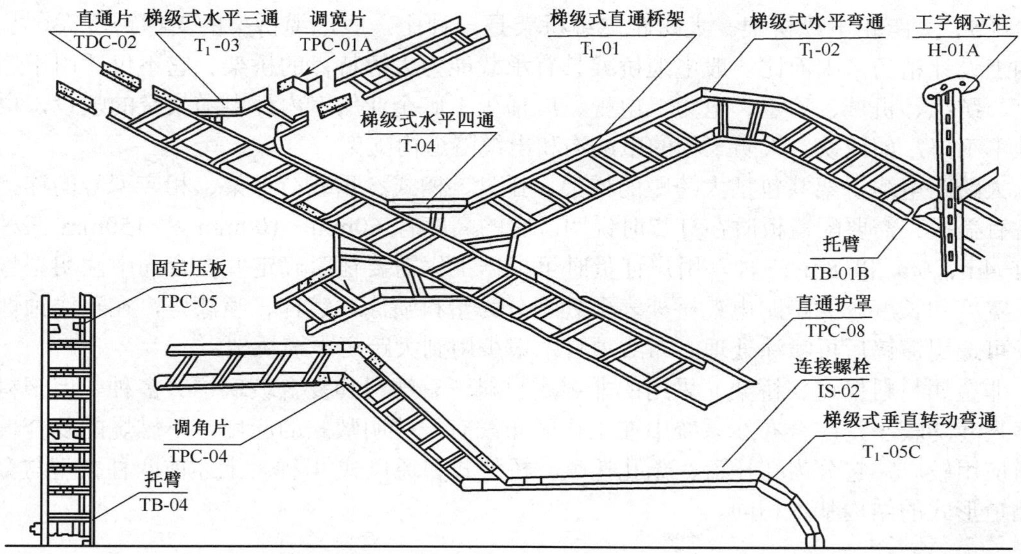

图 3-37 梯级式桥架

（4）组装式托盘槽道，又称组装式托盘、组合式托盘或组装式桥架，如图 3-38 所示。组装式桥架槽道是一种适用于工程现场，可任意组合的若干有孔零部件，且用配套的螺栓或插接方式，连接组装成为托盘的槽道。组装式托盘槽道具有组装规格多种多样，灵活性大，能适应各种需要等特点。因此，它一般用于电缆条数多、敷设线缆的截面积较大、承受荷载重，且具有成片安装固定的空间等场合。组装式托盘槽道通常是单层安装，它比多层的普通托盘槽道的安装施工简便，有利于检修线缆。这种组装式托盘槽道在一般建筑物中很少采用，只有在特大型或重要的大型智能建筑中设有设备层或技术夹层，且敷设的线缆较多时才采用。

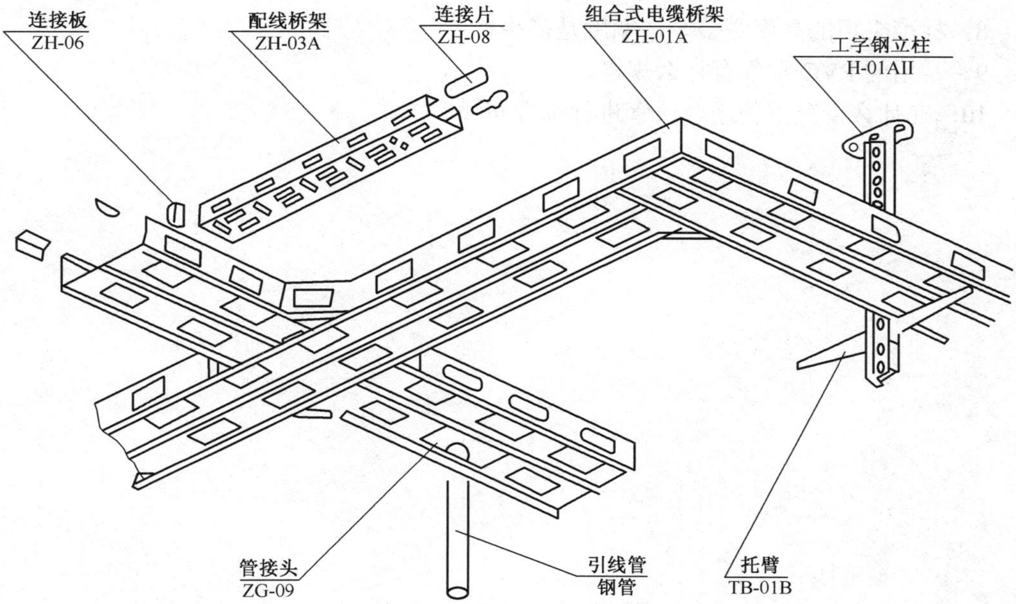

图 3-38 组合式桥架

（5）大跨距电缆桥架。大跨距电缆桥架是一种比一般电缆桥架的支撑跨度大，且由于结构上设计精巧，因而比一般电缆桥架具有承载能力大等特点的桥架。它不仅适用于炼油、化工、纺织、机械、冶金、电力、电视、广播等工矿企业的室内外电缆架空的敷设，也可作为地下工事，如地铁、人防工程的电缆沟和电缆隧道内支架。

大跨距电缆桥架共包括大跨距的梯架、托盘、槽式、重载荷梯架、相应型号的连接件，并备有盖板。需要配盖板时在订货时说明。它的高度有 60mm、100mm 和 150mm 三种，长度有 4m、6m 和 8m 三种，用户订货时可根据工程需要任意确定并在合同中注明型号、高度、宽度和长度。大跨距电缆桥架表面处理分为塑料喷涂、镀锌、喷漆等，在重腐蚀性环境中，可选用镀锌后再喷涂处理。布线项目中很少用到大跨距电缆桥架。

非金属材料槽道（桥架）采用的非金属材料，有塑料和复合玻璃钢等多种。但塑料槽道规格尺寸均较小，综合布线系统中在工作区布线有一些明敷式的应用。不燃烧的复合玻璃钢槽道应用较广，它分为孔托盘、无孔托盘、桥架式和通风式 4 种。上述前两种类型与金属材料槽道形式的结构基本相同。

习　题

1．如果租用一个房间做办公室，最可能需要的综合布线设备是什么？
2．信箱面板通常是多大尺寸的？和常见的电源插座面板在使用上有什么不同？
3．综合布线中的使用的配线架都是什么？
4．通常智能家居产品都包括什么设备？
5．光纤配线架通常是什么接口的？耦合器起什么作用？
6．理线架在设计中数量一般是怎么确定的？
7．试述跳线的标准与跳线的选择原则。
8．标准机柜的高度是多少，宽度是多少？
9．常用的 PVC 管都有什么规格？
10．在什么情况下使用金属管进行综合布线？

第 4 章　综合布线标准

本章学习目标

本章对综合布线系统在各阶段的标准进行简单介绍。通过本章的学习，读者应掌握如下内容:

- 了解综合布线的标准的发展历程
- 了解国内外标准化组织
- 根据现在实行的标准设计设计简单的综合布线系统

4.1　综合布线系统标准

4.1.1　标准的概念

1．标准的定义

关于标准的定义，国内外有不同的文字描述，但其主要含义基本上是类似的。

早在 1934 年捷拉德（Jaillard）在《工业标准化—原理与应用》一书中对标准所下的定义是：标准是对计量单位或基准、物体、动作、过程、方式、常用方法、容量、功能、性能、办法、配置、状态、义务、权限、责任、行为、态度、概念或想法的某些特征给出定义，做出规定和详细说明。它以语言、文件、图样等作为表现方式或利用模型、标样及其他具体表现方法，并在一定时期内适用。

国际标准化组织（ISO）在 ISO/IEC 指南 2－1991《标准化和有关领域的通用术语及其定义》中对标准的定义如下：

标准为在一定的范围内获得最佳秩序，对活动和其结果规定共同的和重复使用的规则、指导原则或特性文件。该文件经协商一致制定并经一个公认机构批准。

我国的国家标准《标准化和有关领域的通用术语 第 1 部分：基本术语》GB 3935.1－1996 中对标准的定义也采用了上述的定义。同时，在《中华人民共和国标准化法条文解释》中指出“标准”的含义是，对重复性事物和概念所作的统一规定。它以科学、技术和实践经验的综合成果为基础，经有关方面协商一致，由主管机构批准，以特定形式发布，作为共同遵守的准则和依据。

显然，标准的基本含义就是“规定”，就是在特定的地域和年限里对其对象做出“一致性”的规定。但标准的规定与其他规定有所不同，标准的制定和贯彻以科学技术和实践经验的综合成果为基础，标准是“协商一致”的结果，标准的颁布具有特定的过程和形式。标准的特性表现为科学性与时效性，其本质是“统一”。标准的这一本质赋予标准具有强制性、约束性和法规性。

标准是各种事物和概念相应的质和量相统一的规定，作为区别于各种事物和概念的依据。不难设想，如果没有标准，将会给人类的生产和生活带来混乱和困难。越是现代化的信息社会，就越需要标准，如果没有标准，人类的各种活动将无法进行。

2．标准级别

标准级别是指依据《中华人民共和国标准化法》将标准划分为国家标准、行业标准、地方标准和企业标准 4 个层次。各层次之间有一定的依从关系和内在联系，形成一个覆盖全国又层次分明的标准体系。

（1）国家标准。对需要在全国范围内统一的技术要求，应当制定国家标准。国家标准由国务院标准化行政主管部门制定，并统一审批、编号、发布。国家标准的代号为“GB”，其含义是“国标”两个字汉语拼音的第一个字母“G”和“B”的组合。

（2）行业标准。对没有国家标准而又需要在全国某个行业范围内统一的技术要求，可以制定行业标准。行业标准由国务院有关行政主管部门制定，并报国务院标准化行政主管部门备案，在公布国家标准之后，该项行业标准即行废止。

（3）地方标准。对没有国家标准和行业标准而又需要在省、自治区、直辖市范围内统一的工业产品的安全、卫生要求，可以制定地方标准。地方标准由省、自治区、直辖市标准化行政主管部门制定，并报国务院标准化行政主管部门和国务院有关行政主管部门备案，在公布国家标准或者行业标准之后，该项地方标准即行废止。

（4）企业标准。企业生产的产品没有国家标准和行业标准的，应当制定企业标准，作为组织生产的依据。企业的产品标准须报当地政府标准化行政主管部门和有关行政主管部门备案。已有国家标准或者行业标准的，国家鼓励企业制定严于国家标准或者行业标准的企业标准，在企业内部适用。

此外，为适应某些领域标准快速发展和快速变化的需要，于 1998 年规定的四级标准之外，增加一种“国家标准化指导性技术文件”，作为对国家标准的补充，其代号为“GB/Z”。符合下列情况之一的项目，可以制定指导性技术文件：①技术尚在发展中，需要有相应的文件引导其发展或具有标准化价值，尚不能制定为标准的项目；②采用国际标准化组织、国际电工委员会及其他国际组织（包括区域性国际组织）的技术报告的项目。指导性技术文件仅供使用者参考。

3．标准属性

依据《中华人民共和国标准化法》的规定，国家标准、行业标准分为强制性标准和推荐性标准。保障人体健康、人身、财产安全的标准和法律、行政法规规定强制执行的标准是强制性标准，其他标准是推荐性标准。

省、自治区、直辖市标准化行政主管部门制定的工业产品的安全、卫生要求的地方标准，在本行政区域内是强制性标准。

强制性标准，必须执行。不符合强制性标准的产品，禁止生产、销售和进口。推荐性标准，国家鼓励企业自愿采用。

强制性国家标准的代号为“GB”，推荐性国家标准的代号为“GB/T”。行业标准中的推荐性标准也是在行业标准代号后加个“T”字，如“YD/T”即信息产业推荐性标准，不加“T”字即为强制性行业标准。

4. 制定标准

制定标准一般指制定一项新标准，是指制定过去没有而现在需要进行制定的标准。它是根据生产发展的需要和科学技术发展的需要及其水平来制定的，因而它反映了当前的生产技术水平。制定这类标准的工作量最大，工作要求最高，所用的时间也较多。它是一个国家的标准化工作的重要方面，反映了这个国家的标准化工作面貌和水平。

一个新标准制定后，由标准批准机关给一个标准编号（包括年代号），同时标明它的分类号，以表明该标准的专业隶属和制定年代。

5. 修订标准

修订标准是指对一项已在生产中实施多年的标准进行修订。修订部分主要是生产实践中反映出来的不适应生产现状和科学技术发展的那一部分，或者修改其内容，或者予以补充，或者予以删除。

修订标准不改动标准编号，仅将其年代号改为修订时的年代号。

6. 国际标准

国际标准是由国际标准化组织通过的并公开发布的标准。

国际标准化组织是指 ISO、IEC 以及由 ISO 公布的其他 27 个国际组织。

ISO、IEC 是两个最大的国际标准化组织。ISO 和 IEC 共发布国际标准 1 万多个。“其他 27 个国际组织”主要有：国际计量局（BIPM）、国际电气设备合格认证委员会（CEE）（CEE 已并入国际电工委员会 IEC）、国际照明委员会（CIE）、国际无线电咨询委员会（CCIR）、国际无线电干扰特别委员会（CISPR）、国际电报电话咨询委员会（CCITT）、世界知识产权组织（WIPO）等。这 27 个国际组织制定的标准化文献主要有国际标准、国际建议、国际公约、国际公约的技术附录和国际代码，也有经各国政府认可的强制性要求。

7. 综合布线标准

综合布线起源于美国，综合布线标准自然而然也起源于美国。在 1985 年前的布线系统没有标准化。其中有几个原因，首先，本地电话公司总是关心他们的基本布线要求；其次，使用主机系统的公司要依靠其供货商来安装符合系统要求的布线系统。

随着计算机技术的日益成熟，越来越多的机构安装了计算机系统，而每个系统都需要自己独特的布线和连接器。客户开始报怨每次他们更改计算机平台的同时也不得不相应改变其布线方式。为赢得并保持市场的信任，计算机通信工业协会（CCIA）与 EIA 联合开发建筑物布线标准。讨论在 1985 年开始，并取得一致，认为商用和住宅的话音和数据通信都应有相应的标准。EIA 将开发布线标准的任务交给了 TR-41 委员会。TR-41 委员会认识到该任务的艰巨性，于是设立了下属委员会及数个工作组来负责开发商用和住宅建筑物布线标准的各方面工作。这些委员会在开发这些标准时关注的重点是保证开发的标准是独立于技术及生产厂家的。

美国国家标准学会制定的 ANSI/TIA/EIA 568-A《商用建筑通信布线标准》及 ANSI/TIA/EIA 569《商用建筑标准通信路径和间隔标准》是综合布线工程的纲领性奠基文件。

4.1.2 标准化组织

1. 国外的标准化组织及其标准目标

（1）美国国家标准学会（ANSI）。美国国家标准学会（American National Standards

Institute，ANSI）作为一家私有的非营利成员组织，于 1918 年创立。当时，美国的许多企业和专业技术团体，已开始了标准化工作，但因彼此间没有协调，存在不少的矛盾和问题。为了进一步提高效率，数百个科技学会、协会组织和团体，均认为有必要成立一个专门的标准化机构，并制定统一的通用标准。1918 年，美国材料试验协会（ASTM）、美国机械工程师协会（ASME）、美国矿业与冶金工程师协会（ASMME）、美国土木工程师协会（ASCE）和美国电气工程师协会（AIEE）等组织，共同成立了美国工程标准委员会（AESC）。美国政府的三个部（商务部、陆军部、海军部）也参与了该委员会的筹备工作。1928 年，美国工程标准委员会改组为美国标准协会（ASA）。为致力于国际标准化事业和消费品方面的标准化，1966 年，8 月又改组为美利坚合众国标准学会（USASI）。1969 年 10 月 6 日改名为美国国家标准学会（ANSI）。

美国国家标准学会由执行董事会领导，下设 4 个委员会：学术委员会、董事会、成员议会和秘书处。

美国国家标准学会系非营利性质的民间标准化团体，但它实际上已成为国家标准化中心，各界标准化活动都围绕着它进行。它使政府有关系统和民间系统相互配合，起到了联邦政府和民间标准化系统之间的桥梁作用。它协调并指导全国标准化活动，给标准制定、研究和使用单位以帮助，提供国内外标准化情报。ANSI 现有工业学、协会等团体会员约 200 个，公司（企业）会员约 1400 个。其经费来源于会费和标准资料销售收入，无政府基金。领导机构是由主席、副主席及 50 名高级业务代表组成的董事会，行使领导权。董事会闭会期间，由执行委员会行使职权，执行委员会下设标准评审委员会，由 15 人组成。总部设在纽约，卫星办公室设在华盛顿。美国国家标准局（NBS）的工作人员和美国政府其他许多机构的官方代表也通过各种途径参与美国国家标准学会的工作。

美国国家标准学会下设电工、建筑、日用品、制图和材料试验等各种技术委员会。

美国国家标准学会本身很少制定标准。其 ANSI 标准的编制主要采取以下 3 种方式：一是由有关单位负责草拟，邀请专家或专业团体投票，将结果报 ANSI 设立的标准评审会审议批准，此方法称为投票调查法；二是由 ANSI 的技术委员会和其他机构组织的委员会的代表拟订标准草案，全体委员投票表决，最后由标准评审会审核批准，此方法称为委员会法；三是从各专业学会、协会团体制定的标准中，将其较成熟的，而且对于全国普遍具有重要意义的，经 ANSI 各技术委员会审核后，提升为国家标准（ANSI）并冠以 ANSI 标准代号及分类号，但同时保留原专业标准代号。

美国国家标准学会的标准，绝大多数来自各专业标准。另一方面，各专业学会、协会团体也可依据已有的国家标准制定某些产品标准。当然，也可不按国家标准来制定自己的协会标准。ANSI 的标准是自愿采用的。美国认为，强制性标准可能限制生产率的提高。但被法律引用和政府部门制定的标准，一般属强制性标准。

ANSI 同时也是一些国际标准化组织的主要成员，如国际标准化组织（ISO）和国际电工委员会（IEC）。

由于 ANSI 的任务是鼓励对标准和方法的自愿遵从。它不开发美国国家标准，但它可以通过在有意向开发某个具体标准的会员间达成共识来推进标准的开发。ANSI 通过各种国际组织的成员，如国际标准化组织 ISO 和国际电工委员会 IEC 等，来推进美国开发的标准的使用。ANSI 是 ISO 的创始成员，是 ISO 管理委员会五家永久性会员之一，以及 ISO 技术管理委员会的上家永久性会员之一。

ANSI 协助联合电子工业协会（EIA）和通信工业协会（TIA）共同开发商业区建筑电信布线标准（简称为 ANSI/TIA/EIA-568A），该标准被公认为美国布线标准。

（2）电子工业协会（EIA）。美国电子工业协会（Electronic Industries Alliance，EIA）创建于 1924 年，原名叫无线电制造者协会。今天其成员已超过 500 名，代表美国 2000 亿美元产值电子工业制造商，成为纯服务性的全国贸易组织，总部设在弗吉尼亚的阿灵顿。

EIA 逐步发展成为美国及国外电子制造商的代表。这些制造商制造生产市场需要的各类商品。EIA 按照具体的产品和市场进行组织和管理，它的每个分支机构都与其特定的需要相对应。这些分会包括元器件、消费类电子产品、电子信息、工业电子、政府和通信等。EIA 的成员资格对于全美境内所有的从事电子产品制造的厂家都开放，一些其他的组织经过批准也可以成为 EIA 的成员。

EIA 是推动 TIA/EIA-568A 商业建筑电信布线标准的驱动力量。

（3）美国电信工业协会（TIA）。美国电信工业协会（Telecommunications Industry Association，TIA），是一个全方位的服务性国家贸易组织。其成员包括为美国和世界各地提供通信和信息技术产品、系统和专业技术服务的 900 余家大小公司，协会成员有能力制造供现代通信网应用的所有产品。此外，TIA 还有一个分支机构——多媒体通信协会（MMTA）。TIA 还与美国电子工业协会（EIA）有着广泛而密切的联系。

1924 年，一些电话网络供应商组织在一起，打算举办一个工业贸易展览。后来渐渐演变成为美国独立电话联盟委员会。1979 年，该委员会分出一个独立的组织——美国电信供应商协会（USTSA），并成为世界上最主要的通信展览和研究论坛的组织者之一。1988 年 4 月，USTSA 与 EIA（美国电子工业协会）的电信和信息技术组合，形成了美国电信工业协会（TIA）。TIA 是一个全方位的服务性国家贸易组织，其成员包括为美国和世界各地提供通信和信息技术产品、系统和专业技术服务的 900 余家公司。

TIA 是一个成员推动的组织。根据该组织的规定，在华盛顿选举出 31 个成员公司组成理事会，并成立了 6 个专门委员会，负责的工作事务包括成员范围和发展、国际事务、市场和贸易展览、公共政策和政府关系和小型公司。

多媒体通信协会（MMTA）的前身是北美通信协会，成立于 1970 年。它为设备制造者、软件设计者、网络服务提供者和系统集成者提供一个论坛，为通信和计算机应用提供开放市场而努力。

TIA 是经过美国国家标准学会（ANSI）认可的可制定各类通信产品标准的组织。TIA 的标准制定部门由 5 个分会组成，包括用户室内设备分会（UPED）、网络设备分会、无线设备分会、光纤通信分会和卫星通信分会（SCD）。

TIA 是开发 TIA/EIA-568A 商业建筑电信布线标准的指导性机构。

（4）电气与电子工程师学会（IEEE）。电气与电子工程师学会（Institute of Electrical and Electronics Engineers，IEEE）是一个由美国电机电子工程师协会组成的一个专业认证机构，是一家国际性的非营利联合体，由 150 个国家的 33 万会员组成，它成立于 1963 年，由美国电气工程师学会和无线电工程师学会合并而来，电气与电子工程师学会接受美国国家标准组织的赞助。IEEE 在计算器工程、生物医疗科技、电信、电力、航空和电子消费品等方面，都是领导性的权威。IEEE 历史悠久，其前身于 1884 年已经成立。一直以来，IEEE 都致力推动电力科技及其相关科学的理论与应用研究，在促进科技革新方面起了重要的催化作用。它负责当今世界发行的30%的电气机械、计算机和控制技术文献。

电气与电子工程师学会主要的任务是制定电气电子业的相关标准，它也订立了许多局域网的标准，其开发的标准有802.X系列标准。

（5）美国国家消防协会（NFPA）。国家消防协会1896所创立，是一家帮助保护人、财产和环境不受火灾侵害的非营利机构。它现成已变成一家国际性组织，会员达到65000家以上，代表100多个国家。该组织是世界火灾预防和安全的指导者。它的任务是通过实施法规、安全标准、研究和防火知识的教育工作者来协助降低火灾的危险。

表面上看它似乎与综合布线没有直接关系，但布线产品中的材料大都涉及防火等级的问题。

（6）国际标准化组织（ISO）。国际标准化组织（International Organization for Standardization，ISO）是目前世界上最大、最有权威性的国际标准化专门机构。ISO的标准机构会员代表世界130多个国家，它旨在促进知识、科学、技术和经济活动中标准的开发。

1946年10月14日至10月26日，中、英、美、法等25个国家的64名代表会集伦敦，正式表决通过建立国际标准化组织。1947年2月23日，ISO章程得到15个国家标准化机构的认可，国际标准化组织宣告正式成立。参加1946年10月14日伦敦会议的25个国家，为ISO的创始人。ISO是联合国经社理事会的甲级咨询组织和贸易理事会综合级（即最高级）咨询组织。此外，ISO还与600多个国际组织保持着协作关系。

国际标准化组织的目的和宗旨是，在全世界范围内促进标准化工作的发展，以便于国际物资交流和服务，并扩大在知识、科学、技术和经济方面的合作。其主要活动是制定国际标准，协调世界范围的标准化工作，组织各成员国和技术委员会进行情报交流，以及与其他国际组织进行合作，共同研究有关标准化问题。

按照ISO章程，其成员分为团体成员和通信成员。团体成员是指最有代表性的全国标准化机构，且每一个国家只能有一个机构代表其国家参加ISO。通信成员是指尚未建立全国标准化机构的发展中国家（或地区）。通信成员不参加ISO技术工作，但可了解ISO的工作进展情况，经过若干年后，待条件成熟，可转为团体成员。ISO的工作语言是英语、法语和俄语，总部设在瑞士日内瓦。现有（截至2004年31日）团体（国家标准化机构）146个，其中成员团体（正式成员）99个，通信成员36个，订户成员11个。技术组织2952个，其中技术委员会（TC）190个，分委员会（SC）544个、工作组2188个、临时专题小组30个。ISO现有（截至2004年31日）标准文件共计14941个，ISO标准页数531324页。

1978年9月1日，我国以中国标准化协会（CAS）的名义重新恢复在ISO的地位。1988年起改为以国家技术监督局的名义参加ISO的工作。近期将改为以中国国家标准化管理局（SAC）的名义参加ISO的工作。1999年9月，我国在京承办了ISO第22届大会。

国际标准化组织负责对综合布线系统的生产制造和生产过程中的质量控制进行制定和修正，以保证整个系统的电气和通信性能，并获得多数成员的赞成。

ISO经常与国际电工委员会和国际电信联盟合作，合作的结果之一是1995年推出了ISO/IEC 11801标准，称为《客户房屋通用布线和设备标准》。

（7）国际电工委员会（IEC）。国际电工委员会（International Electrotechnical

Commission，IEC）成立于 1906 年，至今已有 90 多年的历史。它是世界上成立最早的国际性电工标准化机构，负责有关电气工程和电子工程领域中的国际标准化工作。

IEC 的宗旨是促进电气、电子工程领域中标准化及有关问题的国际合作，增进国际间的相互了解。为实现这一目的，IEC 出版包括国际标准在内的各种出版物，并希望各成员在本国条件允许的情况下，在本国的标准化工作中使用这些标准。

近 20 年来，IEC 的工作领域和组织规模均有了相当大的发展。至今为止，IEC 成员国已从 1960 年的 35 个增加到 61 个，他们拥有世界人口的 80%，消耗的电能占全球消耗量的 95%。目前 IEC 的工作领域已由单纯研究电气设备、电机的名词术语和功率等问题扩展到电子、电力、微电子及其应用、通信、视听、机器人、信息技术、新型医疗器械和核仪表等电工技术的各个方面。IEC 标准已涉及世界市场中 35%的产品，到 19 世纪末，这个数字已达到 50%。IEC 每年要在世界各地召开 100 多次国际标准会议，世界各国的近 10 万名专家在参与工 EC 标准的制定和修订工作。IEC 现在有技术委员会（TC）89 个、分技术委员会（SC）88 个。IEC 标准在迅速增加，1963 年只有 120 个标准，截止到 2001 年 12 月底，IEC 已制定了 5098 个国际标准。

我国 1957 年参加 IEC，1988 年起改为以国家技术监督局的名义参加 IEC 的工作。现在以中国国家标准化管理局（SAC）的名义参加 ISO 的工作。目前，我国是 IEC 理事局、执委会和合格评定局的成员。1990 年我国在京承办了 IEC 第 54 届年会，2002 年 10 月我国还在京承办了 IEC 第 66 届年会。

（8）CSA 国际（CSA）。CSA 国际源自加拿大标准协会，但后来改称 CSA 国际，以反映其在国际标准方面的不断发展和影响力。它成立于 1919 年，是一家非营利的独立组织，世界各地成员 8000 多个，主要任务是开发标准。

其颁布的一些公共标准包括：CAN/CSA-T524 住宅布线；CAN/CSA-T527 电信接合和接地；CAN/CSA-T528 商用建筑电信布线管理标准；CAN/CSA-T529 商用建筑电信布线系统设计准则；CAN/CSA-T530 楼宇设施电信设计准则。许多得到美国国家电气法规和担保实验室认证的布线和数据产品，同样能得到 CSA 的认证。

（9）ATM 论坛。ATM（异步传输模式）论坛始于 1991 年，是一个国际性的非营利组织，其任务是推进和加速 ATM 产品和服务的应用。

ATM 论坛开发和发布的技术规格包括：在 ATM 上实现 LAN 仿真；在双绞线上实现 155Mb/s ATM 物理介质附属接口规格。

（10）欧洲电工标准化委员会（CENELEC）与欧洲标准化委员会（CEN）。欧洲的标准制定机构中最主要的是欧洲电工标准化委员会（European Committee for Electrotechnical Standardization，CENELEC）和欧洲标准化委员会（European Committee for Standardization，CEN）以及它们的联合机构 CEN/CENELEC。

欧洲电工标准化委员会（法文名称缩写为 CENELEC）1976 年成立于比利时的布鲁塞尔，是由两个早期的机构合并的。它的宗旨是协调欧洲有关国家的标准机构所颁布的电工标准和消除贸易上的技术障碍。CENELEC 的成员是欧洲共同体 12 个成员国和欧洲自由贸易区（EFTA）7 个成员国的国家委员会。除冰岛和卢森堡外，其余 17 国均为国际电工委员会（IEC）的成员国。

欧洲标准化委员会（法文名称缩写为 CEN）成立于 1961 年。1971 年起 CEN 迁至布鲁塞尔，后来它与 CENELEC 一起办公。在业务范围上，CENELEC 主管电工技术的全部领域，而 CEN 则管理其他领域。其成员国与 CENELEC 的相同。除卢森堡外，其他 18 国均为国际标准化组织（ISO）的成员国。

CENELEC 与 CEN 长期分工合作后，又建立了一个联合机构，名为“共同的欧洲标准化组织”，简称 CEN/CENELEC。但原来两机构 CEN、CENELEC 仍继续独立存在。1988 年 1 月，CEN/CENELEC 通过了一个“标准化工作共同程序”，接着又把 CEN/CENELEC 编制的标准出版物分为以下 3 类：

1）EN（欧洲标准）：按参加国所承担的共同义务，通过此标准将赋予某成员国的有关国家标准以合法地位，或撤消与之相对立的某一国家的相关标准，也就是说成员国的国家标准必须与 EN 标准保持一致。

2）HD（协调文件）：这也是 CEN/CENELEC 的一种标准。按参加国所承担的共同义务，各国政府有关部门至少应当公布 HD 标准的编号及名称，与此相对立的国家标准也应撤消，也就是说成员国的国家标准至少应与 HD 标准协调。

3）ENV（欧洲预备标准）：由 CEN/CENELEC 编制，拟作为今后欧洲正式标准，供临时性应用。在此期间，与之相对立的成员国标准允许保留，两者可平行存在。

CEN/CENELEC 规定：对于 EN 和 ENV，采用同一种编号系统。其中 40000 以下的编号属于 CEN，50000 以上的归 CENELEC，介乎其中的属于 CEN/CENELEC。

1988 年 3 月，根据欧洲共同体委员会的建议，成立了欧洲邮政及电信管理部门的欧洲联盟（CEPT）及其欧洲远距离通信标准局（ETSI）。ETSI 与 CENELEC 工作上有交叉，为此两机构作了分工。CENELEC 主管的标准包括安全、环境条件、电磁兼容、设备工程、无线电保护、电子元器件和无线电广播接收系统及接收机。ETSI 主管的标准包括无线电领域的电磁兼容、私人用远距离通信系统和整体宽频带网络（包括有线电视）。

（11）保险商实验室（UL）。保险商实验室成立于 1894 年，是一家非营利的独立组织，致力于产品的安全性测试和认证。尽管不直接参与布线标准的制定，但是 UL 与布线和其他制造商共同合作，以确保电气设备安全。UL 为付费的客户测试产品；如果提供测试的产品符合标准的要求，那么，产品将被列入 UL 目录或授予证书，表示通过了 UL 认证，其标志加于世界各地的布线和电气设备上。

2．国内的标准化组织及综合布线标准

国内综合布线相关标准制定来自于通信技术标准和建设工程标准，通信技术标准和所有其他技术标准皆由国家技术监督局统一管理。其中通信行业工程建设标准，过去曾由国家建委管理，后转由国家计委管理，最后又由建设部（现为住房和城乡建设部）管理至今。

目前，一般情况下各类标准的审批权限如下：

（1）国家标准：基础技术标准由国家技术监督局审批颁发；工程建设标准由建设部和国家技术监督局联合颁发。

（2）行业标准：基础技术标准由主管部颁发，报国家技术监督局备案；工程建设标准由主管部颁发，报建设部备案。

（3）地方标准：由地方政府审批颁发。

（4）企业标准：由企业主管审批颁发。

此外，建设部还规定由中国建设标准化协会编制推荐性标准，作为上述 4 类标准的补充。如《建筑与建筑群综合布线系统工程设计规范》CECS72:95 由中国建设标准化协会通信工程委员会北京分会和中国建设标准化协会智能建筑信息系统分会联合编制，中国建设标准化协会 1995 年 3 月 14 日批准发布。

信息产业部为了全面推进通信技术标准工作，先后成立了通信标准技术审查部和工作推进部，并陆续批准成立了无线通信、通信电源产品、IP、传送网与接入网、网络管理和网络与交换 6 个由国内企事业单位自愿联合组织的通信标准研究组。各研究组皆采用单位成员制，由科研、设计、产品制造、通信运营、高等院校、学术组织及用户和政府部门的代表参加，并于 1999 年底在北京召开了全国通信标准研究组成员单位代表大会。研究组的任务是组织各成员单位对本研究组业务范围的标准开展研究工作，编制专业标准体系，根据近、中、远期的研究课题和标准项目计划，组织标准的起草、征求意见、协调和初审，向信息产业部通信标准行政管理部门推荐标准草案，开展国际电联的国内对口相关研究组业务范围的研究，并向信息产业部推荐提交到国际电联的文稿等。目前，申请、筹备成立全国统一的通信标准组织的工作正在进行。

（1）协会标准。中国工程建设标准化协会在 1995 年颁布了《建筑与建筑群综合布线系统工程设计规范》（CECS 72:95）。该标准在很大程度上参考了北美的综合布线系统标准 EIA/TIA 568，这是我国第一部关于综合布线系统的设计规范，目前该标准已经废止。

经过几年的实践和经验总结，并广泛征求建设部、原邮电部和原广电部等主管部门和专家的意见，该协会在 1997 年颁布了新版《建筑与建筑群综合布线系统工程设计规范》（CECS 72:97）和《建筑与建筑群综合布线系统工程施工及验收规范》（CECS 89:97），该标准积极采用国际先进经验，与国际标准 ISO/IEC 11801:1995（E）接轨，增加了抗干扰、防噪声污染、防火和防毒等方面的内容，与旧版有很大区别。

（2）行业标准。1997 年 9 月 9 日，我国通信行业标准 YD/T 926 《大楼通信综合布线系统》正式发布，并于 1998 年 1 月 1 日起正式实施。该标准包括以下 3 部分：YD/T 926.1－1997 为总规范；YD/T 926.2－1997 为综合布线用电缆、光缆技术要求；YD/T 926.3－1998 为综合布线用连接硬件技术要求。

2001 年 10 月 19 日，由我国信息产业部发布了中华人民共和国通信行业标准 YD/T 926－2001《大楼通信综合布线系统》第二版，并于 2001 年 11 月 1 日起正式实施。该标准包括以下 3 部分：YD/T 926.1－2001 为总规范。本部分对应于国际标准化组织/国际电工委员会标准 ISO/IEC 11801《信息技术－用户房屋综合布线》除第 8 章、第 9 章以外的部分。此部分与 ISO/IEC 11801 的一致性程度为非等效，主要差异为：对称电缆布线中，不推荐采用 ISO/IEC 11801 中允许的 120Ω 阻抗电缆品种及双绞线电缆品种；链路的试验项目与验收条款比 ISO/IEC 11801 更加具体；对综合布线系统与公用网的接口提出了要求；对称电缆 D 级永久链路及信道的指标较 ISO/IEC 11801:1999 提高，与 ANSI/EIA/TIA-568A-5:2000 的指标一致。符合本部分的综合布线系统也符合国际标准 ISO/IEC 11801:1995+A1:1999+A2:1999。

YD/T 926.2－2001 为综合布线用电缆、光缆技术要求部分。

YD/T 926.3－2001 为综合布线用连接硬件技术要求。

本标准是通信行业标准，对接入公用网的通信综合布线系统提出了基本要求。这是当时我国唯一的关于 CAT5E 布线系统的标准。

我国通信行业标准 YD/T 926《大楼通信综合布线系统》是通信综合布线系统的基本的

技术标准。符合 YD/T 926 标准的综合布线系统也符合国际标准化组织/国际电工委员会标准 ISO/IEC 11801:1999。

全新的 YD/T 926 标准正在修订，近期就会正式发布。

（3）国家标准。国家标准《建筑与建筑群综合布线系统工程设计规范》（GB/T 50311－2000)、《建筑与建筑群综合布线系统工程验收规范》（GB/T50312－2000）是于 1999 年底，上报国家信息产业部、国家建设部、国家技术监督局审批，并于 2000 年 2 月 28 日发布，在 2000 年 8 月 1 日开始执行。该标准主要是由我国通信行业标准 YD/T 926－1997《大楼通信综合布线系统》升级而来，与 YD/T 926 相比，敲定了一些技术细节，并与 YD/T 926 保持兼容。

这两个标准只是关于 100M 五类布线系统的标准，不涉及 CAT5E 以上的布线系统。

2007 年 4 月建设部正式发布 2007 版综合布线国家标准，并定于 2007 年 10 月 1 日起执行。新标准名称及代号为《综合布线系统工程设计规范》GB 50311－2007 和《综合布线系统工程验收规范》GB50312－2007。新国标在旧标准的基础上做了很多的改进，以适应建筑物功能的多样化带来的新需求。新标准在原标准的基础上更加注重了实用性和操行性，同时也注入了许多新的内容。

4.1.3 常用的综合布线标准

从综合布线系统出现到目前，虽然仅仅是 20 多年的使用时间，由于其科学技术迅速发展和不断开拓提高，不论国外标准（包括国际标准、地区标准和国家标准）或国内标准（包括国家标准、行业标准和协会标准）都是从无到有、从少到多，有的标准已经屡次修订且其修订时间的间隔缩短、修订次数增多，这充分反映编制标准的过程与客观实际使用的要求紧密结合，从而满足综合布线系统工程的发展需要。

我国制定国内标准起步较晚，当综合布线系统引入国内初期，主要采用国外的标准。从 20 世纪 90 年代中期，国内有关部门和单位逐步编制、批准和发布了一些标准和规范及图集等文件，到 2007 年发布最新版的综合布线国家标准，这些标准文件对于综合布线系统工程发展具有重要的指导作用。

根据现有综合布线系统的国内外标准总体来分析，大部分都属于综合性标准，其内容主要有总体系统组成、网络拓扑结构、主要性能要求、系统参数指标、传输媒介和连接硬件的技术指标，还有安装施工和测试要求等。对于综合布线系统工程设计和安装施工都具有一定的导向作用，虽然对于产品开发也有所帮助，但从产品标准的具体内容和要求来分析，不论在标准的数量和内容上都是不够的。

各国生产的综合布线系统产品（包括传输媒介和连接硬件）都有自己的产品标准，没有统一的规定，在产品的名称、型号、品种系列、规格、容量、外形尺寸和结构型式等方面各有特色，除 RJ-45 连接硬件外，都大同小异，有一定差别而无法做到产品之间互相代替的通用性和互换性，这是没有统一要求的产品标准而产生的一个问题。此外，各国生产的产品在检验、包装、储存和运输等方面也缺乏统一要求。这些内容和要求在我国国内产品标准中必须有所规定。

我国国内综合布线系统的产品标准情况基本上与国外标准相似，不同的是国内产品标准较国外稍多一些，但从综合布线系统产品标准总体上分析，同样存在国外产品的各种问题。显然，对于产品标准来说是不够完整的。这是在综合布线系统标准的领域中需要解决的一个主要问题，而且国内综合布线的标准相对于全球综合布线产品发展来讲，一般都要滞后几年。

1．国外综合布线系统的主要标准

（1）美国标准——《商业建筑电信布线标准》（Commercial Building Telecommunications Cabling Standard）ANSI/EIA/TIA-568。

综合布线系统是由美国首先提出的，因此，综合布线系统的标准也起源于美国。首先ANSI/EIA/TIA（美国电子工业协会/美国通信工业协会）从1985年初，开始制定《商业建筑电信布线标准》（ANSI/EIA/TIA 568）。

经过6年编制的时间，于1991年7月，EIA/TIA颁布第一版，它将电话和计算机两种网络的布线结合在一起而出现综合布线系统。它是综合布线系统最早的奠基性标准。同时，《商业建筑物电信布线通道和及空间标准》（ANSI/EIA/TIA 569）也同时推出。

1）ANSI/EIA/TIA 568A。1995年8月，上述标准经过改进，正式修订为ANSI/EIA/TIA 568A。它定义了语音与数据通信布线系统，适用于多个厂家和多种产品的应用环境。这个标准为商业布线系统提供了设备和布线产品设计的指导，制定了不同类型电缆与连接硬件的性能与技术条款，这些条款可以用于布线系统的设计和安装。在这个标准后，有5个增编。

增编1（A1）：100Ω 4对电缆的传输延迟和延迟偏移规范，1997/9/25。在最初的568-A标准中，传输延迟和延迟偏离没有定义，这是因为在当时的系统应用中这两个指标并不重要。但到了100VGAnyLAN网络应用出现后，由于它是在三类双绞线的布线中使用所有的4个线对实现100Mb/s的传输，所以就对传输延迟和延迟偏离这两个参数提出了要求。

增编2（A2）：TIA/EIA-568-A标准修正与增编，1998/8/14。该增编对568-A进行了修正。其中有水平采用62.5/125μm光纤的集中光纤布线的定义；增加了TSB-67作为现场测试方法等项。

增编3（A3）：TIA/EIA-568-A标准修正与增编，1998/12/28。为满足开放式办公室结构的布线要求，本增编修订了混合电缆的性能规范。

增编4（A4）：非屏蔽双绞线布线模块化线缆的NEXT损耗测试方法。该增编所定义的测试方法不是由现场测试仪来完成的，并且只覆盖了五类线缆的NEXT。

增编5（A5）：100Ω 4对超五类布线传输性能规范。1998年起在网络应用上开发成功了在4个非屏蔽双绞线线对间同时双向传输的编码系统和算法，这就是IEEE千兆以太网中的1000Base-T。为此IEEE请求TIA对现有的五类指标加入一些参数以保证布线系统对这种双向传输的质量。TIA接受了这个请求，并于1999年11月完成了这个项目。

2）ANSI/EIA/TIA 568B。自TIA/EIA-568-A发布以来，更高性能的产品和市场应用需求的改变，对这个标准也提出了更高的要求。委员会也相继公布了很多的标准增编、临时标准以及技术公告（TSB）。为了简化下一代的568-A标准，TR42.1委员会决定将新标准“一化三”。每一个部分与现在的568-A章节有相同的着重点。

ANSI/TIA/EIA-568-B.1－2001：商业建筑电信布线标准第一部分：通用要求。该标准着重于水平和主干布线拓扑、距离、介质选择、工作区连接、开放办公间布线、电信与设备间、安装方法，以及现场测试等内容。它标准集合了TIA/EIA TSB67：TIA/EIA TSB72、TIA/EIA TSB75、TIA/EIA TSB95、ANSI/TIA/EIA-568-A-2,A-3,A-5、TIA/EIA/IS-729等标准中的内容。

由于这个标准以永久链路（Permanent Link）定义取代了基本链路的定义（Basic Link），所以在指标的数值上与 ANSI/TIA/EIA568-A5 是不同的。

ANSI/TIA/EIA-568-B.2－2001：商业建筑电信布线标准第二部分：平衡双绞线布线连接硬件。这个标准着重于平衡双绞线电缆、跳线、连接硬件（包括 ScTP 和 150Ω的 STP-A 件）的电气和机械性能规范，以及部件可靠性测试规范，现场测试仪性能规范，实验室与现场测试仪比对方法等内容。它集合了 ANSI/TIA/EIA-568-1 和部分 ANSI/TIA/EIA-568-A-2、ANSI/TIA/EIA-568-A-3、ANSI/TIA/EIA-568-A-4、ANSI/TIA/EIA-568-A-5、IS 729、TSB95 中的内容。

ANSI/TIA/EIA-568B.2-1－2002：ANSI/TIA/EIA 568-B.2 的增编。2002 年 6 月，在美国通信工业协会（TIA）TR-42 委员会的会议上，正式通过了六类布线标准，这个分类标准为 TIA/EIA-568B 标准的增编，它被正式命名为 ANSI/TIA/EIA-568B.2-1－2002。

ANSI/TIA/EIA-568-B.3－2000：商业建筑电信布线标准第三部分：光纤布线连接硬件标准。这个标准定义光纤布线系统的部件和传输性能指标，包括光缆、光跳线和连接硬件的电气与机械性能要求，器件可靠性测试规范，现场测试性能规范。该标准将取代 ANSI/TIA/EIA-568-A 中的相应内容。

总地来说，ANSI/TIA/EIA 568-B 将是自 1991 年以来公布 ANSI/EIA/TIA-568 标准后的第三个版本。

3）TIA-568-C。在 2008 年 8 月 29 日的临时会议上，TIA（电信工业协会）的 TR-42.1 商业建筑布线小组委员会同意发布 TIA-568-C.0 以及 TIA-568-C.1 标准文件，在 TR-42 委员会的十月全体会议上，这两个标准最终将会被批准出版，从而现行的 TIA-568-B 系列标准将会被逐步替代。

新的 TIA-568-C 版本系列标准分为 4 个部分：TIA-568-C.0 用户建筑物通用布线标准；TIA-568-C.1 商业楼宇电信布线标准；TIA-568-C.2 平衡双绞线电信布线和连接硬件标准；TIA-568-C.3 光纤布线和连接硬件标准。

（2）国际标准——《信息技术—用户建筑物综合布线》（Information Technology-Generic Cabling for Customer Premises）ISO/IEC 11801:1995。

1988 年开始，国际标准化组织/国际电工协会（ISO/IEC）在美国标准的基础上修改和补充，于 1995 年 7 月正式颁布《信息技术—用户建筑物综合布线》ISO/IEC 11801:1995(E)，作为国际标准供各个国家使用，这个标准把有关元器件和测试方法归入国际标准。

国际布线标准和美国标准的主要不同点是：除名词术语有差别外，在综合布线系统组成和选用线缆品种方面是不同的。

目前该标准有 3 个版本：

- ISO/IEC 11801:1995。
- ISO/IEC 11801 修订:2000。
- ISO/IEC 11801 第二版:2002。

ISO/IEC 11801 的修订稿 ISO/IEC 11801:2000 对链路的定义进行了修正。ISO/IEC 认为以往的链路定义应被永久链路和通道的定义所取代。此外，将对永久链路和通道的等效远端串扰 ELFEXT、综合近端串扰、传输延迟进行规定。而且，修订稿也将提高近端串扰等传统参数的指标。应当注意的是，修订稿的颁布可能使一些全部由符合现行五类标准的线缆和元件组成的系统达不到D级类系统的永久链路和通道的参数要求。

2002年的ISO/IEC 11801第二版覆盖了六类（Class E）综合布线系统和七类（Class F）综合布线系统，提出这些标准是由于国际电子电气工程委员会提出了高端应用的要求，然后ISO/IEC做出综合布线系统相关要求来支持这一应用。

ISO/IEC制定的线缆标准就是IEC 61156的第5部分和第6部分，此标准规定了超五类到100MHz，六类到250MHz，七类到600MHz，都包括在这两个标准里了，并在2002年公布。IEC制定的接插件方面标准，提到了IEC 61076-3-104关于七类的连接器标准，此标准是在2003年第二季度公布的。ISO/IEC 11801第二版是在2002年9月份公布，引用了关于线缆的IEC 61156和关于连接器的IEC 61076标准以完成整个综合布线系统的标准。

2002年6月，在美国通信工业协会（TIA）TR-42委员会的会议上，正式通过了六类布线标准，这个分类标准将成为TIA/EIA-568B标准的附录，它被正式命名为ANSI/TIA/EIA-568B.2-1－2002。该标准也被国际标准化组织（ISO）批准，标准号为ISO/IEC 11801:2002。与以前的标准的区别之一是这两个标准绝大部分内容是完全一致的，也就说两个标准越来越趋于一致。

（3）欧洲标准。1995年7月，国际电工协会——电工技术标准化欧洲委员会（IEC-CENELEC）颁布了《信息技术综合布线系统》（EN 50173:1995）的欧洲标准，供英、法、德等一些国家使用。该标准取材于国际标准ISO/IEC 11801:1995(E)，并结合欧洲各国的特点有所补充。一般而言，CELENEC EN50173标准与ISO/IEC 11801标准是一致的。但是，EN50173比ISO/IEC11801严格。

目前，已有EN50173 A1:2000和EN50173:2001。

其他标准：EN50167:《水平布线电缆》；EN50168:《工作区布线电缆》；EN50169:《主干电缆》。

（4）国外家居布线系统。1991年5月美国国家标准协会（ANSI）与EIA/TIA TR-41.8分委员会的TR-41.8.2工作小组，制定第一个ANSI/EIA/TIA 570家居布线标准。

1998年9月，EIA/TIA正式修订及更新家居布线标准，并命名为ANSI/EIA/TIA 570A《家居电信布线标准》。该标准是建立在ANSI/EIA/TIA-568A:1995《商业建筑物电信布线标准》和ISO/IEC 11801:1995《信息技术—用户建筑物综合布线》之上的，因此它与智能化建筑综合布线系统的原理基本是统一的，所用材料基本相同，所采用的布线结构型式也是相似的，但具体应用有些差异。

在标准中要求家居布线系统应能支持语音、数据、视频、多媒体、家居自动化系统、环境保护管理、安全保卫、有线电视、传感器和报警器以及对讲机等服务。

（5）TIA/EIA-942数据中心标准。经过充分的酝酿和修正，2005年4月，全球第一个综合性的数据中心电信基础标准——TIA/EIA-942正式出版。该标准的推出为设计和建造大/小型数据中心提供了要求和指南。

TIA/EIA-942数据中心标准弥补了以前数据中心设计和建设阶段的信息隔阂问题，全面性地考虑到诸如电气系统、HVAC（采暖通风与空调）、火灾探测与遏止、安全等多种应用在电信基础设施和空间内的共存。超过50%的内容阐述如电力、管道、消防、房门和墙壁处理等建筑规范。标准中提出的适用于大多数数据中心的设计要素包括：基于标准的开放系统；

综合考虑扩容需求的高性能和高带宽；支持10G万兆或更高速率的技术；支持存储设备（如光纤信道、SCSI或NAS）；支持充分考虑扩容需求的聚合点；高质量、可靠性和可量测性；冗余性；高容量和高密度；易于移动增加和改动的灵活性和可扩展性。

（6）其他综合布线标准。

- EIA/TIA-569：电信通道和空间的商业大楼标准（CSA T530）
- ANSI/EIA/TIA-606：商业大楼电信基础设施的管理标准（CSA T528）
- ANSI/EIA/TIA-607：商业大楼接地/连接要求（CSA T527）

2．我国标准的使用情况

20 世纪 80 年代，在综合布线引入国内的初期，主要采用国外产品，所以主要采用国外标准且以美国标准为主。

20 世纪 90 年代，我国的原邮电部和信息产业部从 1997 年开始先后编制、批准、发布一些标准和规范及图集，主要是：

（1）邮电部/信息产业部。

《大楼通信综合布线系统第一部分：总规范》 YD/T926.1－1997

《大楼通信综合布线系统第一部分：综合布线用电缆、光缆技术要求》 YD/T926.2－1997

《大楼通信综合布线系统第一部分：综合布线用连接硬件技术要求》 YD/T926.3－1998

（2）中国工程建设标准化协会。

《建筑与建筑群综合布线工程设计规范》CECS 72:97

《建筑与建筑群综合布线系统工程施工及验收规范》CECS 89:97

（3）国家标准。

《建筑与建筑群综合布线工程系统设计规范》GB/T 50311－2000

《建筑与建筑群综合布线系统工程验收规范》GB/T 50312－2000

《智能建筑设计标准》GB/T 50314－2000

目前正在使用的国家标准是：

2007 年 10 月《综合布线系统工程设计规范》GB 50311－2007

2007 年 10 月《综合布线系统工程验收规范》GB 50312－2007

2007 年 7 月《智能建筑设计标准》GB/T 50314－2006

信息产业部颁布的《大楼通信综合布线系统》YD/T926－2001

YD/T926.1－2001：总规范

YD/T926.2－2001：为综合布线用电缆、光缆技术要求部分

YD/T926.3－2001：为综合布线用连接硬件技术要求

3．采用国际标准和国外先进标准的原则

（1）对于采用的方式，不拘一格。不论是等效采用，还是局部采用，都算是采用国际标准和国外先进标准。

（2）以局部采用为主。由于工程建设标准具有综合性强、涉及面广、内容复杂等特点，一般以局部采用的方式居多。

（3）明确采用的界限。凡属于下列内容，不得采用国际标准和国外其他标准，只能从中汲取其有益的部分，为我所用。

- 与气候等自然条件或其他地理因素有关的内容；

- 与国家保护资源或控制使用资源有关的内容；
- 与国家能源政策相抵触的内容；
- 不适合我国的经济水平、生活习惯的内容。

4.1.4 与综合布线相关的其他标准

在网络综合布线工程设计中，不但要遵守综合布线的相关标准，同时还要结合电气防护及接地、防火等标准进行规划与设计。

1．电气保护、机房及防雷接地标准

《建筑物防雷设计规范》GB50057－94/2000 年版

《电子计算机机房设计规定》GB50174－2008

《计算机场地技术要求》GB2887－2000

《计算机场站安全要求》GB9361－88

《防雷保护装置规范》IEC 1024-1

《防止雷电波侵入保护保护规范》IEC 1312-1

《商业建筑电信接地和接线要求》J-STD-607-A

《建筑物电子信息系统防雷技术规范》GB50343－2004

《计算机信息系统雷电电磁脉冲安全防护规范》GA267－2000

2．防火标准

《高层民用建筑设计防火规范》GB50045－95/2005 年版

《建筑设计防火规范》GBJ116－87/2001 年版

《建筑室内装修设计防火规范》GB50222－95/2001 年版

3．智能建筑相关标准

《智能建筑设计标准》GB/T50314－2006

《智能建筑工程质量验收标准》GB50339－2003

《民用建筑电气设计规范》JGJ/T16－2008

《城市居住区规划设计规范》GB50180－93/2002 年版

《住宅设计规范》GB50096－1999/2002 年版

《居住小区智能化系统建设要点与技术导则》2005 年版

《居住区智能化系统配置与技术要求》CJ/T 174－2003

4.2 美国标准系列

4.2.1 TIA/EIA 568B

ANSI/TIA/EIA 568B 标准取代了 1995 年 10 月 6 日颁布的 ANSI/TIA/EIA-568-A 标准。它与前版相比有显著技术变化，简单地说就是：

- 电信基础设施标准中所有定义都进行了协调。
- 为超五类均衡 100Ω电缆提供了性能技术条件。
- 为 50/125μm 光纤和光缆的提供了性能技术条件。

- 除了 568 SC 外，采用可替换的光纤连接器设计。
- 增加了六类对绞线缆的性能指标。

同时它对综合布线系统的各个组成部件分别作了说明，电信电缆系统结构部件包括水平电缆、基干电缆、工作区、电信室、设备室、进局设施、管理等。

1．水平电缆

水平敷设电缆是电信电缆敷设系统的一部分，可由工作区电信引出口/连接器扩展到电信室的水平交叉接线。水平电缆布线包括水平电缆、工作区电信出口/连接器、机械终端及电信室里的软线或跳线，还可包括多用户电信引出口组件和加强点。

在设计水平电缆布线时，应考虑下面的公用服务和系统清单：

- 声音电信服务。
- 室内转接设备。
- 数据电信。
- 局域网（LAN）。
- 视频。
- 建筑物的其他信号系统（建筑物的自动化系统，如火灾、安全、HVAC、EMS等）。除了满足今天的电信要求外，水平布线还有利于将来的维修和重新布置，它还可以配备将来的设备和服务变更装置。

（1）水平电缆的布局。水平电缆应为星型布局，每个工作区的电信引出口/连接器应连接到电信室的水平交叉接线上。同一层楼上布置的电信室应为每个工作区服务。布置在同一层楼上的电信室可为每个区服务。某些网络或服务要求在水平电缆的电信引出口/连接器上有专用电气部件（比如阻抗匹配装置）。这些专用电气部件不是水平电缆的一部分。在需要时，这类部件将布置在电信出口/连接器的外部。将专用部件安装在电信引出口/连接器的外侧有利于使用不同网络和服务要求所需的水平电缆。

在水平交叉接线和电信引出口之间，水平电缆只允许有一个过渡点或加强点。

（2）水平距离。最长水平距离应为 90m，与介质类型无关。这是从电信室水平交叉接线处的介质机械终接装置到工作区的电信引出口/连接器的电缆长度。

交叉接线设备中的交叉连接跳线和软线的长度，包括水平交叉接线，跳线及将水平电缆线与设备或主干电缆连接的软线，应不超过 5m 长。

（3）认可的电缆。在水平布线系统中，认可并推荐采用两类电缆：

- 4 线对 100Ω非屏蔽对绞线（UTP）或屏蔽对绞线（ScTP）电缆。
- 2 芯多模光纤电缆，或 62.5/125μm 或 50/125μm。

（4）电缆选型。在每个工作区将提供至少两个电信出口/连接器。一个电信引出口/连接器可能与声音有关，另一个与数据有关。

一个电信引出口/连接器将由 4 线对 100Ω三类以上电缆（推荐采用超五类）支持；另一个/第二个电信引出口/连接器将最少由下面的其中一个水平介质支持。此介质的选择是以目前预计的需求为基础的。

- 4 线对 100Ω超五类电缆。
- 2 芯多模光缆，或为 62.5/125μm 或 50/125μm。

（5）接地条件。接地系统通常是它们所保护的专门信号或电信电缆系统的组成部分。除了有助于保护人员和设备免于危险的电压外，正确的接地系统可降低至/自电信系统的EMI（电磁干扰）。

接地不正确可能会产生感应电压，且这种电压可能会毁坏其他电信回路。

关于 ScTP 系统，屏蔽层应连接到电信室的电信接地母线（TGB）上。工作区的接地通常可通过设备电源接线来实现。工作区的屏蔽接线是通过 ScTP 软线实现的。

2．基干电缆布线

基干电缆布线的功能是在电信室、设备室、主端子间以及电信室布线系统结构中的引入设备之间提供接线。基干电缆布线由基干电缆、中间交叉连接线、主交叉连接线、机械终端以及基干交叉接线使用的软线或跳线组成。

基干电缆布线还包括建筑物之间的电缆敷设。

（1）确认的电缆。由于所使用的基干电缆的服务和现场范围广，可确认一个以上的传输介质。本标准规定了基干电缆中单独使用或组合使用的传输介质。确认的介质有：

- 100Ω双绞线电缆（ANSI/TIA/EIA-568-B-2）
- 多模光纤电缆，或是 62.5/125 或 50/125μm（ANSI/TIA/EIA-568-B.3）
- 单模光纤电缆（ANSI/TIA/EIA-568-B.3）

（2）选择介质。本标准规定的基干电缆适用于不同用户的广泛要求。根据各个应用特点，可按传输介质进行选择。为了进行选择，应考虑因素包括：

- 对所支持的服务具有灵活性。
- 基干电缆所需的有效寿命。
- 现场大小和用户人数。

商业建筑物的客户对电信服务的需求随时间和客户的不同而不同。将来使用基干电缆的计划范围由高度可预测性到非常不确定性。然而不论何时只要可能，首选确定不同的服务要求。通常将相似的服务归类成少数几类，比如声音、显示终端、局域网（LAN）和其他接线。在每个类别中，每一类都应进行鉴别并对所需数量进行规划。

在将来服务要求还未规定的情况下，评价不同的基干电缆布线方案时，应使用“最坏情况”。不确定性越高，基干电缆系统更需要灵活性。

每根公认的电缆都有单独的特性，使其在各种不同情况下都可以使用。单一电缆类型不能满足现场的所有用户的要求。然后，需要在基干电缆中使用一个以上的介质。在这类情况下，不同的介质使用具有交叉接线、机械终接、建筑物内引入设施等所用的相同位置的相同设施结构。

（3）基干电缆距离。最大可支持的距离取决于应用和介质。要考虑用于基干通路的总长度，包括基干电缆、软线和设备电缆。

为了减少敷设距离，通常确定现场中心附近的主交叉接线是很有好处的。超过这些距离极限的设备可分成若干区域，其中每个区域可以用标准范围内基干电缆来支持。本标准范围外的各个区域之间的内部接线可通过采用广泛应用领域中通常使用的设备和技术来实现。

三类多线对平衡 100Ω基干电缆的长度，即支持专门为此类达 16MHz 电缆设计的数据应用电缆应限制到总长 90m。

五类多线对平衡 100Ω基干电缆长度，即支持 20MHz 到 100MHz 范围的专门为此而设计的数据应用电缆，被限制总长为 90m。

90m 距离被假定为连接到主干线的设备电缆（线）的每一端需要 5m。

4.2.2 TIA/EIA 570A

按照 TIA/EIA 570-A 标准的规定，将家居布线等级分为两级：等级一和等级二。其目的是建立有助于选择适合每一个家居单元不同服务的布线基础结构。表 4-1 和表 4-2 列出了可选择的家居布线基础结构，主要满足家居自动化、安全性的布线要求。

表 4-1 各等级支持的典型家居服务

服务	等级一	等级二
电话	支持	支持
电视	支持	支持
数据	支持	支持
多媒体	不支持	支持

表 4-2 各等级认可的家居传输介质

布线	等级一	等级二
4 对非屏蔽双绞线	三类，建议使用五类电缆	五类
75Ω同轴电缆	支持	支持
光缆	不支持	可选择

等级一提供可满足电信服务最低要求的通用布线系统，该等级可提供电话、CATV 和数据服务。主要采用双绞线及使用星型拓扑方法连接，布线的最低要求为：一根 4 对非屏蔽双绞线（UTP），且必须满足或超出 ANSI/TIA/EIA-568A 规定的三类电缆传输特性要求；一根 75Ω同轴电缆（Coaxial），并必须满足或超出 SCTE IPS-SP-001 的要求。建议安装五类非屏蔽双绞线（UTP），方便升级至等级二。

等级二提供可满足基础、高级和多媒体电信服务的通用布线系统，该等级可支持当前和正在发展的电信服务。等级二布线的最低要求为：一或两根的 4 对非屏蔽双绞线（UTP），且必须满足或超出 ANSI/TIA/EIA-568-A 规定的五类电缆传输特性要求；一根或两根 75Ω同轴电缆（Coaxial），并必须满足或超出 SCTE ZPS-SP-001 的要求。可选择光缆，但光缆必须满足或超出 ANSI/ICEA S-87-640 的传输特性要求。

TIA/EIA 570-A 中关于一般单一的家居布线系统的设计，可以选择两个等级的其中之一。设计时，在每一家庭中设定一个划定点（Demarcation Point）或一个辅助分离插座（Auxiliary & Discount Outlet）来连接到终端设备。有关接地及引进设备的规定，必须参照适当的电气规范或本地的电气规范。

对于一般家庭布线的分布装置（Distributor Device）须遵循以下原则：每一个家庭里安装一个分布装置（DD），分布装置是一个交叉连接的配线架，主要端接所有的电缆、跳线、插座及设备连线等。分布装置配线架主要提供用户增加、改动或更改服务，并提供连接端口与外间服务供应商不同的系统应用相连接。配线架必须安装在一个适合安装及维修的地方，并能提供一个保护装置将配线引进大厦。所有端接如需连接进入大厦内部，必须安装接地及引进大厦设备，并符合有关的标准。

配线架配置及单一典型家居的一般要求：

（1）配线架必须安装于每一家庭内，并能提供一个舒适的安装及维护环境，尽量减少跳线的长度。配线架应安装于墙上，并加上一块木背板，以固定配线架。

（2）配线架所需的面积及位置主要由插座数量及服务等级决定。表 4-3 是一个如何策划及安排所需的面积的参考表。

表 4-3　配线架所需的面积及位置

插座数量	第一级	第二级
1～8	410mm 610mm	815mm 915mm
9～16	410mm 915mm	815mm 915mm
17～24	410mm 1220mm	1220mm 815mm
多于 24	410mm 1525mm	815mm 1525mm

（3）配线架如果需要电源插座，需安装 15A 独立电源插座，并必须符合当地的电源电压，如 120V/220V。配线架与电源开关应该安装于一个适当的位置，大约距离 1.5m，并必须符合当地的电气规范及规定。

（4）电缆长度从分布装置到用户插座/插头不可超出 90m，两端加上跳线及连线后，长度不可超出 100m，电缆种类可选用等级一或等级二中规定的介质。

（5）布线系统必须使用星型拓扑方法。

（6）一些固定装置，如对讲机、保安系统键盘、探头及烟感器可以使用底座接线方式直接安装。虽然标准中建议使用星型拓扑方法，但固定设备也可以使用回路或菊花链路的方法连接。

（7）保证足够数量的通信插座，主要是预备将来新增结点。插座必须安装于所有房间，且插座位置需定位于一些固定墙上。

（8）所有新建筑中，从插座到配线架的电缆铺设必须使用暗埋管道，不可使电缆外露。有关管道设计及标准在 ANSI/TIA/EIA-569-A 中规定。

（9）插座必须安装于固定的位置，如使用非屏蔽双绞线，必须使用 8 芯 T568A 接线方法。如某些网络及服务需要连接一些特别的电子部件，如分频器、放大器、匹配器等，所有电子部件必须安装于插座外。

（10）配线架可以使用跳线、设备连线、交叉跳线来提供互连的方法或线路交叉。以信道为标准，跳线、设备连线及交叉跳线的长度不可超过 10m。

4.3 国家标准简介

4.3.1 标准概述

随着通信技术的不断发展进步，综合布线新标准的编制、颁布和实施是行业发展的必然结果。2000 年颁布旧国家标准是五类线标准，随着市场上五类线的退市，超五类、六类线、七类线的活跃，旧标准已经不能适应新的市场需要。2007 年 10 月 1 日正式实施的《综合布线系统工程设计规范》GB 50311－2007 和《综合布线系统工程验收规范》GB50312－2007 已经成为国内综合布线系统的新规范。

GB 50311－2007 在旧标准的基础上，做了较大的改进，以适应建筑物功能的多样化带来的新需求。新标准在原标准的基础上更加注重实用性和操行性，同时也注入了许多新的内容。

（1）目前，综合布线产品主要还是以超五类产品为主，并结合六类和七类产品。新标准增加了超五类以上的布线系统，系统分级也从旧标准的四级增加到新标准中的六级，带宽从五类系统 100MHz 的到现在七类系统 600MHz，相应的各项重要参数指标也有大幅度的提高。应考虑的指标主要有衰减、近端串音（NEXT），衰减串音比（ACR）、等电平远端串音（ELFEXT）、近端串音功率和（PSNEXT）、衰减串音比功率和（PSACR）、等电平远端串音功率和（PSELEFXT）、回波损耗（RL）、时延、时延偏差等。

（2）旧标准将综合布线系统划分为 6 个子系统，而新标准增加了一个子系统——进线间。新标准对进线间是这样定义的：进线间是建筑物外部通信和信息管线的入口部位，并可作为入口设施和建筑群配线设备的安装场地。新标准要求设计者对建筑的进线设施要有足够的重视，并将防雷提升为强制性条款。综合布线设计要充分考虑进线铜缆线路浪涌保护、接地、防火等。

（3）新标准中综合布线系统的工作区也有了一个很大的改进，旧版标准对工作区提供了 3 种配置：最低、基本、综合配置，并定义了工作区的面积为 5～10m^2。但它对于工作区面积的定义没有考虑到建筑物使用功能不同的特点，5～10m^2 的定义对于普通的办公场所能够满足，但对于具有特殊功能的其他建筑物，例如超级市场、各类机房、娱乐场所、体育场所、医疗机构、厂房等这样的定义就有很大的偏差了。新标准将工作区的面积划分为 6 个等级，面积跨越 3～200m^2。

（4）与旧标准相比，新标准还有一个很大的变化就是新标准的范围已经不仅仅局限在项目中常见的民用建筑物上，还延伸到工业布线领域上。

4.3.2 标准的主要内容

整个标准由 8 章组成，分别是总则、术语与符号、系统设计、系统配置设计、系统指标、安装工艺要求、电气防护及接地防火。该标准在总则中指出：本规范适用于新建、扩建、改建建筑与建筑群综合布线系统工程设计，是为了配合现代化城镇信息通信网向数字化方向发展，规范建筑与建筑群的语音、数据、图像及多媒体业务综合网络建设，特制定本规范。

标准说明：综合布线系统设施及管线的建设，应纳入建筑与建筑群相应的规划设计之中。工程设计时，应根据工程项目的性质、功能、环境条件和近、远期用户需求进行设计，并应考虑施工和维护方便，确保综合布线系统工程的质量和安全，做到技术先进、经济合理。综合布线系统应与信息设施系统、信息化应用系统、公共安全系统、建筑设备管理系统等统筹规划，相互协调，并按照各系统信息的传输要求优化设计。综合布线系统作为建筑物的公用通信配套设施，在工程设计中应满足为多家电信业务经营者提供业务的需求。综合布线系统的设备应选用经过国家认可的产品质量检验机构鉴定合格的、符合国家有关技术标准的定型产品。综合布线系统的工程设计，除应符合本规范外，还应符合国家现行有关标准的规定。

1．综合布线系统的分级

GB50311 将综合布线铜缆系统分成 A～F 共 6 个级别，支持带宽从 100kHz～600MHz。详见表 4-4。

表 4-4　铜缆布线系统的分级与类别

系统分级	支持带宽（Hz）	支持应用器件	
		电缆	连接硬件
A	100k		
B	1M		
C	16M	3 类	3 类
D	100M	5/5e 类	5/5e 类
E	250M	6 类	6 类
F	600M	7 类	7 类

新标准指出了不同综合布线级别所对应的不同线缆类型，可以根据用户的需要按标准选择。目前，三类与五类的布线系统只应用于语音主干布线的大对数电缆及相关配线设备。

而在美国标准 TIA/EIA 568 A 标准中对于 D 级布线系统，支持应用的器件为五类，但在 TIA/EIA 568 B.2-1 中仅提出超五类与六类的布线系统，并确定六类布线支持带宽为 250MHz。在 TIA/EIA 568 B.2－10 标准中又规定了 6A 类（增强六类）布线系统支持的传输带宽为 500MHz。

2．线缆的选择

标准规定综合布线系统工程的产品类别及链路、信道等级确定应综合考虑建筑物的功能、应用网络、业务终端类型、业务的需求及发展、性能价格、现场安装条件等因素，应符合表 4-5 的要求，要按这个要求为各个组成部分选择适合的线缆。

表 4-5　布线系统等级与类别的选用

业务种类	配线子系统		干线子系统		建筑群子系统	
	等级	类别	等级	类别	等级	类别
语音	D/E	5e/6	C	3（大对数）	C	3（室外大对数）
数据	D/E/F	5e/6/7	D/E/F	5e/6/7（4 对）		
	光纤（多模或单模）	62.5μm 多模/50μm 多模/<10μm 单模	光纤	62.5μm 多模/50μm 多模/<10μm 单模	光纤	62.5μm 多模/50μm 多模/<1μm 单模
其他应用	可采用 5e/6 类 4 对对绞电缆和 62.5μm 多模/50μm 多模/<10μm 多模、单模光缆					

3．关于屏蔽布线系统

标准规定在下列情况下要考虑使用屏蔽布线系统：

（1）综合布线区域内存在的电磁干扰场强高于3V/m时，宜采用屏蔽布线系统进行防护。

（2）用户对电磁兼容性有较高的要求（电磁干扰和防信息泄漏）时，或有网络安全保密的需要，宜采用屏蔽布线系统。

（3）采用非屏蔽布线系统无法满足安装现场条件对缆线的间距要求时，宜采用屏蔽布线系统。

同时要注意：屏蔽布线系统采用的电缆、连接器件、跳线、设备电缆都应是屏蔽的，并应保持屏蔽层的连续性，这时接地是十分重要的。

在新版验收规范中，主要加强了以下方面的验收要求：

（1）将防雷提升为强制性条款。在新规范中添加了对室外铜缆进线的浪涌保护要求，它要求所有的铜缆在进入建筑物时都必须进行浪涌保护。这一点写入综合布线规范，并提升到强制条款，有助于保护人身安全和设备安全，使雷击所带来的破坏作用大幅度下降。

（2）增加了对进线间的要求。在设计规范中，明确将进线间列为七大部分之一，与水平配线子系统、垂直干线子系统和建筑群干线子系统平齐。而在验收规范中，对进线间的引入管道、引入缆线及房间都提出了明确的要求。

（3）进口设备和材料应具有产地证明和商检证明。在综合布线产品中，有相当多的产品来自于海外，这对于提高国内的综合布线水平发挥了很大的作用。但是，在过去的规范中，并没有明确提出对进口产品的要求，致使工程中使用产品的质量难以把握。这一次在器材检验中单独提出了对进口产品的要求，其最终目的就在于控制进口产品的质量。

（4）对测试仪器和工具提出了定期计量的要求。根据仪器仪表的特性，绝大多数仪器仪表都存在时漂（时间漂移），即由于时间的推移，仪器仪表存在的误差有增大的趋势。为此，凡计量仪器仪表都要求定期进行计量，以确保测试数据能够准确、有效。在综合布线系统的性能测试仪中，通常要求每年进行一次计量。

在新版规范中，明确提出了定期计量的要求，这符合国家相关的计量标准，也有助于提高测试结果的可信度。

（5）要求“综合布线缆线宜单独敷设”。综合布线系统是建筑物弱电系统中的一部分，在建筑工程管线设计时，通常是与其他弱电系统各子系统通盘考虑，在空间有限时则大多采用混合敷设的方式。因此，在综合布线系统的桥架中，有时会看到其他弱电子系统的线缆（包括接地线）。

在新版规范中，明确要求综合布线缆线单独敷设，并要求与其他弱电系统各子系统缆线间距应符合设计要求（可以加金属隔板），这样做有助于提高综合布线系统的工程质量和长期可靠性。

顺便提一下，对于一些为了美观而采用塑料分隔线槽的布线工程，如果在上下两个槽中分别敷设电源线和双绞线，就有可能违反验收规范，致使电源线对双绞线施加电磁干扰，有可能会影响双绞线的传输速率和网络系统的误码率。

（6）提出涉密工程中对综合布线系统的要求。随着综合布线系统的普及和安全保密工作越来越受人们重视，综合布线系统已经大量用于有安全保密要求的工程。因此，在新版规范中，提出了对涉密工程中综合布线系统的要求，其中包括与其他线缆之间的间距和单独敷设要求。

根据国家有关标准，涉密工程的缆线明确要求采用屏蔽双绞线或光缆，如果使用非屏蔽双绞线，则要求线与线之间的间距在 1m 以上。

（7）两种打线连接方式（568A 和 568B）均可使用。在 2000 版验收规范中，明确要求以 568A 连接方式为主。其主要原因是：当综合布线系统传输 2 对线的电话（主要是指数字电话，如极少见到的 Call Center 专用电话交换机和数字电话机）时，如果端接水平双绞线用的配线架是 110 型配线架，那么使用 568A 连接方式可以使用 1 个 2 对鸭嘴舌跳线，而 568B 连接方式则要使用 2 个 1 对鸭嘴舌跳线或 1 个 4 对鸭嘴舌跳线，从造价看，1 个 2 对鸭嘴舌跳线是最便宜的。为此，在 TIA/EIA 568－1990 中产生了两种连接方式。

时至今日，日常工作中很少能用到 2 对线的数字电话，而水平配线子系统中大多采用 RJ-45 型跳线式配线架，而不再使用维护不方便的 110 型打线式配线架。这样一来，两种连接方式的效果完全一样，自然就不必再优选连接方式了。

（8）对性能测试不仅仅采用典型值，而是要求符合拟合曲线。在过去的综合布线规范中，提供给测试仪的数据只有典型频率点上的数据，这样一来，一个技术参数只有区区数点的参数。

在现在的布线测试中，往往一个技术参数（如 NEXT 等）需要测数千个频率点的数据，其中每一个频率点的数据都符合要求，才能认为该技术参数合格。而这些数据以频率为横坐标，就可以形成一根时高时低的曲线。在测试仪器中，检查这些数据是否合格则是用一条理想的曲线作为分界线。

在新版规范中，使用与 ISO 11801－2002 完全相同的拟合曲线公式作为验收综合布线系统的标准参数，其意义就在于现在的验收测试不仅仅是在几个频率点上要符合要求，而且要求在整个频率段上都能符合要求。

当系统集成商需要证明自己所做的工程是符合国家标准 GB 50312－2007 的，就需要使用支持 GB 50312－2007 的性能测试仪。

（9）提出了对屏蔽双绞线的屏蔽层端接要求。屏蔽双绞线的屏蔽层端接其实不难，但需要掌握必要的规则。在规范中已经提出了这一要求，要求对编织层或金属箔与汇流导线进行有效的端接。

在欧洲的综合布线安装标准 EN 50174.2－2001 中曾经要求：有丝网编织层的双绞线（典型产品为 SF/UTP 和 S/FTP），只需要对丝网进行接地端接；只有铝箔的双绞线（典型产品为 F/UTP 和 U/FTP），要求铝箔和接地导线一起接地端接。

（10）提出工程验收的合格判据。在目前的综合布线工程中，工程往往还无法做到 100%的性能合格，而验收则通常采用抽检方式。在新规范中，提出了符合现实情况的合格判据，即要求验收合格率达到 99%的判断方法。对于施工人员而言，这一方法避免了绝对化和理想化，使验收测试具有可操作性。

不过，在规范中要求“光缆布线检测时，如果系统中有一条光纤信道无法修复，则判为不合格”。如果面对水平配线子系统中的数据部分全部采用光纤的布线工程，这是否要求过高了？

随着时代的变迁，综合布线系统的规范也一直在不断升级和完善，例如：GB/T 50312－2000 比 CECS 89-97 完善，而 7 年后的 2007 版标准自然应该比 2000 版标准完善，这是时代的要求，也是符合施工人员不断进步的现实情况的。

相对而言，新版的验收规范大量吸取了海内外相关标准中有价值的部分，使新规范在深度和广度上都能够对布线工程的实施和验收起到非常实际的指导作用。

习　题

1．说出几个国际标准化组织的名称。

2．试说明采用国际标准和国外先进标准的原则。

3．试述综合布线的发展过程。

4．试列出综合布线设计与施工中用到的标准。

5．简述 568 标准中水平子系统与垂直子系统线缆的选择，同时对照 50311 说明我国综合布线标准中配线子系统和干线子系统线缆的选择。

6．试述综合布线标准存在的意义。

第 5 章　综合布线系统设计

本章学习目标

本章主要讲述综合布线系统的设计原则与步骤，并对各子系统的构成及设计原则与注意事项进行较为详尽的说明。读者应掌握以下基本能力：

- 掌握系统设计的原则，并能遵循系统设计的基本步骤完成系统设计
- 能按综合布线工作的几大组成部分对工程进行设计
- 在设计中能灵活运用综合布线的各种标准

综合布线系统工程的设计是客户需求的反映，同时是工程质量保证的关键。本章将详细介绍布线设计中的常识。

5.1　概述

综合布线系统的设计方案不是一成不变的，而是随着环境、用户要求来确定的。

1．设计的一般原则

（1）兼容性原则。所谓兼容性是指其设备或程序可以用于多种系统中的特性。综合布线系统将话音信号、数据信号与监控设备的图像信号的配线经过统一的规划和设计，采用相同的传输介质、信息插座、交连设备、适配器等，把这些性质不同的信号综合到一套标准的布线系统中。这样可节约大量的物质、时间和空间。在使用时，用户可不用定义某个工作区的信息插座的具体应用，只把某种终端设备接入这个信息插座，然后在管理间和设备间的交连设备上做相应的跳线操作，这个终端设备就被接入到自己的系统中。

（2）开放性原则。传统的布线方式，用户选定了某种设备，也就选定了与之相适应的布线方式和传输介质。如果更换另一种设备，那原来的布线系统就要全部更换。这样的话就增加了很多麻烦和投资。综合布线系统由于采用开放式的体系结构，符合多种国际上流行的标准，它几乎对所有著名的厂商都是开放的，如 IBM、DEC、SUN 的计算机设备，AT&T、NT、NEC 等交换机设备，并对几乎所有的通信协议也是开放的，如 EIA-232-D、RS-422、RS-423、ETHERNET、TOKENRING、FDDI、CDDE、ISDN、ATM 等。

（3）灵活性原则。综合布线系统中，所有信息系统都采用相同的传输介质、物理星型拓扑结构，因此所有的信息通道都是通用的。每条信息通道可支持电话、传真、影音、多用户终端。采用超五类连接方案，可支持 100Base-T 及 ATM 等，采用六类就可以支持 1000Base-T。所有设备的开通及更改均不需改变系统布线，只需增减相应的网络设备以及进行必要的跳线管理即可。另外，系统组网也可灵活多样，甚至在同一房间可有多用户终端、100Base-T 工作站、影音及视频服务器、智能管理系统工作站并存，为用户组织信息提供了

必要条件。

（4）可靠性原则。综合布线系统采用高品质的材料和组合压接的方式构成一套高标准的信息通道。所有器件均通过 UL、CSA 及 ISO 认证，每条信息通道都要采用物理星型拓扑结构，点到点端接，任何一条线路故障均不影响其他线路的运行，同时为线路的运行维护及故障检修提供了极大的方便，从而保障了系统的可靠运行。各系统采用相同的传输介质，因而可互为备用，提高了备用冗余。

（5）先进性原则。综合布线系统采用光纤与双绞线混布方式，极为合理地构成一套完整的布线系统。所有布线均采用世界上的最新通信标准，信息通道均按 B-ISDN 设计标准，按 8 芯双绞线配置，通过六类双绞线，数据最大速率可达 1000Mb/s，对于特殊用户需求可把光纤铺到桌面（Fiber to the Desk）。干线光缆可设计为支持 10G Base-T 带宽，为将来的发展提供了足够的冗余量。通过主干通道可同时传输多路实时多媒体信息，同时物理星型的布线方式为将来发展交换式的网络奠定了坚实基础。

（6）可扩展性原则。根据实际需要，综合布线工程暂时实现语音和计算机数据通信功能等部分功能，这样可以最大限度地降低综合布线系统工程的造价，并且不耽误用户的近期使用，保证在将来需要时很容易将所扩充设备连接到系统中来。

（7）经济性原则。即在满足系统性能、功能以及在不失其先进性的条件下，尽量使得整个布线系统的投资合理，以便构成一个性能价格比好的网络系统。

（8）标准化和规范化原则。选择符合工业标准或事实工业标准的布线方案、网络设备，采用标准化、规范化设计，使得系统具有开放性，保证用户在系统上进行有效的开发和使用，并为以后的发展应用提供一个良好的环境。

2．设计要点

在具体进行设计时应把握以下要点：

（1）尽量满足用户的通信要求。

（2）了解建筑物、楼宇间的通信环境。

（3）确定合适的通信网络拓扑结构。

（4）选取适用的介质。

（5）以开放式为基准，尽量与大多数厂家的产品和设备兼容。

（6）将初步的系统设计和建设费用预算告知用户。

在征得用户意见并订立合同书后，再制定详细的设计方案。

5.2 系统设计

5.2.1 系统设计时的对象不同原则

1．布线系统的构成

综合布线系统工程要按新国标的 7 个部分进行设计，它们分别是：

（1）工作区。一个独立的需要设置终端设备（TE）的区域宜划分为一个工作区。工作区应由配线子系统的信息插座模块（TO）延伸到终端设备处的连接缆线及适配器组成。

（2）配线子系统。配线子系统应由工作区的信息插座模块、信息插座模块至电信间配线设备（FD）的配线电缆和光缆、电信间的配线设备及设备缆线和跳线等组成。

（3）干线子系统。干线子系统应由设备间至电信间的干线电缆和光缆，安装在设备间的建筑物配线设备（BD）及设备缆线和跳线组成。

（4）建筑群子系统。建筑群子系统应由连接多个建筑物之间的主干电缆和光缆、建筑群配线设备（CD）及设备缆线和跳线组成。

（5）设备间。设备间是在每幢建筑物的适当地点进行网络管理和信息交换的场地。对于综合布线系统工程设计，设备间主要安装建筑物配线设备。电话交换机、计算机主机设备及入口设施也可与配线设备安装在一起。

（6）进线间。进线间是建筑物外部通信和信息管线的入口部位，并可作为入口设施和建筑群配线设备的安装场地。

（7）管理。管理应对工作区、电信间、设备间、进线间的配线设备、缆线、信息插座模块等设施按一定的模式进行标识和记录。

2．关于各子系统的设计

虽然综合布线需要按 7 个部分设计，但在整个综合布线系统中各子系统的数量和位置的设计需要根据工程的实际情况来确定。

如图 5-1（a）中，各子系统可以这样设计：每个工作区经配线子系统线缆连接到每层楼的 FD，再由 FD 经干线子系统线缆连接到每栋楼的 BD，然后各个建筑物的 BD 再经建筑群子系统线缆汇总到园区的 CD。如果一个信息点较密集的写字楼采用这种设计一般是比较合理的，但对于信息点的位置不是很集中的工程来说，选择图 5-1（b）中的子系统设计是较合理的，即可以从 FD 直接连接到园区的 CD。

3．开放型办公室布线系统

对于使用功能比较明确的专业性建筑物，信息插座的布置可按实际需要确定。其中办公用房部分按普通办公楼的要求布置，机房部分按近、远期分别处理。近期机房按实际需要布置；远期机房的水平电缆可暂不布线，将需要的容量预留在 FD 内待确定使用对象后进行二次装修时再行布线。

对于机关或企事业单位的普通办公楼，信息插座的配置可结合单位实际，按照设计等级中规定的原则进行设计。

对于房地产部门开发的写字楼、综合楼等商用建筑物，由于其出售或租赁对象的不确定和流动等因素，宜采用开放办公环境综合布线结构，并符合下列规定。

（1）采用多用户信息插座时，每一个多用户插座包括适当的备用量在内，宜能支持 12 个工作区所需的 8 位模块通用插座；各段缆线长度可按表 5-1 选用，也可按下式计算。

1）电缆长度的计算。

$$C=(102-H)/1.2 \qquad (1)$$

$$W=C-5 \qquad (2)$$

注：式中 C=W+D——工作区电缆、电信间跳线和设备电缆的长度之和。

D——电信间跳线和设备电缆的总长度；

W——工作区电缆的最大长度，且 W≤22m；

H——水平电缆的长度。

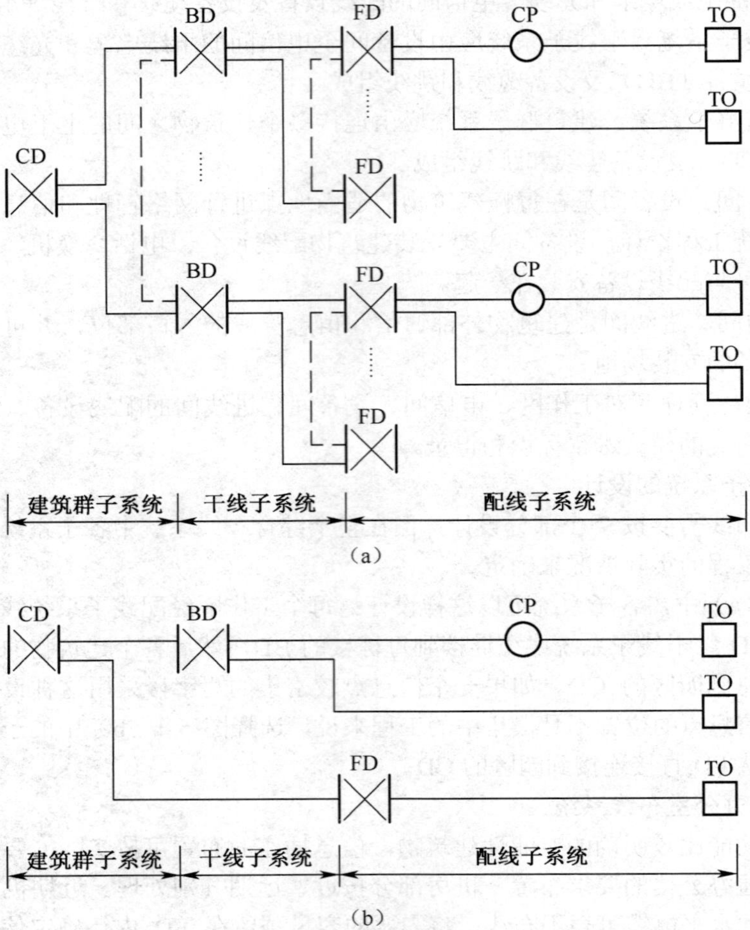

图 5-1　子系统构成设计

连接图如图 5-2 所示。

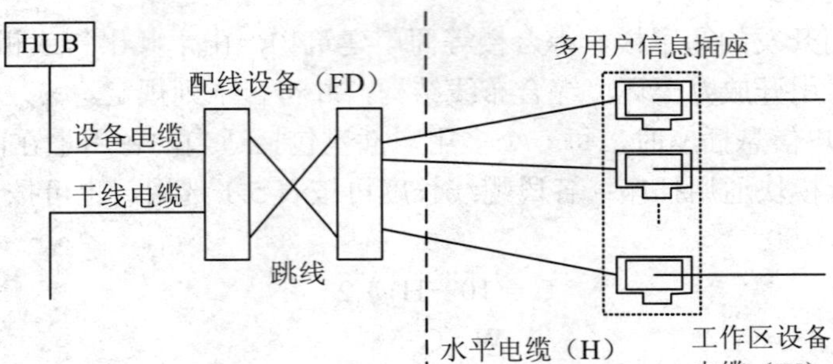

图 5-2　多用户信息插座连接图

2）计算值。利用公式计算结果，如表 5-1 所示。

表 5-1　各段线缆长度限值

电缆总长度（m）	水平布线电缆 H（m）	工作区电缆 W（m）	电信间跳线和设备电缆 D（m）
100	90	5	5
99	85	9	5
98	80	14	5
97	75	17	5
97	70	22	5

从表中的数值分析可以看出，当工作区的设备电缆允许达到 22m 时，水平电缆只能按 70m 考虑长度，整个信道只能是 97m，而不是 100m。只有当设备的电缆为 5m 时，水平电缆的长度才能达到 90m，信道长度可按 100m 设计。

（2）采用集合点时，集合点宜安装在离 FD 不小于 15m 的墙面或柱子等固定结构上。集合点配线设备容量宜以满足 12 个工作区信息点需求设置。集合点是水平电缆的转接点，不设跳线，也不接有源设备；同一个水平电缆路由不允许超过一个集合点（CP）；从集合点引出的水平电缆必须终接于工作区的信息插座或多用户信息插座上。

（3）在上述两种方案都难以实施，且建筑物交付使用时间推迟，在用户入住进行二次装修时，综合布线系统工程也可与之同步实施。

（4）对于具有电磁干扰环境的场合，系统设计应符合国家的相关标准要求。

4．工业级布线系统

工业级布线系统应能支持语音、数据、图像、视频、控制等信息的传递，并能应用于高温、潮湿、电磁干扰、撞击、振动、腐蚀气体、灰尘等恶劣环境中。

工业布线应用于工业环境中具有良好环境条件的办公区、控制室和生产区之间的交界场所、生产区的信息点，工业级连接器件也可应用于室外环境中。

在工业设备较为集中的区域应设置现场配线设备。工业级布线系统宜采用星型网络拓扑结构。工业级配线设备应根据环境条件确定 IP 的防护等级。

5.2.2　综合布线设计的一般步骤

设计一个合理的综合布线系统一般包含以下 7 个主要步骤：

（1）分析用户需求。

（2）获取建筑物平面图。

（3）系统结构设计。

（4）布线路由设计。

（5）可行性论证。

（6）绘制综合布线施工图。

（7）编制综合布线用料清单。

综合布线系统的设计过程，可遵循图 5-3 的描述。

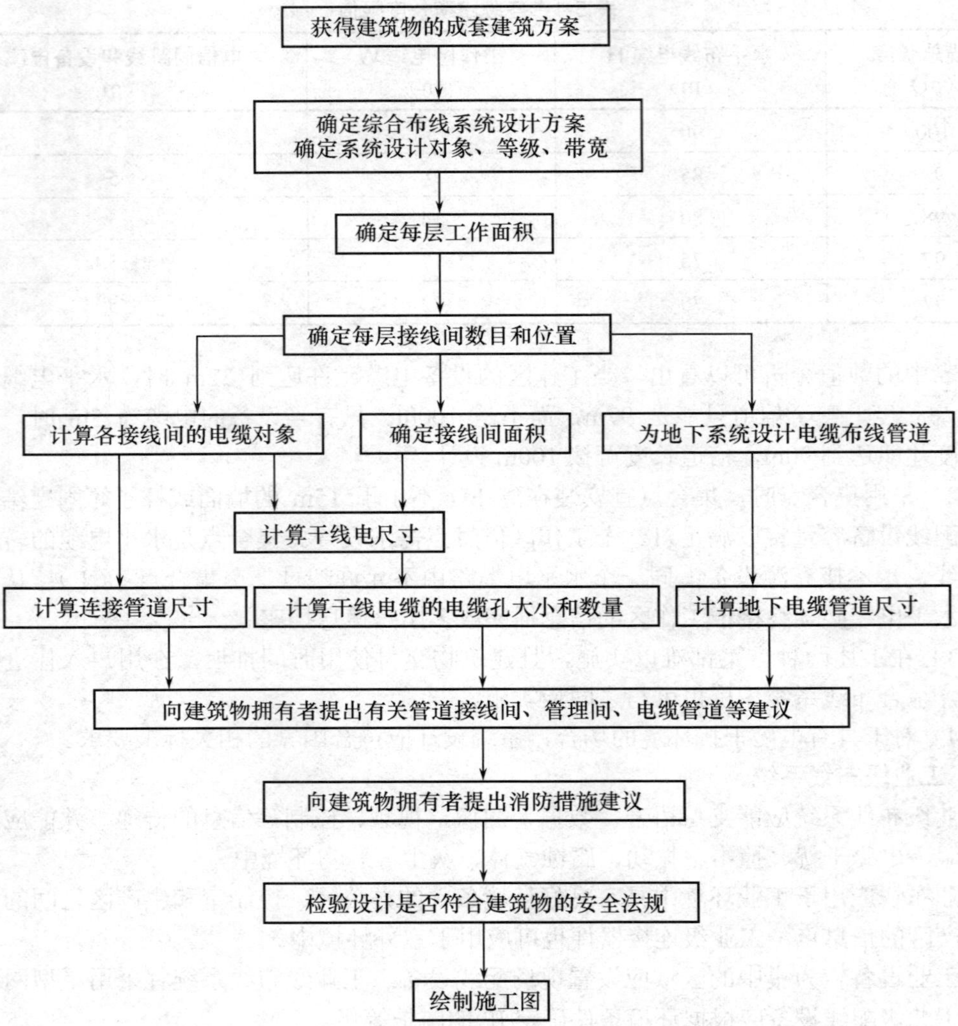

图 5-3　系统设计的流程图

5.3　工作区

5.3.1　什么是工作区

工作区是包括办公室、写字间、作业间、技术室、机房等需用电话、计算机终端等设施和放置相应设备的区域的统称。工作区服务的面积并不指建筑面积，一般可为建筑面积的60%～80%。

工作区的服务面积，一般办公室约为 5～10m^2；机房则比较复杂，对网管中心、总调度室等有人值守的场所，工作区服务面积与办公室类似；对于设备机房，按电信大楼的经验，工作区服务面积约为 20～30m^2。规范规定工作区的服务面积为 5～10m^2 的范围，但目前来说，建筑物的性质与功能已趋于多样化，除办公以外，诸如会议、展示场馆、超市、机场等公共设施有较大的发展。对此类工程中工作区的服务面积有较大的选择范围，设计时应根据不同的应用场合进行选定，工作区应由水平布线子系统的信息插座延伸到工作站终端设备处的连接电缆及适配器组成。

工作区是指从设备到信息插座的整个区域，即一个独立的需要设置终端的区域划分为一个工作区。工作区域可支持电话机、数据终端、计算机、电视机、监视器以及传感器等为终端设备。它包括信息插座、信息模块、网卡和连接所需的跳线，并在终端设备和输入/输出（I/O）之间搭接，相当于电话配线系统中连接话机的用户线及话机终端部分。终端设备可以是电话、微机和数据终端，也可以是仪器仪表、传感器的探测器。

一个独立的工作区，通常是一部电话机和一台计算机终端设备。

5.3.2 工作区的划分

一个独立的需要设置终端设备的区域宜划分为一个工作区。工作区应由配线（水平）布线系统的信息插座延伸到工作站终端设备处的连接电缆及适配器组成。一个工作区的服务面积可按 5～10m^2 估算，也可按不同的应用环境调整面积的大小。

5.3.3 工作区适配器的选用原则

（1）设备的连接插座应与连接电缆匹配，不同的插座与插头应加装适配器，可以用专用电缆或适配器。

（2）当开通电信接入网业务时，应采用网络终端或终端适配器。

（3）在连接使用不同信号的数模转换或数据速率转换等相应装置时，宜采用适配器。

（4）对于不同网络规程的兼容性，可采用协议转换适配器。

（5）各种不同的终端设备或适配器均安装在信息插座之外工作区的适当位置。根据工作区内不同的电信终端设备可配置相应的终端适配器。

（6）在水平布线子系统中选用的电缆类别（媒体）不同于设备所需的电缆类别（媒体）时，宜采用适配器。

5.3.4 工作区信息插座的安装

工作区信息插座的安装应符合下列规定：

（1）安装在地面上的信息插座应采用防水和抗压的接线盒。

（2）安装在墙面或柱子上的信息插座底部离地面的高度宜为 300mm。

（3）安装在墙面或柱子上的多用户信息插座模块，或集合点配线模块，底部离地面的高度宜为 300mm。

（4）安装在地下层的信息插座和模块的高度，底部应高出地面 0.8～1.4m，以考虑到涝洪时水的入侵。

5.3.5 工作区设计要点

（1）工作区内线槽的敷设要合理、美观。

（2）信息插座设计在距离地面 30cm 以上。

（3）信息插座与计算机设备的距离保持在 5m 范围内。

（4）网卡接口类型要与线缆接口类型保持一致。

（5）所有工作区所需的信息模块、信息插座、面板的数量要准确。

（6）RJ-45 水晶头所需的数量。

RJ-45 头的需求量一般用下述公式计算：m=n×4+n×4×15%。

- m：表示 RJ-45 的总需求量。
- n：表示信息点的总量。
- n×4×15%：表示留有的富裕量。

信息模块的需求量一般用下述公式计算：m=n+n×3%。

- m：表示信息模块的总需求量。
- n：表示信息点的总量。
- n×3%：表示富裕量。

工作区设计时，具体操作可按以下三步进行：

（1）根据楼层平面图计算每层楼布线面积。

（2）估算信息引出插座数量，一般设计两种平面图供用户选择：为基本型设计出每 $9m^2$ 一个信息引出插座的平面图；为增强型或综合型设计出两个信息引出插座的平面图。

（3）确定信息引出插座的类型。信息引出插座分为嵌入式和表面安装式两种，可根据实际情况，采用不同的安装形式来满足不同的需要。通常新建建筑物采用嵌入式信息引出插座；现有的建筑物采用表面安装式的信息引出插座。

5.3.6 工作区电源的安装

工作区电源的安装应符合下列规定：

（1）每一个工作区至少应配置一个 220V 交流电源插座；建议在数据信息点的位置安装电源插座。

（2）工作区的电源插座应选用带保护接地的单相电源插座，保护地线与零线严格分开，应从三相五线制交流配电系统的 PE 线引出。

（3）布线工程只提出电源插座的安装和规格要求，由土建电气专业完成具体的设计。

5.4 配线子系统

配线子系统（水平布线子系统）应由工作区的信息插座、信息插座至楼层配线设备（FD）的配线电缆或光缆、楼层配线设备（FD）、设备线缆和跳线等组成，如图 5-4 所示。水平布线子系统在工程设计中内容最多，也较为复杂，但总的原则要考虑发展和冗余。

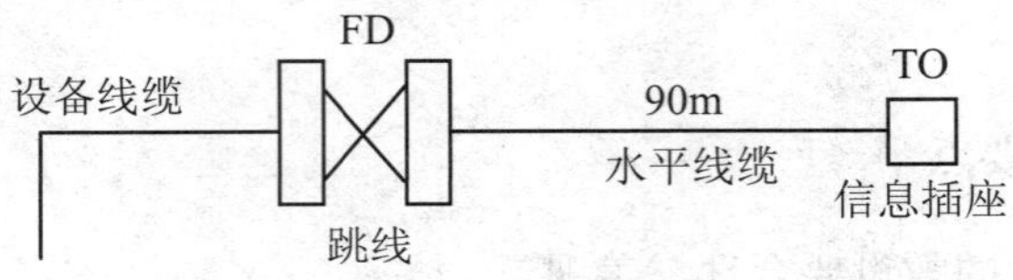

图 5-4 配线子系统

5.4.1 配线子系统的设计

（1）根据工程提出近期和远期的终端设备要求。

（2）每层需要安装的信息插座的数量及其位置。

（3）终端将来可能产生移动、修改和重新安排的预测情况。

（4）一次性建设或分期建设的方案。

水平布线子系统应采用 4 对对绞电缆，在需要时也可采用光缆。水平布线子系统根据整个综合布线系统的要求，应在交接间或设备间的配线设备上进行连接，以构成电话、数据系统并进行管理。水平布线子系统的水平电缆或光缆长度不应超过 90m。在能保证链路性能时，水平光缆距离可适当加长。

水平布线子系统在配置时，应保持信息插座、水平线缆、配线模块、跳线、设备线缆等级的一致性，以保证整个链路或信道的传输特性。

5.4.2 配线子系统配置

配置原则：

（1）一个给定的综合布线系统设计可采用多种类型的信息插座。

（2）水平布线子系统线缆长度应在 90m 以内。

（3）配线电缆可选用普通的综合布线铜芯对绞电缆，在必要时应选用阻燃、低烟、低毒等电缆。

（4）信息插座应采用 8 位模块式通用插座或光缆插座。

（5）配线设备交叉连接的跳线应选用综合布线专用的插接软跳线，在电话应用时也可选用双芯跳线或三类 1 对电缆。

（6）一条 4 对对绞电缆应全部固定终接在一个信息插座上。不允许将一条 4 对对绞电缆终接在 2 个或 2 个以上信息插座上。

（7）水平布线子系统线缆安装穿管或沿金属电缆桥架敷设，当电缆在地板下布放时，应根据环境条件选用地板下线槽布线、网络地板布线、高架（活动）地板布线、地板下管道布线等安装方式。水平线缆也可布放在吊顶内，如果不采用金属管线敷设，而直接绑扎布放时，线缆的护套材料应具有阻燃性能，并达到 CMP 级。

5.4.3 信息插座数量的确定

对于工作区信息插座的设置，应根据建筑物每一层房屋的功能和用户的实际需求进行。

（1）每一个工作区信息插座模块（电、光）数量不宜少于 2 个，并满足各种业务的需求。

（2）底盒数量应以插座盒面板设置的开口数确定，每一个底盒支持安装的信息点数量不宜大于 2 个。

（3）光纤信息插座模块安装的底盒大小应充分考虑到水平光缆（2 芯或 4 芯）终接处的光缆盘留空间和满足光缆对弯曲半径的要求。

当电和光的信息插座计算出来以后，再根据 86 底盒面板的孔数得出插座底盒的数量。如采用单孔面板时，一个信息插座需要由一个底盒进行安装，选用双孔面板时则一个插座底盒可以支持两个信息插座的安装空间，以此可以统计出总的底盒数量。

在信息插座数量的确定，支持业务的应用和产品的选用时要特别注意网络的传输与通信质量是否能得到保证，还得考虑到用户终端和业务的变化对于线对数量的需求是否能适应网络的长期发展。

5.4.4 水平电线缆的配置

工作区的信息插座模块应支持不同的终端设备接入，每一个 8 位模块通用插座应连接一根 4 对对绞电缆；对每一个双工或 2 个单工光纤连接器件及适配器连接一根 2 芯光缆。

从电信间至每一个工作区水平光缆宜按 2 芯光缆配置。光纤至工作区域满足用户群或大客户使用时，光纤芯数至少应有 2 芯备份，按 4 芯水平光缆配置。

连接至电信间的每一根水平电缆/光缆应终接于相应的配线模块，配线模块与缆线容量相适应。

电信间 FD 主干侧各类配线模块应按电话交换机、计算机网络的构成及主干电缆/光缆的所需容量要求及模块类型和规格的选用进行配置。

电信间 FD 采用的设备缆线和各类跳线宜按计算机网络设备的使用端口容量和电话交换机的实装容量、业务的实际需求或信息点总数的比例进行配置，比例范围为 25%～50%。

1．语音水平电缆选用

（1）超五类电缆：可以支持语音和 1Gb/s 以太网的应用，另外在 568B 的标准中已建议采用超五类产品以取代五类产品。

（2）六类电缆：可以支持语音及 1～n 个 Gb/s 以太网络的应用，能适应终端设备的变化。

2．数据水平电缆选用

为全六类产品以支持计算机网络 1～n 个 Gb/s 的应用。

上述语音电缆的选用时不要将市话配线与综合布线系统的设计理念加以混淆，而使系统变得不伦不类。如果为综合布线系统设计则全部应采用综合布线的产品。

5.4.5 电信间配线设备配置

电信间 FD 的配线模块可以分为水平侧、设备侧和干线侧几类模块，模块可以采用 IDC 连接模块（以卡接方式连接线对的模块）和快速插接模块（RJ-45）。FD 在配置时应按业务种类分别加以考虑。

1．模块选择

（1）IDC 二模块。

1）110 型。110 型配线架模块如图 5-5 所示。

图 5-5 110 配线架模块

一般容量为 100 对至几百对卡接端子，此模块卡接水平电缆和插入跳线插头的位置均在正面。但水平电缆与跳线之间的 IDC 模块有 4 对与 5 对端子的区分。如采用 4 对 IDC 模块，则一个 100 对模块可以连接 24 根水平电缆；当采用 5 对 IDC 模块时则只能连接 20 根水平电缆。此种模块在六类布线系统中，端子容量减少，以拉开端子间的距离，减弱串音的影响。对语音通信通常采用此类模块。

2）25 对卡接式模块。如图 5-6 所示，此种模块呈长条形，具有 25 对卡线端子。卡接水平电缆与插接跳线的端子处于正、反两个部位，每个 25 对模块可卡接 5 根水平电缆。

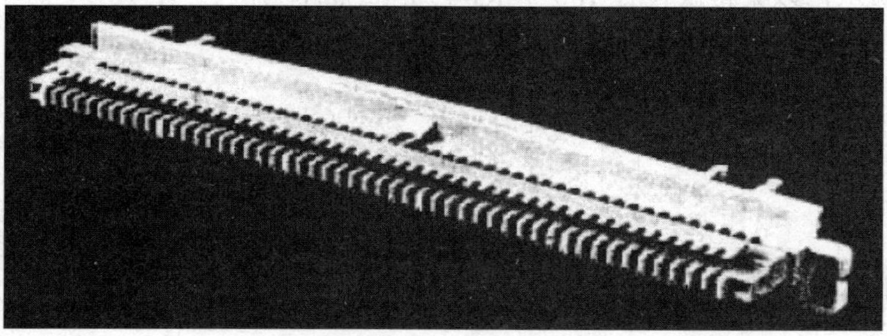

图 5-6　卡接式模块

3）回线式（8 回线与 10 回线）端接模块。回线式端接模块如图 5-7 所示。

该模块的容量有 8 回线和 10 回线两种，每回线包括 2 对卡线端子、1 对端子卡接进线和 1 对端子卡接出线。此种模块按照两排卡线端子之间的连接方式可以分为断开型、连通型和可插入型三种。在综合布线系统中断开型的模块用在 CD 配线设备中，当有室外的电缆引入楼内时可以在模块内安装过压过流保护装置，以防止雷电或外部高压和大电流进入配线网。连通型的模块因为两排卡接端子本身是常连通的状态，则可用于开放型办公室的布线工程中作为 CP 连接器件使用。

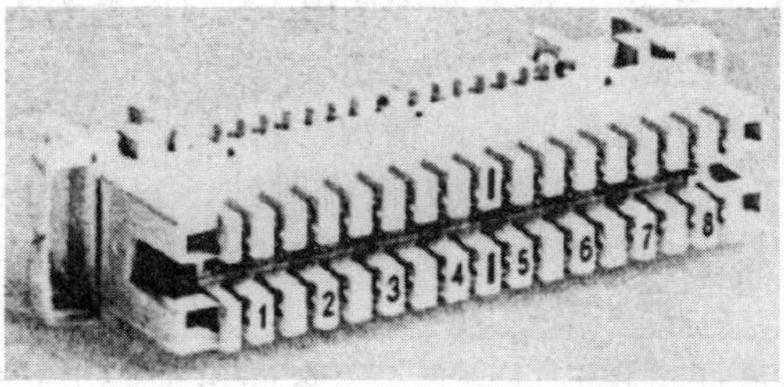

图 5-7　回线式端接模块

IDC 模块有三类、五类、超五类和六类产品可以用来支持语音和数据通信网络的应用。各生产厂家所生产模块的容量会有所区别，在选用时应加以注意。

（2）RJ-45 配线模块。RJ-45 配线模块如图 5-8 所示。此种模块以 12 口、24 口、48 口为单元组合，通常以 24 口为一个单元。由于 RJ-45 端口有利于跳线的位置变更，因此经常用在数据网络中。该模块有五类、超五类、六类、七类产品。

图 5-8　RJ-45 配线模块

IDC 模式和 RJ-45 模块用在水平侧与水平电缆相连接可以适用于不同的通信业务。通常将 IDC 型的 110 模块支持语音应用，RJ-45 模块则支持数据应用。这种配置方案既能满足业务的管理特点，工程的设备价位也相对适中。

2．语音模块配置

如图 5-9 所示，以某楼层设置 100 个 RJ-45 信息插座为例。

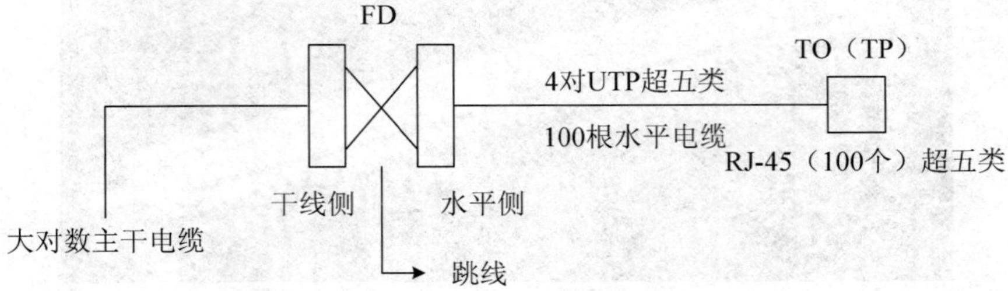

图 5-9　配线子系统语音部分配置-1

（1）水平侧模块如采用 110 型（100 对及 IDC4 对连接器），按水平电缆数量 100 根考虑，则需要配置 5 个超五类 100 对 110 型模块，而且可以有充足的冗余量。

（2）主干语音电缆配置。

- 主干电缆的对数与水平电缆的配比原则上按 1:4 考虑，即每一根 4 对的语音水平电缆对应的语音主干电缆需要 1 对线支持。本例需配置大对数主干电缆的总对数为 100 对。如果考虑增加 10%～20%的备用线对（取 10%），总线对数量为 110 对。
- 按照大对数主干电缆的规格与造价，建议采用三类大对数主干电缆（可以为 25 对、50 对和 100 对组成）。如本例中选用 25 对的三类大对数电缆，则需配置 5 根 25 对的三类大对数电缆。

（3）语音跳线配置。根据目前的产品情况与标准要求及节省工程造价考虑，可以采用市话双色跳线或三类 1 对对绞电缆作为语音跳线，每根跳线的长度可按 2m 左右计算。本例中，100 个语音信息点需要的总跳线长度为 200m，可折合为一箱（305 米）三类 1 对电缆。

按照电话交换系统的设计思想，只需要在设备间设置一级配线的管理，因此在 FD 中可以不设跳线，而将大对数电缆直接卡接在水平侧 110 模块的 IDC 连接器件上，如图 5-10 所示。

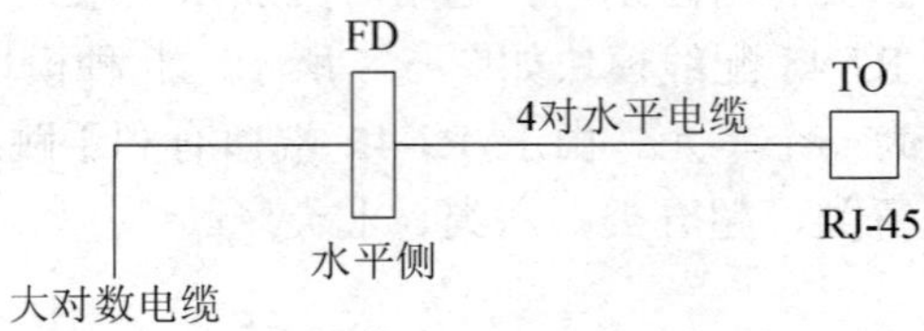

图 5-10　配线子系统语音部分配置-2

（4）干线侧模块配置。干线侧模块的等级和容量应与语音大对数主干电缆保持一致。本例则需配置 2 个三类 100 对 110 型模块。

如果语音水平侧模块采用 RJ-45 类型，干线侧模块采用 110 型时，则 FD 中的语音跳践一端采用 RJ-45 插头，另一端直接卡接在干线侧的模块插接跳线模块的部位。跳线可采用三类 1 对电缆。

3．数据部分

以某层设置 100 个 RJ-45 信息插座为例。

数据的配置较为复杂和多样，数据网络的配线设计应与网络设计的规律相结合，否则配置的结果适应不了实际的应用或配置量过大而导致投资的加大。往往布线系统和网络设计是各自独立的单项工程，并由不同的设计人员完成。因此综合布线系统的设计也应遵循网络设计的规定要求，以达到合理和优化，并可按以下几个要点来指导设计。

- 任意两个网络设备在采用对绞电缆作为传输介质时的传输距离应不大于 100m。
- 在以太网络中任意两个设备的通信距离经过网段后的传输距离应不大于 500m。
- 智能大楼的计算机局域网（LAN）一般由基层与骨干两级组成，在电信间和设备间均设置网络集线器（HUB）和交换机（SW）。网络设备的端口数按 24 口来进行布线设计。
- 当网络设备的扩容由单个的 HUB 或 SW 组成 HUB 或 SW 组群时，个数按小于 4 个设置，总端口数控制在 96 口。

（1）最低量的配置。同样以某层设置 100 个数据信息插座来分析水平布线子系统与建筑物主干子系统之间的配置关系，具体连接如图 5-11 所示。

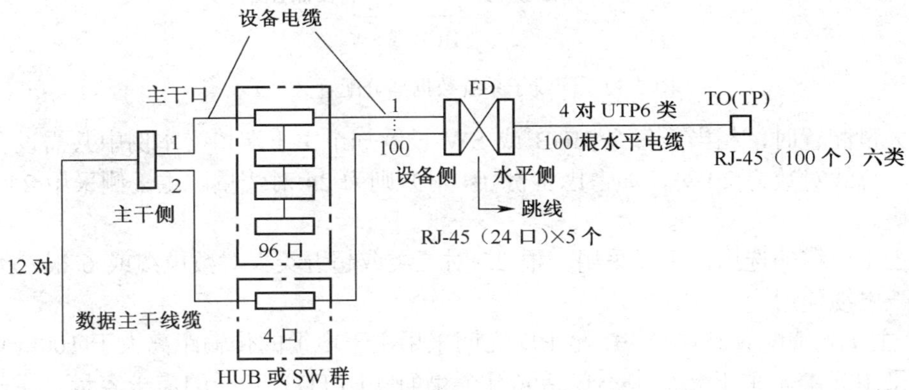

图 5-11　配线子系统数据部分配置（一）

1）计算步骤。

- 根据水平电缆的容量确定水平侧 RJ-45（24 口）模块的数量，本例计算结果为 5 个。
- 设备侧的 RJ-45（24 口）模块数量及容量与水平侧的 RJ-45 模块一致，同样为 5 个。
- 按每个 HUB 或 SW 群设置一个主干电端口（可以为 10Mb/s、100Mb/s、10/100Mb/s 自适应、1000Mb/s 以太网电端口），每个电端口实需线对为 4 对，主干侧 RJ-45（24 口）模块只需要 1 个就可满足，并有充分的冗余量。
- 对于数据主干电缆的总对数经计算需要 8 对，考虑到 4 对线作为备份，可以设置 12 对线量。主干电缆可以按照线对的需求容量和电缆的规格要求取定，可以有两个方案。第一个方案为采用 1 根 25 对的五类或超五类大对数电缆（大对数电缆一般以 25 对组合，目前尚无六类产品）支持应用，但只能支持 1Gb/s 以太网络；第二个方案采用 3 根六类 4 对水平电缆作为数据主干电缆使用。以两个方案相比较，可以看出第二个方案更为优化。因为六类 4 对电缆作为主干电缆使用能比超五类大对数电缆提供更高的传输带宽，并有利于工程验收的电气性能检测。

2）跳线和设备电缆配置。

- FD 中 RJ-45 模块之间可以采用两端都为 RJ-45 插头的六类跳线进行管理，本例为 100 根。
- HUB/SW 与设备侧、主干侧 RJ-45 模块间可采用单端为 RJ-45 插头的六类设备电缆进行互连，本例共为 102 根。

（2）最高量的配置。具体连接如图 5-12 所示。

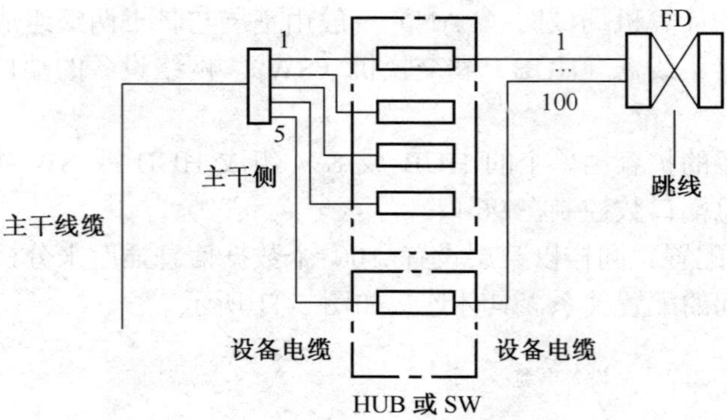

图 5-12　配线子系统数据部分配置（二）

在最大量配置时，相当于每个 HUB 或 SW 设置一个主干端口，本例中共需设置 5 个主干电端口，总线对数为 20 对，如考虑备份（4 对）则为 24 对线量。主干侧采用 24 口 RJ-45 模块需 1 块。

对于主干电缆的选用，可以采用一根 25 对五类或超五类大对数电缆或 6 根六类 4 对电缆作为主干电缆使用。

（3）主干光缆配置。如果 FD 至 BD 之间采用主干电缆的传输距离大于 100m 或其他情况时则应采用光缆。主干光缆中不包括光纤至桌面（FTTD）光纤的需求容量。主干子系统配置如图 5-13 所示。

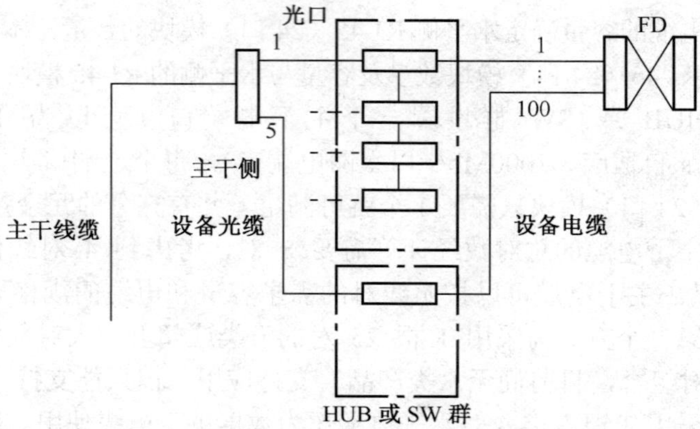

图 5-13　主干子系统配置

配置原则：

- 当主干线缆采用光缆时，HUB 或 SW 群的主干端口则为光端口，每个光端口需要占用 2 芯光纤，本例中两个 HUB 或 SW 群实需光纤为 4 芯，如果考虑到光纤的备份（以 2 芯为备份），总数为 6 芯光纤。此时，可选用 6 芯光缆作为本层主干光缆。并根据光纤的芯数配备主干侧的光纤模块容量同样为 6 个光端口的耦合器。
- 在最大量配置时，则相当于每个 HUB 或 SW 具备一个光端口，共需设置 5 个光端口，如果考虑光纤的备份，主干光缆总芯数为 12 芯。再根据光缆的规格与产品情况，可按一根 12 芯光缆或两根 6 芯光缆进行配置。后一种配置同时具有光纤的备份与光缆的备份。
- 在此种情况下，主干侧为光配线设备。光配线模块与 HUB 或 SW 的光端口之间采用设备光缆连接，数量由光端口数决定。如果 HUB 或 SW 仍为电端口，则需经过光、电转换设备后进行连接。

5.4.6 电信间配线设备间的连接方式

1．交叉连接方式

在电信间内所安装的计算机网络设备通过设备线缆（电缆或光缆）连接至配线设备（FD）以后，再经过跳线管理，将设备的端口经过水平线缆连接至工作区的终端设备，此种为传统的连接方式，称为交叉的连接方式，如图 5-14 所示。

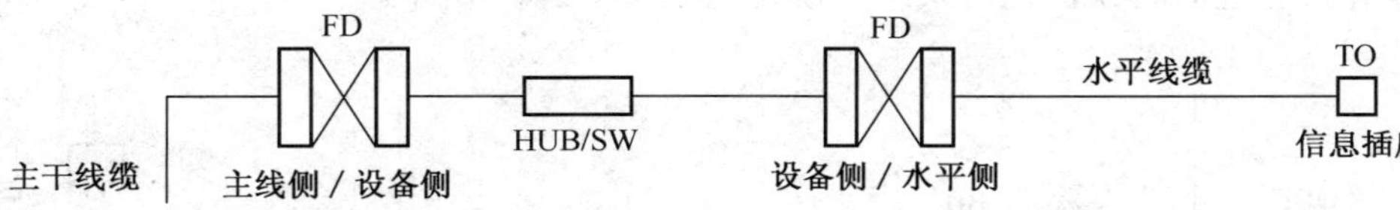

图 5-14　交叉连接方式

2．互连连接方式

在此种连接方式中，可以充分利用网络设备端口连接模块（电或光）取代设备侧的配线模块。在这种情况下，相当于网络设备的端口直接通过跳线连接至模块，既减少了线段和模块以降低工程造价，又提高了通路的整体传输性能，因此可以看作为一种优化的连接方式。而且互连连接方式从水平布线子系统的组成内容看，更贴近于永久链路的连接模型及工程的实际情况，如图 5-15 所示。

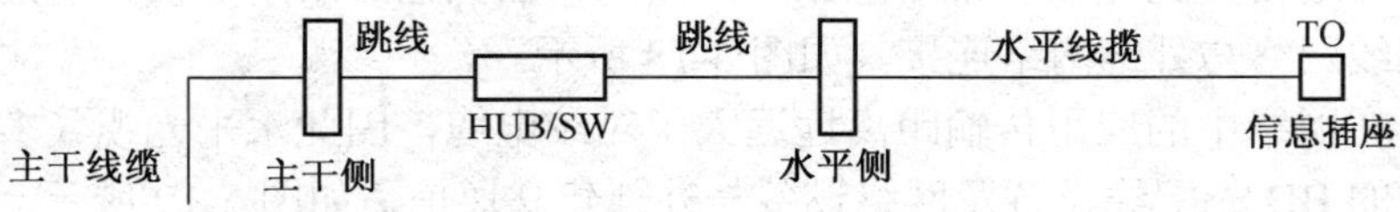

图 5-15　互连连接方式

5.4.7 光纤至桌面（FTTD）配置

光纤至桌面，即办公区的配置是在基本配置的基础上完成的。关于布线工作区光纤的应用，光插座应可以支持单个终端采用光口时的应用，也可以满足某一工作区域组成的计算机网络（如企业网络）主干端口对外部网络的连接使用。如果光纤布放至桌面，再加上多媒体的配线箱（网络设备和配线设备的组合箱体）的接入，可为末端大客户的用户提供一种全程的网络解决方案，具有一定的应用前景。光纤的路由形成大致有以下几种方式，如图 5-16 所示。

图 5-16　水平光纤至办公区

（1）工作区光插座配置。工作区光插座可以从 ST、SC 或超小型的 LC、MTJ、SG 中选用。但应考虑到连接器的光损耗指标、支持应用网络的传输速率要求、连接口与光纤之间的连接施工方式及产品的造价等因素综合考虑。

光插座（耦合器）与光纤的连接器应配套使用，并根据产品的构造及所连接光纤的芯数分成单工与双工。一般从网络设备光端口的工作状态出发，可采用双口光插座的连接 2 芯光纤，完成光信号的收、发，如果考虑光口的备份与发展也可按 2 个双口光插座配置。

（2）水平光缆与光跳线配置。水平光缆的芯数可以根据工作区光信息插座的容量确定为 2 芯或 4 芯光缆。水平光缆一般情况下采用 62.5μm 或 50μm 的多模光缆，如果工作区的终端设备或自建的网络跨过大楼的计算机网络而直接与外部的 Internet 网进行互通时，为避免多/单模光纤相连时转换，也可采用单模光缆，如图 5-17 所示。

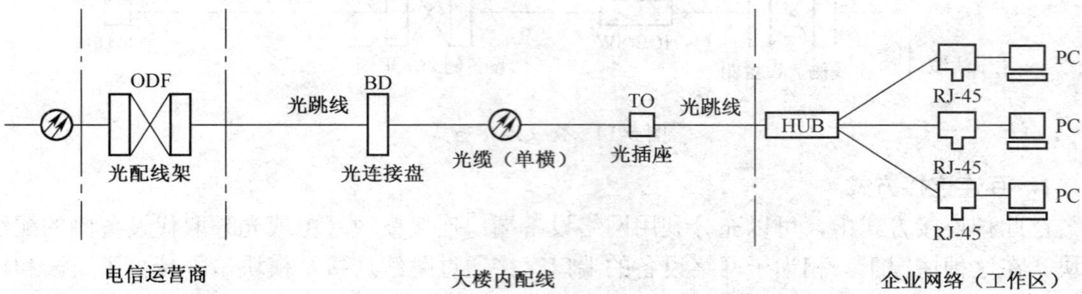

图 5-17　水平光缆配置

图 5-17 中为工作区企业网络的网络设备直接通过单模光缆连至电信运营商光配线架（ODF）或相应通信设施完成宽带信息业务的接入。当然也可采用多模光缆经过大楼的计算机局域网及配线网络与外部网络连接，如图 5-18 所示。

由于光纤在网络中的应用传输距离远远大于对绞电缆，因此水平光缆（多模）也可以直接连接至大楼的 BD 光配线设备及网络设备与外部建立通信，如图 5-19 所示。

光跳线主要起到将网络设备的光端口与光配线连接盘（光配线设备）中的光耦合器进行连接的作用，以构成光的整个通路。光跳线连接（光插头）的产品类型应和光耦合器（光插座）及网络设备光端口的连接器件类型保持一致，否则无法连通。如果网络设备的端口为电端口时，光跳线则需经过光/电转换设备完成连接。

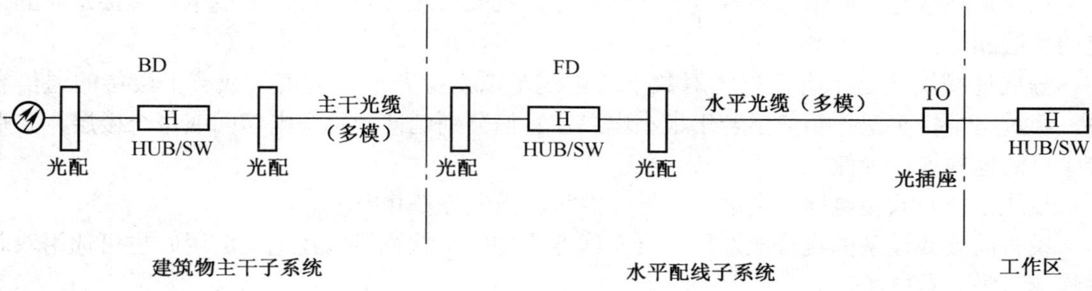

图 5-18　水平多模光缆配置

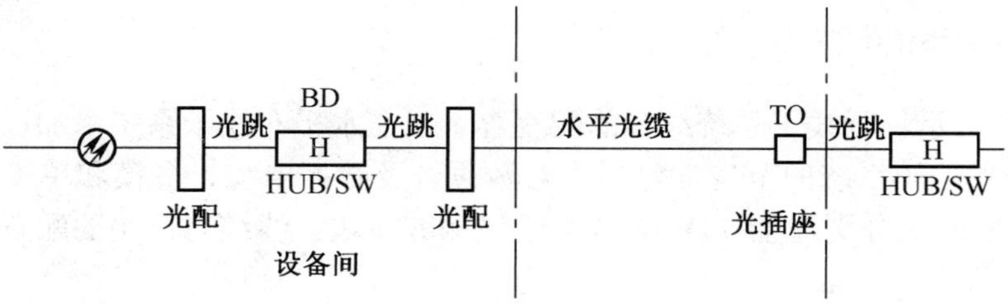

图 5-19　水平多模光缆配置

5.5　干线子系统

5.5.1　设置原则

在确定干线子系统所需要的电缆总对数之前，必须确定电缆语音和数据信号的共享原则。结合水平布线子系统及网络的组成和应用情况完成配置。

如果电话交换机与计算机机房处于不同地点的设备间内，需要把话音电缆和数据电缆分别连接相应机房，则宜在设计中选取不同的干线电缆或干线电缆的不同部分分别满足不同路由话音和数据的需要。当需要时也可采用光缆系统予以满足。

干线子系统应由设备间的建筑物配线设备（BD）、设备线缆和跳线，以及设备间至各楼层电信间及电信间与电信间的主干线缆组成。

干线子系统所需要的电缆总对数和光纤芯数，其容量可按水平布线子系统中的内容要求确定。对数据应用应采用光缆或六类对绞电缆，对绞电缆的长度不应超过 90m，对电话应用可采用三类对绞电缆。语音主干和数据主干在采用对绞电缆时，其线对同样不能合在一根主干电缆中，应分别设置在各自的主干电缆中。

主干线缆应在建筑物封闭的通道布放。封闭型通道是指一连串上下对齐的电信间，每层楼都有一间，利用电缆竖井、电缆孔、管道电缆、电缆桥架等穿过这些房间的地板层。通风通道或电梯通道，不能敷设干线子系统电缆。

干线电缆宜采用点对点端接，也可采用分支递减端接。应选择干线电缆较短，安全和经济的路由。宜选择带门的封闭型综合布线专用的通道敷设干线电缆，也可与弱电竖井合用。

点对点端接是最简单、最直接的接合方法，大楼与配线间的每根干线电缆直接延伸到指定的楼层和电信间。

分支递减端接是指有一根大对数干线电缆足以支持若干个电信间或若干楼层的通信容量，经过电缆接头保护箱分出若干根小电缆，它们分别延伸到每个电信间或每个楼层，并端接于目的地的连接硬件。

线缆不应布放在电梯、供水、供气、供暖、强电等竖井中。

设备间连线设备的跳线应选用综合布线专用的插接软跳线，在电话应用时也可选用双芯跳线或三类 1 对电缆。

干线子系统垂直通道有电缆孔、管道、电缆竖井三种方式可供选择，宜采用电缆竖井方式。

5.5.2 干线子系统配置

如图 5-20 所示，干线子系统线缆的配置容量已在水平布线子系统中加以描述。主干线缆属于建筑物主干子系统的范畴，包括大对数语音及数据电缆、多模和单模光缆、4 对对绞电缆。它们的两端分别连至 FD 与 BD 干线侧的模块，线缆与模块的配置等级与容量保持一致。

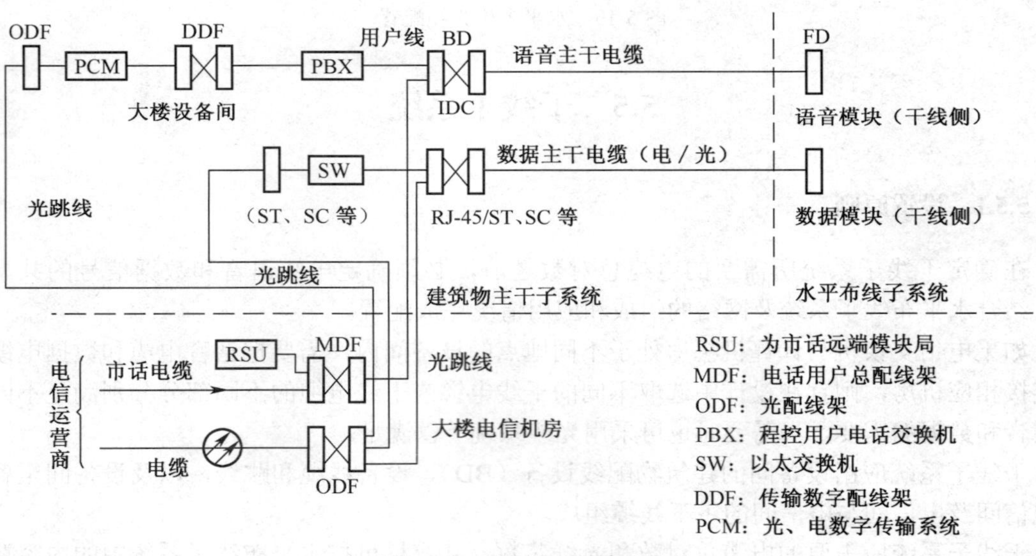

图 5-20　建筑物子系统配置

BD 模块在设备侧应与设备的端口容量相等，也可考虑少量冗余量，并可根据支持的业务种类选择相应连接方式的配线模块（可以为 IDCC 或 RJ-45 模块）。数据和语音模块应分别设定配置方案，配置时可参照水平部分 FD 的内容。

跳线和设备线缆应考虑设备端口的形式、线缆的类型及长度和配置数量。

BD 在与电信运营商之间互联互通时应注意相互间界面的划分，以避免造成漏项和重复配置的现象出现。下面举一个例子，当大楼设置程控用户电话交换机和计算机交换主机完成语音和数据业务与常用网的互通；部分用户又可以经过电信运营商的电话远端模块局

（RSU）实现电话业务呼叫，数据业务则经过光纤直接连至常用网光配线设备。主干子系统的连接方式如图 5-20 所示。

5.6　设备间

在大楼的适当地点设置电信设备和计算机网络设备，以及建筑物总配线设备（BD）安装的地点，也是进行网络管理的场所。对综合布线工程设计而言，设备间主要安装总配线设备，电话、计算机等各种主机设备及其进线，保安设备不属综合布线工程设计的范围，但可合装在一起。当分别设置时，考虑到设备电缆有长度限制的要求，安装总配线架的设备间与安装程控电话交换机及计算机主机的设备间的距离不宜太远。设备间内的所有总配线设备应采用色标区别各类用途的配线区。设备间位置及大小应根据设备的数量、规模、最佳网络中心等因素，综合考虑确定。

建筑物的综合布线系统与外部通信网连接时，应遵循相应的接口标准，并预留安装相应接入设备的位置。

设备间的安装工艺要求除应满足本章内容规定外，还应满足 YD5003-2005《电信专用房屋设计规范》中有关配线设备的规定，如果安装电信设备或其他应用设备时，应符合设计要求。

5.7　进线间

建筑群主干电缆和光缆、公用网和专用网电缆、光缆及天线馈线等室外缆线进入建筑物时，应在进线间终端转换成室内电缆、光缆，并在缆线的终端处由多家电信业务经营者设置入口设施，入口设施中的配线设备应按引入的电、光缆容量配置。

电信业务经营者在进线间设置安装的入口配线设备应与 BD 或 CD 之间敷设相应的连接电缆、光缆，实现路由互通。缆线类型与容量应与配线设备相一致。

在进线间缆线入口处的管孔数量满足建筑物之间、外部接入业务及多家电信业务经营者缆线接入的需求，并应留有 2～4 孔的余量。

5.8　管理

管理是针对设备间、电信间和工作区的配线设备、线缆、信息插座等设施，按一定的模式进行标识和记录的规定。在管理点，宜根据应用环境用标识来标出各个端接点。内容包括管理方式、标识、色标、交叉连接等，这些内容的实施，将给今后维护和管理带来很大的方便，有利于提高管理水平，提高工作效率。特别是规模大和复杂的综合布线系统，统一采用计算机进行管理，其效果将十分明显。目前，市场上已有现成的管理软件可供选用。有的布线产品利用布线模块和跳线设置电子的接点和网络设备，并经过专用的软件实现管理。这对于较大的布线工程管理有一定的优势，但也应考虑到工程的整体造价。

综合布线的各种配线设备，应采用色标区分干线电缆、配线电缆或设备端接点，同时，还用标记条表明端接区域、物理位置、编号、容量、规格等特点，以便维护人员在现场一目了然地识别。

在每个交接区实现线路管理的方式是在各色标区域之间按应用的要求，采用跳线连接。色标用来区分配线设备的性质，分别由按性质划分的接线模块组成，且按垂直或水平结构进行排列。

综合布线系统使用 3 种标记：电缆标记、区域标记和接插件标记。其中接插件标记最常用，可分为平面标识和缠绕式标识两种，供选择使用。

电缆和光缆的两端应采用不易脱落和磨损的标识表明相同的编号。目前，市场上已有配套的打印机和标识系统供应。

管理的具体要求如下：

（1）规模较大的综合布线系统宜采用计算机进行管理，简单的综合布线系统宜按图纸资料进行管理，应做到记录准确、及时更新、便于查阅。

（2）综合布线的每条电缆、光缆、配线设备、端接点、安装通道和安装空间均应给定唯一的标志。标志中可包括名称、颜色、编号、字符串或其他组合。

（3）配线设备、线缆、信息插座等硬件均应设置不易脱落和磨损的标识，并应有详细的书面记录和图纸资料。

（4）电缆和光缆的两端均应标明相同的编号。

（5）设备间、电信间的配线设备宜采用统一的色标区别各类用途的配线区。

5.9 建筑群子系统

5.9.1 一般规定

（1）建筑群主干子系统由连接各建筑物之间的综合布线线缆、建筑群配线设备（CD）和设备线缆及跳线等组成。

（2）建筑物之间的线缆宜采用地下管道或电缆沟的敷设方式。

（3）建筑群主干电缆、光缆、公用网和专用网电缆、光缆（包括天线馈线）进入建筑物时，都应设置引入设备，并在适当位置终端转换为室内电缆、光缆。引入设备还包括必要的保护装置。引入设备宜单独设置房间，如条件合适也可与 BD 或 CD 合设。

（4）建筑群和建筑物的主干电缆、主干光缆布线的交接不应多于两次。从楼层配线架（FD）到建筑群配线架（CD）之间只应通过一个建筑物配线架（BD）。

5.9.2 系统配置

建筑群主干线缆连接楼与楼之间 BD 与 BD 及 BD 与 CD 配线设备，建筑群配线设备 CD 在引入楼外电缆的配线模块应具有加装过压过流保护装置的功能，即只能采用 8 回线、10 回线的断开型 IDC 连接模块。如果语音主干电缆采用电信运营商市话大对数室外电缆从市话端局引入大楼设备间时，需经过电信运营商所提供的总配线设备（MDF）转接，此时过压过流保护装置安装在 MDF 的直列模块中。所有引入楼内的电缆和光缆的金属部件在入口处应就近接地。连接方式如图 5-21 所示。

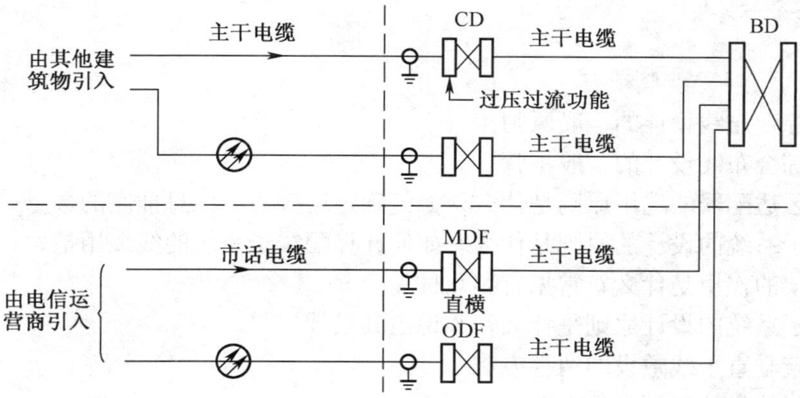

图 5-21 建筑物主干连接

5.10 光纤系统设计

5.10.1 光纤的应用场合

人类社会现在已发展到信息社会，声音、图像和数据等信息的交流量非常大。以前的通信手段已经不能满足现在的要求，而光纤通信以其信息容量大、保密性好、重量轻体积小、无中继段距离长等优点得到广泛应用。其应用领域遍及通信、交通、工业、医疗、教育、航空航天和计算机等行业，并正在向更广更深的层次发展。光纤的应用正给人类的生活带来深刻的影响与变革。

5.10.2 光纤网络系统设计

光纤系统的设计一般遵循以下步骤：

（1）弄清所要设计的是什么样的网络，其现状如何，为什么要用光纤。

（2）根据实际情况选择合适的光纤网络设备、光缆、跳线及连接用的其他物品。选用时应以可用为基础，然后再依据性能、价格、服务、产地和品牌来确定。

（3）按客户的要求和网络类型确定线路的路由，并绘制布线图。

（4）路线较长时则需要核算系统的衰减余量，核算可按下面公式进行：

衰减余量＝发射光功率－接受灵敏度－线路衰减－连接衰减（dB）

其中，线路衰减＝光缆长度×单位衰减；单位衰减与光纤质量有很大关系，一般单模为0.4～0.5dB/km；多模为2～4dB/km。

连接衰减包括熔接衰减接头衰减，熔接衰减与熔接手段和人员的素质有关，一般热熔为 0.01～0.3dB/点；冷熔为 0.1～0.3dB/点；接头衰减与接头的质量有很大关系，一般为1dB/点。系统衰减余量一般不少于 4dB。

（5）核算不合格时，应视情况修改设计，然后再核算。这种情况有时可能会反复几次。

习　题

1. 试述综合布线设计的一般原则。
2. 简述综合布线设计的一般步骤。
3. 工作区适配器的选用原则是什么？如何确定连接器、信息插座的数量？
4. 配线子系统的设计的原则是什么？如何计算配线子系统的线缆用量？
5. 配线架的作用是什么？常见有哪几种？
6. 干线子系统的设计原则是什么？并说出其设计步骤。
7. 试比较垂直干线敷设的两种方法。
8. 设备间的设计原则是什么？
9. 设备间的线缆敷设有哪几种方法？分别适用什么场合？
10. 管理子系统的设计原则是什么？
11. 说出建筑群子系统的设计要点。
12. 比较建筑群子系统线缆敷设的常用方法。

第 6 章　综合布线系统工程施工

本章学习目标

本章主要讲解网络综合布线系统中的设备及线缆的施工标准与操作流程。通过本章的学习，读者应该掌握以下几点：

- 综合布线系统中常用的标准
- 综合布线系统中常见设备的安装
- 综合布线系统中各种线缆的安装

6.1　综合布线施工的技术要点

6.1.1　综合布线系统工程施工的基本要求

在综合布线系统工程安装施工过程中应注意以下基本要求：

（1）综合布线系统工程安装施工，须按照《建筑与建筑群综合布线系统工程验收规范》（GB50312－2007）中的有关规定进行安装施工，也可以根据工程设计要求办理。

（2）智能化小区的综合布线系统工程中，其建筑群主干布线子系统部分的施工，与本地电话网络有关，因此，安装施工的基本要求应遵循我国通信行业标准《本地电话网用户线线路工程设计规范》（YD5006－2003）中的规定。

（3）综合布线系统工程中所用的线缆类型、性能指标、布线部件的规格以及质量等均应符合我国通信行业标准《大楼通信综合布线系统》第 1-3 部分（YD/T 926、1-3－2001）等规范或设计文件的规定，工程施工中不得使用未经鉴定合格的器材和设备。

（4）施工现场要有技术人员监督、指导。为了确保传输线路的工作质量，在施工现场要有参与该项工程方案设计的技术人员进行监督、指导。

（5）标记一定要清晰、有序。清晰、有序的标记会给下一步设备的安装、调试工作带来便利，以确保后续工作的正常进行。

（6）对于已敷设完毕的线路，必须进行测试检查。线路的畅通、无误是综合布线系统正常可靠运行的基础和保证，测试检查是线路敷设工作中不可缺少的一项工作。要测试线路的标记是否准确无误，检查线路的敷设是否与图线一致等。

（7）需敷设一些备用线。备用线的敷设是必要的，其原因是：在敷设线路的过程中，由于种种原因难免会使个别线路出问题，备用线的作用就在于它可及时、有效地代替这些出问题的线路。

（8）高低压电线须分开敷设。为保证信号、图像的正常传输和设备的安全，要完全避免电涌干扰，要做到高低压线路分管敷设，高压线需使用铁管；高低压线应避免平行走向，如果由于现场条件只能平行时，其间隔应保证按规范的相关规定执行。

6.1.2 综合布线系统工程施工前的准备

在综合布线系统施工前，各项准备工作必须做好，它是安装施工的前期工作，对确保综合布线系统施工的进度和工程质量非常重要。

安装施工前的准备工作较多，下面介绍主要的几项。

1．全面了解和熟练掌握设计文件和图纸

施工单位接受综合布线系统工程安装施工项目后，首先要做好以下几点：

（1）对工程设计文件和施工图纸详细阅览。对其中主要内容如设计说明、施工图纸和工程概算等部分，相互对照、认真核对。尤其是在技术上有无问题、安装施工中有无困难，与其他工程有无矛盾。此外，对于工程概算部分重点是工程量有无缺项或漏项、概算的费率有无用错，设备和材料的规格和数量有无错误等。对于设计文件和施工图纸上交代不清或有疑问的地方，应及早向设计单位提出，必要时可以和设计人员一同到现场，以求解决安装施工的难题。

（2）会同设计单位现场核对施工图纸，进行安装施工技术交底。设计单位有责任向施工单位对设计文件和施工图纸的主要设计意图和各种因素考虑进行介绍。施工单位在设计文件和施工图纸上发现交代不清或有疑问之处，应向设计单位提出，设计单位应做出解释或提供解决方法，也可在现场由双方协商，提出更加完善的技术方案。经过现场技术交底，施工单位应全面了解工程全部施工的基本内容。

2．现场调查工程环境的施工条件

现场调查工程环境的施工条件可以与设计单位一起进行，也可以由施工单位自己单独调查。在现场调查中必须注意以下几点：

（1）由于综合布线系统的线缆绝大部分是采取隐蔽的敷设方式，在设计中一般不可能全部做到具体和细致。因此，对于建筑结构，如吊顶、地板、电缆竖井和技术夹层等建筑结构、空间尺寸等进行调查了解，以便真正全面掌握各个安装场合敷设线缆的可能性和难易程度，对决定选择线缆路由和敷设位置有极大的帮助。

如果是已建成的建筑，在现场调查过程中要更加重视其建筑结构，内部有无暗敷管路，若有管路，对其路由、位置以及是否被占用等具体情况要进行充分了解，以便考虑是否利用原有管路；若无管路等设施，应在现场了解其采取明敷或暗敷管线的可能性和具体条件，以便在施工中决定敷设线缆的具体技术方案。

（2）在现场调查中要复核设计的线缆敷设路由和设备安装位置是否正确适宜，有无安装施工的足够空间或需要采取补救措施或变更设计方案。实现预留的暗管、地槽、洞孔的数量位置、规格尺寸应该符合设计中的规定要求。对于安装施工中必须注意的细节，例如在暗敷管路的管孔内有无放置牵引线缆的引拉线，这些具体细小的问题都必须调查清楚，全面掌握，以利于组织施工。

（3）对于设备间和干线交接间等专用房间，必须对其环境条件和建筑工艺进行调查和检验，只有具备以下条件时，才能安装施工。

1）由于设备间是综合布线系统的网络中心，它是安装用户电话交换机、计算机主机和配线设备以及传输维护管理系统设备的场所，其房间内部环境条件都必须具备上述设备所需的安装工艺设计的基本要求。因此，这些房间的土建工程必须全部完工，要求墙壁和地面均平整，室内通风、干燥、光洁，门窗齐全，门的高度和宽度均符合工艺要求，不会影响设备和器材搬入室内，门锁性能良好，钥匙齐全，以保证房间安全可靠，真正具备安装施工的基本条件。

2）房间内按设计要求预先设置的地槽、暗敷管路和洞孔的位置、数量和尺寸均正确无误，满足安装施工需要。

3）对设备间内铺设的活动地板应认真检查其施工质量，要求地板板块铺设的表面平整、板缝严密、安装牢固，无凹凸现象，地板支柱安装坚固牢靠，地板水平面的允许偏差每平方米不应大于 2mm。活动地板应有防静电措施，其接地装置均应符合设计规定和产品要求。

4）设备间和交换间内均应设置应用可靠的交流 50Hz、220V 的施工电源，并有良好的接地装置，以便安装施工和维护检修使用。

5）设备间和交接间的面积大小、环境温湿度条件、防尘和防火措施、内部装修等都符合工艺设计提出的要求或标准的有关规定。

3．编制安装施工进度顺序和施工组织计划

根据综合布线系统工程设计文件和施工图纸的要求，结合施工现场的客观条件、设备器材的供应和施工人员的数量等情况，安排施工进度计划和编制施工组织设计，力求做到合理有序地进行安装施工。因此，要求安装施工计划必须详细、具体、严密和有序，便于监督实施和科学管理。

在安排施工计划时，应注意与建筑和其他系统的配合问题。由于综合布线系统的设备和器材及线缆的价格均比较昂贵，为了避免在施工现场丢失和被损坏，一般宜在建筑的土建工程和室内装修的同时或稍后和适当的时间安排施工，这样既能确保安装顺利进行，也可减少与上述工程的施工发生矛盾，但应避免彼此脱节。为此，必须注意建筑物和内部装修及其他系统工程的施工进度，必要时可随时修改施工计划，以求密切配合，协作施工，有利于保证工程质量和施工进度的顺利进行。

4．施工工具的准备

在综合布线系统工程中所用的施工工具是进行安装施工的必要条件，随施工环境和安装工序的不同，有不同类型和品种的工具。在安装施工前应对各种工具进行清点和检验，这是十分重要的，否则在施工过程中会因这些工具失效造成人身安全事故或影响施工进程。尤其是对于登高工具中的梯子和高凳必须重视，检查是否坚固牢靠，有无晃动和损坏现象，如有上述情况，必须修复完好后才允许在工地现场使用，以免发生人员受伤事故。此外，应检查牵引工具是否切实有效，有无磨损或断裂现象以及是否存在失灵和严重缺陷等，必要时应更换新的工具，不宜使用带有严重缺陷的工具施工，防止产生其他危害工程质量和人员安全的事故。凡是电动施工工具因在施工时都带电作业，必须详细检查和通电测试，检测这些电动工具的连接软线有无外绝缘护套破损、有无产生漏电的隐患、其使用功能是否切实有效，会不会发生问题等。只有证实确无问题时，才可在工程中使用。

6.1.3 工程施工前检查

1．环境检查

在对综合布线系统的线缆、工作区的信息插座、配线架及所有连接器件安装施工之前，首先要对土建工程，即建筑物的安装现场条件进行检查，在符合 GB/T50312－2000《建筑与建筑群综合布线系统设计规范》和设计文件相应要求后，方可进行安装。

（1）概述。综合布线系统设备的安装包括工作区、交接间、设备间及进线间在内的环境条件。除了要适应配线线缆和连接器件的安装要求外，如果与其他机房合建还应满足终端设备、计算机网络设备、电话交换机、传输设备及各种接入网设备等的安装要求。不应在温度高、灰尘多、有害气体存在、易爆等场所进行安装，还应避开有振动和强噪声、高低压变配电及强电干扰严重的场所。

综合布线系统对建筑、结构、采暖通风、供电、照明等工种及预埋管线等配合要求，一般由建筑专业人员承担设计，弱电设计人员应该提出比较详细的布线系统安装环境要求，如室内的净高、地面载荷、线缆出入孔洞位置及大小、室内温湿度要求条件等。

如果布线系统设备安装在旧房屋内时，一般可以根据具体情况，在保证综合布线质量的前提下，适当降低对房屋改建的要求。除此之外，房屋设计还应符合环保、消防、人防等规定。

（2）房屋一般要求。综合布线系统应取得不小于规范规定面积的交接间和设备间以安装配线设备，如考虑安装其他弱电系统设备时，建筑物还应为这些设备预留机房面积。

在工业与民用建筑安装工程中，综合布线施工与主体建筑有着密切的关系。如配管、配线及配线架或配线柜的安装等都应在土建实施工程中密切配合，做好预留孔洞的工作。这样既能加快施工进度又能提高施工质量，既安全可靠，又整齐美观。

对于钢筋混凝土建筑物的暗配管工程，应当在浇灌混凝土前（预制板可在铺设后）将一切管路、接线盒和配线架或配线柜的基础安装部分全部预埋好，其他工程则可以等混凝土干涸后再施工。表面敷设（明设）工程也应在配合土建施工时装好，避免以后过多地凿洞破坏建筑物。对不损害建筑的明设工程，可在抹灰工作及表面装饰工作完成后再进行施工。

在安装工程开始以前应对交接间、设备间的建筑和环境进行检查，具备下列条件方可开工：交接间、设备间、工作区土建工程已全部竣工；房屋地面平整、光洁，门的高度和宽度应不妨碍设备和器材的搬运，门锁和钥匙齐全；预留地槽、暗管、孔洞的位置、数量、尺寸均应符合设计要求；设备间敷设的活动地板应符合国家标准 GB6650－86《计算机机房用活动地板技术条件》，地板板块敷设严密坚固，每平方米水平允许偏差不应大于 2mm，地板支柱牢固，活动地板防静电措施的接地应符合设计和产品说明要求。

交接间和设备间应提供可靠的施工电源和接地装置。交接间和设备间的面积，环境温湿度均应符合设计要求和相关规定。交接间安装有源设备（集线器等设备），设备间安装计算机、交换机、维护管理系统设备及配线装置时，建筑物及环境条件应按上述系统设备安装工艺设计要求进行检查。交接间、设备间设备所需要的交直流供电系统，由综合布线设计单位提出要求，在供电单项工程中实施。安装工程除和建筑工程有着密切关系需要协调配合外，还和其他安装工程，如给排水工程、采暖通风工程等有着密切关系。施工前应做好图纸会审工作，避免发生安装位置的冲突；互相平行或交叉安装时，要保证安全距离的要求，不能满足时，应采取保护措施。

1）所有建筑物构件的材料选用及构件设计，应有足够的牢固性和耐久性，要求防止沙尘的侵入、存积和飞扬。

2）房屋的抗震设计裂度应符合当地的要求。

3）房间的门应向走道开启，门的宽度不宜小于 1.5 m。窗应按防尘窗设计。

4）屋顶应严格要求，防止漏雨及掉灰。

5）设备间的各专业机房之间的隔墙可以做成玻璃隔断，以便维护。

6）房屋墙面应涂浅色不易起灰的涂料或无光油漆。

7）地面应满足防尘、绝缘、耐磨、防火、防静电、防酸等要求。

（3）交接间与设备间安装配线设备时房屋的要求。

1）注意房屋的最低高度与地面载荷和配线设备的形式有很大的关系。

2）地面与墙体的孔洞、地槽沟应和加固的构件结合，充分注意施工的方便。

（4）电缆进线室要求。电缆进线室位于地下室或半地下室时应采取通风的措施，地面、墙面、顶面应有较好的防水和防潮性能。

（5）环境要求。

1）温湿度要求：温度为 10℃～30℃，湿度为 20%～80%。温湿度的过高和过低，易造成线缆及器件的绝缘不良和材料的老化。

2）地下室的进线室应保持通风，排风量应按每小时不小于 5 次换气次数计算。

3）给水管、排水管、雨水管等其他管线不宜穿越配线机房，应考虑设置手提式灭火器和火灾自动报警器。

（6）照明、供电和接地。

1）照明宜采用水平面一般照明，照度可为 75～100Lx，进线室应采用具有防潮性能的安全灯，灯开关装于门外。

2）工作区、交接间和设备间的电源插座应为 220V 单相带保护的电源插座，插座接地线从 380V/220V 三相五线制的 PE 线引出。在部分电源插座，根据所连接的设备情况，应考虑采用 UPS 的供电方式。

3）综合布线系统要求在交接间设有接地体，接地体的电阻值如果为单独接地则不应大于 4Ω，如果是采用联合接地则不应大于 1Ω，接地体主要提供给以下场合使用：

- 配线设备的走线架，过压与过流保护器及告警信号的接地。
- 进局线缆的金属外皮或屏蔽电缆的屏蔽层接地。
- 机柜（机架）屏蔽层接地。

2．器材检验

（1）器材检验一般要求。

1）工程所用线缆器材型号、规格、数量、质量在施工前应进行检查，无出厂检验证明材料或与设计不符者不得在工程中使用。特别是使用国外器件时，应有出厂检验证明及商检证书。

2）经检验的器材应做好记录，对不合格的器件应单独存放，以备核查与处理。

3）工程中使用的线缆、器材应与订货合同或封存的产品在规格、型号、等级上相符。

4）备品、备件及各类资料应齐全。

（2）型材、管材与铁件的检查。

1）各种型材的材质、规格、型号应符合设计文件的规定、表面应光滑、平整，不得变形、断裂。预埋金属线槽、过线盒、接线盒及桥架表面涂覆或镀层均匀、完整，不得变形、损坏。

2）管材采用钢管（在潮湿处应用热镀锌钢管，干燥处可用冷镀锌钢管）、硬质聚氯乙烯管时，其管身应光滑、无伤痕，管孔无变形，孔径、壁厚应符合设计要求。

3）管道采用水泥管块时，应按通信管道工程施工及验收中相关规定进行检验。

4）各种铁件的材质、规格均应符合质量标准，不得有歪斜、扭曲、飞刺、断裂或破损。

5）铁件的表面处理和镀层应均匀、完整，表面光洁，无脱落、气泡等缺陷。

（3）线缆的检验要求。

1）工程使用的对绞电缆和光缆型号、规格应符合设计的规定和合同要求。

2）电缆所附标志、标签内容应齐全、清晰。

对绞电缆识别标记包括电缆标志和标签。

- 电缆标志：在电缆的护套上约 1m 的间隔标明生产厂厂名或代号及电缆型号，必要时标明生产年份。
- 标签：应在每根成品电缆所附的标签或在产品的包装外给出下列信息。
  - 电缆型号。
  - 生产厂的厂名或专用标志。
  - 制造年份。
  - 电缆长度。

3）电缆外护线套需完整无损，电缆应附有出厂质量检验合格证。如用户要求，应附有本批量电缆的技术指标。

4）电缆的电气性能抽验应从本批量电缆中的任意 3 盘中各截出 100m 长度，加上工程中所选用的接插件进行抽样测试，并作测试记录。

对绞电缆生产厂家一般以 305m、500m 和 1000m 配盘。在本批量对绞电缆的 3 盘电缆中截出 100m 长度，加上工程采购的接插件进行电缆链路电气性能的抽样测试，结果应符合工程按基本链路连接方式所测的系统指标要求。有的工程如社区网络对绞电缆应按特定长度配长，中间不应有接头，一般可使用现场电缆测试仪对电缆长度、衰减、近端串扰等技术指标进行测试。对于光纤链路，在必要时也可用相应的光缆测试仪对每根光缆按光纤链路进行衰减和长度测试。

5）光缆开盘后应先检查光缆外表有无损伤，光缆端头封装是否良好。

6）综合布线系统工程采用光缆时，应检查光缆合格证及检验测试数据，在必要时可测试光纤衰减和光纤长度，测试时要求如下：

- 衰减测试：宜采用光纤测试仪进行测试。测试结果如超出标准或与出厂测试数值相差太大，应用光功率计测试，并加以比较，断定是测试误差还是光纤本身衰减过大。
- 长度测试：要求对每根光纤进行测试，测试结果应一致，如果在同一盘光缆中，光缆长度差异较大，则应从另一端进行测试或做通光检查以判定是否有断纤现象存在。

7）光纤接插软线（光跳线）检验应符合下列规定：

- 光纤接插软线，两端的活动连接器（活接头）端面应装配有合适的保护盖帽。
- 每根光纤接插软线中光纤的类型应有明显的标记，选用应符合设计要求。

（4）接插件的检验要求。

1）配线模块和信息插座及其他接插件的部件应完整，检查塑料材质是否满足设计要求。

2）保安单元过压、过流保护各项指标应符合有关规定。

3）光纤插座的连接器使用型号和数量、位置应与设计相符。

4）光纤插座面板应有表示发射（TX）或接收（RX）的明显标志。

（5）配线设备的使用。

1）光、电缆交接设备的型号、规格应符合设计要求。

2）光、电缆交接设备的编排及标志名称应与设计相符。各类标志应统一，标志位置正确、清晰。

（6）有关对绞电缆电气性能、机械特性、光缆传输性能及接插件的具体技术指标和要求，应符合设计要求。

6.1.4 施工过程中的注意事项

（1）施工现场督导人员要认真负责，及时处理施工进程中出现的各种情况，协调处理各方意见。

（2）如果现场施工碰到不可预见的问题，应及时向工程单位汇报，并提出解决办法供工程单位当场研究解决，以免影响工程进度。

（3）对工程单位计划不周的问题，要及时妥善解决。

（4）对工程单位新增加的点要及时在施工图中反映出来。

（5）对部分场地或工段要及时进行阶段检查验收，确保工程质量。

（6）制定工程进度表。在制定工程进度表时，要留有余地，还要考虑其他工程施工时可能对本工程带来的影响，避免出现不能按时完工、交工的问题。

6.1.5 工程施工结束时的注意事项

工程施工结束时的注意事项如下：

（1）清理现场，保持现场清洁、美观。

（2）对墙洞、竖井等交接处要进行修补。

（3）各种剩余材料汇总，并把剩余材料集中放置一处，并登记其还可使用的数量。

（4）做总结材料。总结材料主要有：

- 开工报告。
- 布线工程图。
- 施工过程报告。
- 测试报告。
- 使用报告。
- 工程验收所需的验收报告。

6.2 槽道与管路的施工

6.2.1 安装的一般要求

在智能化建筑内综合布线系统的线缆，除利用暗敷管路穿放外，采用桥架和槽道的安装方式较为常用，尤其是在已建成的建筑中使用更加广泛。在桥架和槽道安装施工前，应注意以下要求：

（1）桥架和槽道一般用于线路路由集中且线缆条数较多的段落，例如电缆竖井或上升房（又称干线通道）以及设备间内，这些桥架和槽道均采取明装方式。其装设的路由和位置应以设计文件要求为依据，尽量做到隐蔽安全和便于线缆敷设或连接，尽量将其布置在设备间内和电缆竖井或上升房中的合理部位，并要求安装必须牢固可靠。如果设计中所定的装备设置和相关布置不合理需要改变时，在安装施工中应与设计单位协商后再定。

（2）目前，国内生产桥架和槽道的厂家较多，由于产品标准尚未统一制定，各有其特点。虽然桥架和槽道的型号品种大同小异，但其产品结构规格尺寸和安装方式都有所不同，差异不少。因此，在施工时，必须根据生产厂家的产品特点，熟练掌握其安装方法和具体要求，结合现场环境的实际情况，进行组装施工。

（3）由于桥架和槽道产品的长度、宽度和高度等规格尺寸均按厂家规定的标准生产，例如直线段长度为 2m、3m、4m、6m；转弯角度都为 30°、50°、60°、90°，比较固定。在新建的智能化建筑中安装槽道时，要根据施工现场的具体尺寸，进行切割锯裁后加工组装，因而安装施工费时费力，不易达到美观要求。尤其是在已建的建筑物中施工更加困难。为此，最好在订购桥架和槽道时，由生产厂家做好售前服务，派人到现场根据设计要求，实地测定槽道和桥架的各段尺寸和转弯角度等，尤其是遇到梁、柱等突出部位。生产厂家根据实际安装的槽道规格尺寸和外观色彩进行生产（包括槽道、桥架和有关附件及连接件）。在安装施工时，只需按照组装图纸顺序施工，做到对号入座，这样既便于施工，又达到美观要求，且节省材料和降低工程造价。

上述安装施工顺序和具体方法，必须在工程中对设计和施工等进度有通盘考虑的前提下，做出订货要求和供货期限，才可以满足安装施工的要求。

（4）槽道和桥架安装施工是综合布线系统工程中的辅助部分，它是为综合布线系统线缆服务的。因此，它与配线接续设备的安装位置、线缆敷设路由等连接都有密切关系；同时，它又涉及建筑设计和施工以及内部装修等各个方面，例如在墙壁或楼板上预留槽道穿越的槽洞，其具体位置和规格尺寸必须与安装的槽道吻合；此外，在建筑内还有可能与其他管线设施发生相互交叉或平行过近，这些管线有电力线路、给水管和供暖管等，在吊顶内安装槽道时，需要统一考虑采取吊挂或支撑方式，并应与其他系统相互配合。

总之，在桥架和槽道施工中，必须与建筑设计和施工等各有关单位加强联系，必要时，请对方派人到现场进行协商，共同研究，解决施工中的疑难问题，以免影响施工进度和工程质量。

6.2.2 桥架和槽道的安装施工

桥架和槽道安装施工时，采用槽道（或桥架）的规格尺寸、组装方式和安装位置均应按设计规定和施工图要求，槽的线缆敷设一般有以下 4 种方法：

（1）采用电缆桥架或线槽和预埋钢管结合的方式。具体要求如下：

1）电缆桥架宜高出地面 2.2m 以上，桥架顶部距顶棚或其他障碍物不应小于 0.3m，桥架宽度不宜小于 0.1m，桥架内横断面的填充率不应超过 50%。

2）在电缆桥架内，线缆垂直敷设时，线缆的上端应每间隔 1.5m 左右固定在桥架的支架上；水平敷设时，线缆的首、尾、拐弯处每间隔 2～3m 进行固定。

3）电线缆槽宜高出地面 2.2m。在吊顶内设置时，槽盖开启面应保持 80mm 的垂直净空，线槽截面利用率不应超过 50%。

4）水平布线时，布放在线槽内的线缆可以不绑扎，槽内线缆应顺直，尽量不交叉，线缆不应溢出线槽，在线缆进出线槽部位，拐弯处应绑扎固定。垂直线槽布放线缆应每间隔 1.5m 固定在线缆支架上。

5）在水平、垂直桥架和垂直线槽中敷设线时，应对线缆进行绑扎。绑扎间距不宜大于 1.5m，扣间距应均匀，松紧适度。

预埋钢管如图 6-1 所示，它结合布放线槽的位置进行。设置线缆桥架和线缆槽支撑保护要求如下：

1）桥架水平敷设时，支撑间距一般为 1～1.5m，垂直敷设时固定在建筑物体上的间距宜小于 1.5m。

2）金属线槽敷设时，在下列情况下设置支架或吊架：线槽接头处；间距 1～1.5m；离开线槽两端口 0.5m 处；拐弯转角处。

3）塑料线槽槽底固定点间距一般为 0.8～1m。

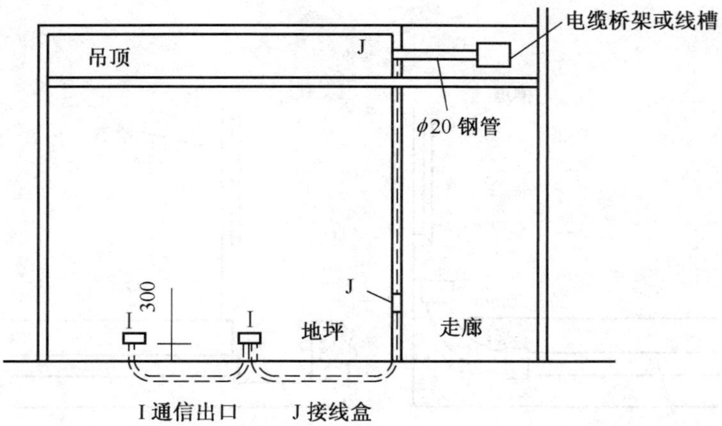

图 6-1 电缆桥架或线槽和预埋钢管结合的方式

（2）预埋金属线槽支撑保护方式。具体要求如下：

1）在建筑物中预埋线槽可视不同尺寸，按一层或两层设置，应至少预埋两根以上，线槽截面高度不宜超过 25mm。

2）线槽直埋长度超过 6m 或在线槽路由交叉、转变时宜设置拉线盒，以便于布放线缆和维修。

3）拉线盒盖应能开启，并与地面齐平，盒盖处应采取防水措施。

4）线槽宜采用金属管引入分线盒内。

预埋金属线槽方式如图 6-2 所示。

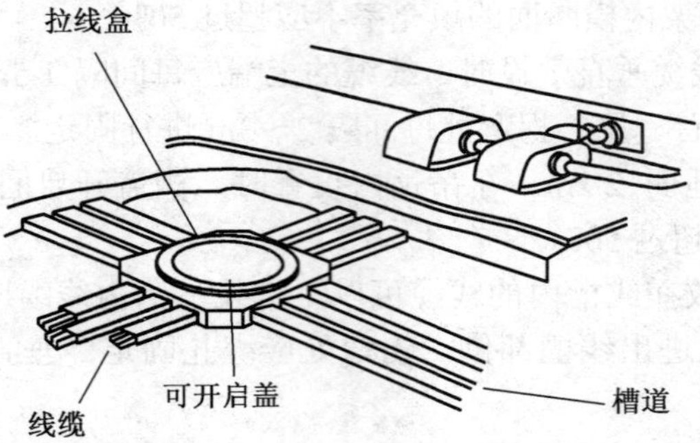

图 6-2　预埋金属线槽方式示意图

（3）预埋暗管支撑保护方式。具体要求如下：

1）暗管宜采用金属管，预埋在墙体中间的暗管内径不宜超过 50mm；楼板中的暗管内径宜为 15～25mm。在直线布管 30m 处应设置暗箱等装置。

2）暗管的转弯角度应大于 90°，在路径上每根暗管的转弯点不得多于两个，并不应有 S 弯出现。在弯曲布管时，在每间隔 15m 处应设置暗线箱等装置。

3）暗管转变的曲率半径不应小于该管外径的 6 倍，如暗管外径大于 50mm 时，不应小于 10 倍。

4）暗管管口应光滑，并加有绝缘套管，管口伸出部位应为 25～50mm。管口伸出部位要求如图 6-3 所示。

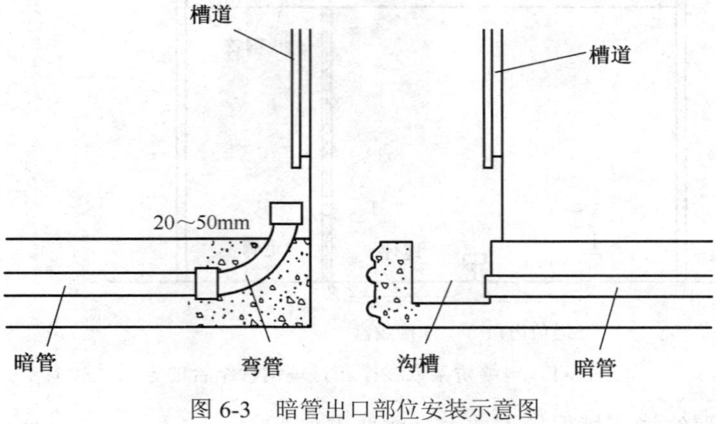

图 6-3　暗管出口部位安装示意图

（4）格形线槽和沟槽结合的保护方式。格形线槽与沟槽的构成如图 6-4 所示。具体要求如下：

1）沟槽和格形线槽必须连通。

2）沟槽盖板可开启，并与地面齐平，盖板和插座出口处应采取防水措施。

3）沟槽的宽度宜小于 600mm。

图 6-4　格形线槽与沟槽的构成示意图

4）活动地板敷设线缆时，活动地板内净空不应小于 150mm，活动地板内如果作为通风系统的风道使用时，地板内净高不应小于 300mm。

5）采用公用立柱作为吊顶支撑时，可在立柱中布放线缆，立柱支撑点宜避开沟槽和线槽位置，支撑应牢固。公用立柱布线方式如图 6-5 所示。

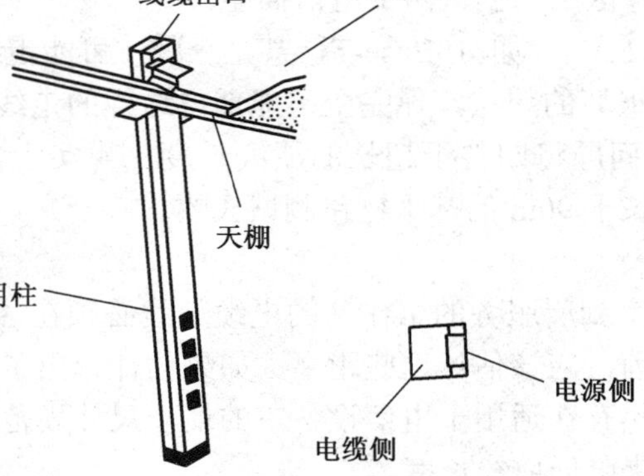

图 6-5　公用立柱布线线缆方式示意图

6）不同种类的线缆布线在金属槽内时，应同槽分隔（用金属板隔开）布放。金属线槽接地应符合设计要求。

干线子系统线缆敷设支撑保护应符合下列要求：

- 线缆不得布放在电梯或管道竖井中。
- 干线通道间应沟通。
- 竖井中线缆穿过每层楼板孔洞宜为矩形或圆形。矩形孔洞尺寸不宜小于 300mm×100mm；圆形孔洞处应至少安装 3 根圆形钢管，管径不宜小于 100mm。

7）在工作区的信息点位置和线缆敷设方式未定的情况下，或在工作区采用地毯下布放线缆时，在工作区宜设置交接箱，每个交接箱的服务面积约为 $80cm^2$。

6.3 综合布线系统工程中线缆的敷设

本章前几节已经说明了桥架与槽道的架设及安装，本节讲解综合布线系统中最为重要的部分，即线缆的牵引及各种线缆的安装。

6.3.1 布线路由与距离考虑

定位电信设备室的基本原则是将它们放置在接近它们所服务的工作区内的位置，标准建议将它们放置在所服务区域的中心，但这个中心位置在多数现有建筑物中是不可能的，建筑物布局可能导致你不得不从楼层一边的 TR（通讯间）位置走线到每一个工作站，在这种情况下，预先确定布线走线长度很关键，如果这些走线超出了适当的限制，将需要增加 TR。

1．最大放线长度

LAN 布线标准对水平电缆走线规定了严格的距离限制，这些电缆放线长度包括从电信设备室内接点到工作区插座完整的电缆，标准还涉及中心设备室之间的最大距离，用这种方法，TIA/EIA-568-B 和 568-A 一起作用，考虑建筑物的结构，完成和满足所需要性能的 LAN 相一致的布线系统。

水平电缆的最大长度是 90m，这个 90m 长度不包括连接用户工作站（或电话装置）与插座的用户软线和连接接插面板（或交接现场）与集线器（或其他设备）的接插软线，这是可接受的最大长度，而不是简单的平均长度或目标，在大多数情况下，应该尝试将布线小于这个长度，对每一个工作区至少提供两个电信插座。

虽然一些较低速的 LAN，如 10Base-T，甚至令牌，可能走线 150m 这样更远的距离，但超出国际标准是一种很坏的想法，你完全不能期望这样的走线长度支持 100/1000Mb/s 数据速率，并且任何设备问题将归咎于超长的放线长度。事实上，考虑到精确测试和测量电缆，要求电缆测试器对长于 90m 的基本链路测试失败。

2．估计放线长度

从计划的电信设备室到所服务的工作站的电缆放线必须在 90m 最大允许长度内，在最终确定布线系统设计之前，应该估计这些距离，如果估计超出了最大长度，就可能需要增加一个或多个配线间，虽然存在适用于电信设备室的最小尺寸规范和特性，但完全可以插入一个低于标准的电信空间来降低放线长度。

为了估计总的电缆走线长度，首先必须知道电缆是如何选路和悬挂的。通常的布线一般是通过穿过金属楼板或屋顶支架进行选路的，以使得电缆能够很好地位于吊顶上面。另一种方法是，电缆可能悬挂在来自支撑结构的多种类型的电缆挂钩、线夹和缠扎物上，在一些安装中尤其是旧的安装，电缆可能平放在吊顶顶端的支撑架上，大型建筑物经常将电缆放置在悬挂于吊顶支撑架和上层楼板之间的桥架内，这种方法在 5e/6 类安装中越来越普遍，因为在这种安装中，最轻微的弯折或尖锐弯曲都能够损坏电缆性能。同样可以使用这些方法的任意组合。

3. 路由选择技术

两点间最短的距离是直线，但对于布线线缆来说，它不一定就是最好、最佳的路由。在选择最容易布线的路由时，要考虑便于施工，便于操作，即使花费更多的线缆也要这样做。对一个有经验的安装者来说，“宁可使用额外的 1000m 线缆，而不使用额外的 100 工时”，通常线要比劳力费用便宜。

如果要把“25 对”线缆从一个配线间牵引到另一个配线间，采用直线路径，要经天花板布线，路由中要多次分割、钻孔才能使线缆穿过并吊起来；另一条路由是将线缆通过一个配线间的地板，然后通过一层悬挂的天花板，再通过另一个配线间的地板向上。采用何种方式？这就要我们来选择。

有时如果第一次所做的布线方案并不是很好，则可以选择另一种布线方案。但在某些场合，又没有更多的选择余地。例如，一个潜在的路径可能被其他的线缆塞满了，第二种路径要通过天花板，也就是说，这两种路径都是不希望的。因此，考虑较好的方案是安装新的管道，但由于成本费用问题，用户又不同意，这时只能采用布明线，将线缆固定在墙上和地板上。总之，如何布线要根据建筑结构及用户的要求来决定。选择好的路径时，布线设计人员要考虑以下几点：

（1）了解建筑物的结构。对布线施工人员来说，需要彻底了解建筑物的结构，由于绝大多数的线缆是走地板下或天花板内，故对地板和吊顶内的情况要了解得很清楚。就是说，要准确地知道什么地方能布线，什么地方不易布线并向用户说明。

现在绝大多数的建筑物设计是规范的，并为强电和弱电布线分别设计了通道，利用这种环境时，也必须了解走线的路由，并用粉笔在走线的地方作出标记。

（2）检查拉（牵引）线。在一个现存的建筑物中安装任何类型的线缆之前，必须检查有无拉线。拉线是某种细绳，它沿着要布线缆的路由（管道）安放好，必须是路由的全长。绝大多数的管道安装者要给后继的安装者留下一条拉线，使布线缆容易进行，如果没有，则考虑穿接线问题。

（3）确定现有线缆的位置。如果布线的环境是一座旧楼，则必须了解旧线缆是如何布放的，用的是什么管道（如果有的话），这些管道是如何走的。了解这些有助于为新的线缆建立路由。在某些情况下能使用原来的路由。

（4）提供线缆支撑。根据安装情况和线缆的长度，要考虑使用托架或吊杆槽，并根据实际情况决定托架吊杆，使其加在结构上的质量不至于超重。

（5）拉线速度的考虑。拉线缆的速度，从理论上讲，线的直径越小，则拉线的速度愈快。但是，有经验的安装者采取慢速而又平稳地拉线，而不是快速地拉线。原因是快速拉线会造成线的缠绕或被绊住。

（6）最大拉力。拉力过大，线缆变型，将引起线缆传输性能下降。线缆最大允许的拉力如下：

- 一根 4 对线电缆，拉力为 100N。
- 两根 4 对线电缆，拉力为 150N。
- 三根 4 对线电缆，拉力为 200N。
- N 根线电缆，拉力为 N×5＋50N。
- 不管多少根线对电缆，最大拉力不能超过 400N。

6.3.2 线缆牵引技术

（1）把线缆卷轴放到最顶层。

（2）在离房子的开口处（孔洞处）3～4m 处安装线缆卷轴，并从卷轴顶部馈线。

（3）在线缆卷轴处安排所需的布线施工人员（数目视卷轴尺寸及线缆质量而定），每层上要有一个工人以便牵引向下垂的线缆。

（4）开始旋转卷轴，将线缆从卷轴上拉出。

（5）将拉出的线缆引导进竖井中的孔洞。在此之前先在孔洞中安放一个塑料的套状保护物，以防止孔洞不光滑的边缘擦破线缆的外皮。

（6）慢慢地从卷轴上放缆并进入孔洞向下垂放，请不要快速地放缆。

（7）继续放线，直到下一层布线工人员能将线缆引到下一个孔洞。

（8）按前面的步骤，继续慢慢地放线，并将线缆引入各层的孔洞。如果要经由一个大孔敷设垂直主干线缆，就无法使用一个塑料保护套了，这时最好使用一个滑车轮，通过它用一条拉线（通常是一条绳）或一条软钢丝绳将线缆牵引穿过墙壁管路、天花板和地板管路。所用的方法取决于要完成作业的类型、线缆的质量、布线路由的难度（例如，在具有硬转弯的管道布线要比在直管道中布线难），还与管道中要穿过的线缆的数目有关，在已有线缆的拥挤的管道中穿线要比空管道难。不管在哪种场合都应遵循一条规则：拉线与线缆的连接点应尽量平滑，所以要采用电工胶带紧紧地缠绕在连接点外面，以保证平滑和牢固。

1．牵引“4 对”线缆

标准的“4 对”线缆很轻，通常不要求做更多的准备，只要将它们用电工带与拉绳捆扎在一起就行了。如果牵引多条“4 对”线穿过一条路由，可用下列方法：

（1）将多条线缆聚集成一束，并使它们的末端对齐。

（2）用电工带或胶布紧绕在线缆束外面，在末端外绕 50～100mm 长距离就可以。

（3）将拉绳穿过电工带缠好的线缆，并系好结。

如果在拉线缆过程中，连接点散开了，则要收回线缆和拉绳重新制作更牢固的连接，为此，可以采取下列一些措施：

（1）除去一些绝缘层以暴露出 50～100mm 的裸线。

（2）将裸线分成两条。

（3）将两条导线互相缠绕起来形成环。

（4）将拉绳穿过此环，并打结，然后将电工带缠到连接点周围，要缠得结实和不滑。

2．牵引单条“25 对”线缆

对于单条的“25 对”线，可用下列方法：

（1）将缆向后弯曲以便建立一个环，直径约 150～300mm，并使缆末端与缆本身绞紧。

（2）用电工带紧紧地缠在绞好的缆上，以加固此环。

（3）把拉绳拉接到缆环上。

（4）用电工带紧紧地缠绕好拉绳，牵拉。

3．牵引多条“25 对”或“更多对”线缆

大对数线缆的结构可参见图 6-6。

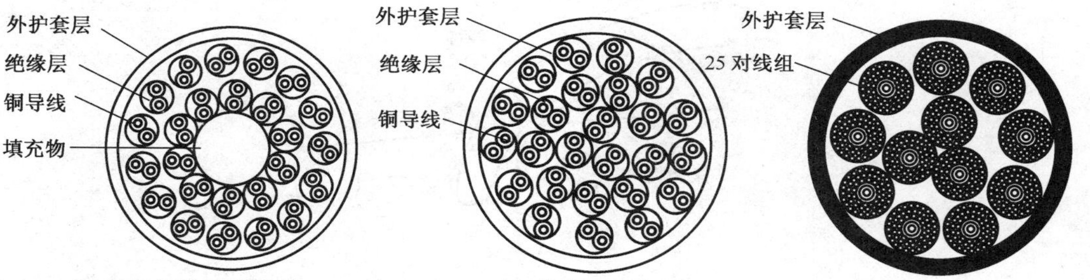

图 6-6　大对数双绞线

这可用一种称为芯（A CORE KITEH）的连接，这种连接非常牢固，它能用于“几百对”的线缆，为此执行下列过程：

（1）剥掉约 30 cm 的线缆外护套，包括导线上的绝缘层。

（2）使用针口钳将线切去，留下约 12 根（一打）。

（3）将导线分成两个绞线组。

（4）将两组绞线交叉地穿过拉绳的环，在线缆的另一端建立一个闭环。

（5）将缆一端的线缠绕在一起以使环封闭。

（6）用电工带紧紧地缠绕在缆周围，覆盖长度约是环直径的 3～4 倍，然后继续再绕上一段。

在某些重缆上装有一个牵引眼：在缆上制作一个环，以使拉绳固定在它上面。对于没有牵引眼的主缆，可以使用一个芯/钩或一个分离的缆夹。将夹子分开把它缠到缆上，在分离部分的每一半上有一个牵引眼。当吊缆已经缠在缆上时，可同时牵引两个眼，使夹子紧紧地保持在缆上。

6.3.3　建筑物主干线电缆连接技术

主干缆是建筑物的主要线缆，它为从设备间到每层楼上的管理间之间传输信号提供通路。在新的建筑物中，通常有竖井通道。在竖井中敷设主干缆一般有两种方法：

1．向下垂放线缆

向下垂放线缆的一般步骤如下：

（1）把线缆卷轴放到最顶层。

（2）在离房子的开口（孔洞处）3～4m 处安装线缆卷轴，并从卷轴顶部馈线。

（3）在线缆卷轴处安排所需的布线施工人员（数目视卷轴尺寸及线缆质量而定），每层上要有一个工人以便牵引向下垂的线缆。

（4）开始旋转卷轴，将线缆从卷轴上拉出。

（5）将拉出的线缆引导进竖井中的孔洞。在此之前先在孔洞中安放一个塑料的套状保护物，以防止孔洞不光滑的边缘擦破线缆的外皮，如图 6-7 所示。

（6）慢慢地从卷轴上放缆并进入孔洞向下垂放，请不要快速地放缆。

（7）继续放线，直到下一层布线施工人员能将线缆引到下一个孔洞。

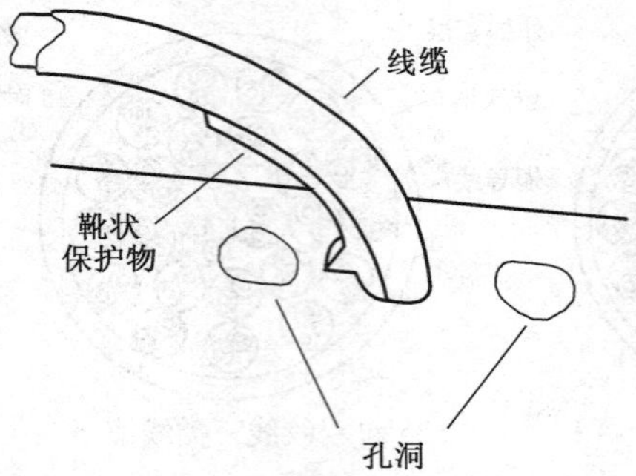

图 6-7　保护线缆的塑料靴状物

（8）按前面的步骤，继续慢慢地放线，并将线缆引入各层的孔洞。如果要经由一个大孔敷设垂直主干线缆，就无法使用塑料保护套了，这时最好使用一个滑车轮，通过它来下垂布线，为此需求做如下操作：

1）在孔的中心处装上一个滑车轮，如图 6-8 所示。

2）将缆拉出绕在滑车轮上。

3）按前面介绍的方法牵引缆穿过每层的孔。

当线缆到达目的地时，把每层上的线缆绕成卷放在架子上固定起来，等待以后的端接。在布线时，若线缆要越过弯曲半径小于允许的值（双绞线弯曲半径为 8～10 倍于线缆的直径，光缆为 20～30 倍于线缆的直径），可以将线缆放在滑车轮上，解决线缆的弯曲问题。方法如图 6-9 所示。

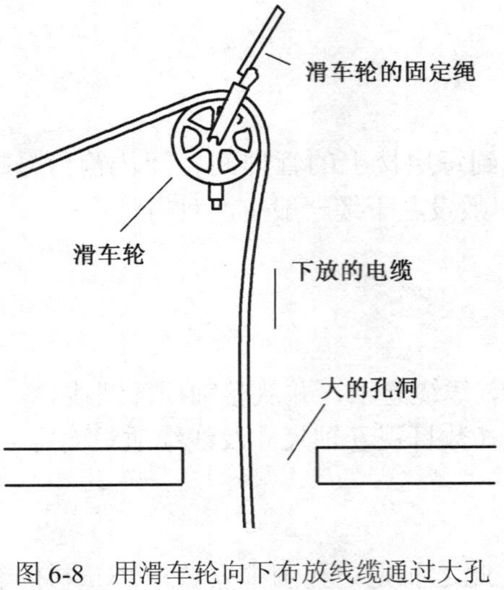

图 6-8　用滑车轮向下布放线缆通过大孔

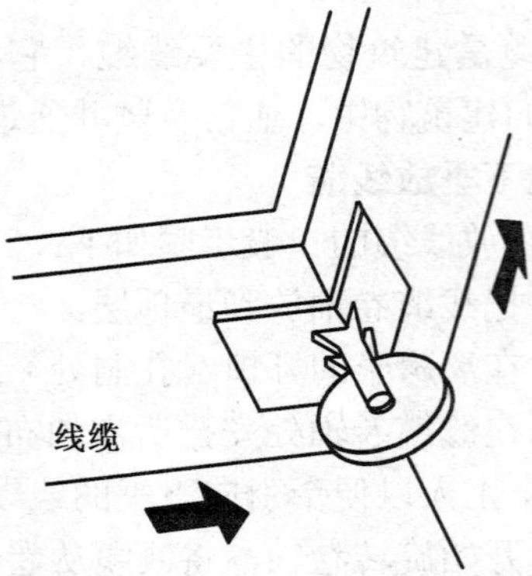

图 6-9　用滑车轮解决线缆的弯曲半径

2．向上牵引线缆

向上牵引线缆需要用到电动牵引绞车。

（1）按照线缆的质量，选定绞车型号，并按绞车制造厂家的说明书进行操作。先往绞车中穿一条绳子。

（2）启动绞车，并往下垂放一条拉绳（确认此拉绳的强度能保护牵引线缆），拉绳向下垂放直到安放线缆的底层。

（3）如果缆上有拉眼，则将绳子连接到此拉眼上。

6.3.4 建筑群间电线缆布线技术

在建筑群中敷设线缆，一般采用两种方法，即地下管道敷设和架空敷设。

1．管道内敷设线缆

在管道中敷设线缆时，有3种情况：

（1）小孔到小孔。

（2）在小孔间的直线敷设。

（3）沿着拐弯处敷设。

可用人和机器来敷设线缆，到底采用哪种方法依赖于下述因素：

（1）管道中有没有其他线缆。

（2）管道中有多少拐弯。

（3）线缆有多粗和多重。

由于上述因素，很难确切地说是用人力还是用机器来牵引线缆，只能依照具体情况来解决。

2．架空敷设线缆

架空敷设线缆时，一般步骤如下：

（1）电杆以30～50m的间隔距离为宜。

（2）根据线缆的质量选择钢丝绳，一般选8芯钢丝绳。

（3）先接好钢丝绳。

（4）架设光缆。

（5）每隔0.5m架一挂钩。

6.3.5 建筑物内水平布线技术

建筑物内水平布线，可选用天花板、暗道、墙壁线槽等形式，在决定采用哪种方法之前，到施工现场进行比较，从中选择一种最佳的施工方案。

1．暗道布线

暗道布线比较繁琐，是在浇筑混凝土时已把管道预埋好在地板下，管道内有牵引电线缆的钢丝或铁丝，安装人员只需索取管道图纸来了解地板的布线管道系统，确定“路径在何处”，就可以做出施工方案了。

对于老建筑物或没有预埋管道的新建筑物，要向业主索取建筑物的图纸，并到要布线的建筑物现场，查清建筑物内电、水、气管路的布局和走向，然后详细绘制布线图纸，确定布线施工方案。对于没有预埋管道的新建筑物，施工可以与建筑物装修同步进行，这样便于布线，暗道布线是在浇筑混凝土时已把管道预埋好地板管道，管道内有牵引电线缆的钢丝或铁丝，安装人员只需索取管道图纸来了解地板的布线管道系统，确定“路径在何处”，就可以做出施工方案了。管道一般从配线间埋到信息插座安装孔。安装人员只要将4对线电线缆固定在信息插座的拉线端，从管道的另一端牵引拉线就可将缆达到配线间。

2．天花板顶内布线

天花板顶内布线是水平布线最常用的方法。具体施工步骤如下：

（1）确定布线路由，即根据现有的情况决定线缆的走向，决定因素有线缆的长度、弯度以及是否影响外观。

（2）沿着所设计的路由，打开天花板，用双手推开每块镶板，可使用 J 形钩、吊索及其他支撑物来支撑线缆。

3．墙壁线槽布线

在墙壁上布线槽一般遵循下列步骤：

（1）确定布线路由，决定因素有电缆的长度、弯度以及外观等。

（2）沿着路由方向放线（讲究直线美观）。

（3）线槽每隔 1m 要安装固定螺钉。

（4）布线（布线时线槽容量为 70%）。

（5）盖塑料槽盖。盖槽盖应错位盖。

6.4　信息模块的压接技术

6.4.1　T 568A 和 T 568B

信息模块的压接分 EIA/TIA568 A 和 EIA/TIA568B 两种方式。

EIA/TIA568A 信息模块的物理线路分布如图 6-10 所示。

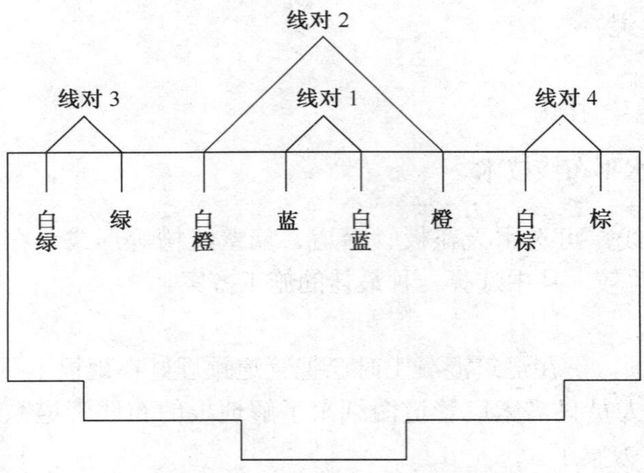

图 6-10　EIA/TIA568A 物理线路接线方式

EIA/TIA 568B 信息模块的物理线路分布如图 6-11 所示。

无论是采用 568A 还是采用 568B，均在一个模块中实现，但它们的线对分布不一样，减少了产生的串音对。在一个系统中只能选择一种，即要么是 568A，要么是 568B，不可混用。可改变导线中信号流通的方向排列，使相邻的线路变成同方向的信号，减少串音对。信息模块压接时一般有直接连接和交叉连接两种方式，如表 6-1 所示。

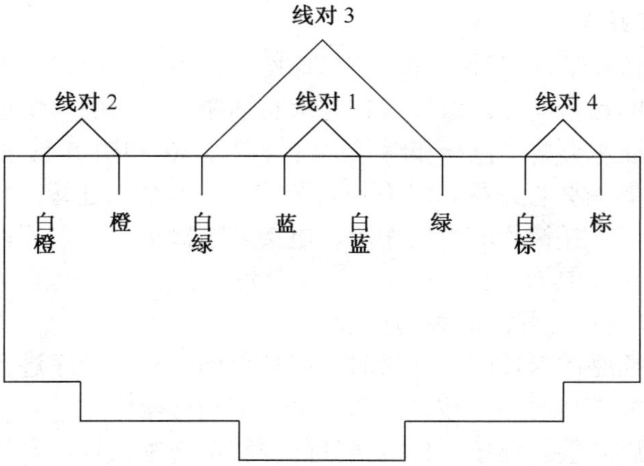

图 6-11 EIA/TIA568B 物理线路接线方式

表 6-1 双绞线缆的两种结构

	A 端	B 端		A 端	B 端
1 PIN	橙白	绿白	1 PIN	橙白	橙白
2 PIN	橙	绿	2 PIN	橙	橙
3 PIN	绿白	橙白	3 PIN	绿白	绿白
4 PIN	蓝	蓝	4 PIN	蓝	蓝
5 PIN	蓝白	蓝白	5 PIN	蓝白	蓝白
6 PIN	绿	橙	6 PIN	绿	绿
7 PIN	棕白	棕白	7 PIN	棕白	棕白
8 PIN	棕	棕	8 PIN	棕	棕
交叉线缆结构			直通线缆结构		

6.4.2 信息插座安装及端接

1．安装要求

安装在地面的信息插座应牢固地安装在平坦的地方，其面上应有盖板。安装在活动地板或地面上，应固定在接线盒内。插座面板有直立和水平等形式。接线盒盖可开启，并应严密防水、防尘。接线盒盖面应与地面成 45°或垂直。安装在墙体上的信息插座，宜高出地面 300mm。若地面采用活动地板时，应从活动地板来计算高度。

信息插座底座的固定方法以施工现场条件而定，宜采用膨胀螺钉、射钉等方式。

固定螺丝需拧紧，不应产生松动现象。

信息插座应有标签，以颜色、图形、文字表示所接终端设备的类型。

信息插座模块化的引针与电缆连接有两种方式：工具打接和免工具压接。

按照 T568B 标准布线的接线或按照 T568A 标准接线。在同一个工程中，只能有一种连接方式，否则就应标注清楚。

2．通用信息插座端接

综合布线所用的信息插座多种多样，信息插座应在内部做固定线连接。信息插座的核心是模块化插座与插头的紧密配合。双绞线在与信息插座和插头的模块连接时，必须按色标和线对顺序进行卡接。插座类型、色标和编号应符合图 6-10 和图 6-11 的规定。信息插座与插头的 8 根针状金属片具有弹性连接，且有锁定装置，一旦插入连接，很难直接拔出，必须解锁后才能顺利拔出。由于弹簧片的摩擦作用，电接触随插头的插入而得到进一步加强。最新国际标准提出信息插座应具有 45° 斜面，并具有防尘、防潮护板的功能。同时信息出口应有明确的标记，面板应符合国际 86 系列标准。

双绞电缆与信息插座的卡接端子连接时，应按色标要求的顺序进行卡接。双绞电缆与接线模块（IDC、RJ-45）卡接时，应按设计和厂家规定进行操作。

屏蔽双绞电缆的屏蔽层与连接硬件端接处的屏蔽罩必须保持良好接触。线缆屏蔽层应与连接硬件屏蔽罩 360° 圆周接触，接触长度不宜小于 10mm。

在正常情况下，信息插座具有较小的衰减和近端串音，以及插入电阻。如果连接不好，可能要增加链路衰减及近端串音。所以，安装和维护综合布线的人员必须先进行严格培训，掌握安装技能。图 6-12 所示是信息模块正视图、侧视图和立体图。

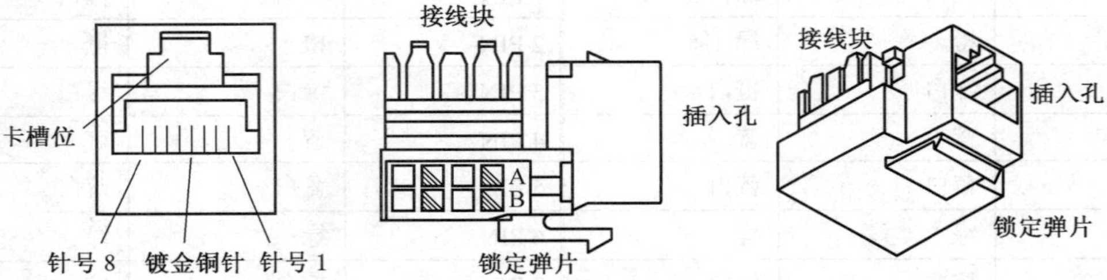

图 6-12　模块正视图、侧视图、立体图

下面给出的步骤用于连接 4 对双绞电缆到墙上安装的信息插座。用此法也可将 4 对双绞电缆连接到掩埋型的信息插座上。注意：电气底盒在安装前应已装好。

（1）将信息插座上的螺丝拧开，然后将端接夹拉出来拿开。

（2）从墙上的信息插座安装孔中将双绞线拉出 20cm 长一段。

（3）用双绞线剥皮器或扁口钳从双绞线上剥除 10cm 的外护套。

（4）将导线穿过信息插座底部的孔。

（5）将导线压到合适的槽中去，如图 6-13 所示。

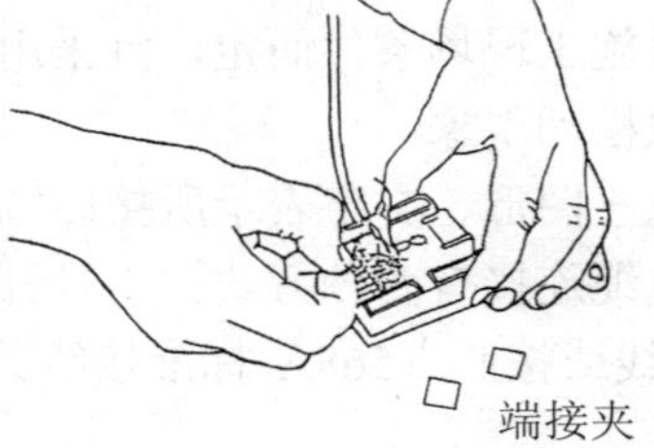

图 6-13　将导线压到合适的槽中

（6）使用扁口钳将导线的末端割断，如图 6-14 所示。

（7）将端接夹放回，并用拇指稳稳地压下，如图 6-15 所示。

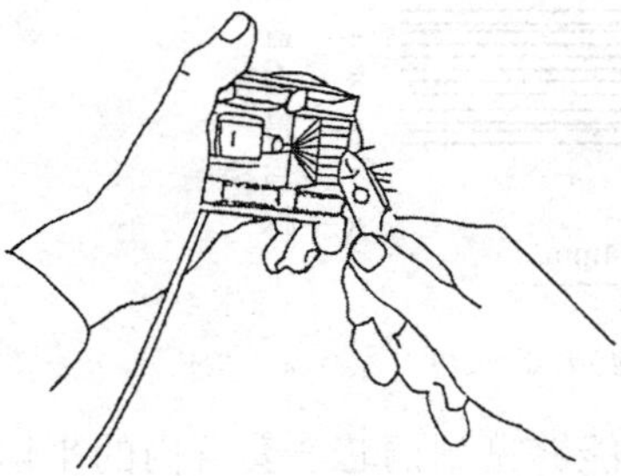

图 6-14 用扁口钳切去多余的导线头

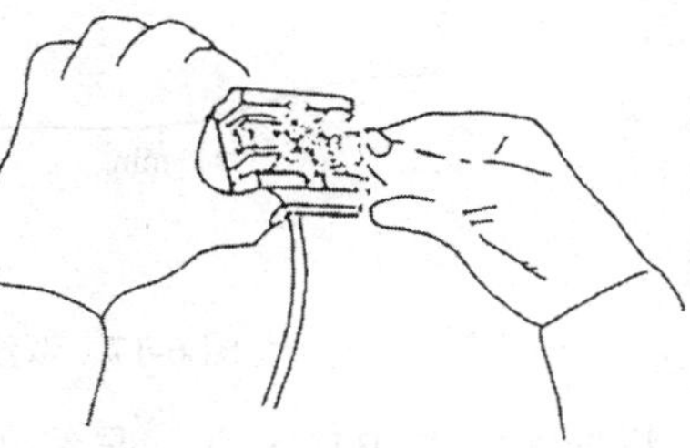

图 6-15 将端接夹放回

（8）重新组装信息插座，将分开的盖和底座扣在一起，再将连接螺丝拧上。

（9）将组装好的信息插座放到墙上。将螺丝拧到接线盒上，以便固定。

注意：信息插座的位置应使其底部位于离地板面的 300mm 处。

6.4.3 信息模块的压接技术

1．RJ-45 水晶头的连接

RJ-45 的连接也分为 568A 与 568B 两种方式，不论采用哪种方式必须与信息模块采用的方式相同。对于 RJ-45 插头与双绞线的连接，需要了解以下事宜。

以 568A 为例，具体步骤如下：

（1）将双绞线电缆套管，自端头剥去大于 20mm 长，露出 4 对线。

（2）定位电线缆，以便它们的顺序号是 1&2、3&6、4&5、7&8，如图 6-16 所示。为防止插头弯曲时对套管内的线对造成损伤，导线应并排排列至套管内至少 8mm，形成一个平整部分，平整部分之后的交叉部分呈椭圆形状态。

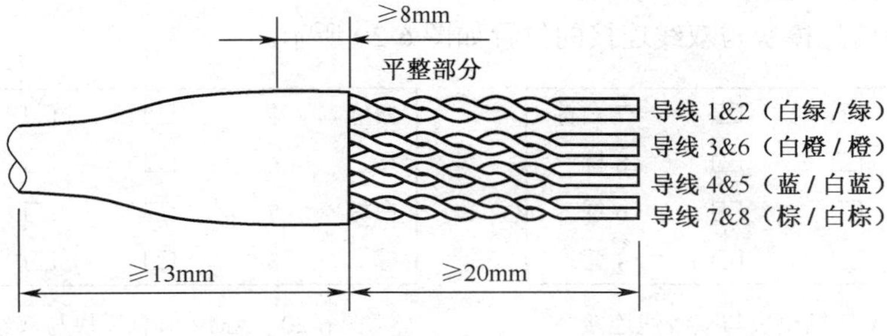

图 6-16 RJ-45 连接剥线示意图

（3）为绝缘导线解扭，使其按正确的顺序平行排列，导线 6 跨过导线 4 和 5。在套管里不应有未扭绞的导线。

（4）导线经修整后（导线端面应平整，避免毛刺影响性能）距套管的长度 14mm，从线头（如图 6-17 所示）开始，至少 10±1mm 之内导线之间不应有交叉，导线 6 应在距套管 4mm 之内，跨过导线 4 和 5）。

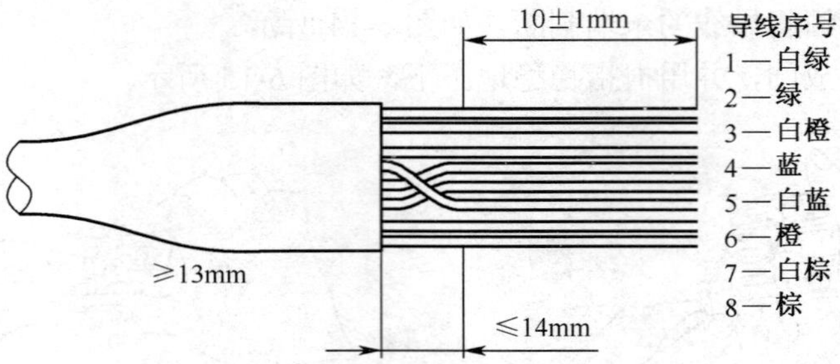

图 6-17　双绞线排列方式和必要的长度

（5）将导线插入 RJ-45 头，导线在 RJ-45 头部能够见到铜芯，套管内的平坦部分应从插塞后端延伸直至初张力消除（如图 6-18 所示），套管伸出插塞后端至少 6mm。

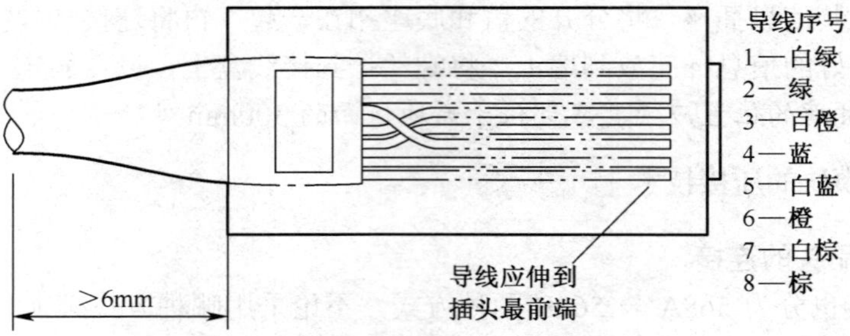

图 6-18　RJ-45 压线的要求

（6）用压线工具压实 RJ-45。

2．双绞线与 RJ-45 模块的连接

目前，信息模块的供应商有 IBM、CommScope、AMP、西蒙等国外商家，国内有南京普天等公司，产品的结构都类似，只是排列位置有所不同。有的面板注有双绞线颜色标号，与双绞线压接时，注意颜色标号配对就能够正确地压接。CommScope 公司的 568B 信息模块与双绞线连接的位置如图 6-19 所示。

AMP 公司的信息模块与双线连接的位置如图 6-20 所示。

桔	2	□	□	7 白棕
白桔	1	□	□	8 棕
白绿	3	□	□	6 绿
白蓝	5	□	□	4 蓝

图 6-19　AVAYA 信息模块与双绞线连接

白绿	3	□	□	5 白棕
绿	6	□	□	4 棕
白棕	7	□	□	1 绿
棕	8	□	□	2 蓝

图 6-20　AMP 信息模块与双绞线连接

（1）信息模块压接方式。

1）用压线钳压接。

2）不用压线钳直接压接。

根据在工程中的经验体会，一般采用压线钳压接模块。对信息模块压接时应注意以下要点：

1）双绞线是成对出现的，按一定距离拧起的导线可提高抗干扰的能力，减小信号的衰减，压接时一对一对拧开放入与信息模块相对的端口上。

2）在双绞线压处不能拧、撕开，并防止有断线的伤痕。

3）使用压线钳压接时，要压实，不能有松动。

4）双绞线开绞不能超过要求。在现场施工过程中，有时遇到五类线或 3 类线，与信息模块压接时出现 8 针或 6 针模块。例如，要求将五类线（或 3 类线）一端压在 8 针的信息模块（或配线面板）上，另一端压在 6 针的语音模块上，无论是 8 针信息模块，还是 6 针语音模块，它们在交接处是 8 针，只有输出时有所不同。所以按五类线 8 针压接方法压接。6 针语音模块将自动放弃不用的棕色一对线。

（2）双绞线与 RJ-45 模块的连接。下面以康普超五类 RJ-45 模块（MPS100E-262）的端接为例，讲述双绞线与 RJ-45 模块的连接过程。

1）剥掉线缆的外皮。

2）将电缆中的蓝对线缆解开直到电缆外套；在外套边缘处增加半捻到整个的捻上去，如图 6-21 所示。

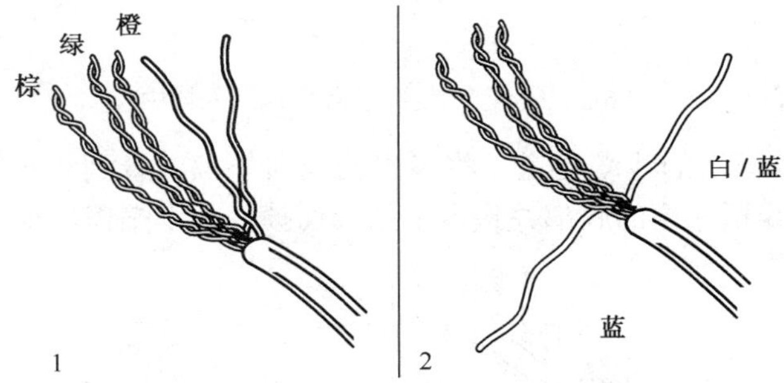

图 6-21　解开蓝对线缆

3）用一只手托住蓝对的中心，另一只手将蓝对拉到 M100 的线槽中去。

4）将蓝对线缆紧且直地拉入 M100 的线槽中去，用指尖压结实，如图 6-22 所示。

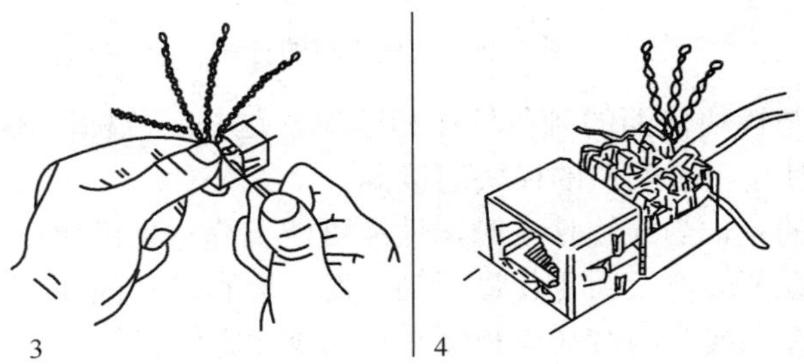

图 6-22　将蓝对线缆紧且直地压入槽中

5）将电缆中的绿对线缆解开直到留下一个的捻。

6）对整个的捻增加半个，将导线拉入 M100E 的槽中去，如图 6-23 所示。

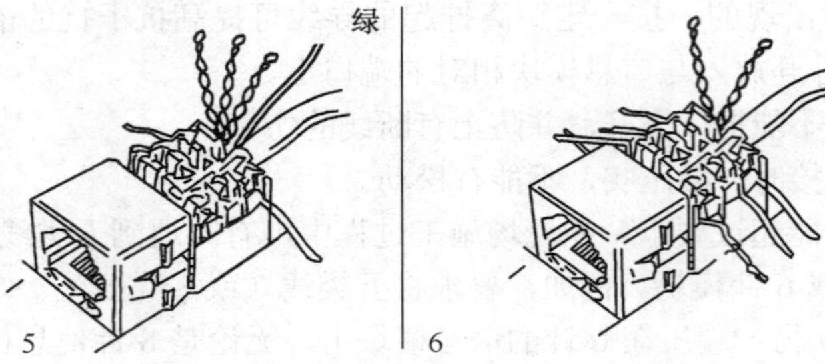

图 6-23　将绿对线缆紧且直地压入槽中

7）同样将橙对拉入 M100E 的槽中去，用指尖将橙对压进通道，如图 6-24 所示。

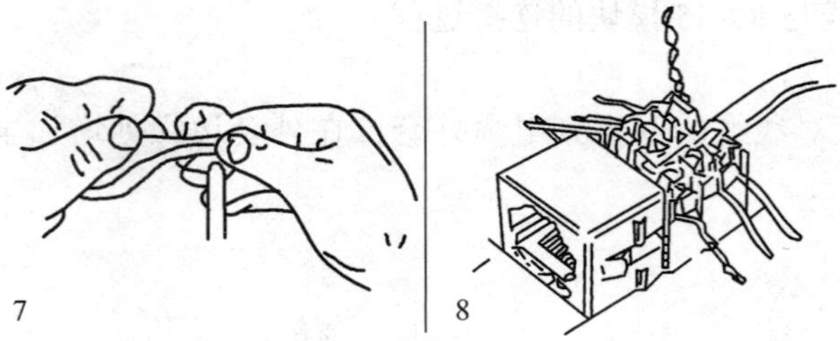

图 6-24　将橙对线缆紧且直地压入槽中

8）将棕对也压入模块的线缆通道，将多出的线向外拉，直到线对靠在一起为止。再用压线工具把全部 8 芯线压入槽的底部并将多余的线切掉，加上帽盖，如图 6-25 所示。

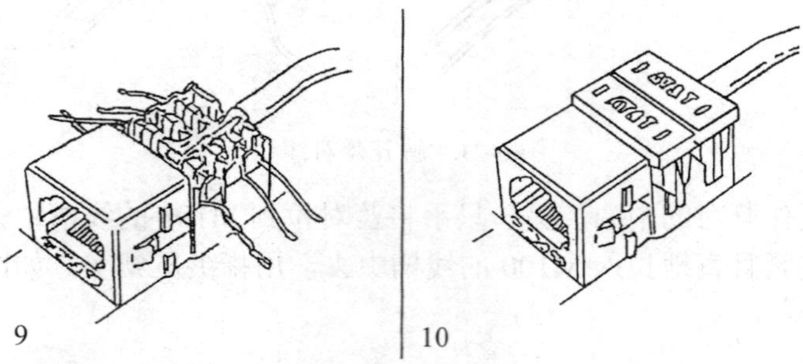

图 6-25　完成模块的打线

线对的颜色必须与模块侧面的颜色标注相匹配。这些颜色标注还用来区别 T568B 布线选项。检查标注以便使用正确类型的模块连接器。

这个过程的总目的是，当线缆移动时，性能可能下降。当模块连接器最终被插入到固定硬件中去时，通常线缆要转弯。为了使最后的两对（橙和棕）能在正确的一边，开始此过程时要对电缆定位，并在端接头两对（蓝和绿）时完成此定位工作。

模块连接器按下面的步骤端接电缆，符合 T568A 的接线标准。

1）检查模块连接器上的颜色标准，以便确认模块连接器是按 T568A 要求接线。

2）线对颜色与 T568A 插针匹配：首先是蓝色，然后是橙色，再是绿色，最后是棕色。

6.4.4 配线板端接

配线板是提供铜缆端接的装置。配线板有两种结构，一种是固定式，一种是模块化配线板。一些厂家的产品中，模块与配线架进行了更科学的配置，这些配线架实际上由一个可装配各类模块的空板和模块组成，用户可以根据实际应用的模块类型和数量来安装相应模块，在这种情况下，模块也成为配线架的一个组成部分。固定式配线板的安装与模块连接器相同，选中相应的接线标准后，按色标接线即可。这里介绍一下模块化配线板的安装过程。它可安装多达 24 个任意组合的模块化连接器，并在线缆卡入配线板时提供弯曲保护。该配线板可固定在一个标准的 19 英寸（48.26cm）配线柜内。图 6-26 中给出了在一个配线板上端接电缆的基本步骤。

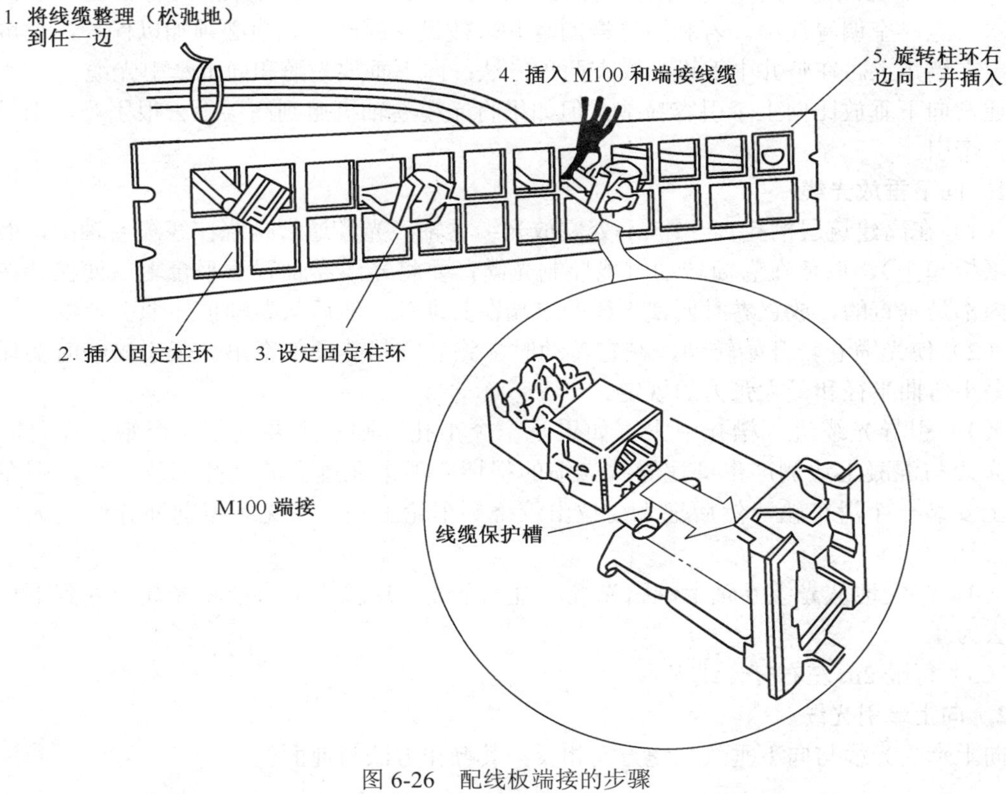

图 6-26　配线板端接的步骤

（1）在端接线缆之前，首先整理线缆。松松地将线缆捆扎在配线板的任一边上，最好是捆到垂直通道的托架上。

（2）以对角线的形式将固定柱环插到一个配线板孔中去。

（3）设置固定柱环，以便柱环挂住并向下形成一个角度以有助于线缆的端接。

（4）插入，将线缆放到固定柱环的线槽中去，并按照上述模块化连接器的安装过程对其进行端接。

（5）向右边旋转固定柱环，完成此工作时必须注意合适的方向，以避免将线缆缠绕到固定柱环上。顺时针方向从左边旋转整理好线缆，逆时针方向从右边开始旋转整理好线缆。

另一种情况是在模块化连接器固定到配线板上以前，线缆可以被端接在模块化连接器上。通过将线缆穿过配线板 200 孔来在配线板的前方或后方完成此工作。

从这里也可总结一下模块的应用场合：端接到不同的面板、安装到表面安装盒和其他组件以及安装到模块化配线架中。

6.5 光缆布线技术

6.5.1 内主干光缆布线方法

在新建的建筑物中，通常有一竖井。沿着竖井方向通过各楼层敷设光缆，只要提供防火措施。在许多老式建筑中，可能有大槽孔的竖井。通常在这些竖井内装有管道，以供敷设气、水、电、空调等线缆。若利用这样的竖井来敷设光缆时，光缆必须加以保护，也可将光缆固定在墙角上。在竖井中敷设光缆有两种方法：向下垂放光缆和向上牵引光缆。

通常向下垂放比向上牵引容易些，但如果将光缆卷轴机搬到高层上去很困难，则只能由下向上牵引。

1．向下垂放光缆

（1）在离建筑层槽孔 1～1.5m 处安放光缆卷轴（光缆通常是绕在线缆卷轴上，而不是放在纸板箱中），以使在卷筒转动时能控制光缆，要将光缆卷轴置于平台上以便保持在所有时间内都是垂直的，放置卷时要使光缆的末端在其顶部，然后从卷轴顶部牵引光缆。

（2）使光缆卷轴开始转动，在它转动时，将光缆从其顶部牵出。牵引光缆时要保证不超过最小弯曲半径和最大张力的规定。

（3）引导光缆进入槽孔中去，如果是一个小孔，则首先要安装一个塑料导向板，以防止光缆与混凝土边侧产生磨擦导致光缆的损坏。如果通过大的开孔下放光缆，则在孔的中心上安装一个滑车轮，然后把光缆拉出绞绕到车轮上去。参见本章前面介绍的关于电缆布线方法。

（4）慢慢地从光缆卷轴上牵引光缆，直到下面一层楼上的人能将光缆引入到下一个槽孔中去为止。

（5）每隔 2m 左右打一线夹。

2．向上牵引光缆

向上牵引光缆与向下垂放光缆方向相反，其操作方法与前面类似。

6.5.2 建筑群光缆敷设

建筑群之间的光缆基本上有 3 种敷设方法：

（1）管道敷设。在地下管道中敷设光缆是 3 种方法中最好的一种方法。因为管道可以保护光缆，防止挖掘、有害动物及其他故障源对光缆造成损坏。

（2）直埋敷设。通常不提倡用这种方法，因为任何未来的挖掘都可能损坏光缆。

（3）架空敷设。即在空中从电线杆到电线杆敷设，因为光缆暴露在空气中会受到恶劣气候的破坏，工程中较少采用架空敷设方法。

1．管道敷设光缆

（1）在敷设光缆前，根据设计文件和施工图纸对选用光缆穿放的管孔大小和其位置进行核对，如所选管孔孔位需要改变时（同一路由上的管孔位置不宜改变），应取得设计单位的同意。

（2）敷设光缆前，应逐段将管孔清刷干净和试通。清扫时应用专制的清刷工具，清扫后应用试通棒试通检查合格，才可穿放光缆。如采用塑料子管，要求对塑料子管的材质、规格、盘长进行检查，均应符合设计规定。一般塑料子管的内径为光缆外径的 1.5 倍以上，一个 90mm 管孔中布放两根以上的子管时，其子管等效总外径不宜大于管孔内径的 85%。

（3）当穿放塑料子管时，其敷设方法与光缆敷设基本相同，但必须符合以下规定：

1）布放两根以上的塑料子管，如管材已有不同颜色可以区别时，其端头可不必做标志。如无颜色的塑料子管，应在其端头做好有区别的标志。

2）布放塑料子管的环境温度应在−5℃～+35℃之间，在过低或过高的温度时，尽量避免施工，以保证塑料子管的质量不受影响。

3）连续布放塑料子管的长度，不宜超过 300m，塑料子管不得在管道中间有接头。

4）牵引塑料子管的最大拉力，不应超过管材的抗张强度，在牵引时的速度要均匀。

5）穿放塑料子管的水泥管管孔，应采用塑料管堵头（也可采用其他方法），在管孔处安装，使塑料子管固定。塑料子管布放完毕，应将子管口临时堵塞，以防异物进入管内；本期工程中不用的子管必须在子管端部安装堵塞或堵帽。塑料子管应根据设计规定要求在人孔或手孔中留有足够长度。

6）如果采用多孔塑料管，可免去对子管的敷设要求。

（4）光缆的牵引端头可以预测，也可现场制作。为防止在牵引过程中发生扭转而损伤光缆，在牵引端头与牵引索之间应加装转环。

（5）光缆采用人工牵引布放时，每个人孔或手孔应有人值守帮助牵引；机械布放光缆时，不需每个孔均有人，但在拐弯处应有专人照看。整个敷设过程中，必须严密组织，并有专人统一指挥。牵引光缆过程中应有较好的联络手段，不应有未经训练的人员上岗和在无联络工具的情况下施工。

（6）光缆一次牵引长度一般不应大于 1000m。超长距离时，应将光缆采取盘成倒八字形分段牵引或中间适当地点增加辅助牵引，以减少光缆张力和提高施工效率。

（7）为了在牵引工程中保护光缆外护套等不受损伤，在光缆穿入管孔或管道拐弯处与其他障碍物有交叉时，应采用导引装置或喇叭口保护管等保护。此外，根据需要可在光缆四周加涂中性润滑剂等材料，以减少牵引光缆时的摩擦阻力。

（8）光缆敷设后，应逐个在人孔或手孔中将光缆放置在规定的托板上，并应留有适当余量，避免光缆过于绷紧。人孔或手孔中光缆需要接续时，其预留长度应符合表 6-2 的规定。在设计中如有要求做特殊预留的长度，应按规定位置妥善放置（例如预留光缆是为将来引入新建的建筑）。

（9）光缆管道中间的管孔不得有接头。当光缆在人孔中没有接头时，要求光缆弯曲放置在电缆托板上固定绑扎，不得在人孔中间直接通过，否则既影响今后施工和维护，又增加对光缆损害的机会。

表 6-2　光缆敷设的预留长度

光缆敷设方式	自然弯曲增加长度（m/km）	人（手）孔内弯曲增加长度［m/（人）孔］	接续每侧预留长度（m）	设备每侧预留长度（m）	备注
管道	5	0.5～1.0	一般为 6～8	一般为 10～20	其他预留按设计要求，管道或直埋光缆需引上架空时，其引上地面部分每处增加 6～8m
直埋	7				

（10）当管道的管材为硅芯管时，敷设光缆的外径与管孔内径大小有关，因为硅芯管的内径与光缆外径的比值会直接影响其敷设光缆的长度，尤其是采取气吹敷设光缆方法。

对于小芯数的光缆，按管道的截面利用率来计算更为合理，规范规定管道的截面利用率为 25%～30%。

（11）光缆与其接头在人孔或手孔中，均应放在人孔或手孔铁架的电缆托板上予以固定绑扎，并应按设计要求采取保护措施。保护材料可以采用蛇形软管或软塑料管等管材。

（12）光缆在人孔或手孔中应注意以下几点：

1）光缆穿放的管孔出口端应封堵严密，以防水分或杂物进入管内。

2）光缆及其接续应有识别标志，标志内容有编号、光缆型号和规格等。

3）在严寒地区应按设计要求采取防冻措施，以防光缆受冻损伤。

4）如光缆有可能被碰损伤时，可在其上面或周围采取保护措施。

2．直埋敷设光缆

直埋光缆是隐蔽工程，技术要求较高，在敷设时应注意以下几点：

（1）直埋光缆的埋深应符合表 6-3 的规定。

表 6-3　直埋光缆的埋设深度

序号	光缆敷设的地段或土质	埋设深度（m）	备注
1	市区、村镇的一般场合	≥1.2	不包括车行道
2	街坊和智能化小区内、人行道下	≥1.0	包括绿化地带
3	穿越铁路、道路	≥1.2	距道碴底或距路面
4	普通土质（硬土路）	≥1.2	
5	砂砾土质（半石质土等）	≥1.0	

（2）在敷设光缆前应先清洗沟底，沟底应平整，无碎石和硬土块等有碍于施工的杂物。

（3）在同一路由上，且同沟敷设光缆或电缆时，应同期分别牵引敷设。

（4）直埋光缆的敷设位置，应在统一的管线规划综合协调下进行安排布置，以减少管线设施之间的矛盾。直埋光缆与其他管线及建筑物间的最小净距如表 6-4 所示。

（5）在道路狭窄操作空间小的时候，宜采用人工抬放敷设光缆。敷设时不允许光缆在地上拖拉，也不得出现急弯、扭转、浪涌或牵引过紧等现象。

表 6-4　直埋光缆与其他管线及建筑物间的最小净距

序号	其他管线及建筑物名称及其状况		最小净距（m）		备注
			平行时	交叉时	
1	市话通信电缆管道边线（不包括人孔或手孔）		0.75	0.25	
2	非同沟敷设的直埋通信电缆		0.50	0.50	
3	直埋电力电缆	＜35kV	0.50	0.50	
		＞35kV	2.00	0.50	
4	给水管	管径＜30cm	0.50	0.50	光缆采用钢管保护时，交叉时的最小径距可降为 0.15m
		管径为 30～50cm	1.00	0.50	
		管径＞50cm	1.50	0.50	
5	燃气管	压力小于 $3kg/cm^2$	1.00	0.50	同给水管备注
		压力 3～$8kg/cm^2$	2.00	0.50	
6	树木	灌木	0.75		
		乔木	2.00		
7	高压石油天然气管		10.00	0.50	同给水管备注
8	热力管或下水管		1.00	0.50	
9	排水管		0.80	0.50	
10	建筑红线（或基础）		1.0		

（6）光缆敷设完毕后，应及时检查光缆的外护套，如有破损等缺陷应立即修复；并测试其对地绝缘电阻。具体要求参照我国通信行业标准《光线缆路对地绝缘指标及测试方法》（YD-5012－95）中的规定。

（7）直埋光缆的接头处、拐弯点或预留长度处以及与其他地下管线交越处，应设置标志，以便今后维护检修。标志可以专制标石，也可利用光缆路由附近的永久性建筑的特定部位，测量出距直埋光缆的相关距离，在有关图纸上记录，作为今后查考资料。

3．架空敷设光缆

架空敷设光缆的方法基本与架空敷设电缆相同。其差别是光缆不能自支持。因此，在架空敷设光缆时必须将它固定到两个建筑物或两根电杆之间的钢绳上。

6.5.3　光缆保护

光纤链路要求的物理保护程度取决于两个因素：光缆结构和光缆走线位置。在光纤分布面板上的光纤几乎不需要物理保护，需要的只是几种用于光纤管理和存放的设备，相反，用于水平走线或干线走线的光纤确实需要更多的保护，这些光纤走线要求使用适当的外套、桥架和电缆管道来提供额外的、适当程度的物理保护。

吹入光纤将相对没有保护的光纤放入事先安装在电信设备室和工作区之间的塑料管子，这些管子技术上等同于电缆管道，如果需要，它们必须满足任何用于通风空间设备的可燃性和低烟要求，同样，封闭的光纤也必须是适合安装位置的规格。

另一种保护光纤的电缆导管类型叫做内导管，内导管用在必须保护多根光纤的情况下，这种电缆管道通常是螺纹结构，和平滑管子一样，允许它很容易地大半径弯曲而不会破坏内部光纤，螺纹结构还提供抗压的机械程度，内管可以放在称之为管道的更大结构内部，管道基本上是敷设在建筑物之间的圆形或方形管子，内导管用于细分大型管道的空间，对通过管道敷设的光缆提供额外的保护。

内导管显然是用于保护楼层之间垂直光缆或相同楼层电信设备之间光缆的选择，对电信设备室和结合点之间的水平走线，内导管也非常有用，内导管还可以用在电缆桥架内来隔离光缆和铜质电缆。内导管的主要优点是它能够在光缆走线之间安装，因而，可以简单地将内导管选路到光缆需要去的地方，然后再牵引光缆并将光纤端接，这就防止了在新的建筑物施工过程中对敷设好的光缆损坏的可能，和所有布线构件一样，内导管如果被放置在通风空间，必须满足所有适当的特性。

电缆桥架用于帮助组织和保护水平走线中的布线设施，它们能够用于任何大小的安装，但经常在大型建筑物中发现，它们适用于保护所有类型的电缆，但它们更适合作为在水平走线中产生数以百计弯曲处的电缆吊架的取代品。电缆在桥架内躺平，而且不需要类似滑轮这样的特别设备就能平直地拉过很远距离，只要需要，增加的电缆很容易放置在桥架内。实际上，电缆桥架在中型和大型电信设备室都是必需的，桥架可以是塑料或金属结构，它必须满足和电缆相同的通风空间使用要求，在第一次被安装电缆时，拐角和弯曲处要求使用电缆滑轮。

6.5.4 光纤连接技术

光纤与光纤的相互连接，称为光纤的接续。光纤与光纤的连接常用的技术有两种：一种是拼接技术，另一种是端接技术。下面来介绍这两种接续技术。

1．光纤拼接技术

它是将两段断开的光纤永久性地连接起来。这种拼接技术又有两种：一种是融接技术；另外一种是机械拼接技术。

这里所说的融接技术与后面要讲的熔接有较大的不同。这种融接是将制备好的光纤垂直地放入光纤接头，如 ST 接头中，然后将融化的硅胶用注射器注入 ST 接头中，待硅胶冷却凝固后，再用专业切割刀将光纤头部切断，然后用不同规格的砂纸研磨光纤的接头端面，直到合格为止。这种方法因为操作繁琐，成功率低，已经是过时的光纤接续技术。

因为上面的光纤融接法成功率低，多家公司又研发出一种较简单的机械拼接技术。也是将制备好的光纤放入专用的光纤接头中，再使用专用的压接钳子将光纤与光纤接头压制成一体。然后就和上面一样，用专业切割刀将光纤头部切断，用不同规格的砂纸研磨光纤的接头端面直到合格。

2．光纤熔接技术

这里说的光纤熔接技术是使用光纤熔接机进行高压放电，使待接续光纤端头熔融，合成一段完整的光纤。这种方法接续损耗小（一般小于 0.1dB），而且可靠性高，是目前最普遍使用的方法。

如光纤熔接中应严格执行操作规程的要求，以确保光纤熔接的质量。其操作程序一般如图 6-27 所示。

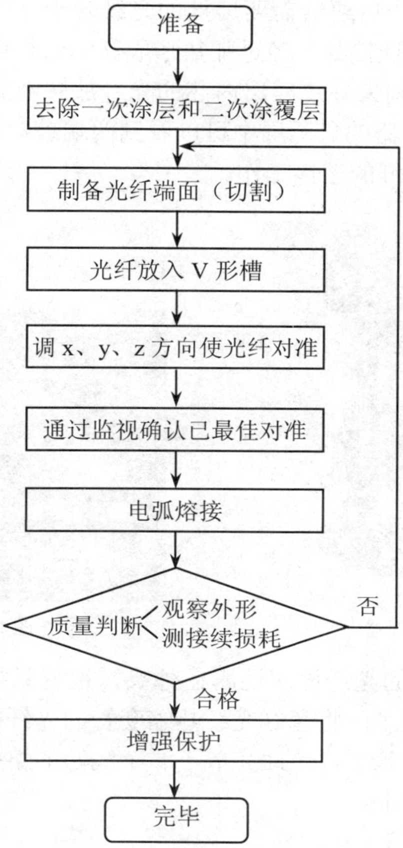

图 6-27　光纤熔接法流程图

光缆熔接共分以下 7 步：

（1）准备工作。光纤熔接工作不仅需要专业的熔接工具，还需要很多普通的工具辅助完成这项任务，如剪刀等辅助工具。

（2）安装工作。一般我们都是通过光纤配线架或光纤接续箱（盒）来固定光纤的，无论是室内光纤还是室外光纤都要固定在光纤配线架上，制作完成的光纤要环绕并固定在光纤配线架内，防止日常使用松动。

（3）制备工作。室外光纤制备较难，先要去除黑色光纤外表，大概去掉 1m 长左右；去钢丝，剥保护铝片；再使用美工刀或专业钳子将光纤内的硬质 PVC 保护管去掉，用纸巾擦掉粘状液体；用剪刀剪掉里面的亚麻丝；取光纤一条，用专门的剥线剪刀去除外皮，然后用专用钳子去除光纤的涂覆层，再用酒精擦拭干净。我们要熔接的是裸纤，就是纤芯；用切割刀来切割光纤，切割长度按照上面参数来确定，切割刀上面有尺寸刻度，注意保持切割端面的垂直状态，误差一般是 2° 以内，1° 以上，注意一下，先清洁后切割，如图 6-28 所示。

（4）清洁工作。不管我们在去皮工作中多小心，也不能保证玻璃丝没有一点污染，因此在熔接工作开始之前必须对光纤进行清洁。比较普遍的方法就是用纸巾或棉花沾上酒精，然后擦拭清洁每一小根光纤。

（5）套接工作。清洁完毕后要给需要熔接的光纤套上光纤热缩套管，光纤热缩套管主要用于在玻璃丝对接好后套在连接处，经过加热形成新的保护层。

（6）熔接工作。将两端剥去外皮露出内芯的光纤放置在光纤熔接器中，然后将光纤芯固定，开始熔接。从光纤熔接器的显示屏中可以看到两端玻璃丝的对接情况，如图 6-29 所示。等待几秒钟后就完成了光纤的熔接工作。

图 6-28　光纤切割器

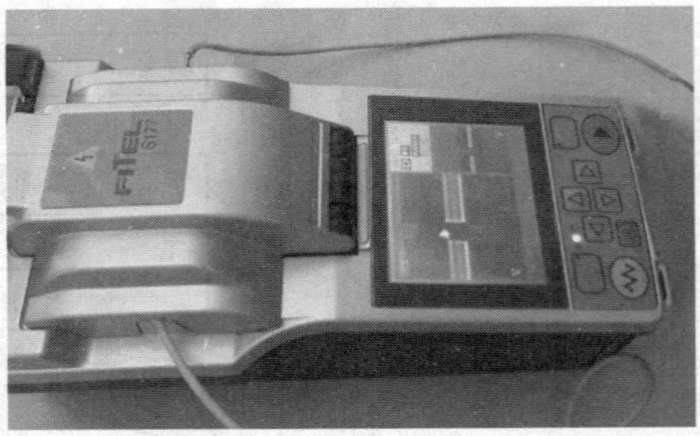

图 6-29　光纤熔接机

（7）包装工作。熔接完的光纤内芯还露在外头，很容易折断。这时候就可以使用刚刚套上的光纤热缩套管进行固定了。将套好光纤热缩套管的光纤放到加热器中按加热键开始加热，过 10 秒钟后就可以拿出来了，至此完成了一个线芯的熔接工作。最后还需要把熔接好的光纤放置固定在光纤配线架中。

习　题

1．施工前的准备工作有哪些？
2．试述桥架和槽道安装的注意事项。
3．简述线缆的牵引技术。
4．简述建筑群间的线缆布线技术。
5．简述建筑物内光缆的布线方法。
6．同轴电缆的布线和双绞线的布线有什么不同？
7．光缆是如何保护的？

第 7 章　综合布线系统的测试

本章学习目标

本章主要讲解双绞线和光纤测试内容及常用测试工具的工作原理与使用方法。通过本章的学习，读者应该掌握以下内容：

- 超五类和六类双绞线测试内容
- 光纤测试内容
- DSP 4000 的特点与使用

一个优质的综合布线工程，不仅要求设计合理，选择布线器材优质，还要有一支素质高、经过专门培训、实践经验丰富的施工队伍来完成工程施工任务。但在实际工作中，业主往往更多地注意工程规模、设计方案，而经常忽略了施工质量。由于我国普遍存在着工程领域的转包现象，施工阶段漏洞甚多。其中不重视工程测试验收这一重要环节，把组织工程测试验收当作可有可无事情的现象十分普遍。往往等到建设项目需要开通业务时，发现问题累累，麻烦事丛生，才后悔莫及。

7.1　测试概述

7.1.1　现场测试是规范布线工程质量管理的需要

现场测试工作，是综合布线系统工程进行过程中和竣工验收阶段中始终要抓的一项重要工作，业主、设计、监理、施工等部门都应给予足够重视。把握好施工器材的抽样测试关、施工进行过程中的随工验证测试关、工程阶段竣工的工程质量认证测试这 3 个技术质量关，至关重要。

1．抽验器材

启动工程，批量器材进入工程现场之后，工程监理组织对综合布线用器材进行核查验收；按照国家和行业标准要求，针对线缆、接插件进行抽样测试（测试应委托具备测试条件和测试能力的公正的第三方机构进行）；在出具检验合格证书后，准予使用。并在整个工程进行过程中，适当地安排对器材的抽测，这是确保工程质量的重要环节之一。如果经过抽测不合格的，应按照工程监理“施工中甩用材料及设备的质量控制”处理原则进行处理。

2．验证测试

施工过程中的验证测试环节必不可少。验证测试是施工人员在施工过程中边施工边做的测试，目的是解决综合布线安装、打线的正确性。通过此项工作，了解安装工艺水平，及时发现施工安装过程中的问题，可以得到相应修正。不至于等到工程完工时再发现问题，重新返工，耗费大量的、不必要的人力、物力和财力。验证测试不需要使用复杂的测试仪，只要购置检验布线图是否正确和测试长度的测试仪就可以了。因为在工程竣工检查中，发现信息链路不通、短路、反接、线对交叉、链路超长的情况，往往占整个工程发现问题的 80%。在施工初期都是非常容易解决的事，调换一下线缆，修正一下路由即解决了；如果到了布线后期发现，就非常难以解决了。

3．认证测试

综合布线系统的认证测试是所有测试工作中最重要的环节，也称为竣工测试。综合布线系统的性能不仅取决于综合布线方案设计、施工工艺，同时取决于在工程中所选的器材的质量。认证测试是检验工程设计水平和工程质量的总体水平行之有效的手段，所以对于综合布线系统要求必须进行认证测试。

认证测试通常分为以下两种类型：

（1）自我认证测试。自我认证测试由施工方自己组织进行，要按照设计施工方案对工程每一条链路进行测试，确保每一条链路都符合标准要求。如果发现未达标链路，应进行修改，直至复测合格；同时编制成准确的链路档案，写出测试报告，交业主存档。测试记录应当做到准确、完整，使用查阅方便。由施工方组织的认证测试，可以由设计、施工多方共同进行，工程监理人员参加。

认证测试是设计、施工方对所承担的工程所进行的一个总结性质量检验，为工程结束划上一个初步句号，这在工程质量管理上是必需的一道程序，也是最基本的步骤。

施工单位承担认证测试工作的人员应当具备哪些条件呢？应当是经过正规培训（仪表供应商通常负责仪表培训工作）、学习、考试合格的，既熟悉计算机技术，又熟悉布线技术的人员和责任心强的人。

为了日后更好地管理维护布线系统，甲方（业主单位）应派遣熟悉该工序的、了解布线施工过程的人员，参加施工、设计单位组织的自我认证测试组，以便了解整个测试全过程。

（2）第三方认证测试。由于综合布线系统是一个复杂的计算机网络基础传输媒体，工程质量将直接影响业主计算机网络能否按设计要求开通，能否保证使用质量，这是业主最为关心的问题。支持千兆以太网的五类、超五类及六类双绞线综合布线系统的推广应用，和光纤到桌面的大量推广使用，使得对工程施工工艺要求越来越严格。越来越多的业主，既要求布线施工方提供布线系统的自我认证测试，同时也委托第三方对系统进行验收测试，以确保布线施工的质量。这是对综合布线系统验收质量管理的规范化做法。

目前采取的做法有以下两种：

1）对工程要求高、使用器材类别高、投资大的工程，业主除要求施工方要做自我认证测试外，还邀请第三方对工程做全面验收测试（事先与施工方签订协议，测试费从工程款中支出）。

2）业主在要求施工方做自我认证测试的同时，请第三方对综合布线系统链路做抽样测试；抽样点数量要能反映整个工程质量。

（3）现场测试是评价、衡量工程可用性的最重要的途径。衡量、评价一个综合布线系统的质量优劣，唯一科学、有效的途径就是进行全面现场测试；目前，综合布线系统在工程界是少有的已具有完备的全套验收标准的，可以通过验收测试来确定工程质量水平的项目之一。

7.1.2 综合布线系统认证测试涉及的标准

综合布线系统作为建筑智能化的重要环节，由于推广应用时间早、技术要求高，国际上

1995 年就颁布了相应技术标准。美国 EIA/TIA 委员会 1995 年推出了 TSB-67《非屏蔽双绞线（UTP）布线系统的传输性能测试规范》，它是国际上第一部综合布线系统现场测试的技术规范，它叙述和规定了电缆布线的现场测试内容、方法和对仪表精度要求。TSB-67 规范包括以下内容：

（1）定义了现场测试用的两种测试链路结构。

（2）定义了三、四、五类链路需要测试的传输技术参数（具体说有 4 个参数：接线图、长度、衰减、近端串音损耗）。

（3）定义了在两种测试链路下各技术参数的标准值（阈值）。

（4）定义了对现场测试仪的技术和精度要求。

（5）现场测试仪测试结果与试验室测试仪器测试结果的比较。

TSB-67 涉及的布线系统，通常是在一条线缆的两对线上传输数据，可利用最大带宽为 100MHz、最高支持 100Base-T 的以太网。

从 1998 年以来，国际标准化组织加快了标准修订和对新标准的研究速度。事实上，面对网络的快速发展和新技术对综合布线系统不断提出新要求，过去几年，不管是布线产品性能和链路性能都有了非常明显的提高。一个支持 1000Base-TX 局域网的五类（Cat.5）和六类（Cat.6）布线标准 EIA/TIA-568B 已经于 2002 年推出。

我国对综合布线系统专业领域的标准和规范的制定工作也非常重视。1996 年以来，先后颁布了国家标准和行业标准：

序号	标准编号	标准名称
1	GB　50311－2007	《建筑与建筑群综合布线系统工程设计规范》
2	GB　50312－2007	《建筑与建筑群综合布线系统工程验收规范》
3	YD/T926-1～3（2000）	《大楼综合布线总规范》
4	YD/T1013－1999	《综合布线系统电气特性通用测试方法》
5	YD/T1019－2000	《数字通信用实心聚烯烃绝缘水平对绞电缆》

上述 5 个标准作为综合布线领域的实用性标准，相互补充，相互配合使用。

其中，标准 YD/T1013－1999 是专门为我国综合布线系统现场测试和工程验收编制的标准。该标准弥补了在使用 TSB-67 中的不足，除了定义三、五类链路外，还定义了起五类（5e）和宽带链路（六类）及光纤链路，定义了上述链路所需要测试的技术参数、测试连接方式、各技术指标的测试原理、仪表的选择使用及布线系统测试报告应包括的内容、链路验收测试的判定准则等，是综合布线系统验收测试工作的重要指导性文件。

其他标准则可以作为数字通信线缆、器材、生产、检测、工程设计及验收的依据。

7.1.3　综合布线链路分类及测试链路分类模型

1．综合布线链路

本节涉及的综合布线链路，是指在综合布线系统中占 90%比例的水平布线链路。下面分别对双绞线水平布线链路和光纤布线链路进行介绍。垂直主干链路和建筑群之间的链路，由于目前尚无测试标准，在整个工程中所占数量和比例不大，在此不做介绍。

（1）双绞线水平布线链路。按照用户对数据传输速率不同的需求，根据不同应用场合对链路分类如下：

1）三类水平链路。使用三类双绞电缆及同类别或更高类别的器材（接插硬件、跳线、连接插头、插座）进行安装的链路。三类链路的最高工作频率为 16MHz。

2）五类水平链路。使用五类双绞电缆及同类别或更高类别的器材（接插硬件、跳线、连接插头、插座）进行安装的链路。五类链路的最高工作频率为 100MHz。

3）超五类水平链路（TIA/EIA568B 标准中的五类事实上就是超五类）。使用超五类双绞电缆（又称增强型五类）及同类别或更高类别的器件（接插硬件、跳线、连接插头、插座）进行安装的链路。超五类链路的最高工作频率为 100MHz。同时使用 4 对芯线时，支持 1000Base-T 以太网工作。

4）六类水平链路。使用六类双绞电缆及同类别或更高类别的器件（接插硬件、跳线、连接插头、插座）进行安装的链路。六类链路的最高工作频率为 250MHz，同时使用 2 对芯线时，支持 1000Base-T 或更高速率的以太网工作。最高工作频率，指链路传输的工作带宽。

（2）光纤水平布线链路。水平布线长度超过 100m；或传输速率在 100Mb/s 以上应用；或有高质量传输数据要求；以及布线环境处于电磁干扰严重的情况，有上述情况之一时，可考虑采用光纤水平布线链路。

楼宇内光纤水平布线也常被称为光纤到桌面，一般使用多模光纤，也可使用单模光纤。根据不同需求可以选择的多模光纤为 62.5/125μm 和 50/125μm 两种。使用模式带宽分别为 200MHz/km 和 500MHz/km（参见 GB50311－2007）。当使用 1000Base-sx 局域网进行数据传输时，它们分别可以支持最大 220m 和 500m 长度的水平链路的使用。

2．综合布线测试连接及定义

（1）双绞线水平线连接方式。双绞线水平布线链路方式，根据测试的不同需求，定义了 3 种测试连接方式，供测试者选择。

1）基本链路方式（Basic Link）。承包商连接方式，该方式包括：最长 90m 的端间固定连接水平线缆和在两端的接插件，一端为工作区信息插座，另一端为楼层配线架、跳线板插座及连接两端接插件的两条 2m 测试线。基本链路方式如图 7-1 所示。

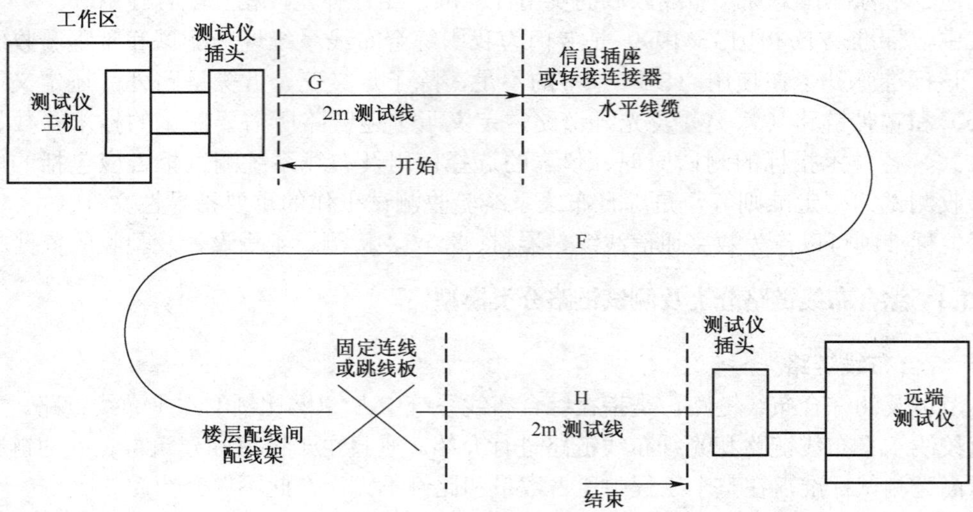

F：信息插座与跳线板间水平线缆≤90m　G、H：测试设备连线（共 4m）

图 7-1　基本链路方式

2）信道方式（Channel）。用户连接方式用以验证包括用户终端连接线在内的整体通道的性能。

通道连接包括：最长 90m 的水平线缆、一个信息插座、一个靠近工作区的可选的附属转接连接器、在楼层配线间跳线架上的两处连接跳线和用户终端连接线，总长不得长于 100m。通道链路方式如图 7-2 所示。

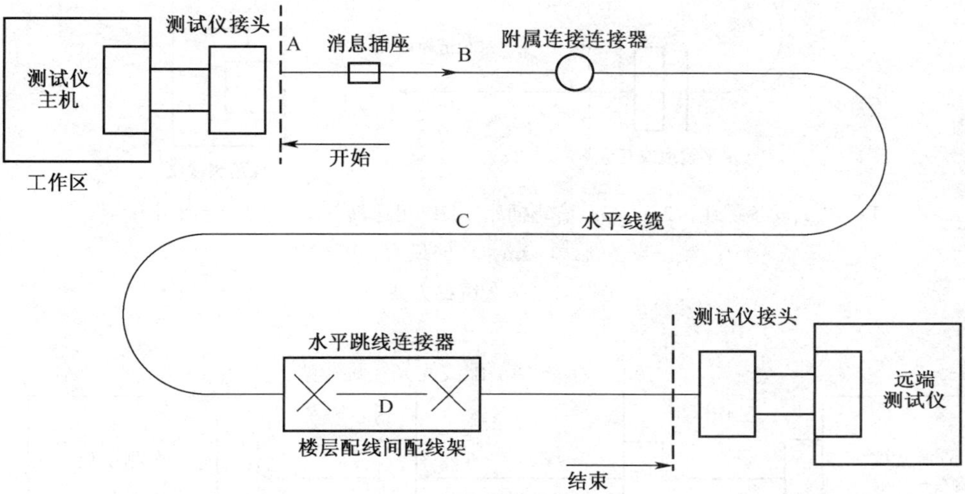

A：用户终端连接线　B：用户转接线　C：水平线缆

D：跳线架连接跳线　B+C≤90m　E：跳线架到通信设备连接线　A+D+E≤10m

图 7-2　信道链路方式

3）永久链路方式（Permanent Link）。永久链路又称固定链路，在国际标准化组织 ISO/IEC 所制定的超五类、六类标准及 TIA/EIA568B 新的测试定义中，定义了永久链路测试方式，它将代替基本链路方式。永久链路方式供工程安装人员和用户使用，用以测量所安装的固定链路的性能。永久链路连接方式由 90m 水平电缆和链路中相关接头（必要时增加一个可选的转接/汇接头）组成，与基本链路方式不同的是，永久链路不包括现场测试仪插接线和插头，以及两端 2m 测试电缆，电缆总长度为 90m，而基本链路包括两端的 2m 测试电缆，电缆总计长度为 94m，如图 7-3 所示。

永久链路测量方式，排除了测量连线在测量过程本身带来的误差，使测量结果更准确、合理。当测试永久链路时，测试仪表应能自动扣除 F、I 和 2m 测试线的影响。

在实际测试应用中，选择哪一种测量连接方式应根据需求和实际情况决定。使用通道链路方式更符合使用的情况，但由于它包含用户的设备连线部分，测试较复杂，一般工程验收测试建议选择基本链路方式或永久链路方式进行。

（2）水平光缆布线测试连接方式。水平光缆布线测试连接方式如图 7-4 所示。

（3）楼宇内垂直主干布线测量链路。楼宇内垂直主干布线使用的铜缆有：三类、五类大对数对称双绞电缆，光缆可能是多模光纤，也可能是单模光纤，测试起始点可以安排在楼层配线架上（FD），测试终点在楼宇总配线架（BD）。

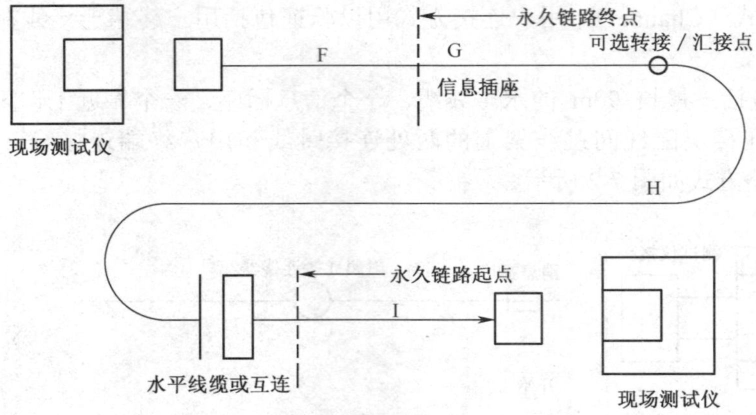

F：测试设备跳线，2m　G：信息插座　H：可选转接/汇接点及水平电缆

I：测试设备跳线，2m　H 的最大长度≤90m

图 7-3　永久链路方式

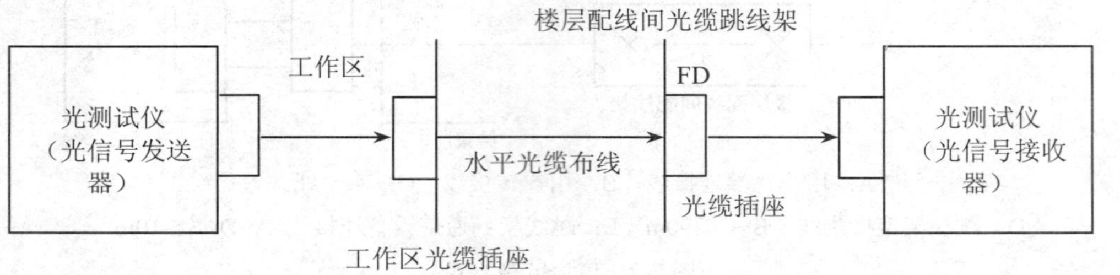

图 7-4　光纤链路方式

由于目前对大对数数字电缆尚无测试标准，所以测试时只能测试各线对有无短路、开路、交叉，布线长度及传输衰减等。有关标准目前正在研究当中。

7.2　双绞线的测试内容

本章的测试参数标准值主要参考 TIA/TIA 568B、GB50312 和 ISO 11801。

7.2.1　线缆的长度

线缆的长度（Length）指连接电缆的物理长度。每一个线缆的长度都应该记录在管理系统中。线缆的长度可以用电子长度测量来估算，电子长度测量是基于线缆的传输延迟和电缆的 NVP（额定传播速率）值而实现的。NVP（Nominal Velocity of Propagation）表示电信号在电缆中传输速度与光在真空中传输速度的比值。当测量了一个信号在线缆往返一次的时间后，就得知电缆的 NVP 值，从而计算出线缆的电子长度。测量的长度是否精确，取决于 NVP 值，而实际上 NVP 值至少有 10%的差异。为了正确解决这一问题，必须用一条已知长度的典型电缆来校验 NVP 值。

对线缆长度的测量方法有两种规格：永久链路（Permanent Link）模型和信道模型

（Channel），基本链路模型已经不再使用。信道模型也称为用户链路模型（User Link）。基本链路模型的最大长度是 90m，外加 4m 的测试仪专用电缆共 94m，信道模型的最大长度是 100m。链路长度测量原理参见图 7-5。

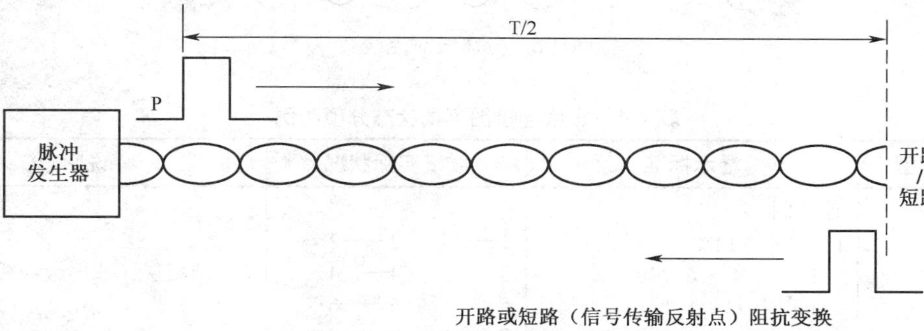

图 7-5　链路长度测量原理图

计入电缆厂商所规定的 NVP 值的最大误差和长度测量的 TDR 技术的误差。测量长度的误差极限是：

基本链路模型　　94m+15%×94m=108.1m

信道模型　　100m+15%×100m=115m

如果长度超过指标，则信号损耗较大。

NVP 的计算公式为：

$$NVP= (2\times L)/(T\times C)$$

其中：L 为电缆长度；T 为信号传送与接收之间的时间差；C 为真空状态下的光速（300000000m/s）。

一般 UTP 的 NVP 值为 72%，但不同厂家的产品会稍有差别。

7.2.2　线路图

线路图（Wire Map）用于验证线对连接是否正确。这不仅是一个简单的逻辑连接测试，而具要确认链路一端的每一个针与另一端相应的针连接，而不是连在任何其他导体或屏蔽上。此外，线路图还要确认链路导线的线对是否正确，判断是否有开路、短路、反向、交错和串绕等情况出现。保持线对正确绞接是非常重要的测试项目。

开路和短路：在施工中，由于工具、接线技巧或墙内穿线技术欠缺等问题，会产生开路或短路故障。

- 反接：同一对线在两端针位接反，比如一端为 1-2，另一端为 2-1。
- 错对：将一对线接到另一端的另一对线上，比如一端是 1-2，另一端接在 4-5 上。
- 串绕：指将原来的两对线分别拆开后又重新组成新的线对。

如图 7-6 所示，端到端测试会显示正确的连接（用万用表可以测试），但这种连接会产生极高的串音，使数据传输产生错误。由于出现这种故障时端对端的连通性并未受影响，所以用普通的万用表不能检查出故障原因，只有通过使用专用的电缆测试仪才能检查出来。表 7-1 是布线连接图测试状态分项图例。

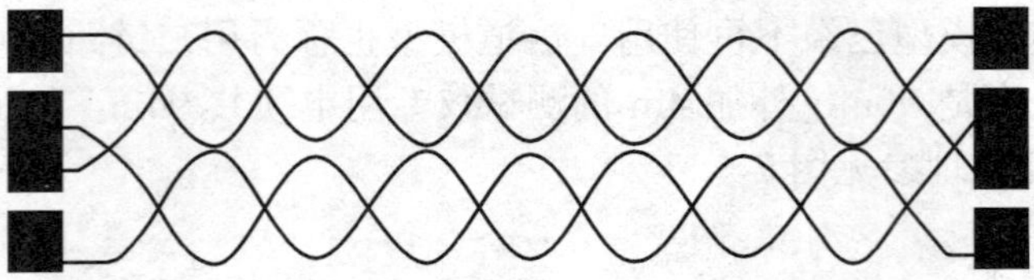

图 7-6　分离线对配线

表 7-1　布线连接图测试状态分项图例

<table>
<tr><th>连接图类型</th><th>显示标准</th><th>线缆实际状况</th><th>说明</th></tr>
<tr><td>正确连接</td><td>连接图
RJ-45　PIN
1 2 3 4 5 6 7 8 S
| | | | | | | |
1 2 3 4 5 6 7 8 S
通过</td><td>1——1　2——2
3——3　4——4
5——5　6——6
7——7　8——8</td><td>S：屏蔽层（非屏蔽线缆 S 互不连接）</td></tr>
<tr><td>线条交叉</td><td>连接图
RJ-45　PIN
1 2 3 4 5 6 7 8 S
| | | | | | | |
? ? ? 4 5 ? 7 8 S
失败</td><td>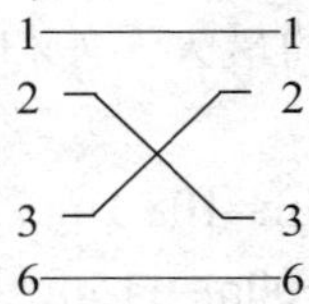</td><td>1、2 线对中的线与 3、6 线对中的线条发生交叉，形成一不可识别的回路</td></tr>
<tr><td>反向线对</td><td>连接图
RJ-45　PIN
1 2 3 4 5 6 7 8 S
××| | | | | |
1 2 3 4 5 6 7 8 S
失败</td><td>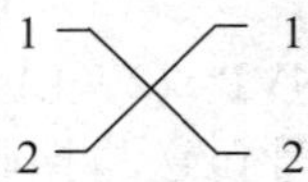</td><td>同一线对中线 1 和线 2 交叉</td></tr>
<tr><td>交叉线对</td><td>连接图
RJ-45　PIN
1 2 3 4 5 6 7 8 S
×××| |×| |
3 6 1 4 5 2 7 8 S
失败</td><td>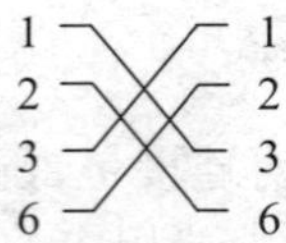</td><td>1、2 线对和 3、6 线对交叉</td></tr>
<tr><td>短路</td><td>连接图
RJ-45　PIN
1 2 1 4 5 6 7 8 S
| | | | | | | |
1 2 1 4 5 6 7 8 S
失败</td><td>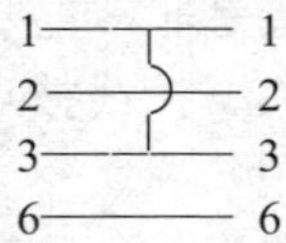</td><td>线 1 和线 3 短路</td></tr>
<tr><td>开路</td><td>连接图
RJ-45　PIN
1 2 3 4 5 6 7 8 S
○| | | | | | |
? 3 4 5 6 7 8 S
失败</td><td>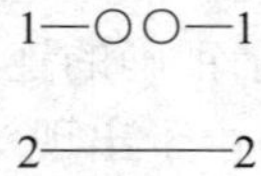</td><td>线 1 断开</td></tr>
</table>

续表

连接图类型	显示标准	线缆实际状况	说明
串绕线对	连接图 RJ-45 PIN 1 2 3 4 5 6 7 8 S |							| 1 2 3 4 5 6 7 8 S 失败	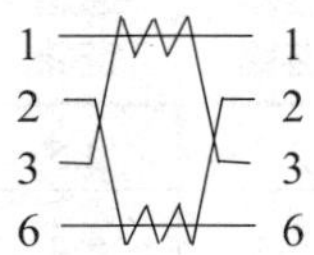	1、2 线对与 3、6 线对相串绕

注：①表中“显示图示”的方式不是唯一的，各种测试仪规定不同；②此表仅用来表示接线图常见的 7 种状态，而未包含全部接线的可能状态。

7.2.3 衰减

衰减（Attenuation）是沿链路的信号损失度量，如图 7-7 所示。衰减随频率而变化，所以应测量应用范围内全部频率上的衰减。比如，测量五类线缆的信道模式（Channel）的衰减，要从 1MHz～100MHz 以最大步长为 1MHz 进行。对于三类线缆测试频率范围是 1MHz～16MHz，四类线缆测试频率范围是 1MHz～20MHz。

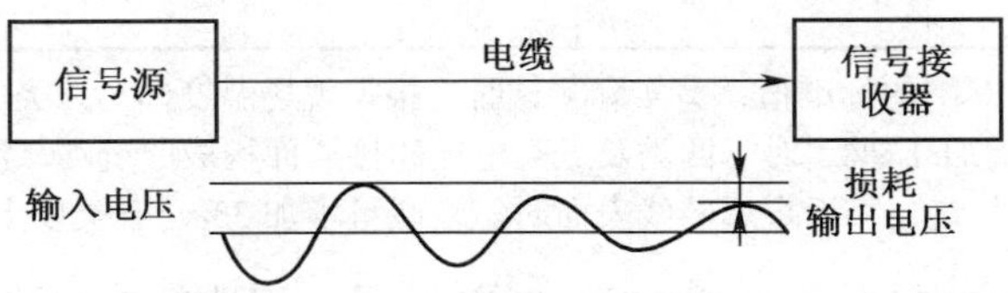

图 7-7 信号的衰减

衰减与线缆的长度有关系，随着长度的增加，信号衰减也随之增加。衰减用 dB 作单位，表示源传送端信号到接收端信号强度的比率。

568B 定义了一个链路衰减的公式。此外 568B 还给出了一个链路模式和信道模式的衰减允许值表。这个表定义了在 20℃时的允许值。随着温度的增加，衰减也增加。具体来说，对于三类电缆每增加 1℃衰减增加 1.5%，对于四类和五类电缆每增加 1℃衰减增加 0.4%，当电缆安装在金属管道内时链路的衰减增加 2%～3%。

现场测试设备应测量出安装的每一对线衰减的最严重情况，并且通过将衰减最大值与衰减允许值比较后，给出合格（Pass）和不合格（Fail）的结论。

- 如果合格，则给出处于可用频宽内的最大衰减值。
- 如果不合格，则给出不合格时的衰减值、测试允许值及所在点的频率。
- 如果测量结果接近测试极限，测试仪不能确定是 Pass 或 Fail，则此结果用 Pass*表示；若结果处于测试极限的错误侧，则给出 Fail。

Pass/Fail 的测试极限是按链路的最大允许长度（信道是 100m、永久链路是 90m）设定的，不是按长度分摊的。然而，若被测量出的值大于链路实际长度的预定极限，则在报告中前者将加星号，以示警戒。

不同连接方式下允许的最大衰减值一览表见表 7-2。

表 7-2 不同连接方式下允许的最大衰减值一览表

频率（MHz）	三类（dB）		四类（dB）		五类（dB）		超五类（dB）		六类（dB）	
	通道链路	基本链路	通道链路	基本链路	通道链路	基本链路	通道链路	永久链路	通道链路	永久链路
1.0	4.2	3.2	2.6	2.2	2.5	2.1	2.4	2.1	2.2	2.1
4.0	7.3	6.1	4.8	4.3	4.5	4.0	4.4	4.0	4.2	3.6
8.0	10.2	8.8	6.7	6.0	6.3	5.7	6.8	6.0		5.0
10.0	11.5	10.0	7.5	6.8	7.0	6.3	7.0	6.0	6.5	6.2
16.0	14.9	13.2	9.9	8.8	9.2	8.2	8.9	7.7	8.3	7.1
20.0			11.0	9.9	10.3	9.2	10.0	8.7	9.3	8.0
25.0					11.4	10.3				
31.25					12.8	11.5	12.6	10.9	11.7	10.0
62.5					18.5	16.7				
100					24.0	21.6	24.0	20.4	21.7	18.5
200									31.7	26.4
250									32.9	30.7

注：①1．表中数值为 20℃下的标准值；②实际测试时，根据现场温度，对三类电缆和接插件构成的链路，每增加 1℃，衰减量增加 1.5%。对于四类及五类电缆和接插件构成的链路，温度变化 1℃，衰减量变化 0.4%，线缆的高频信号走向靠近金属芯线表面时，衰减量增加 3%，五类以上修正量待定。

按图 7-8 使用扫频仪在不同频率上发送 0dB 信号，用选频表在链路远端测试各特定频率点接收电平 dB 值，即可确定衰减量。

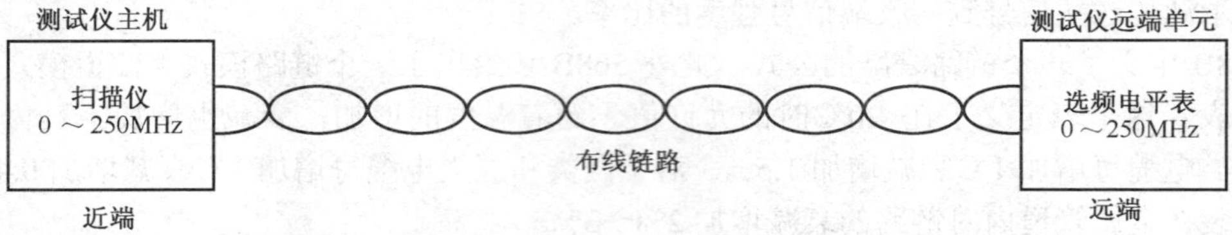

图 7-8 衰减量测试原理图

测试标准按表 7-3 规定，测试内容应反映表中所列各项目指出测试的线对最差频率点及该点衰减数值（以 dB 表示）。

表 7-3 衰减量测试结果的报告项目及说明

报告项目	测试结果报告内容说明
线对	与结果相对应的电线缆对，本项测试显示线对：1，2，4，5，3，6，7，8
衰减量（dB）	如测试通过，该值是所测衰减值中最高的值（最差的频率点的值）；如测试失败，该值是超过测试标准最高的测量衰减值
频率（Hz）	如测试通过，该频率是发生最高衰减值的频率值；如测试失败，该频率是发生最严重不合格值处的频率

续表

报告项目	测试结果报告内容说明
衰减极限（dB）	给出在所指定的频率上所容许的最高衰减值（极限标准值），取决于最大允许线缆长
余量（dB）	最差频率点上极限值与测试衰减值之差，正数据表示测量衰减值低于极限值，负数据表示测量衰减值高于极限值
结果	测试结果判断：余量测试为正数据表示“通过”，余量测试为负数据表示“失败”

在“自动测试”和“单项测试”中自动显示被测线缆中每一线对的衰减参数的标准值和测试值。

7.2.4 近端串音 NEXT 损耗

当信号在一个线对上传输时会同时将一小部信号感应到其他线对上，这种信号感应就是串音，如图 7-9 所示。串音分近端串音（NEXT）和远端串音（FEXT），测试仪主要是测量 NEXT，由于存在线路损耗，因此 FEXT 的量值的影响较小。

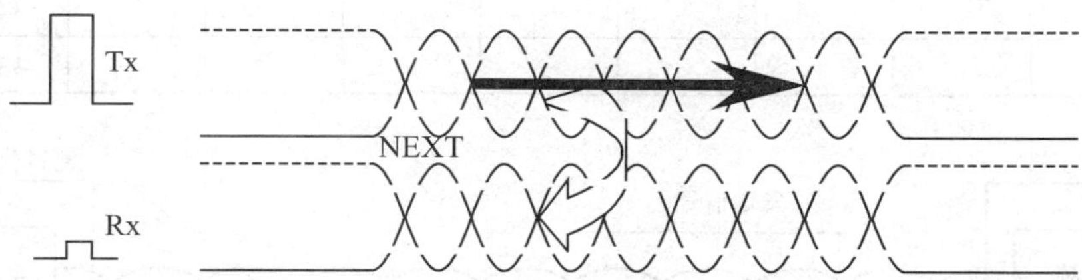

图 7-9　串音原理

近端串音（NEXT）损耗是测量一条 UTP 链路中从一对线到另一对线的信号耦合（如图 7-9 所示）。对于 UTP 链路，NEXT 是一个关键的性能指标，也是最难精确测量的一个指标。随着信号频率的增加，其测量难度将加大。568B 中定义了五类 UTP 线缆链路必须在 1MHz～100MHz 的频宽内测试，四类线缆链路是 1MHz～20MHz，三类线缆链路是 1MHz～16MHz。

在一条 UTP 链路上的 NEXT 损耗的测试需要在每一对线之间测试，也就是说对于典型的 4 对 UTP 来说，有 6 对线对关系组合，即测试 6 次。

NEXT 并不表示在近端点所产生的串音值，它只是表示在近端点所测量到的串音值。这个量值会随电缆长度不同而变化，电缆越长，其值变得越小。同时发送端的信号也会衰减，对其他线对的串音也相对变小。实验证明，只有在 40m 内测量得到的 NEXT 是较真实的。如果另一端是远于 40m 的信息插座，那么它会产生一定程度的串音，但测试仪可能无法测量到这个串音值。因此，最好在两个端点都进行 NEXT 测量。现在的测试仪都配有相应设备，使得在链路一端就能测量出两端的 NEXT 值。NEXT 测试的结果请参考表 7-4。

NEXT 的测量原理是测试仪从一个线对发送信号，当其沿电缆传送时，测试仪在同一侧的某相邻被测线对上捕捉并计算所叠加的全部谐波串音分量，计算出其总串音值。测量原理如图 7-10 所示。

人们总是希望被测线对被串音的程度越小越好，某线对受到越小的串音意味着该线对对外界串音具有越大的损耗能力，这就是为什么不直接定义串音，而定义成串音损耗的原因所在。

表 7-4 最小近端串音损耗一览表

频率（MHz）	三类（dB）		四类（dB）		五类（dB）		超五类（dB）		六类（dB）	
	通道链路	基本链路	通道链路	基本链路	通道链路	基本链路	通道链路	永久链路	通道链路	永久链路
1.0	39.1	40.1	53.3	54.7	>60.0	>60.0	63.3	64.2	65.0	65.0
4.0	29.3	30.7	43.4	45.1	50.6	51.8	53.6	54.8	63.0	64.1
8.0	24.3	25.9	38.2	40.2	45.6	47.1	48.6	50.0	58.2	59.4
10.0	22.7	24.3	36.6	38.6	44.0	45.5	47.0	48.5	56.6	57.8
16.0	19.3	21.0	33.1	35.3	40.6	42.3	43.6	45.2	53.2	54.6
20.0			31.4	33.7	39.0	40.7	42.0	43.7	51.6	53.1
25.0					37.4	39.1	40.4	42.1	50.0	51.5
31.25					35.7	37.6	38.7	40.6	48.4	50.0
62.5					30.6	32.7	33.6	35.7	42.4	45.1
100					27.1	29.3	30.1	32.3	39.9	41.8
200									34.8	36.9
250									33.1	35.3

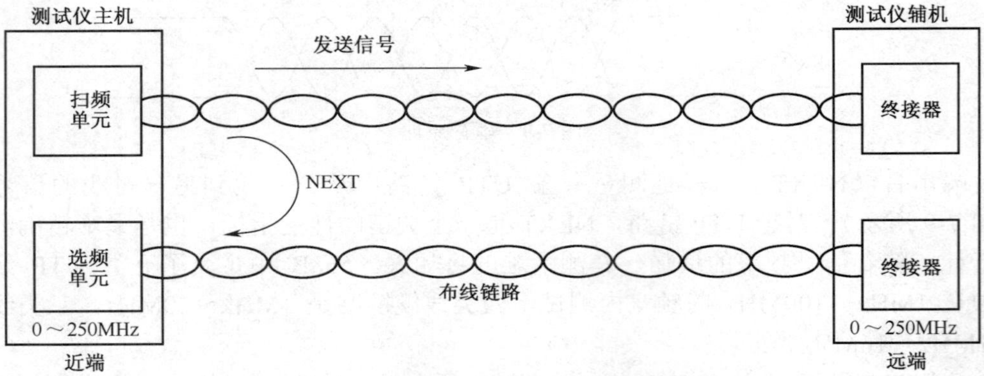

图 7-10 近端串音损耗（NEXT）测试原理图

近端串音损耗是随频率增加而减小的量，测试结果应反映表 7-5 中所列的各项目。

表 7-5 近端串音损耗测试项目及测试结果说明

报告项目	测试结果报告内容说明
线对	与测试结果相对应的两个相关线对：1，2-3，6　1，2-4，5　1，2-7，8　3，6-4，5　3，6-7，8　4，5-7，8
频率（MHz）	显示发生串音损耗最小值的频率
串音损耗（dB）	所测规定线对间串音损耗（NEXT）最小值（最差值）
近端串音极限值（dB）	各频率下近端串音损耗极限值，取决于所选择的测试标准
余量（dB）	所测线对的串音损耗值与极限值的差值
结果	测试结果判断：正余量表示“通过”负余量表示“失败”

7.2.5 特性阻抗

特性阻抗包括电阻及频率为 1MHz～100MHz 的电感阻抗及电容阻抗，它与一对电线之间的距离及绝缘体的电气性能有关。各种电缆有不同的特性阻抗，而双绞线电缆则有100Ω、120Ω及 150Ω几种。从频率 1MHz 到该链路级别规定的最高频率，链路特性阻抗与选定的标称特性阻抗的容差（允许偏差值）应不超过±15Ω。

7.2.6 远方近端串音损耗

与 NEXT 定义相对应，在一条链路的另一侧，发送信号的线对向其同侧其他相邻（接收）线对通过电磁感应耦合而造成的串音，与 NEXT 同理定义为串音损耗。

远方近端串音损耗（RNEXT）值技术指标见表 7-4，对一条链路来说，NEXT 与 RNEXT 可能是完全不同的值，测试需要分别进行。

7.2.7 相邻线对综合近端串音

在 4 对型双绞线的一侧，3 个发送信号的线对向另一相邻接收线对产生串音的总和近似为：$N_4=N_1+N_2+N_3$。

N_1、N_2、N_3 分别为线对 1、线对 2、线对 3 对线对 4 的近端串音值。相邻线对综合近端串音限定值如表 7-6 所示。

表 7-6 相邻线对综合近端串音限定值一览表

频率（MHz）	超五类线缆（dB）		六类线缆（dB）	
	通道链路	基本链路	通道链路	永久链路
1.0	57.0	57.0	62.0	62.0
4.0	50.6	51.8	60.5	61.8
8.0	45.6	47.0	55.6	57.0
10.0	44.0	45.5	54.0	55.5
16.0	40.6	42.2	50.6	52.2
20.0	39.0	40.7	49.0	50.7
25.0	37.4	39.1	47.3	49.1
31.25	35.7	37.6	45.7	47.5
62.5	30.6	32.7	40.6	42.7
100.0	27.1	29.3	37.1	39.3
200.0			31.9	34.3
250			30.2	32.7

相邻线对综合近端串音测量原理就是测量 3 个相邻线对对某线对近端串音总和。

如图 7-11 中，在同一链路中的 3 个线对上同时发送 0～250MHz 信号，在第 4 个线对上同时统计 N_1、N_2、N_3 串音值并进行 N_4 求和运算。测量结果应反映表 7-7 中所列各项目的内容，测试标准按表 7-6 所示。该项为宽带链路应测技术指标。

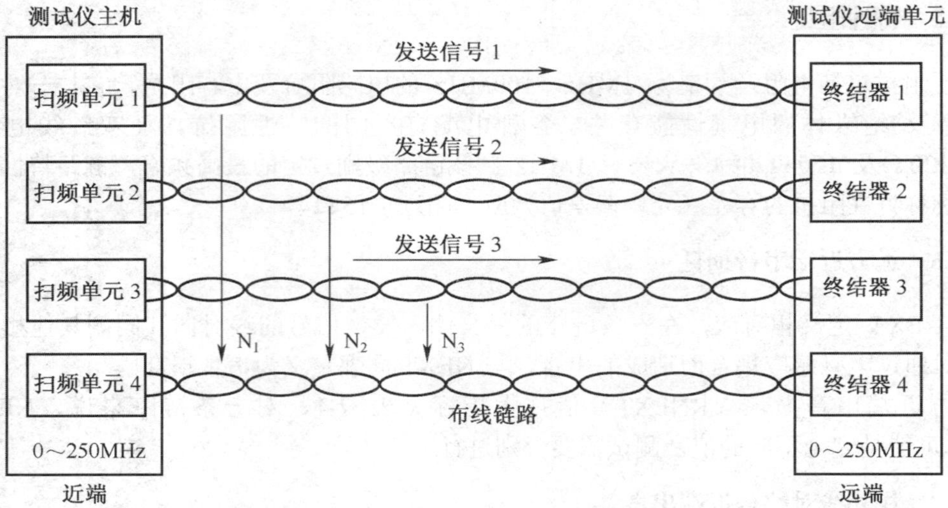

图 7-11 相邻线对综合近端串音测试原理图

表 7-7 相邻线对综合近端串音（PSNEXT）测试项目及测试结果说明

报告项目	测试结果报告内容说明
线对	与测试结果相对应的各线对：（1，2）（3，6）（4，5）（7，8）；需测试 4 种组合
频率（MHz）	显示发生最接近标准限定值的 PSNEXT 频率点
功率和值（dB）	所测线对 PSNEXT 最小值（最差值）
功率和极限值（dB）	各频率下 PSNEXT 极限值（标准值）
余量（dB）	所测线对 PSNEXT 与极限值的差值
结果	正余量判“通过”，负余量判“失败”

7.2.8 近端串音与衰减差

串音衰减差（ACR）定义为：在受相邻发信线对串音的线对上其串音损耗（NEXT）与本线对传输信号衰减值（A）的差值（单位为 dB），即：

ACR（dB）= NEXT（dB）−A（dB）

一般情况下，链路的 ACR 通过分别测试 NEXT（dB）和 A（dB）可以由上面的公式直接计算出。通常，ACR 可以被看成布线链路上信噪比的一个量。NEXT 即被认为是噪声；ACR=3dB 时所对应的频率点，可以认为是布线链路的最高工作频率（即链路带宽）。

对于由五类、高于五类线缆和同类接插件构成的链路，由于高频效应及各种干扰因素，ACR 的标准参数值不能单纯从串音损耗值 NEXT 与衰减值 A 在各相应频率上的直接的代数差值导出，其实际值与计算值略有偏差。通常可以通过提高链路串音损耗 NEXT 或降低衰减来改善链路 ACR。表 7-8 给出五类和六类布线链路在各工作频率下的 ACR 最小值。其他类的链路 ACR 精确标准参数值在制订之中。

表 7-8　串音衰减差（ACR）最小限定值

频率（MHz）	ACR 最小值（dB）	
	五类	六类
1.0	/	70.4
4.0	40.0	58.9
10.0	35.0	50.0
16.0	30.0	44.9
20.0	28.0	42.3
31.25	23.0	36.7
62.5	13.0	/
100	4.0	18.2
200	/	3.0

注：①该表五类数据参照 ISO11801－1995 标准 6.2.5 中 Class D 级链路给出；②六类数据为 ISO11801（2000 年 5 月 8 日修改版提供，仅供参考）。

测试仪所报告的 ACR 值，是由测试仪对某被测线对分别测出 NEXT 和线对衰减 A 后，在各预定被测频率上计算 NEXT（dB）和 A（dB）的结果。

ACR、NEXT 和衰减 A 三者的关系表示如图 7-12 所示。该项目为宽带链路应测技术指标。

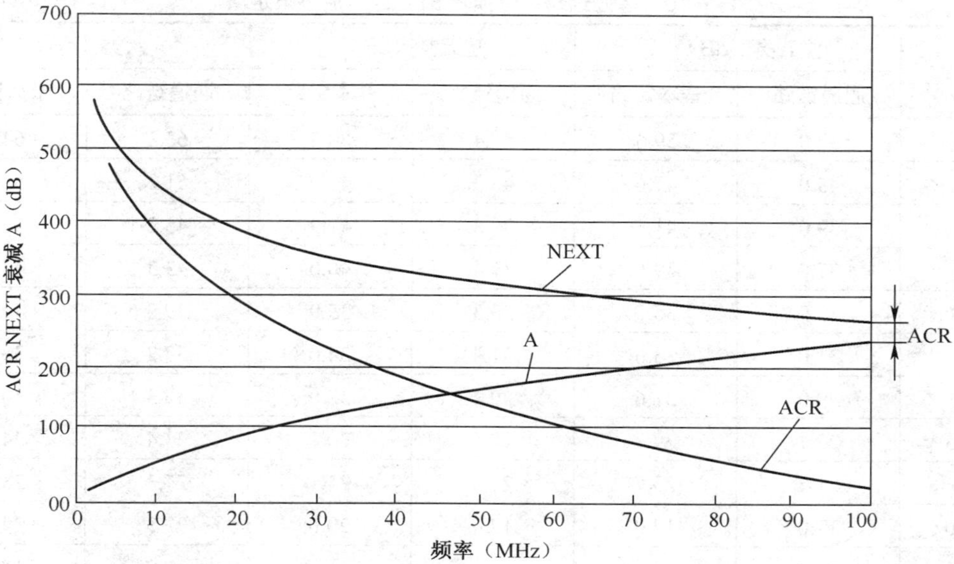

图 7-12　串音损耗 NEXT、衰减 A 和 ACR 关系曲线

上面的测试报告中列出了串音衰减差（ACR）测试的各项内容，测试过程按表 7-9 所列项目进行，测试标准值为某频率下的串音衰减差（ACR）最小限定值。

表 7-9　串音衰减差（ACR）测试项目及测试结果说明

报告项目	测试结果报告内容说明
串音对	做该项测试的受扰电线缆对（1，2）-（3，6）（1，2）-（4，5）（1，2）-（7，8）（3，6）-（4，5）（3，6）-（7，8）（4，5）-（7，8）
ACR（dB）	实测最差情况下的 ACR。若未超出标准，该值指最接近极限值的 ACR 值。若已超出标准，该值指超出极限值最多的那一个 ACR 值
频率（MHz）	发生最差 ACR 情况下的频率
ACR 极限值（dB）	发生最差 ACR 频率处的 ACR 标准极限数值，取决于所选择的测试标准
余量	最差情况下测试 ACR 值与极值之差，正值表示最差测试值高于 ACR 极限值，负值表示实测最差 ACR 低于极限值
结果	按余量判定，正值表示“通过”，负值表示“失败”

7.2.9 等效远端串音损耗

等效远端串音损耗（ELFEXT）是指某对芯线上远端串音损耗与该线路传输信号衰减的差，也称为远端 ACR。从链路近端线缆的一个线对发送信号，该信号沿路经过线路衰减，从链路远端干扰相邻接收线对，定义该远端串音损耗值为 FEXT。可见，FEXT 是随链路长度（传输衰减）而变化的量。定义：

$$\text{ELFEXT（dB）} = \text{FEXT（dB）} - \text{A（dB）}$$

其中，A 为受串音接收线对的传输衰减。等效远端串音损耗最小限定值如表 7-10 所示。

表 7-10　等效远端串音损耗 ELFEXT 最小限定值

频率 MHz	五类（dB）		超五类（dB）		六类（dB）	
	通道链路	基本链路	通道链路	基本链路	通道链路	永久链路
1.0	57.0	59.6	57.4	60.0	63.3	64.2
4.0	45.0	47.6	45.3	48.0	51.2	52.1
8.0	39.0	41.6	39.3	41.9	45.2	46.1
10.0	37.0	39.6	37.4	40.0	43.3	44.2
16.0	32.9	35.5	33.3	35.9	39.2	40.1
20.0	31.0	33.6	31.4	34.0	37.2	38.2
25.0	29.0	31.6	29.4	32.0	35.3	36.2
31.25	27.1	29.7	27.5	30.1	33.4	34.3
62.5	21.5	23.7	21.5	24.1	27.3	28.3
100.0	17.0	17.0	17.4	20.0	23.3	24.2
200.0					17.2	18.2
250.0					15.3	16.2

等效远端串音损耗就是远端串音损耗与线路传输衰减值的测量。

按图 7-13 所示的原理进行测试，并报告不同测试频率下的 ELFEXT 各值。该项目为宽带链路应测技术指标。指标应符合表 7-10 的规定。

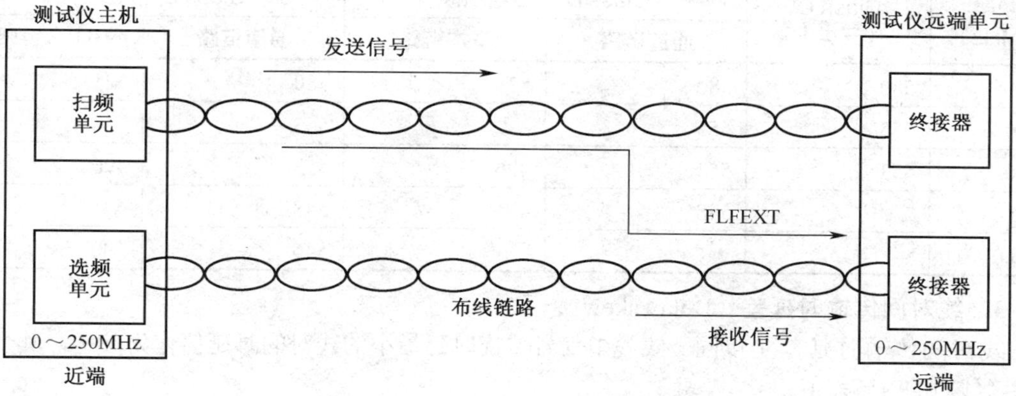

图 7-13　远端串音损耗与线路衰减比的测量原理图

测量结果报告受扰线对发生最差 ELFEXT 的数据、频率与极限值之间的差值。

7.2.10　其他参数

1．远端等效串音总和（PSELEFXT）

表 7-11 列出了线缆远端受干扰的接收线对上所承受的相邻各线对对它的等效串音损耗 ELFEXT（dB）总和与该线对传输信号衰减值之差（dB）的限定值。

表 7-11　远端等效串音总和 PSELFEXT 限定值

频率（MHz）	五类（dB）	超五类（dB）		六类（dB）	
		通道链路	基本链路	通道链路	永久链路
1.0	54.4	54.4	55.0	60.3	61.2
4.0	42.6	42.4	45.0	48.2	49.1
8.0	36.4	36.3	38.9	42.2	43.1
10.0	34.4	34.4	37.0	40.3	41.2
16.0	30.3	30.3	32.9	36.2	37.1
20.0	28.4	28.4	31.0	34.2	35.2
25.0	26.4	26.4	29.0	32.3	33.2
31.25	24.5	25.4	27.1	30.4	31.3
62.5	18.5	18.5	21.1	24.3	25.3
100.0	14.4	14.4	17.0	20.3	21.2
200.0				14.2	15.2
250				12.3	13.2

2．传播时延（Delay）

表 7-12 列出了在通道链路方式下，时延在不同频率范围和特征频率点上的标准值（引自 ISO11801 2001 版）。

表 7-12　传输时延不同连接方式下特征点最大限值

频率（MHz）	Class C（三类）	Class D（五类）ns		Class E（六类）ns	
		通道链路	基本链路	通道链路	永久链路
1.0	580	580	521	580	521
10.0	555	555		555	
16.0	553	553	496	553	496
100.0		548	491	548	491
250.0				546	490

3．线对间传输时延差（Delay skew）

线对间传输时延差是以同一线缆中信号传播时延最小的线对的时延值作为参考，其余线对与参考线对的时延差值。

在通道链路方式下规定极限值为 50ns。

在永久链路下规定极限值为 44ns。若线对间时延差超过该极限值，在链路高速传输数据下和在 4 个线对同时并行传输数据时，将有可能造成对所传输数据帧结构的严重破坏。

该项目为五类和宽带链路需测试的技术指标，参见表 7-13。

表 7-13　传播时延测试及结果说明

报告项目	测试结果报告内容说明
线对	测试传播时延参数的相关线对
传播时延（ns）	测试线对的实际传播时延
时延差值（ns）	实测各线对传输时延与参考时延值的差值
最大时延差极限值（ns）	各线对时延值与参考时延值最大差值的极限定值
结果	若测得某线对最大时延值小于标准值或时延差值小于差值极限规定值，则判“通过”，反之判“失败”

4．回波损耗（RL）

回波损耗是由线缆与接插件构成链路时，由于特性阻抗偏离标准值导致功率反射而引起的。

RL 由输出线对的信号幅度和该线对所构成的链路上反射回来的信号幅度的差值导出，表 7-14 列出了不同链接方式下回波损耗的限定范围。

表 7-14　回波损耗在不同链路下极限值

<table>
<tr><th rowspan="2">频率（MHz）</th><th colspan="2">Class D（五类）</th><th colspan="2">Class E（六类）</th></tr>
<tr><th>通道链路</th><th>基本链路</th><th>通道链路</th><th>永久链路</th></tr>
<tr><td>1～10</td><td>17</td><td>19</td><td>19</td><td>21</td></tr>
<tr><td>16</td><td>17</td><td>19</td><td rowspan="3">24–5log(f)</td><td rowspan="3">26–5log(f)</td></tr>
<tr><td>20</td><td>17</td><td>19</td></tr>
<tr><td>20<f<40</td><td rowspan="2">30–10log(f)</td><td rowspan="2">32–10log(f)</td></tr>
<tr><td>100</td><td rowspan="3">32–10log(f)</td><td rowspan="3">34–10log(f)</td></tr>
<tr><td>200</td><td></td><td></td></tr>
<tr><td>250</td><td></td><td></td></tr>
</table>

回波损耗的测量原理是使用高频电桥，根据电桥平衡原理，按所测链路阻抗，选择与其阻抗相匹配的扫频设备、选频设备、高频阻抗电桥等构成，如图 7-14 所示（选频仪输入阻抗和高频电桥的阻抗值 Z，扫频信号发生的输出阻抗 Z，均为 100Ω）。

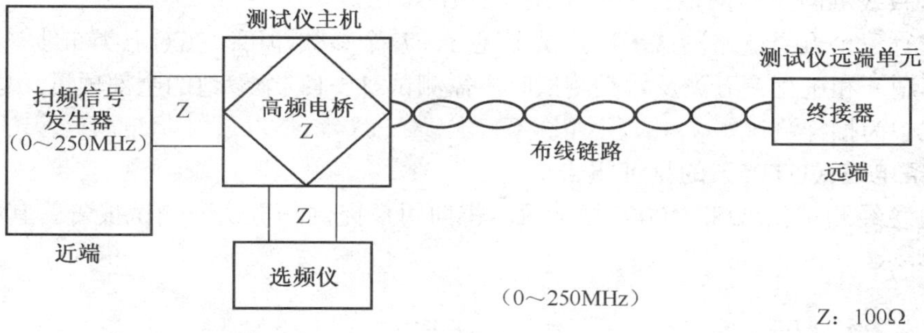

图 7-14 回波损耗测试原理图

测试标准按表 7-14 的规定，该项目为五类和宽带链路需测技术指标，参见表 7-15。

表 7-15 回波损耗（RL）测试项目及测试结果说明

报告项目	测试结果报告内容说明
线对	所测线缆的线对号
RL（dB）	最差情况 RL 值，若未超标准，该值指最接近于极限值的 RL 测量值，如实测 RL 值超过极限值，显示超出极限值最多的那一个 RL 值
频率（MHz）	发生最差 RL 情况下的频率
RL 极限值（dB）	发生最差 RL 频率处的 RL 规定标准极限值
余量（dB）	最差 RL 情况下，实测值与极限值之差。正值表示测试结果优于极限值，负值表示测试结果未达到标准
结果	按余量判定，正值表示“通过”，负值表示“失败”

注：①测试结果提供表 7-14 中要求的全部数据；②根据需求，提供 RL 随频率变化的曲线；③需要在近、远端分别做 RL 测试。

5．链路脉冲噪声电平

由于大功率设备间断性启动，给布线链路带来了电冲击干扰，布线链路在不连接有源器件和设备的情况下，高于 200mV 的脉冲噪声发生个数的统计。由于布线链路用于传输数字信号，为了保证数字脉冲信号可靠传输，根据局域网的安全，要求限制网上干扰脉冲的幅度和个数。测试 2min，捕捉脉冲噪声个数不大于 10。该参数在验收测试中，只在整个系统中抽样几条链路进行测试。

6．背景杂讯噪声

背景杂讯噪声一般是由用电器工作带来的高频干扰、电磁干扰和杂散宽频低幅干扰产生的。综合布线链路在不连接有源器件及设备的情况下，杂讯噪声电平应≤30dB。该指标也应抽样测试。

7．综合布线系统接地测量

综合布线接地系统安全检验。接地自成系统，与楼宇地线系统接触良好，并与楼内地线系统连成一体，构成等压接地网络。接地导线电阻≤1Ω（其中包括接地体和接地扁钢，在接地汇流排上测量）。

8．屏蔽线缆屏蔽层接地两端测量

链路屏蔽线屏蔽层与两端接地电位差＜1Vrms。

如果进行三至五类链路测试，仅测试上述 1～7 个参数即可；在对五类布线（用于开通千兆以太网使用）和进行超五类及六类测试时，需测试 1～13 个参数的全部项目。项目 15～17 在工程测试中为抽样测试。

9．一条电缆（UTP5）的认证报告

一条电缆经测试仪 DSP-4000 测试后，将向用户提供一份认证测试报告。其报告的内容如图 7-15 所示。

```
Wire Map PASS                 Result    RJ45 PIN:    1 2 3 4 5 6 7 8 S
                                                     | | | | | | | |
                                        RJ45 PIN:    1 2 3 4 5 6 7 8
```

Pair	Length (m)	Limit	Prop. Delay ns	Limit	Delay Skew ns	Limit	Resistance ohms	Limit	Impedance ohms	Limit	Anom. (m)	Attenuation Result (dB)	Freq. MHz	Limit (dB)
12	42.6	100.0	206	555	5	50						8.6	100.0	24.0
36	42.0	100.0	203	555	2	50						8.4	100.0	24.0
45	42.6	100.0	206	555	5	50						8.6	100.0	24.0
78	41.6	100.0	201	555	0	50						8.3	100.0	24.0

	Main Results						Remote Results					
	Worst Margin			Worst Value			Worst Margin			Worst Value		
Pair	Result (dB)	Freq. MHz	Limit (dB)	Result (dB)	Freq. MHz	Limit (dB)	Result (dB)	Freq. MHz	Limit (dB)	Result (dB)	Freq. MHz	Limit (dB)
RETURN LOSS												
12	16.2	83.8	10.8	16.2	83.8	10.8	22.2	23.2	16.4	19.3	83.6	10.8
36	20.9	62.8	12.1	20.9	62.8	12.1	26.1	21.9	16.7	23.2	74.8	11.3
45	21.9	25.7	15.9	20.8	86.4	10.6	21.3	25.7	15.9	21.3	25.7	15.9
78	17.0	36.6	14.4	17.0	36.6	14.4	21.2	36.4	14.4	19.7	61.2	12.1
PSNEXT												
12	51.9	20.4	38.9	41.5	90.4	27.8	50.2	20.3	38.9	40.1	95.6	27.4
36	42.0	49.8	32.3	39.1	95.6	27.4	42.3	50.0	32.3	37.5	95.8	27.4
45	42.0	50.0	32.3	38.5	95.4	27.4	35.4	98.2	27.2	35.4	98.2	27.2
78	43.7	43.2	33.3	38.2	96.2	27.4	47.5	28.6	36.4	40.1	96.6	27.3
PSACR												
12	55.6	10.5	36.4	33.3	90.4	5.1	55.0	9.4	37.6	31.6	95.6	4.0
36	42.3	28.4	24.2	30.8	100.0	3.0	64.0	3.7	46.9	29.3	98.2	3.4
45	60.9	4.7	44.6	30.1	95.4	4.0	47.1	17.1	30.7	26.9	98.2	3.4
78	50.7	13.2	33.8	30.1	96.2	3.9	63.1	4.3	45.4	32.0	96.6	3.8
NEXT												
12-36	46.7	59.0	34.0	46.7	59.0	34.0	49.8	47.0	35.7	47.4	90.8	30.8
12-45	53.0	20.4	41.9	43.3	95.4	30.4	51.3	20.3	41.9	41.2	98.6	30.2
12-78	46.0	67.2	33.1	46.0	67.2	33.1	47.4	62.0	33.6	46.1	78.2	31.9
36-45	43.5	49.8	35.3	40.8	100.0	30.1	42.7	50.0	35.3	37.9	98.2	30.2
36-78	48.6	28.2	39.5	40.9	96.2	30.4	49.0	28.2	39.5	43.5	96.2	30.4
45-78	54.1	13.2	45.0	42.2	96.4	30.4	54.8	13.0	45.1	42.4	99.4	30.1
ACR												
12-36	57.9	10.1	39.8	39.6	90.4	8.1	69.7	3.1	51.5	39.5	90.8	8.0
12-45	49.2	20.3	31.7	34.9	95.4	7.0	47.5	20.3	31.7	32.7	98.6	6.3
12-78	59.7	11.4	38.5	39.2	90.0	8.2	59.1	10.7	39.2	38.8	78.2	10.9
36-45	51.1	17.5	33.5	32.2	100.0	6.0	50.3	17.2	33.7	29.4	98.2	6.4
36-78	44.3	28.1	27.3	32.8	96.2	6.9	61.0	6.6	44.3	35.4	96.2	6.9
45-78	51.1	13.2	36.8	34.1	96.4	6.8	51.8	13.1	36.9	34.1	99.4	6.2

图 7-15　一条电缆（UTP5）的认证测试报告

ELFEXT												
12-36	33.6	98.0	17.6	33.6	98.0	17.6	33.4	98.0	17.6	33.4	98.4	17.5
12-45	77.4	1.6	53.3	41.7	100.0	17.4	77.5	1.6	53.3	41.7	100.0	17.4
12-78	48.1	68.4	20.7	47.4	76.4	19.8	47.8	68.4	20.7	47.1	97.4	17.6
36-12	33.0	97.8	17.6	32.9	100.0	17.4	33.2	97.8	17.6	33.1	100.0	17.4
36-45	29.8	99.2	17.5	29.8	99.4	17.4	29.9	99.2	17.5	29.9	99.4	17.4
36-78	75.1	1.1	56.6	38.4	98.8	17.5	75.1	1.1	56.6	38.3	98.8	17.5
45-12	41.2	99.0	17.5	41.2	99.0	17.5	41.3	99.0	17.5	41.3	99.0	17.5
45-36	31.5	97.8	17.6	31.5	100.0	17.4	31.4	98.0	17.6	31.3	100.0	17.4
45-78	74.7	1.0	57.4	38.3	96.8	17.7	74.7	1.0	57.4	38.0	96.8	17.7
78-12	50.9	43.6	24.6	49.0	62.2	21.5	51.3	43.0	24.8	49.3	62.2	21.5
78-36	75.5	1.1	56.6	37.9	91.8	18.1	75.5	1.1	56.6	37.9	91.6	18.1
78-45	69.8	1.8	52.3	37.3	100.0	17.4	69.9	1.8	52.3	37.6	100.0	17.4
PSELFEXT												
12	32.4	97.8	14.6	32.3	100.0	14.4	32.8	98.0	14.6	32.8	98.6	14.5
36	29.0	98.0	14.6	29.0	100.0	14.4	27.9	99.2	14.5	27.9	99.6	14.4
45	28.9	99.2	14.5	28.9	99.6	14.4	30.3	98.0	14.6	30.2	100.0	14.4
78	72.1	1.0	54.4	35.2	96.8	14.7	69.0	1.5	50.9	34.8	100.0	14.4

图 7-15　一条电缆（UTP5）的认证测试报告（续）

从图 7-15 中可以看到下列几组重要的数据：

（1）接线图：

```
RJ-45 PIN:    1 2 3 4 5 6 7 8 S
              | | | | | | | |
RJ-45 PIN:    1 2 3 4 5 6 7 8
```

表明接线正确。

（2）线对：（1，2）、（3，6）、（4，5）、（7，8）。

- 特性阻抗（Impedance），Ω
- 电缆长度（Length），m
- 合适延迟（Prop Delay），ns
- 阻抗（Resistance），Ω
- 衰减（Attenuation），dB

它们下面的 PASS 表示成功（在限定值范围内），如果超过限定值则 FAIL，表示失败，不能通过测试。

（3）线对组：

- 近端串音（NEXT），dB
- 远端串音（FEXT Remote），dB

它对应的结果为 PASS（成功）时，结果符合标准。

7.3　光缆的测试

随着计算机高速网络的不断发展，光缆在计算机网络中的应用越来越广，当工程结束时，必须检测已铺光缆是否达到设计要求，是否符合网络的要求，从而保证系统连接的质量，减少故障因素以及出现故障时找出光纤的故障点。光缆测试主要包括光纤的传输特性以及与传输特性相关的一些参数，主要有光缆长度、衰减、传输延迟、插入损耗、后向散射曲线和光的折射率等。

1．光缆长度

光缆长度测试是利用 OTDR 比较精确地测试出每盘光缆的光纤长度，再根据换算公式算出光缆的长度，为光缆的布放提供精确的数据。

测试光缆长度的具体操作如下：

（1）开剥光缆，制备光纤端面。

（2）仪表加电，测试前的准备。在制备光纤的同时先给仪表（OTDR）加电预热，并根据光纤长度测试的相关要求设置好仪表的各项参数，为光纤长度测量做好准备。

（3）连接被测光纤。把制备的光纤端面通过连接设备与 OTDR 的测试尾纤连接起来。

（4）调整仪表读出光纤的长度。

（5）纤长、缆长换算。利用测得的光纤纤长，再按光缆制造厂家提供的纤/缆换算系数将测得的光纤长度换算成光缆长度：

$$L = l \times (1-P)$$

式中，L 为光缆长度（m），l 为测得的光纤的长度（m），P 为纤/缆换算系数。

光缆长度测量可为光缆布放提供精确的缆长数据，并能合理利用光缆而不造成浪费，同时也是检测生产厂家产品数量合格与否的尺度。要求光缆长度在出厂时为正偏差；当发现有负偏差时应重点测试，以测出光缆的实际长度。

2．光缆衰减

光缆衰减一般由光纤的本地衰减、光纤连接点的连接衰减和光缆的弯曲衰减组成。光缆衰减测试的目的是：检验光缆内光纤的衰减是否达到设计文件（或合同书）的技术要求，光纤是否可用。

衰减测试常用的方法有剪断法、插入法和 OTDR 法。

（1）剪断法。剪断法是一种带有破坏性的测试方法，具体操作步骤如下：

1）剥开光缆，制备光纤端面。

2）按图 7-16 所示连接好光源、光功率计和被测光纤。

3）在 b 点测出该点的光功率 P2。

4）在 a 处剪断光纤，在保持光源、模激励状态不变的情况下把光功率计移动到 a 点，并测出相应的光功率 P1。

5）用 P1 减 P2 即为光缆衰减。

剪断法是 ITU-T 规定的基准测试法。虽然这种测试方法对光缆有一定的破坏性，但测试精度较高，并且对仪表本身的要求不是很高。为了提高测试准确性，可连续测试多次，求平均值。

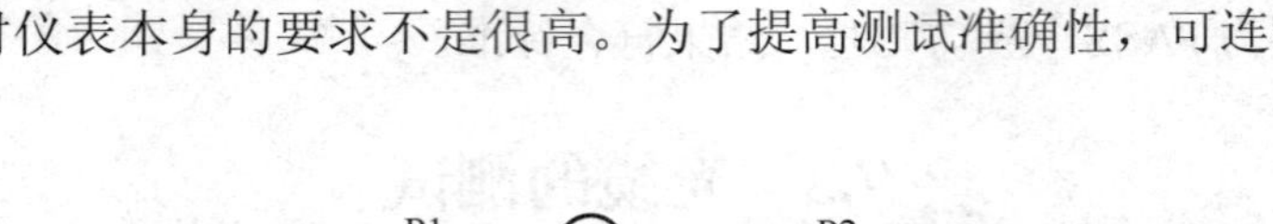

图 7-16 剪断法示意图

（2）插入法。由于在光线缆路测试中并不需要非常高的精度，因此在工程和维护中也可以使用插入测试法，具体操作过程如下：

1）剥开光缆，制备光纤端面。

2）按图 7-17 所示连接好光源、光功率计和被测光纤。

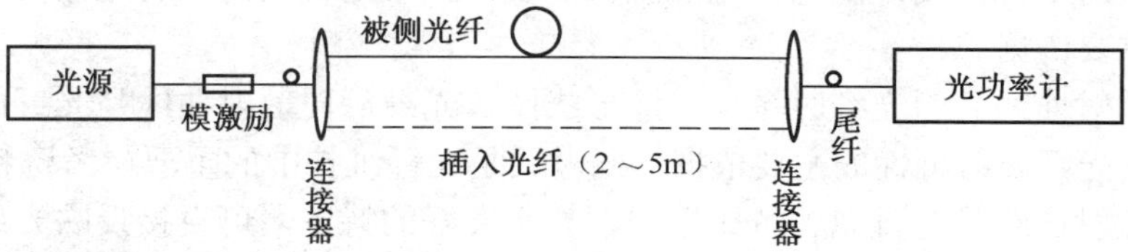

图 7-17　光缆插入法测试示意图

3）先插入光纤（2～5m）接入连接器，调整两侧连接器使光功率计读数最大，记为功率 P1（单位为 dam）。

4）将被测光纤接入连接器（以取代插入光纤），调整连接器使光功率计读数最大，记为功率 P2（单位为 dam）。

5）P1 减 P2 即为光缆的衰减。

（3）OTDR 法。OTDR 法又称后向或背向散射法。OTDR 法是一种非破坏性测试方法，其测试精度、可靠性主要受仪表的精度和耦合方式影响较大，同时光注入条件不同也会对测试值有所影响。具体操作步骤如下：

1）剥开光缆，制备光纤端面。

2）按图 7-18 所示连接 OTDR 和被测光缆。

3）设定 OTDR 的各项参数，使其符合测试实际和要求。

4）调整游标 A 和 B 使它们各自落在被测光纤的起点和终点。

5）在 OTDR 屏幕下方的功能框中可找到光缆的衰减。

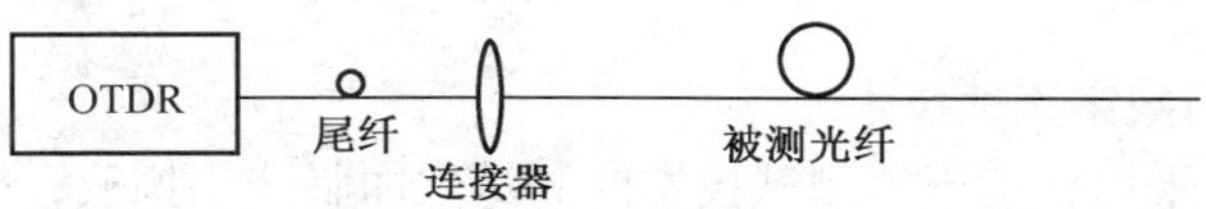

图 7-18　光纤 OTDR 法测试示意图

3．传输延时

传输延时是指信号在光线缆路中传输所使用的时间。有些应用系统对光缆布线通道的最大传输延迟有专门的要求，否则将影响系统的性能。

传输延时可用相移法或脉冲时延法进行测量。

4．插入损耗

插入损耗是指光纤中的光信号通过活动连接器之后，其输出光功率相对输入光功能的比率的分贝数，表示式为：

$$Ac=-10\log P0/P1$$

其中，Ac 为连接器插入损耗（dB），P0 为输入端的光功率，P1 为输出端的光功率。

对于多模光纤连接器来讲，输入的光功率应当经过稳模器，滤支高次模，使光纤中的模式为稳态分布，这样才能准确地衡量连接器的插入损耗。插入损耗愈小愈好。插入损耗用 OTDR 测量即可得到。

5．后向散射曲线

光缆后向散射信号曲线，是观察光纤沿长度衰减分布是否均匀、有无光纤断裂，尤其是轻微裂伤点的重要依据。

光纤后向散射曲线又叫光纤时域反射波形式图。光纤后向散射曲线是光纤的重要特性指标，是人们观察光纤反射特性的主要依据，同时又是光纤维护中的重要参考资料。

光纤后向散射曲线具有直观、可比性强、真实性好的特点，可直接反映光纤链路每一点的传输特性。在光纤后向散射曲线上，可直接观察光纤链路上的熔接点、弯曲点、活动连接器的位置和光纤的断裂点，并测出其具体位置。

将光纤与 OTDR 连接好，按要求设置 OTDR 的测试参数，即可得到后向散射曲线，分析测试曲线得到相应的结果。

6．光缆的折射率

在测量光纤长度时，必须正确输入光纤的折射率；当折射率有偏差时，测试的光纤长度就不会准确。如果不知道光缆内光纤折射率或对厂家提供的折射率系数进行验证时，就必须进行折射率的测试。

光纤折射率测试主要用 OTDR 法，测试方法为：取一段标准长度的光纤，用 OTDR 测其长度，改变 OTDR 上的折射率数值，使 OTDR 上测试的纤长与实际的纤长相等，此时 OTDR 上的折射率数值即为光纤的折射率。

7.4 常用的测试仪器

7.4.1 Fluke DSP-100 测试仪

1．DSP-100 采用数字测试技术

面对新的标准，采用传统模拟测试技术的测试仪面临严重挑战。模拟测试技术是通过多次发送不同频率的正弦信号对电缆进行测试的，如何保证测试的一致性和精度，如何排除电缆接口和插座的影响及如何进行双向的近端串音（NEXT）测试都成为问题。Fluke DSP-100 采用了专利的数字测试技术测试电缆，不仅完全满足了 568A 所要求的二级精度标准，而且还具有更加强大的测试和诊断功能。

在测试时 DSP-100 发送一个和网络实际传输的信号一致的脉冲信号，采集信号的时域响应，再将时域信号进行数字信号处理从而得到频域结果。这样一次测试就可替代上千次的模拟信号。

数字测试技术带来的突出优点如下：

（1）测量速度快。17 秒内即可完成一条电缆的测试，包括双向的 NEXT 测试。

（2）测量精度高。DSP-100 满足 568B 中对基本链路（Basic Link）和通道（Channel）连接的认证级精度（二级精度）。

（3）故障定位准。DSP-100 可以迅速地识别并定位和分析各类布线故障，如连接故障和电缆电气性能故障。利用双向时域串音分析技术（TDXTM）可以在很短的时间内准确地定位串音的具体位置。

DSP-10 的新技术为用户的投资提供了保证，高精度使测试结果准确可靠，高速度节省用户的大量时间。用故障准确定位，同样节省了用户查找故障的时间。双向 NEXT 测试可以免去在电缆两头来回奔忙。

2．主要技术指标

（1）电缆种类。

UTP：Cat 3，Cat 4 和 Cat 5。

FTP（ScTP）：Cat 3，Cat 4 和 Cat 5。

STP：IBM Type 1，6 和 9。

Coax：10Base5，10Base2，RG-58，RG-58foam，RG-59，RG-59foam，RG-8，RG-8A/U，RG-62。

（2）测试标准。

TIA Cat 3，4，5。

基本链路（Basic Link）或通道（Channel）。

TIA TP-PMD。

IEEE 802.3 10Base5，10Base2，10Base-T。

ISO Class A，B，C，D。

IEEE 802.5 Token Ring 4/16Mb/s。

IEEE 100Base-TX，100Base-T4。

IEEE 802.12（100BaseVG）。

ANSI TP-PMD。

（3）测试速度。

17 秒内完成一条 UTP 五类线测试（含双向 NEXT）。

（4）连线图。

TIA/EIA568，100Base-T，Token Ring，TP-PMD 指标，UTP（包括屏蔽）电缆两端插头的连接进行测试（同于接线图）。

（5）特性阻抗。

	双绞线 TP	Coax 同轴电缆	备注
量程	70～80Ω	35～100 Ω	当额定值和测量值的差别增大时，特性阻抗的精度会下降
精度	±150 Ω +5%	±150 Ω +5%	

（6）长度（距离测试无死区）。

	双绞线 TP	Coax 同轴电缆
量程	750m	1200m
分辨力	0.5m	0.5m
精度	±（0.5m+4%读数）	±（0.5m+4%读数）

（7）NEXT 近端串音精度。

<±1.6dB@　100MHz（信道模式）。

<±1.5dB@　100MHz（基本链接模式）。

100kHz～105MHz，步长 100kHz。

（8）衰减。

<±1.0dB@　100MHz。

100kHz～105MHz，步长 100kHz。

（9）传输时延。

	双绞线 TP		Coax 同轴电缆	
范围	0～500ns	500～3800ns	0～500ns	500～6000ns
分辨力	1ns		1ns	
精度	±（2ns+2%读数）	±（2ns+4%读数）	±（2ns+2%读数）	±（2ns+4%读数）

（10）操作界面。

极易使用的旋钮式操作界面。可选自动测试（按照所选标准一次完成）、单步测试（每个指标单独测试）、以太网业务量监测、打印（可存储 500 条测试结果）、仪器设置（测试标准、电缆类型、长度单位、蜂鸣、数据格式等）、特殊功能（校准、自检，电池储电情况、存储结果删除等）。

（11）DSP Link 软件。

Windows 环境的软件可将存于 DSP-100 的结果传至 PC 机（ASCII 或 CSV 格式），可对测试结果进行处理和绘图分析，可用于仪器升级等。该软件将随机免费提供。

（12）一般指标。

外形：Fluke 专利的高强度黄色塑料铸压外壳，22.5（长）×13（宽）×7.6（高）（cm^3）。

重量：1.4kg。

显示：240×240 点大型液晶屏，带背景灯。

输入：RJ-45，BNC，可承受电话振铃电压。

功耗：NICD 充电池，连续工作 10～12 小时，远端单元为 9V 碱性电池。

接口：RS-232 接口，DB9 针（DTE 阳），1200～38400 波特率，8 个数据位，1 个停止位，无校验可用仪器升级（Flash ROM）。

（13）随机设备。

DSP-100 的随机设备包括：1 个主机标准远端单元、电源线、1 条 UTP RJ-45 到 RJ-45 电缆（15cm）、1 条 UTP RJ-45 到 RJ-45 电缆（2m）、1 条同轴电缆、1 条背带、1 个软包、DSP Link 软件。

选件包括：DSP-R 标准远端单元、DSP-SR 智能远端单元、BP7217NiCD 充电电池、N6580 电缆套件、N6581 STP 电缆套件、N6703 UTP 套件。

（14）经 UL 独立验证的 DSP-100 指标。

Level II	Measured Performance for 100MHz		
Performance Parameter	Limit for 100MHz	DSP-100	DSP-SR
Random Noise floor	65dB	78.4dB	80.4dB
Sidual NEXT	55dB	56.8dB	58.9dB
Output signal Balance	37dB	39.1dB	40.8dB
Common Node Bejection	37dB	39.8dB	39.9dB
Dynamic Accuracy	±0.75dB	0.6dB	0.6dB
Return Loss	15dB	24.8dB	22.6dB

3. DSP-100 功能与特点

美国 Fluke 公司生产的 DSP-100 有如下特点：

（1）高精度的保证。DSP-100 是全部满足 568B 标准对基本链路（Basic Link）和通道（Channel）连接的认证级精度（二级精度）要求的测试仪，并唯一通过了 UL 认证。同时也通过了欧洲的 3P 实验室依据 ISO 11801 标准所作的验证和可重复性测试。

测试仪的精度是有时间限制的，精密的仪器在使用一段时间后必须对其进行校准。美国 Fluke 公司专门为 DSP 系列测试仪开发了一套用于校准的智能工具和方法，用户在北京 Fluke 维修站即可完成对测试仪的校准，而不必增加费用、耽误时间将仪器返厂。

（2）精确定位 NEXT 故障。DSP-100 可以迅速地识别并定位和分析各类布线故障，如连接故障和电缆电气性能故障。此外，其专利的双向时域串音分析技术（TDXTM）可以在 8 秒钟之内精确地定位串音的具体位置，极大地节省了查找故障所需的时间。这些故障可能来自不良的安装工艺、性能差的部件以及局部电缆的损坏等。图 7-19 显示了电气性能故障来自 23 m 处的错误接头（三类插座）。

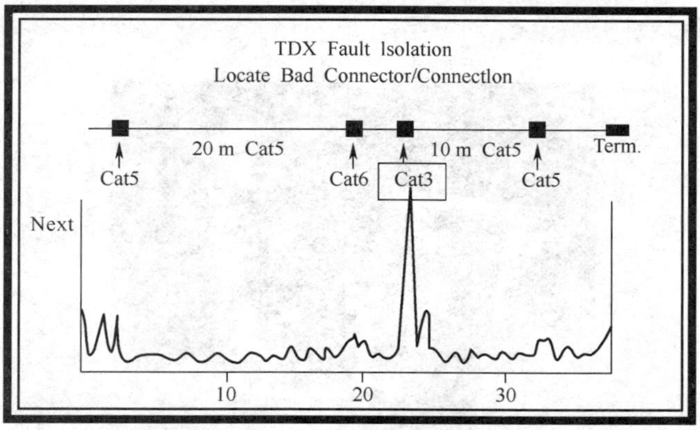

图 7-19　显示了电气性能故障来自 23m 处的错误接头

（3）外部环境噪声识别。DSP-100 是唯一在测试电缆的 NEXT 时能识别由外部环境噪声干扰电缆的测试仪，从而避免将外部噪声（如荧光灯、无线电通信等）干扰误认为是 NEXT，误导对故障的查找或测试出现精度问题。

（4）坚固可靠。DSP-100 在设计时考虑到现场测试环境的情况，因此保证即使在恶劣环境下仍可提供实验室级精度。每一台测试仪都经得起坠地试验（即从 1m 的高度将测试仪自由坠地）的考验，落地后测试仪功能和精度依然如故。正是由于高精度和高可靠性使DSP-100成为北约的军用标准产品。

（5）完善的供电系统。测试仪的电池供电时间为12小时（或1800次自动测试），可保证一整天的工作任务。多种自动节电措施和独特的电池管理功能随时可以显示剩余的电池电力。为内部存储单元准备的后备锂电池，可以保证在主充电电池被取出后，用户所存储的测试结果5年之内不会丢失。

（6）方便的存储和数据下载功能。DSP-100可存储1000多个TIA 568B的测试结果或600个ISO的测试结果。而简单易用的视窗环境下的免费DSP-Link软件，更可以十分方便地在两分钟之内将仪器的所有测试结果下载至计算机，用户可以自行输出像网络分析仪一样的链路性能分析图。DSP-Link软件全面支持中文显示和测试报告的输出和打印。此外，DSP-Link还可以帮助对DSP-100的软件进行升级。

（7）高测试带宽和光纤测试能力。DSP-100是一个具有远见的产品，它可以完成高达155MHz的电气性能测试。光缆测试选件FTK可方便地连接至DSP-100主机来完成850/1300多模光纤的光功率损耗的测试，并可根据通用的光缆测量标准给出通过和不通过的测试结果。也可以使用另外的1310和1550激光光源来测量单模光缆的光功率损耗。

（8）网络监测功能。为了在测试之前检查网络是否在工作，DSP-100可以监测网络的流量，包括10Base-T和10Base2的流量利用率、碰撞和超长帧。

（9）支持中国行业标准。DSP-100的本地化包括对中国国内正式发布的行业标准的支持。目前支持YD/T 926.1－1997标准。

（10）完善的售后服务。Fluke公司投资在北京设立了中国注册的维修中心直接为用户服务。所有的网络产品都在进行本地化工作，DSP-100的用户可以得到全中文的技术手册。

4．DSP-100测试仪的组成与使用

（1）DSP-100测试仪的组成。DSP-100测试仪由主机和智能远端单元组成，如图7-20和图7-21所示。

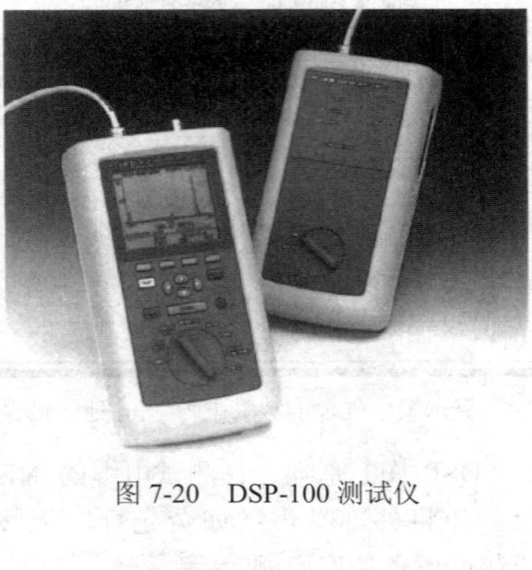

图7-20　DSP-100测试仪

主机由以下部分组成：

1）旋钮开关：选择测试仪的工作模式。

2）4个功能键：提供和当前显示相关的功能。具体功能显示于键的上方。

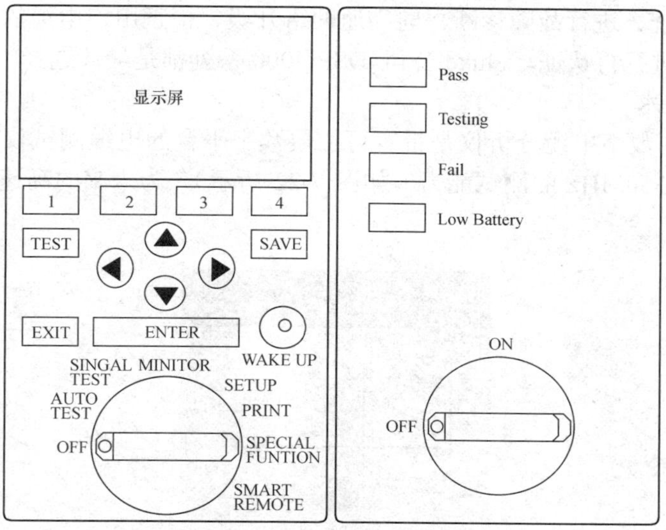

图 7-21 DSP-100 的主机和智能远端单元

- TEST 键：启动突出显示所选的测试或再次启动上次运行的测试。
- EXIT 键：从当前屏幕显示或功能退出。
- SAVE 键：存储自动测试结果和改变的参数。
- ENTER 键：选择菜单中突出显示的项目。

3）方向键：在显示屏中可上、下、左、右移动。用户定义数值的增减。

4）WAKE UP 键：背景灯控制。按住 1 秒可调整显示对比度。测试仪进入休眠状态后，用该键重新启动。

DSP-100 测试仪的智能远端很简洁，RJ-45 插座处有通过 PASS、未通过 FAIL 的指示灯指示。前面板有测试 LED 指示灯、电池不足 LED 指示灯和旋钮开关。

（2）DSP-100 测试仪的使用。DSP-100 自动测试的操作步骤如下：

1）将测试仪旋钮转到 SETUP。

2）根据测试线缆和屏幕显示选择测试参数，选择后的参数将自动保存到测试仪中，直至下次修改。

3）将测试仪和远端单元分别接入待测链路的两端。如果测试双绞线，将主机 BNC 插头上的所有连接电缆拆除；如果测试同轴电缆，将测试仪 RJ-45 插座上连接的电缆拆除。

4）将旋钮转至 AUTO TEST，按下 TEST 键，测试仪自动完成全部测试。

5）按下 SAVE，输入被测链路编号、存储结果。

打印可通过随机软件 DSP-Link 与 PC 机连接，将测试结果送入计算机存储打印。如果在测试中发现某项指标未通过，将旋钮转至 SINGLE TEST，根据中文速查表进行相应的故障诊断测试。查找故障后，排除故障，重新进行测试直至指标灯全部通过为止。

7.4.2 Fluke DSP-4000 测试仪

DSP-4000 系列测试仪是 Fluke 公司数字式电缆分析仪家族中的最新成员，专门为布线工程商和网络使用者依据当前的业界标准和将来的更高标准认证高速铜缆和光缆而设计的。

无论是认证布线系统、进行故障诊断、向高速网络升级、检查用户电缆的问题，还是对布线链路增减、移动后进行再认证，Fluke 公司 DSP-4000 系列都是最佳选择。

1．数字测试技术

DSP-4000 系列数字电缆分析仪是带有可扩展数字平台的电缆测试仪，确保满足新标准的要求，具备高达 350MHz 的测试能力（如图 7-22 所示），为未来的高速布线系统提供全面的性能“预览”。

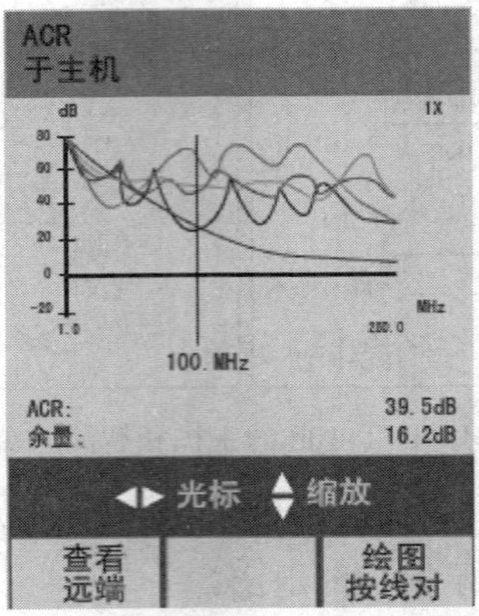

图 7-22　具备 350MHz 的测试能力

使用数字脉冲激励链路进行测试，并在时域中使用数字信号处理技术来处理测试结果。这种测试方法所提供的精度和重复性要远远超过所有模拟或扫频的方法。具有实验室级的精度、坚固的手持设计和供电时间持久的性能特点。

时域测试的另一大优势就是其强大的故障诊断能力，可以及时提供准确的、图形化的故障信息。只需按一个键即可给出故障的精确位置。

为帮助快速探测网络利用率，DSP-4000 系列可以监视 10Base-T 和 100Base-TX 以太网系统的网络流量，监视双绞线电缆上的脉冲噪声，帮助确定 Hub 端口的位置并判定所连接 Hub 端口支持的标准。另外脉冲噪声性能可以探测并排除串音测试过程中的噪声源干扰。

2．强大的故障诊断功能

DSP-4000 系列带有强大的故障诊断功能，可以识别和定位被测试链路中的开路、短路和异常等问题。例如 Fluke 公司的专利技术——精确双向时域串音分析（HDTDX）功能，可以找出串音的具体位置，并能给出串音与测试仪之间的准确距离。

专利的 HDTDX 分析技术也为解决布线链路中复杂的 Return Loss 故障提供了精确的手段。

DSP-4000 系列能够帮助迅速地识别和定位被测链路中的开路、短路和连接异常等问题。只需要按一下故障信息键（FAULT-INFO），DSP-4000 系列即可自动诊断电缆故障并以图形方式显示故障在链路中的位置，如图 7-23 所示。

3．配置比较

标准配置包括 Cable Manger 软件、语音对讲耳机（2）、AC 适配器/电池充电器（2）、便携软包、使用手册&快速参考卡、仪器背带（2）、同轴电缆（BNC）、校准模块、RS-232 串行电缆、RJ-45 到 BNC 的转换电缆。DSP 4000 系列配置比较见表 7-16。

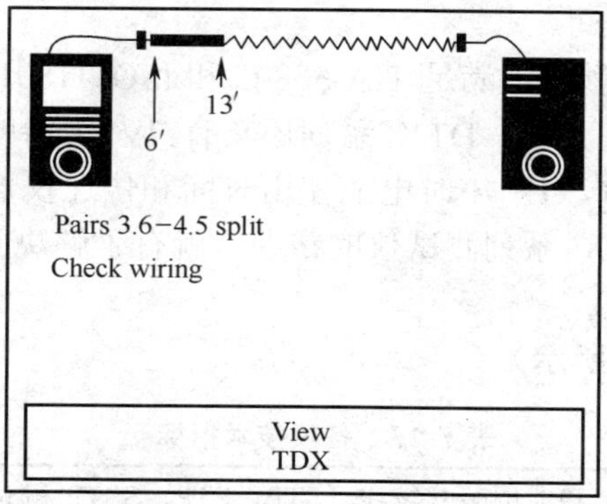

图 7-23　自动诊断电缆故障并显示故障在链路中的位置

表 7-16　DSP 4000 系列配置比较表

	DSP-4300	DSP-4000PL	DSP-4000
DSP-4000 系列的标准配置	√	√	√
Cat 6/5e 永久链路适配器	√	√	
Cat 6/5e 通道适配器	√	√	√
Cat 5e 基本链路适配器			√
Cat 6 通道/流量监视适配器	√		
仪器内部存储器	√ 300 个图形测试结果	√ 摘要测试结果	√
多媒体存储卡&存储卡读取器	√		

7.4.3　Fluke DTX 系列电缆认证分析仪

这个铜缆和光纤认证测试仪可确保布线系统符合 TIA/ISO 标准。测试 10 兆到 10 千兆线缆。

1．概览

- DTX 可以显著减少总体认证成本，每年高达 33%。
- 在 9 秒内完成 Cat 6 自动测试，比现有测试仪快 3 倍。
- 超出了 Cat 5e/6 和 E/D/F 类的规格要求。
- 通过 UL 独立验证是否符合 ISO IV 级和建议的 TIA IIIe 级准确性要求。
- 光纤模块只需按一下按钮即可在铜缆和光纤之间切换。
- 使用 LinkWare 报告软件分析测试结果并创建专业的测试报告。
- 以 DTX 光纤模块执行基本光纤认证，速度可提高 5 倍。
- 以 DTX Compact OTDR 执行高级光纤认证。

2．产品功能

福禄克网络公司最新推出的 DTX 系列电缆认证分析仪是既可满足当前要求又面向未来技术发展的高技术测试平台。通过提高测试过程中各个环节的性能，这一革新的测试平台极大地缩短了整个认证测试的时间。

Cat 6 链路测试时间仅 9 秒钟，满足 TIA-568-C 和 ISO 11801:2002 标准对结构化布线系统的认证要求，而这些仅仅是开始，DTX 系列还具有 IV 级精度、无可匹敌的智能故障诊断能力、900MHz 的测试带宽、12 小时电池使用时间和快速仪器设置，并可以生成详细的中文图形测试报告。有了 DTX 系列测试仪的帮助，就有了解决问题的最佳工具，并且为面对未来的任何挑战做好了准备。

3．技术指标（如表 7-17 所示）

表 7-17 各项技术指标

电缆类型	LAN 网用屏蔽和非屏蔽双绞线（STP，FTP，SSTP 和 UTP）
标准的链路接口适配器	● TIA Category 3，4，5，5e，6 和 6A：100Ω ● ISO/IEC C 级和 D 级：100Ω 和 120Ω ● ISO/ IEC Class E，100Ω ISO/ IEC Class F，100Ω ● Cat 6A/ Class E_A 永久链路适配器插头类型及寿命：屏蔽和非屏蔽电缆，TIA Cat 3，4，5，5e，6，6A 和 ISO/IEC Class C，D，E 及 E_A 永久链路 ● Cat 6A/ Class E_A 通道适配器插头类型及寿命：屏蔽和非屏蔽电缆，TIA Cat 3，4，5，5e，6，6A 和 ISO/IEC Class C，D，E 及 E_A 通道
测试标准	● TIA Category 3，5e，6 依据 ANSI/TIA-568-C.2 ● TIA TSB-95 标准：五类（1000BASE-T） ● TIA/EIA-568B.2-1 标准：六类（TIA/EIA-568B.2 附录 1） ● TIA Category 6A 依据 ANSI/TIA-568-C.2（6A 仅 DTX-1800 支持） ● TR 24750（仅 DTX-1800 支持） ● ISO/IEC 11801 标准：C 级、D 级和 E 级 ● ISO/IEC 11801 标准：F 级（仅限 DTX-1800） ● EN 50173 标准：C 级、D 级和 E 级 ● EN 50173 Class E_A，F（仅 DTX-1800 支持） ● ANSI TP-PMD ● 10BASE5，10BASE2，10BASE-T，100BASE-TX，1000BASE-T
自动测试速度	完整的双向 6 类双绞线链路自动测试时间：12 秒或更少 双向自动测试 Category 6A 及 ISO/IEC Class F 链路只需 22 秒
支持的测试参数	（测试参数及测试的频率范围由所选择的测试标准所决定） 接线图 长度 传输时延 时延偏离 支流环路电阻 插入损耗（衰减） 回波损耗，远端回波损耗 近端串扰、远端近端串扰 衰减串扰比(ACR-N), ACR-N @ Remote

续表

支持的测试参数	ACR-F (ELFEXT), ACR-F @ Remote PS ACR-F (ELFEXT), PS ACR-F @ Remote PS NEXT, PS NEXT @ Remote PS ACR-N, PS ACR-N @ Remote 综合外部近端串扰 (PS ANEXT) 综合外部衰减远端串扰比(PS AACR-F)
电缆上的音频发生器	产生可被如 IntelliTone 智能音频探头等音频探头检测到的音频。向所有线对发生音频。音频的频率范围为 440～831Hz
显示	带背景灯的无源彩色透射 LCD，对角线长度 9.4cm，点阵：（宽）240 点×（高）320 点
输入保护	能经受持续的电话电压和 100mA 的过流。偶尔的 ISDN 过压不会造成仪器损坏
便携包	带冲击能量吸收的高效塑料包
尺寸	主机与智能远端：21.6cm×11.2cm×6cm
重量	1.1kg（未接测试模块时）
操作温度	0℃～45℃
保存温度	-20℃～+60℃
可操作的相对湿度（非凝结）	0℃～35℃：0%～90% 35℃～45℃：0%～70%
振动	随机，2g，5～500Hz
震动	1m 跌落试验，无论是否带有模块式适配器
安全	CSA C22.2 No. 1010.1:1992 EN 61010-1 第 1 版+修订 1，2
污染级别	IEC 60664 中描述的 2 级污染，遵守 IEC60950"信息技术设备安全性，1999"标准
高度	操作：4000m；保存：12000m
EMC	EN 61326-1
电源	主机与远端：锂离子电池，7.4V，4000mAh 典型电池使用时间：12～14 小时 充电时间（关机状态）：4 小时（低于 40℃） 交流适配器/充电器，USA 版本：直线电源：输入 108～132Vac，60Hz：输出 15Vdc，1.2A 交流适配器/充电器，国际版本：开关电源：输入 90～264Vac，48～62Hz：输出 15Vdc，1.2A（隔离输出） 主机中存储单元备用电池：锂电池 锂电池典型寿命：5 年 在 0℃～45℃温度范围外电池不会充电 在 40℃～45℃温度范围内电池充电效率会降低
支持的语言	英语、法语、德语、西班牙语、葡萄牙语、意大利语、日语、简体中文、繁体中文、韩语、俄罗斯语、捷克语、波兰语、瑞典语、匈牙利语
校准	到维修站的校准周期是 1 年

4. 测试仪使用

（1）初始化步骤。

1）充电。将 Fluke DTX 系列产品主机、辅机分别用变压器充电，直至电池显示灯转为绿色。

2）设置语言。将 Fluke DTX 系列产品主机旋钮转至 SET UP 档位，按右下角绿色按钮开机；使用↓箭头；选中第三条 Instrument setting（本机设置），按 ENTER 键进入参数设置，按一下→箭头，进入第二个页面，按↓箭头选择最后一项 Language，按 ENTER 键进入；按↓箭头选择最后一项 Chinese，按 ENTER 键选择。将语言选择成中文后才进行以下操作。

3）自校准。取 Fluke DTX 系列产品 Cat 6/Class E 永久链路适配器，装在主机上，辅机装上 Cat 6/Class E 通道适配器。然后将永久链路适配器末端插在 Cat 6/Class E 通道适配器上；打开辅机电源，辅机自检后，PASS 灯亮后熄灭，显示辅机正常。SPECIAL FUNCTIONS 档位，打开主机电源，显示主机、辅机软件、硬件和测试标准的版本（辅机信息只有当辅机开机并和主机连接时才显示），自测后显示操作界面，选择第一项“设置基准”后（如选错用 EXIT 退出重复），按 ENTER 键和 TEST 键开始自校准，显示“设置基准已完成”说明自校准成功完成。

（2）设置参数。将 Fluke DTX 系列产品主机旋钮转至 SET UP 档位，使用“↑↓”键来选择第三条“仪器值设置”，按 ENTER 进入参数设置，可以按“←→”翻页，用“↑↓”键选择所需设置的参数，按 ENTER 键进入参数修改，用“↑↓”键选择所需采用的参数设置，选好后按 ENTER 键选定并完成参数设置。

1）新机第一次使用需要设置的参数，以后不需更改（将旋钮转至 SET UP 档位，使用↓箭头；选中第三条“仪器设置值”，按 ENTER 键进入，如果返回上一级按 EXIT）：

- 线缆标识码来源：一般使用自动递增，会使电缆标识的最后一个字符在每一次保存测试时递增，一般不用更改。
- 图形数据存储：（是）、（否），通常情况下选择（是）。
- 当前文件夹：DEFAULT，可以按 ENTER 键进入修改其名称（想要的名字）。
- 结果存放位置：使用默认值“内部存储器”，假如有内存卡的话也可以选择“内存卡”。
- 按→键进入第 2 个设置页面，操作员：（Your Name），按 ENTER 键进入，按 F3 键删除原来的字符，按“←→↑↓”键来选择需要的字符，选好后按 ENTER 键确定。
- 地点：Client Name，是你所测试的地点，可以依照地上一步进行修改。
- 公司：Your Company Name，你公司的名字。
- 语言：Language，默认是英文。
- 日期：输入现在日期。
- 时间：输入现在时间。
- 长度单位：通常情况下选择“米（m）”。

2）新机不需设置采用原机器默认值的参数：

- 电源关闭超时：默认“30 分钟”。
- 背光超时：默认“1 分钟”。

- 可听音：默认“是”。
- 电源线频率：默认“50Hz”。
- 数字格式：默认“00.0”。
- 将旋钮转至 SET UP 档位，选择双绞线，按 ENTER 键进入后，NVP 不用修改。
- 光纤里面的设置，在测试双绞线时不需修改。

3）使用过程中经常需要改动的参数：

将旋钮转至 SET UP 档位，选择双绞线，按 ENTER 键进入：

- 线缆类型：按 ENTER 键进入后，按“↑↓”选择你要测试的线缆类型，例如要测试超五类的双绞线，在按 ENTER 键进入后，选择 UTP，按“ENTER、↑↓”选择 Cat 5e UTP，按 ENTER 键返回。
- 测试极限值：按 ENTER 键进入后，按“↑↓”选择与你要测试的线缆类型相匹配的标准，按 F1 选择更多，进入后一般选择 TIA 里面的标准，例如：测试超五类的双绞线，按 ENTER 键进入后，看看在上次使用里面有没有“TIA Cat 5e channel？”，如果没有，按 F1 键进入更多，选择 TIA 按 ENTER 键进入，选择“TIA Cat 5e channel”按 ENTER 键确认返回。
- NVP：不用修改，使用默认。
- 插座配置：按 ENTER 键进入，一般使用的 RJ-45 的水晶头是使用的 568B 的标准。其他可以根据具体情况而定。可以按“↑↓”选择要测试的打线标准。
- 地点 Client Name：是所测试的地点。一般情况下是每换一个测试场所就要根据实际情况进行修改，具体方法前面已经讲过。

（3）测试。

1）根据需求确定测试标准和电缆类型：通道测试还是永久链路测试，是 CAT5E 还是 CAT6 还是其他。

2）关机后将测试标准对应的适配器安装在主机、辅机上，如选择 TIA CAT5E CHANNEL 通道测试标准时，主辅机安装 DTX-CHA001 通道适配器，如选择 TIA CAT5E PERM.LINK 永久链路测试标准时，主辅机各安装一个 DTX-PLA001 永久链路适配器，末端加装 PM06 个性化模块。

3）再开机后，将旋钮转至 AUTO TEST 档或 SINGLE TEST。选择 AUTO TEST 是将所选测试标准的参数全部测试一遍后显示结果；SINGLE TEST 是针对测试标准中的某个参数测试，将旋钮转至 SINGLE TEST，按“↑↓”键选择某个参数，按 ENTER 键再按 TEST 即进行单个参数测试。

4）将所需测试的产品连接上对应的适配器，按 TEST 开始测试，经过一段时间后显示测试结果 PASS 或 FAIL。

（4）查看结果及故障检查。

测试后，会自动进入结果页。使用 ENTER 键查看参数明细，用 F2 键“上一页”，用 F3 翻页，按 EXIT 键后，按 F3 查看内存数据存储情况；测试后，通过 FAIL 的情况，如需检查故障，选择 X 的查看具体情况。

（5）保存测试结果。

1）刚才的测试结果选择 SAVE 键存储，使用“←→↑↓”键移动光标（F1 和 F2 键），

（减少，F3 键）来选择想使用的名字，如 FAXY001，按 SAVE 键存储。

2）更换待测产品后重新按 TEST 开始测试新数据，再次按 SAVE 键存储数据时，机器自动取名为上个数据加 1，即 FAXY002，如同意再按存储键。一直重复以上操作，直至测试完所需测试产品或内存空间不够，需下载数据后再重新开始以上步骤。

（6）数据处理。

1）安装 Linkware 软件：至www.faxy-tech.com或 www.faxy.com.cn（福禄克官方合作伙伴连讯公司网站）的“软件下载”栏目中下载电缆管理软件 Linkware V5 版本或更高版本，并安装好。

2）将界面转换为中文界面：运行 Linkware 软件，单击 Options→Language→Chinese(simplified)选项，则软件界面转为中文简体。

3）从主机内存下载测试数据到计算机：在 Linkware 软件菜单“文件”→“从文件导入（选择 DTX CableAnalyzer）命令，很快就可将主机内存储的数据输入计算机。

4）数据存入后可打印也可存为电子文档备用。

转换为 PDF 文件格式：选择“文件”→“PDF”→“自动测试报告”命令，则自动转为 PDF 格式，以后可用 Acrobat Reader 软件直接阅读、打印；转换为 TXT 文件格式：选择“文件”→“输出至文件”→“自动测试报告”命令即可，以后可用 Acrobat Reader 软件直接阅读、打印。

7.5 双绞线测试错误的解决方法

对双绞线缆进行测试时，可能产生的问题有：近端串音未通过、衰减未通过、接线图未通过、长度未通过，现分别叙述如下：

（1）近端串音未通过。原因可能有：

1）近端连接点有问题。

2）远端连接点短路。

3）串对。

4）外部噪声。

5）链路线缆和接插件性能有问题或不是同一类产品。

6）线缆的端接质量有问题。

（2）衰减未通过。原因可能有：

1）长度过长。

2）温度过高。

3）连接点有问题。

4）链路线缆和接插件性能有问题或不是同一类产品。

5）线缆的端接质量有问题。

（3）接线图未通过。原因可能有：

1）两端的接头有断路、短路、交叉、破裂开路。

2）跨接错误（某些网络需要发送端和接收端跨接，当为这些网络构建测试链路时，由于设备线路的跨接，测试接线图会出现交叉）。

（4）长度未通过。原因可能有：

1）NVP 设置不正确，可用已知的好线确定并重新校准 NVP。

2）实际长度过长。

3）开路或短路。

4）设备连线及跨接线的总长度过长。

（5）测试仪问题。

1）测试仪不启动，可更换电池或充电。

2）测试仪不能工作或不能进行远端校准，应确保两台测试仪都能启动，并有足够的电池或更换测试线。

3）测试仪设置为不正确的电缆类型，应重新设置测试仪的参数、类别、阻抗及标称的传输速度。

4）测试仪设置为不正确的链路结构，按要求重新设置为基本链路或通路链路。

5）测试仪不能存储自动测试结果，确认所选的测试结果名字唯一，或检查可用内存的容量。

6）测试仪不能打印存储的自动测试结果，应确定打印机和测试仪的接口参数，设置成一样或确认测试结果已被选为打印输出。

习　题

1. 试述线缆测试的主要内容。
2. 什么是近端串音？
3. 简述光缆的测试内容。
4. 简述 Fluke DSP-4000 测试仪的功能和使用方法。

第 8 章　综合布线工程的验收

本章学习目标

本章主要讲述综合布线工程的最后一步——工程验收。通过本章的学习，读者应该掌握以下内容：

- 布线工程验收的主要内容
- 环境检查和器材检查
- 设备安装检验、线缆的敷设和保护方式检验
- 线缆终接和工程电气测试
- 竣工文档的主要内容

8.1　概述

综合布线系统已经得到了广泛的应用，但是由于综合布线工程所存在的施工质量问题，将会给通信网络和计算机网络造成潜在的隐患，影响信息的传送。随着综合布线系统技术和产品的发展，62.5/125μm 或 50/125μm 多模及单模光缆，五类以上双绞线铜缆综合布线系统已被工程采用。根据工程建设需要提出切实可行的验收要求，确保工程的质量，是我国综合布线系统建设的需要。

验收是整个工程中最后的部分，同时也标志着工程的全面完工。那么，用户验收如何组织呢？

当然，用户不一定是专家，但可以聘请相关行业的专家。对于防雷及地线工程等关系到计算机信息系统安全相关的工程部分，甚至还可以申请有关主管部门协助验收（如气象局、公安局等）。因此，通常的综合布线工程验收领导小组可以考虑聘请以下人员参与工程的验收：

- 工程双方单位的行政负责人。
- 有关直管人员及项目主管。
- 主要工程项目监理人员。
- 建筑设计施工单位的相关技术人员。
- 第三方验收机构或相关技术人员组成的专家组（如电信、城建、公安、消防、广播电视、信息技术等）。

综合布线系统的验收应遵循以下规定：

（1）进行综合布线系统工程验收时，应按设计文件及合同规定的内容进行。

（2）进行综合布线系统的施工、安装、测试及验收必须遵守相应的技术标准、技术要求及国家标准。

（3）在施工过程中，施工单位必须执行有关施工质量检查的规定。建设单位应通过工地代表或工程监理人员加强工地的随工质量检查，及时组织隐蔽工程的检验和签证工作。

（4）竣工验收项目内容和方法应按有关规范办理。

（5）施工操作规程应贯彻执行有关规范要求。

（6）综合布线系统工程的验收，应符合国家现行的有关标准的规定。

8.1.1 验收阶段

工程的验收工作对于保证工程的质量起到重要的作用，也是工程质量的四大要素“产品、设计、施工、验收”的一个组成内容。工程的验收体现于新建、扩建和改建工程的全过程，就综合布线系统工程而言，又和土建工程密切相关，而且涉及与其他行业间的接口处理。验收阶段分随工验收、初步验收、竣工验收等几个阶段，每一阶段都有其特定的内容。

（1）随工验收。在工程中为随时考核施工单位的施工水平和施工质量，对产品的整体技术指标和质量有一个了解，部分的验收工作应该在随工中进行（比如布线系统的电气性能测试工作、隐蔽工程等）。这样可以及早地发现工程质量问题，避免造成人力和器材的大量浪费。

随工验收应对工程的隐蔽部分边施工边验收，在竣工验收时，一般不再对隐蔽工程进行复查，由工地代表和质量监督员负责。

（2）初步验收。对所有的新建、扩建和改建项目，都应在完成施工调测之后进行初步验收。初步验收的时间应在原定计划的建设工期内进行，由建设单位组织相关单位（如设计、施工、监理、使用等单位）人员参加。初步验收工作包括检查工程质量，审查竣工资料、对发现的问题提出处理意见，并组织相关责任单位落实解决。

（3）竣工验收。综合布线系统接入电话交换系统、计算机局域网或其他弱电系统，在试运转后的半个月内，由建设单位向上级主管部门报送竣工报告（含工程的初步决算及试运行报告），并请示主管部门接到报告后，组织相关部门按竣工验收办法对工程进行验收。

工程竣工验收为工程建设的最后一个程序，对于大、中型项目可以分为初步验收和竣工验收两个阶段。

一般综合布线系统工程完工后，尚未进入电话、计算机或其他弱电系统的运行阶段，应先期对综合布线系统进行竣工验收。验收的依据是在初验的基础上，对综合布线系统各项检测指标认真考核审查。如果全部合格，且全部竣工图纸资料等文档齐全，也可对综合布线系统进行单项竣工验收。

8.1.2 工程验收——现场（物理）验收

作为验收，是分两部分进行的，第一部分是物理验收，第二部分是文档验收。作为鉴定，是由专家组和甲方、乙方共同进行的。由甲方、乙方共同组成一个验收小组，对已竣工的工程进行验收。

作为网络综合布线系统，在物理上主要验收点如下：

（1）工作区子系统验收。对于众多的工作区不可能逐一验收，而是由甲方抽样挑选工作间。验收的重点是：

1）线槽走向、布线是否美观大方，符合规范。

2）信息座是否按规范进行安装。

3）信息座安装是否做到一样高、平、牢固。

4）信息面板是否都固定牢靠。

（2）水平干线子系统验收。水平干线验收的主要验收点有：

1）槽安装是否符合规范。

2）槽与槽、槽与槽盖是否接合良好。

3）托架、吊杆是否安装牢靠。

4）水平干线与垂直干线、工作区交接处是否出现裸线，有没有按规范去做。

5）水平干线槽内的线缆有没有固定。

（3）垂直干线子系统验收。垂直干线子系统的验收除了类似于水平干线子系统的验收内容外，要检查楼层与楼层之间的洞口是否封闭，以防火灾出现时成为一个隐患点。线缆是否按间隔要求固定，拐弯线缆是否留有弧度。

（4）管理间、设备间子系统验收。主要检查设备安装是否规范整洁。

验收不一定要等工程结束时才进行，往往有的内容是随时验收的。网络布线系统的物理验收归纳如第 8.2 至 8.9 节所述。

8.2 环境检查的主要内容

（1）如果交接间安装有源设备（集线器、交换机等设备），设备间安装计算机、交换机、信息传输等设备时，建筑物的环境条件应按上述系统设备安装工艺设计要求进行检查。

交接间、设备间安装设备所需要的交流供电系统和接地装置及预埋的暗管、线槽应由工艺设计提出要求，如程控交换机及计算机房都有相应规范规定。在土建工程中，通信设备直流供电系统及 UPS 供电系统应另立项目实施，并由工艺按各系统要求进行设计。设备供电系统均按工艺设计要求进行验收。

（2）应对交接间、设备间、工作区的建筑和环境条件进行检查，检查内容如下：

1）交接间、设备间、工作区土建工程已全部竣工。房屋地面平整、光洁，门的高度和宽度应不妨碍设备和器材的搬运，门锁和钥匙齐全。

2）房屋预埋地槽、暗管及孔洞和竖井的位置、数量、尺寸均应符合设计要求。

3）铺设活动地板的场所，活动地板防静电措施的接地应符合设计要求。

4）交接间、设备间应提供 220V 单相带地电源插座。

5）交接间、设备间应提供可靠的接地装置，设置接地体时，检查接地电阻值及接地装置应符合设计要求。

6）交接间、设备间的面积、通风及环境温度、湿度应符合设计要求。

8.3 设备安装检验

8.3.1 机柜、机架的安装要求

（1）机柜、机架安装完毕后，垂直偏差度应不大于 3mm。机柜、机架的安装位置应符

合设计要求。

（2）机柜、机架上的各种零件不得脱落或碰坏，漆面如有脱落应予以补漆，各种标志应完整、清晰。

（3）机柜、机架的安装应牢固，如有抗震要求时，应按施工图的抗震设计进行加固。

8.3.2 各类配线部件的安装要求

（1）各部件应完整，安装就位，标志齐全。

（2）安装螺丝必须拧紧，面板应保持在一个平面上。

8.3.3 8位模块通用插座的安装要求

（1）安装在活动地板或地面上，应固定在接线盒内，插座面板采用直立和水平等形式；接线盒盖可开启，并应具有防水、防尘、抗压功能。接线盒盖面应与地面齐平。安装在墙体上，宜高出地面300mm。如地面采用活动地板时，应加上活动地板内的净高尺寸。

（2）8 位模块式通用插座、多用户信息插座或集合点配线模块，安装位置应符合设计要求。

（3）8 位模块式通用插座底座盒的固定方法按施工现场条件而定，宜采用预置扩张螺丝钉固定等方式。

（4）固定螺丝需拧紧，不应产生松动现象。

（5）各种插座面板应有标识，以颜色、图形、文字表示所接终端设备类型。

8.3.4 电缆桥架及线槽的安装要求

（1）桥架及线槽的安装位置应符合施工图规定，左右偏差不应超过50mm。

（2）桥架及线槽水平度每米偏差不应超过2mm。

（3）垂直桥架及线槽应与地面保持垂直，并无倾斜现象，垂直度偏差不应超过3mm。

（4）线槽截断处及两线槽拼接处应平滑、无毛刺。

（5）吊架和支架安装应保持垂直，整齐牢固，无歪斜现象。

（6）金属桥架及线槽节与节间应接触良好，安装牢固。

（7）安装机柜、机架、配线设备屏蔽层及金属钢管、线槽使用的接地体应符合设计要求，就近接地，并应保持良好的电气连接。

（8）安装机架面板，架前应留有 1.5m 的空间，机架背面离墙距离应大于 0.8m，以便于安装和施工。

（9）壁挂式机框底距地面宜为300～800mm。

（10）配线设备机架的安装要求：

1）采用下走线方式时，架底位置应与电缆上线孔相对应。

2）各直列垂直倾斜误差不应大于3mm，底座水平误差每平方米不应大于2mm。

3）接线端子各种标志应齐全。

4）交接箱或暗线箱宜暗设在墙体内。预留墙洞安装，箱底高出地面宜为500～1000mm。

8.4 线缆敷设的检验

8.4.1 线缆检验的主要内容

1．线缆的敷设

（1）线缆的型号、规格应与设计规定相符。

（2）线缆的布放应自然平直，不得产生扭绞、打圈接头等现象，不应受外力的挤压和损伤。

（3）线缆两端应贴有标签，应标明编号，标签书写应清晰、端正和正确。标签应选用不易损坏的材料。

（4）线缆终接后应有余量。交接间、设备间对绞电缆预留长度宜为 0.5～1m；工作区为 10～30mm；光缆布放宜盘留，预留长度宜为 3～5m，有特殊要求的应按设计要求预留长度。

（5）线缆的弯曲半径应符合下列规定：

1）非屏蔽 4 对对绞线电缆的弯曲半径应至少为电缆外径的 4 倍。

2）屏蔽 4 对对绞线电缆的弯曲半径应至少为电缆外径的 6～10 倍。

3）主干对绞电缆的弯曲半径应至少为电缆外径的 10 倍。

4）光缆的弯曲半径应至少为光缆外径的 15 倍，在施工过程中应至少为 20 倍。

（6）线缆布放，在牵引过程中，吊挂线缆的支点相隔间距不应大于 1.5m。

（7）布放线缆的牵引力，应小于线缆允许张力的 80%，对光缆瞬间最大牵引力不应超过光缆允许的张力。以牵引方式敷设光缆时，主要牵引力应加在光缆的加强芯上。

（8）线缆布放过程中为避免受力和扭曲，应制作合格的牵引端头。如采用机械牵引时，应根据牵引的长度、布放环境、牵引张力等因素选用集中牵引或分散牵引等方式。

（9）布放光缆时，光缆盘转动应与光缆布放同步，光缆牵引的速度一般为 15m/min。光缆出盘处要保持松弛的弧度，并留有缓冲的余量，又不宜过多，避免线缆出现背扣。

（10）电源线、综合布线系统线缆应分隔布放，线缆间的最小净距应符合设计要求，并应符合表 8-1 的规定。

表 8-1 对绞电缆与电力线最小净距

单位 / 范围 / 内容	最小净距（mm）		
	380V ＜2kVA	380V 2.5～5kVA	380V ＞5kVA
对绞电缆与电力电缆平行敷设	130	300	600
有一方在接地的金属槽道或钢管中	70	150	300
双方均在接地的金属槽道或钢管中	见表注	80	150

注：双方均在接地的金属槽道或钢管中，且平行长度小于 10m 时，最小间距可为 10mm。表中对绞电缆如采用屏蔽电缆时，最小净距可适当减小，并符合设计要求。

对在建筑物内线缆通道较为拥挤的部位，综合布线系统与大楼弱电系统合用一个金属线槽布放线缆时，各系统的线束间应用金属板隔开，电源线与传输高频率线缆间的位置尽量远离。各系统线缆间距应符合设计要求。

（11）综合布线系统光、电缆与电力线及其他管线间距应按建筑物内线缆的敷设要求，建筑物群区域内电、光缆与各种设施之间的间距要求按《本地网通信线路工程验收规范》中的相关规定执行。

建筑物内电、光缆暗管敷设与其他管线最小净距规定见表 8-2。

表 8-2　电、光缆暗管敷设与其他管线最小净值

管线种类	平行净距（mm）	垂直交叉净距（mm）
避雷引下线	1000	300
保护地线	50	20
热力管（不包封）	500	500
热力管（包封）	300	300
给水管	150	20
煤气管	300	20
压缩空气管	150	20

（12）在暗管或线槽中线缆敷设完毕后，宜在信道两端口出口处用填充材料进行封堵。

2．预埋线槽和暗管敷设线缆

（1）敷设线槽的两端宜用标志表示出编号和长度等内容。

（2）敷设暗管宜采用钢管或阻燃硬质 PVC 管。布放多层屏蔽电缆、扁平线缆和大对数主干光缆时，直线管道的管径利用率为 50%～60%，弯管道应为 40%～50%。暗管布放 4 对对绞电缆或 4 芯以下光缆时，管道的截面利用率应为 25%～30%。

预埋线槽宜采用金属线槽，线槽的截面利用率不应超过 50%。

在暗管中布放不同线缆时，管径和截面利用率可用如下公式进行计算。

穿放线缆的暗管管径利用率的计算公式：

$$\text{管径利用率} = \frac{d}{D} \tag{8-1}$$

式中：d 为线缆的外径；D 为管道的内径。

穿放线缆的暗管截面利用率的计算公式：

$$\text{截面利用率} = \frac{A_1}{A} \tag{8-2}$$

式中：A 为管子的内截面积；A_1 为穿在管子内线缆的总截面积（包括导线的绝缘层的截面）。

在暗管中布放屏蔽电缆、25 对以上主干电缆、12 芯以上主干光缆时，宜采用管径利用率公式（8-1）进行计算，选用合适规格的暗管。

在暗管中布放非屏蔽电缆、屏蔽电缆时，为保证线对扭绞状态，避免线缆受到挤压，宜采用管截面利用率公式（8-2）进行计算，选用合适规格的暗管。

3．光缆与电缆同管敷设

光缆与电缆同管敷设时，应在暗管内预置塑料子管，将光缆敷设在子管内，使光缆和电缆分开布放，子管内径应为光缆外径的 1.5 倍。

4．光缆与其他管线的最小净距

光缆敷设时与其他管线最小净距应符合表 8-3 的规定。

表 8-3　光缆与其他管线最小净距

内容 \ 范围 \ 单位		最小间隔距离（m）	
		平行	交叉
市话管道边线（不包括入孔）		0.75	0.25
非同沟的直埋通信电缆		0.50	0.50
埋式电力电缆	<35kV	0.50	0.50
	>35kV	2.00	0.50
给水管	管径<30cm	0.50	0.50
	管径 30～50	1.00	0.50
	管径>50cm	1.50	0.50
高压石油、天然气管		10.00	0.50
热力、下水管		1.00	0.5
煤气管	压力<3kg/cm^2	1.00	0.5
	压力 3～8kg/cm^2	2.00	0.50
排水沟		0.80	0.50

5．设置电缆桥架和线槽敷设线缆

（1）电线缆槽、桥架宜高出地面 2.2m 以上。线槽和桥架顶部距楼板不宜小于 300mm；在过梁或其他障碍物处，不宜小于 50 mm。

（2）槽内线缆布放应顺直，尽量不交叉，在线缆进出线槽部位、转弯处应绑扎固定，其水平部分线缆可以不绑扎。垂直线槽布放线缆应每间隔 1.5m 固定在线缆支架上。

（3）电缆桥架内线缆垂直敷设时，在线缆的上端和每间隔 1.5m 处应固定在桥架的支架上；水平敷设时，在线缆的首、尾、转弯及每间隔 5～10m 处进行固定。

（4）在水平、垂直桥架和垂直线槽中敷设线缆时，应对线缆进行绑扎。对绞电缆、光缆及其他信号电缆应根据线缆的类别、数量、缆径、线缆芯数分束绑扎。绑扎间距不宜大于 1.5m，间距应均匀，松紧适度。

（5）楼内光缆宜在金属线槽中敷设，在桥架敷设时应在绑扎固定段加装垫套。

6．采用吊顶支撑柱敷设线缆

采用吊顶支撑柱作为线槽在顶棚内敷设线缆时，每根支撑柱所辖范围内的线缆可以不设置线槽进行布放，但应分束绑扎，线缆护套应阻燃，线缆选用应符合设计要求。

7．建筑群子系统线缆的敷设

建筑群子系统采用架空、管道、直埋、墙壁及暗管敷设电、光缆的施工技术要求，应按照本地网通信线路工程验收的相关规定执行。

8.4.2 保护措施

（1）水平子系统线缆敷设保护。

1）预埋金属线槽保护要求如下：

①在建筑物中预埋线槽，宜按单层设置，每一路由预埋线槽不应超过 3 根，线槽截面高度不宜超过 25mm，总宽度不宜超过 300mm。

②线槽直埋长度超过 30m 或在线槽路由交叉、转弯时，宜设置过线盒，以便于布放线缆和维修。

③过线盒盖能开启，并与地面齐平，盒盖处应具有防水功能。

④过线盒和接线盒盒盖应能抗压。

⑤从金属线槽至信息插座接线盒间的线缆宜采用金属软管敷设。

预埋金属线槽方式见图 4-12。

2）预埋暗管保护要求如下：

①预埋在墙体中间的最大管径不宜超过 50mm，楼板中暗管的最大管径不宜超过 25mm。

②直线布管每 30m 处应设置过线盒装置。

③暗管的转弯角度应大于 90 度，在路径上每根暗管的转弯角度不得多于 2 个，并不应有 S 弯出现，有弯头的管段长度超过 20m 时，应设置管线过线盒装置；在有 2 个弯时，不超过 15m 应设置过线盒。

④暗管转弯的曲率半径不应小于该管外径的 6 倍，如暗管外径大于 50mm 时，不应小于 10 倍。

⑤暗管管口应光滑，并加有护口保护，管口伸出部位宜为 25～50mm。暗管管口伸出部位要求见图 4-13。

3）网络地板线缆敷设保护要求如下：

①线槽之间应沟通。

②线槽盖板应可开启，并采用金属材料。

③主线槽的宽度由网络地板盖板的宽度而定，一般宜在 200mm 左右，支线槽宽不宜小于 70mm。

④地板块应抗压、抗冲击和阻燃。

格形楼板和沟槽结合采用时，敷设线缆支撑保护要求见图 4-14。

4）设置线缆桥架和线缆线槽保护要求如下：

①桥架水平敷设时，支撑间距一般为 1.5～3m，垂直敷设时固定在建筑物构体上的间距宜小于 2m，距地 1.8m 以下部分应加金属盖板保护。

②金属线槽敷设时，在下列情况下设置支架或吊架：

- 线槽接头处。
- 每间距 3m 处。
- 离开线槽两端出口 0.5m 处。
- 转弯处。

③塑料线槽底固定点间距一般宜为 1m。

5）铺设活动地板敷设线缆时，活动地板内净空应为150～300mm。

6）采用公用立柱作为顶棚支撑柱时，可在立柱中布放线缆。立柱支撑点宜避开沟槽和线槽位置，支撑应牢固。立柱中电力线和综合布线线缆合一布放时，中间应有金属板隔开，间距应符合设计要求。公用立柱布放线缆方式见图4-15。

（2）工作区子系统的线缆敷设保护。在工作区的信息点位置和线缆敷设方式未定的情况下，或在工作区采用地毯下布放线缆时，在工作区宜设置交接箱，每个交接箱的服务面积约为80m^2。

1）信息插座安装于桌旁，其距地面尺寸可为300mm或1200mm。

2）信息插座在办公桌隔板架上的安装，要注意与电源插座的位置不要太近。

（3）金属线槽接地应符合设计要求。

（4）金属线槽、线缆桥架穿过墙体或楼板时，应有防火措施。

（5）干线子系统线缆敷设保护。

1）线缆不得布放在电梯或供水、供气、供暖管道竖井中，亦不应布放在强电竖井中。

2）干线通道间应沟通。

3）建筑群子系统线缆敷设保护方式应符合设计要求。

4）光缆应装于保护箱内。

8.5　线缆终接的检验

1．线缆终接的一般要求

（1）线缆在终接前必须核对线缆标识内容是否正确。

（2）线缆中间不允许有接头。

（3）线缆终接处必须牢固、接触良好。

（4）线缆终接应符合设计和施工操作规程。

（5）对绞电缆与插接件连接应认准线号、线位色标，不得颠倒和错接。

2．对绞电缆芯线终接要求

（1）终接时，每对对绞线应保持扭绞状态，扭绞松开长度对于五类线不应大于13mm。

（2）对绞线在与8位模块式通用插座相连时，必须按色标和线对顺序进行卡接。插座类型、色标和编号应符合T568A或T568B的规定。在两种连接图中，首推A类连接方式，但在同一布线工程中两种连接方式不应混合使用。

（3）屏蔽对绞电缆的屏蔽层与接插件终接处屏蔽罩必须可靠接触，线缆屏蔽层应与接插件屏蔽罩360度圆周接触，接触长度不宜小于10mm。

3．光缆芯线终接要求

（1）采用光纤连接盒对光纤进行连接、保护，在连接盒中光纤的弯曲半径应符合安装工艺要求。

（2）光纤熔接处应加以保护和固定，使用连接器以便于光纤的跳接。

（3）光纤连接盒面板应有标志。

（4）光纤连接损耗值，应符合表8-4的规定。

表 8-4 光纤连接损耗

连接类别	光纤连接损耗（dB）			
	多模		单模	
	平均值	最大值	平均值	最大值
熔接	0.15	0.3	0.15	0.3

4. 各类跳线的终接要求

（1）各类跳线线缆和接插件间接触应良好，接线无误，标志齐全。跳线选用类型应符合系统设计要求。

（2）各类跳线长度应符合设计要求，一般对绞电缆跳线不应超过 5m，光缆跳线不应超过 10m。

8.6 工程电气测试

综合布线工程的工程电气测试包括电缆系统电气性能测试及光纤系统性能测试。其中电缆系统测试内容又分为基本测试项目和任选测试项目。各项测试应有详细记录，以作为竣工资料的一部分，测试记录格式如表 8-5 所示。

综合布线系统工程电气性能测试，参照 TIA/EIA TSB67 标准要求，提出测试长度、接线图、衰减、近端串音 4 项内容。其他如衰减对串音比、环境噪声干扰强度、传播时延、回波损耗、特性阻抗、直流环路电阻等电气性能测试项目，可以根据工程的具体情况和用户的要求及现场测试仪表的功能、施工现场所具备的条件选项进行测试，并作好记录。对于五类及高于五类的综合布线系统，在吉比特以太网、ATM 等高速宽带场合使用时，综合布线工程的测试方法和内容应在测试项目上，增测近端串音功率和、等电平远端串音、等电平远端串音功率和、回波损耗、传播时延、线对间传输时延差等项目。对上述电气性能测试，应采用符合相应精度要求的仪表，参照 YD/T1013－1999《综合布线系统电气特性通用测试方法》所规定的内容和测试要求进行。

表 8-5 五类以上铜缆及光纤综合布线系统工程电气性能测试记录

序号	编号			内容								记录
				电缆系统						光缆系统		
	地址号	线缆号	设备号	长度	接线图	衰减	近端串音（2 端）	电缆屏蔽层连通情况	其他任选项目	衰减	长度	
	测试日期、人员及测试仪表型号											
	处理情况											

对于屏蔽布线系统屏蔽特性的要求及测试方法，国际上正在制定相关的标准和规定，目前不具备测试条件。现场测试仪应能对屏蔽电缆屏蔽层两端作导通测试。总屏蔽的直流电阻应小于下式的计算值：

$$R(D)=\frac{62.5}{D}$$

式中：$R(D)$为总屏蔽电阻，单位Ω/km；D 为总屏蔽外径，单位 mm。

电气性能测试还要满足以下要求：

（1）电气性能测试仪按二级精度，应达到表 8-6 规定的要求。

表 8-6　测试仪精度最低性能要求

序号	性能参数	1-100 兆赫（MHz）
1	随机噪音最低值	65-15log(f100)dB
2	剩余近端串音（NEXT）	55-15log(f100)dB
3	平衡输出信号	37-15log(f100)dB
4	共模抑制	37-15log(f100)dB
5	动态精确度	±0.75dB（注）
6	长度精确度	±1m±4%
7	回损	15dB

注：动态精确度适用于从 0dB 基准值至优于 NEXT 极限值 10dB 的一个带宽，按 60dB 限制。

（2）现场测试仪应能测试三类、五类对绞电缆布线系统及光纤链路。

（3）对于光缆链路的测试，首选在两端对光纤进行测试的连接方式，如果按两根光纤进行环回测试时，所测得的指标应换算成单根光纤链路的指标来验收。

（4）100m 以内大对数主干电缆及所连接的配线模块可按布线系统的类别进行长度、接线图、衰减的测试。对于五类大对数电缆布线系统应测试近端串音，测试结果不得低于五类 4 对对绞电缆布线系统所规定的数值。

（5）测试仪表应有输出端口，以将所有存储的测试数据输出至计算机和打印机，进行维护和文档管理。

（6）电、光缆测试仪表应具有合格证及计量证书。

8.7　工程验收

8.7.1　工程验收的方式

1．工程验收

（1）工程验收件准及依据。

1）EIA/TIA568A 商用建筑电信布线标准及 EN50173 ISO/IEC11801 等国外综合布线标准。

2）生产厂商颁发 15 年质保证书的标准。

3）甲方签字确认的施工图纸、技术文件。施工规范及测试规范。

4）国内的综合布线标准。

（2）工程的验收方式。

1）采用分段验收与完工总验收相结合的方式。

2）各管理区子系统配线架线缆要有分区标志，并安装牢固。

3）布线竣工后，交付符合技术规范垂直布线分配表和 MDF/IDF 位置分布表。

4）大对数电缆与光纤的相关测试，并提供测试报告。

2．竣工资料

（1）施工单位（乙方）完成工程施工督导和安装测试后，书面通知建设单位（甲方）并提供原测试方案、具体测试事项和工程达到的技术标准。

（2）施工单位（乙方）向建设单件（甲方）提供如下的符合技术规范的结构化综合布线技术档案材料：

1）综合布线系统配置图。

2）光纤端接架上光纤分配表。

3）光纤测试报告。

4）铜缆系统测试报告。

5）竣工图。

3．竣工技术文件编制

（1）工程竣工后，施工单位应在工程验收以前，将工程竣工技术资料交给建设单位。

（2）综合布线系统工程的竣工技术资料应包括以下内容：

- 安装工程量。
- 工程说明。
- 设备、器材明细表。
- 竣工图纸为施工中更改后的施工设计图。
- 测试记录。
- 工程变更、检查记录及施工过程中，需更改设计或采取相关措施，由建设、设计、施工等单位之间的双方洽商记录。
- 随工验收记录。
- 隐蔽工程签证。
- 工程决算。

（3）竣工技术文件要保证质量，做到外观整洁、内容齐全、数据准确。

4．布线工程的检验内容

综合布线系统工程，应按表 8-7 中所列项目、内容进行检验。

表 8-7　检验项目及内容

阶段	验收项目	验收内容	验收方式
一、施工前检查	1．环境要求	（1）土地施工情况：地面、墙面、门、电源插座及接地装置 （2）土建工艺：机房面积、预留孔洞 （3）施工电源 （4）地板铺设	施工前检查

续表

阶段	验收项目	验收内容	验收方式
一、施工前检查	2．器材检验	（1）外观检查 （2）型号、规格、数量 （3）电缆电气性能测试 （4）光纤特性测试	施工前检查
	3．安全、防火要求	（1）消防器材 （2）危险物的堆放 （3）预留孔洞防火措施	施工前检查
二、设备安装	1．交接间、设备间、设备机柜、机架	（1）规格、外观 （2）安装垂直、水平度 （3）油漆不得脱落 （4）各种螺丝必须紧固 （5）抗震加固措施 （6）接地措施	随工检验
	2．配线部件及 8 位模块式通用插座	（1）规格、位置、质量 （2）各种螺丝必须拧紧 （3）标志齐全 （4）安装符合工艺要求 （5）屏蔽层可靠连接	随工检验
三、电、光缆布放（楼内）	1．电缆桥架及线槽布放	（1）安装位置正确 （2）安装符合工艺要求 （3）符合布放线缆工艺要求 （4）接地	随工检验
	2．线缆暗敷（包括暗管、线槽、地板等方式）	（1）线缆规格、路由、位置 （2）符合布放线缆工艺要求 （3）接地	隐蔽工程签证
四、电、光缆布放（楼间）	1．架空线缆	（1）吊线规格、架设位置、装设规格 （2）吊线垂度 （3）线缆规格 （4）卡、挂间隔 （5）线缆的引入符合工艺要求	随工检验
	2．管道线缆	（1）使用管孔孔位 （2）线缆规格 （3）线缆走向 （4）线缆的防护设施的设置质量	隐蔽工程签证
	3．埋式线缆	（1）线缆规格 （2）敷设位置、深度 （3）线缆的防护设施的设置质量 （4）回土夯实质量	隐蔽工程签证

续表

阶段	验收项目	验收内容	验收方式
四、电、光缆布放（楼间）	4. 隧道线缆	（1）线缆规格 （2）安装位置，路由 （3）土建设计符合工艺要求	隐蔽工程签证
	5. 其他	（1）通信线路与其他设施的距 （2）进线室安装、施工质量	随工检验或隐蔽工程签证
五、线缆终结	1. 8 位模块式通用插座 2. 配线部位 3. 光纤插座 4. 各类跳线	符合工艺要求	随工检验
六、系统测试	1. 工程电气性能测试	（1）连接图 （2）长度 （3）衰减 （4）近端串音（两端都应测试） （5）设计中特殊规定的测试内容	竣工检验
	2. 光纤特性测试	（1）衰减 （2）长度	竣工检验
七、工程总验收	1. 竣工技术文件	清点、交接技术文件	竣工检验
	2. 工程验收评价	考核工程质量，确认验收结果	

5. 其他

（1）在验收中发现不合格的项目，应由验收机构查明原因，分清责任，提出解决办法。

（2）综合布线系统工程如采用计算机进行管理和维护工作，应按专项进行验收。

（3）综合布线图纸是综合布线工程竣工文件的重要工程图纸，一定要完整、准确。

8.7.2 工程管理文档

综合布线网络工程的管理部分与其他部分有很大不同，事先周密的计划可使所有后续的文档制作和管理工作更加简便，对已建立的系统文件必须进行准确及时的维护。

有效管理系统的主要文件必须做到输入数据准确，并确保记录维护良好。下面介绍通信设施在预安装、施工和安装后各个阶段应制定和维护的文档。

（1）预安装设计。恰当的设计总是有益于布线系统的实施与管理。系统设计生成的文档将有助于投标阶段和初装期间的工作，并在整个布线设施的生命期内具有重要价值。设计文档对工程的实施进行评估，使投标书更加规范准确；并使用户能更加直观地看到项目完工后的预期效果。在安装完成之后一般应当对设计文档加以修正，以反映布线系统“竣工”后的状态，使系统的维护从一开始便以准确完整的数据进行管理。

系统设计过程中通常需要制定一些文档内容（即使用户需求），这些内容是与用户一起进行分析后制定的，其中包括物理介质要求和工程竣工后对工程计划修正得出的结果等。

（2）工程细节。应制定每一种主要安装组件的工程细节，说明设备间、配线间、建筑入口设施布局，机架/机柜立面图，纤芯和主干连接图，主干固定明细及任何其他特殊或非常规区域。明确各区域内细节可提高施工明晰度，便于理解。一般情况下，施工细节应为CAD（计算机辅助设计）比例图，规定设备间、配线间、建筑入口设施布局、机架/机柜立面图等分布和设备间进入/维护与清洁，包括面板布置/位置、线缆管理、标注签分配和接地明细等。

（3）安装规范。制定安装规范旨在详细描述布线系统。安装规范以设计图为依据，并按照功能讨论介质要求，其中包括标准和参数、主干容量、放置与固定，主干线缆路径与分布，水平线缆放置，端接与交叉连接子系统，光纤衰减测量，功能测试和布线系统认证，线缆管理要求，竣工文档制作等。规范一般按品牌、等效品牌或仅按功能规定部件质量、功能和外观要求。

（4）材料清单。一般要制定完成项目预计所需的材料清单，将其作为材料单包括在设计方案中。材料单含系统所需的全部布线产品组件、安装硬件和耗材等杂项的预计数量。投标方应要求以自己认为能够满足各种需要的材料和数量进行投标，这时的设计清单恰好帮助最终用户确定实施安装的大致费用。

（5）楼层平面图。地面设计方案应包括建筑内涉及安装的各个区域。地面设计采用CAD 比例俯视图，俯视每个配线间和分配的标识、主干、插座位置和分配的标识、楼层平面路径。设计图纸应足够详细，可供承包商用于施工和拟定设计系统的安装责任，为清楚起见，通常应提供建筑主干连接图作为参照。

（6）线缆路由表。至少设计一张线缆路由表，定义系统中每条主干和水平线缆的起止点、各端接部件、专用通信间等；如有可能，路径也需标明；为满足用户和建筑物管理的实际需求，标签配置方案的路由表中还要包括线缆长度、类型、端接类型和标注签标识等。可制定附加明细表定义所有端接硬件和交叉连接配线方案，线缆路由表应与硬件明细表链接，表明所有线缆路径端接的硬件与相关端接位置，以及交叉连接的配置状况等信息。

良好的设计是形成完整的管理方案的前提，用户可以根据自己的特定要求定制方案的类型和繁简程度，设计阶段制作的全套文档中应包括系统启用后有效管理系统的全部必要信息。

（7）竣工图纸。项目开工时至少应有大比例项目图，供技术代表在项目施工过程中随时检查。通常在现场施工中，图纸设计可能会因故发生某些变化，比如线缆路由的设计与实际插座分布等原因。但是，一般情况下，除非书面批准，设计的端接位置和水平线缆标识、主干线缆标识、接地导体等不得变更。

项目竣工后，经标注的图纸应精确地描述系统竣工后的状态，包括端接位置、主干布线、交叉连接分布和线缆系统各种管理标注的配置方案等内容。

（8）工程日志。日志由作业主管填写并维护，对安装过程中有可能造成日后通信系统扩容或维护困难的任何区域提供文字说明。安装施工中诸如与其他行业施工规范相悖或客量接近满负荷的路径等需提请关注的问题应加以记录。

（9）测试文档制作。项目完工后，应汇编、装订测试文件。在水平布线和主干布线中，扫描测试结果、光纤衰减测试结果和合格测试结果应用索引签隔开，且隔开的每一部分应按管理记录排列的顺序列出测试数据，文件结束部分应附测试设备的名称、生产厂家、型号和最后标定日期，并用简练的文字说明测试过程中使用的测试方法和设备的设定参数等。

扫描测试结果可以用 A4 纸打印。手写测试结果（衰减结果和合格测试结果）应填写在事先打印好的测试表中。进行维修和重新测试时发现的问题和采取的纠正措施应写入备注，发生故障和测试合格的数据都应出现在文件中——良好的文档化的安装对于建立管理系统极具参考价值，这样有助于故障的排除和问题的纠正。

（10）移动、添加与变更。当系统发生任何移动、添加与变更时，应准确及时地修改记录，这对维护管理系统数据完整件是最至关重要的。无论采用书面或计算机管理系统，记录的完整性都是最重要的。采用工作记录和对布线系统的操作进行限制有助于控制系统完整性。

（11）文档的移交。文档的移交是每一个工程最重要同时又是最容易忽略的细节，设计科学而完备的文档不仅可以为用户提供帮助，更重要的是为工程商和施工单位吸取经验和总结教训提供了可能。那么，我们的文档通常都应包括哪些内容，这些制作好的管理文档中，哪些需要移交给用户。通常，工程竣工后，以下文档及文件应当完全移交用户并妥善保管。

1）网络工程中所有设备（合同条款清单中涉及的服务器、计算机、外部设备、网络设备及附件等）的安装、使用及维护手册、最终用户保修卡、授权书等必须完全收集、整理、编号、登记并重新装订移交给用户。

2）网络工程中所有设备（合同条款清单中涉及的服务器、计算机、外部设备、网络设备及附件等）的驱动程序（通常是软盘或光盘）、使用说明及相关授权书等必须完全收集、整理、编号、登记并重新包装移交给用户。

3）网络工程的重要系统参数文档，包括网段的划分、网络地址（比如 IP 地址和子网掩码）分配方案、网络打印机默认参数设定、管理员密码、域用户组或工作划分、用户设定、初始权限划定（出于计算机信息系统安全性考虑，通常是能达到用户要求的最少用户和最低权限设定）、网络服务端口号设置等。

4）网络综合布线的相关说明和图表，包括方案、带宽、速率、结点构成、地址划分、拓扑结构等，另外必须包括施工的各种比例的路径图、线槽及线缆直埋图、冗余线缆敷设图、现有项目编号、标注和色标的含义、施工中与方案不符的条款说明及所采取的措施（如预留管道位置与原地下管线冲突而造成的敷设路径改动等）、施工中的重要注意事项等。

5）各项测试结果，包括软件和硬件、单机和网络、线缆和设备，以及关于功能和性能的、扩展性和灵活性的测试结果与预期结果、相关标准的比较等。

6）网络在使用与维护中的各种注意事项、参考建议和意见等。

8.8　综合布线系统工程电气测试基本指标

（1）在选定的某一频率上信道和基本链路衰减量应符合表 8-8 和表 8-9 的要求，信道的衰减包括 10m（跳线、设备连接线之和）及各电缆段、接插件的衰减量的总和。

表 8-8　信道衰减量

频率（MHz）	三类（dB）	五类（dB）
1.00	4.2	2.5
4.00	7.3	4.5
8.00	10.2	6.3

续表

频率（MHz）	三类（dB）	五类（dB）
10.00	11.5	7.0
16.00	14.9	9.2
20.00	–	10.3
25.00	–	11.4
31.25	–	12.8
62.50	–	18.5
100.00	–	24.0

注：总长度为 100m 以内。

表 8-9　基本链路衰减量

频率（MHz）	三类（dB）	五类（dB）
1.00	3.2	2.1
4.00	6.1	4.0
8.00	8.8	5.7
10.00	10.0	6.3
16.00	13.2	8.2
20.00	–	9.2
25.00	–	10.3
31.25	–	11.5
62.50	–	16.7
100.00	–	21.6

注：总长度为 94m 以内。

以上测试是以 20℃为准，在三类对绞电缆时，每增加 1℃则衰减量增加 1.5%；对五类对绞电缆，则每增加 1℃会有 0.4%的变化。

（2）近端串音。近端串音是对绞电缆内，两条线对间信号的感应。对近端串音的测试，必须对每对线在两端进行测量。某一频率上，线对间近端串音应符合表 8-10 和表 8-11 的要求。

表 8-10　信道近端串音（最差线间）

频率（MHz）	三类（dB）	五类（dB）
1.00	39.1	60.0
4.00	29.3	50.6
8.00	24.3	45.6
10.00	22.7	44.0

续表

频率（MHz）	三类（dB）	五类（dB）
16.00	19.3	40.6
20.00	–	39.0
25.00	–	37.4
31.25	–	37.4
62.50	–	35.7
100.00	–	30.6
	–	27.1

注：最差值限于 60dB。

表 8-11　基本链路近端串音（最差线间）

频率（MHz）	三类（dB）	五类（dB）
1.00	40.1	60.0
4.00	30.7	51.8
8.00	25.9	47.1
10.00	24.3	45.5
16.00	21.0	42.3
20.00	—	40.7
25.00	—	39.1
31.25	—	37.6
62.50	—	32.7
100.00	—	29.3

注：最差值限于 60dB。

（3）光缆布线链路在规定的传输窗口测量出的最大光衰减（介入损耗）应不超过表 8-12 的规定，该指标已包括链路接头与连接插座的衰减在内。

表 8-12　光缆布线链路的衰减

布线	链路长度（m）	衰减（dB）			
		单模光缆		多模光缆	
		1310nm	1550nm	850nm	1300nm
水平	100	2.2	2.2	2.5	2.2
建筑物主干	500	2.7	2.7	3.9	2.6
建筑物主干	1500	3.6	3.6	7.4	3.6

（4）光缆布线链路的任一接口测出的光回波损耗大于表 8-13 给出的值。

表 8-13　最小光回波损耗

类别	单模光缆		多模光缆	
波长	1310nm	1550nm	850nm	1300nm
光回波损耗	26dB	26dB	20dB	20dB

习　题

1. 什么是综合布线工程的验收？其主要项目有哪些？
2. 器材检查的内容是什么？
3. 光缆的敷设要注意什么？
4. 简要说明线缆的保护方式。
5. 竣工文档的主要内容是什么？

第 9 章　综合布线产品与工程实例介绍

本章学习目标

本章将以布线工作中的六大子系统为主线，讲述 SYSTIMAX 综合布线产品，同时将对其他常用的布线系统提供商的布线产品进行简单介绍，具体包括：

- SYSTIMAX 综合布线
- AMP NETCONNECT 综合布线系统
- 其他常用综合布线产品

9.1　SYSTIMAX 综合布线系统

SYSTIMAX 综合布线系统提供了端到端的、高性能的、高可靠性的布线连接解决方案，该布线系统中各个器件可以无缝的、和谐地连接，在该布线产品的开发过程中，充分预见到未来业务对高通信带宽的需求，因此，在 SYSTIMAX 布线系统产品中包括从铜缆到光纤的全系列的产品，具体包括：

- SYSTIMAX GigaSPEED 解决方案——自从 1997 年六类线的规范建立以来，GigaSPEED 提供了完全的端到端的六类线的通道解决方案，由于有技术实力雄厚的 Labs（实验室）的科学家的支持，GigaSPEED 布线解决方案获得了多项技术专利，确保最大化通信的吞吐量及网络通信带宽，同时使通信的误码率达到最低。GigaSPEED 布线解决方案支持兆比特的应用，如 1000Base-T，当然它完全可以支持 100Base-T 的应用。
- SYSTIMAX PowerSUM 解决方案——五类线/超五类线布线解决方案，它支持 100Mb/s 及 1Gb/s 的应用，在技术规范上，它与 TIA 及 ISO 的五类/超五类规范标准兼容，在某些技术指标上甚至超过了 TIA/ISO 的规范标准；SYSTIMAX PowerSUM 产品可以工作在 155.5MHz 的频率上。
- SYSTIMAX LazrSPEED 解决方案——多模光纤解决方案，在技术上符合甚至超过 OM3 的多模光纤的技术规格，LazrSPEED 为建筑群及园区骨干网络提供了良好的、可靠的、低成本、低网络复杂度的 10Gb/s Ethernet 解决方案，LazrSPEED 的最远距离可达 750m，当然，LazrSPEED 也支持从 10Mb/s 到 1Gb/s 的应用。
- SYSTIMAX OptiSPEED 解决方案——OptiSPEED 产品的设计出发点是为了满足现在及将来的业务应用对高通信带宽的需求，它包括多模及单模光纤两种形式，其中工作在 62.5μm 的多模光纤支持 TIA 的信号传输标准，传输距离可达 2km；在 OptiSPEED 解决方案中的 LC 光纤连接器可以将工作在 300m 以内的 1000Base-SX、Gigabit Ethernet LAN 连接起来，并且在一个 OptiSPEED 通道中，最多可达 6 个 LC 连接段。

9.1.1 建筑群主干子系统布线器件

建筑群主干子系统，有时也称为园区子系统，主要完成园区内建筑物之间的连接，它包括传输媒介及相关硬件的分布系统，由铜缆、光纤及电子保护设施组成，SYSTIMAX 提供了丰富的可以用于建筑群主干系统的布线器件。在建筑群主干子系统的布线实践中，光纤经常被选用，因为光纤具有较好的抗电磁干扰、射频干扰的能力，并且光纤的传输距离相对于铜缆来说可以更远，典型的应用是通过园区主干子系统，将园区内所有建筑汇聚到管理子系统。

1．户外电缆

对于采用铜缆进行建筑群主干子系统的布线，SYSTIMAX 的户外多对数电缆均可以被采用，下面列出有代表性的几种。

（1）普通 4 对数户外五类/六类线电缆。这类户外电缆在电气特性上满足有关五类/六类线的技术标准，在电缆的生产过程中，对电缆的外层封装进行了防水、防潮等方面抗恶劣环境的处理，这类电缆一般以卷滚的方式包装，每个包装约 305m。

（2）户外大对数电缆。在这类电缆中，一般包括较多的电缆对数，比较常见的是 25 对数。特别地，为了使这类电缆能够在户外相对较恶劣的环境下工作，在这类电缆的生产过程中，对这类电缆均进行了特别的外层保护处理，如图 9-1 所示是产品号为 ANMW 的户外电缆。

图 9-1 ANMW-200 户外电缆

2．户外光缆

对于采用光纤进行建筑群主干子系统的布线，SYSTIMAX 的户外单模或/及多模光纤均可以被采用，下面列出有代表性的几种。

（1）DNX 户外光缆：包括单模和多模两种（单模光纤为 4DNX），这种光缆进行了特殊的封装处理，可以在地下沟管中使用、直接埋设或高空架设，内含光纤的个数有 4～96 根多种规格，3DNX 电缆符合甚至超过 EIA/TIA568B、ISO/IEC11801 的相关标准。

（2）DDX 户外光缆：DDX 提供多模或多模光纤两种 OptiSPEED 光纤，光线根数包括 2、4、6、8、12、18 六种，DDX 光缆可以在地下沟管中使用、直接埋设或高空架设，DDX 可以附于现有的废水管进行铺设，在技术指标上，DDX 光缆符合甚至超过 EIA/TIA568B、ISO/IEC11801 的相关标准。

（3）Dielectric 混合光缆：为了适应现在及将来的业务需要，在 Dielectric 混合光缆中，既有为了满足现有应用需要的多模光纤，又有为满足未来应用需要的单模光纤，Dielectric 混合光缆采用高密度的聚乙烯护套进行封装，以适应恶劣的户外工作环境，这种混合光缆可以在地下沟管中使用、直接埋设或高空架设来进行光缆的布线，在这种光缆的产品形式上，有 6+6（6 根多模光纤 6 根单模光纤）、6+12（6 根多模光纤 12 根单模光纤）、12+12（12 根多模光纤 12 根单模光纤），如图 9-2 所示是 Dielectric 混合光缆的图片。

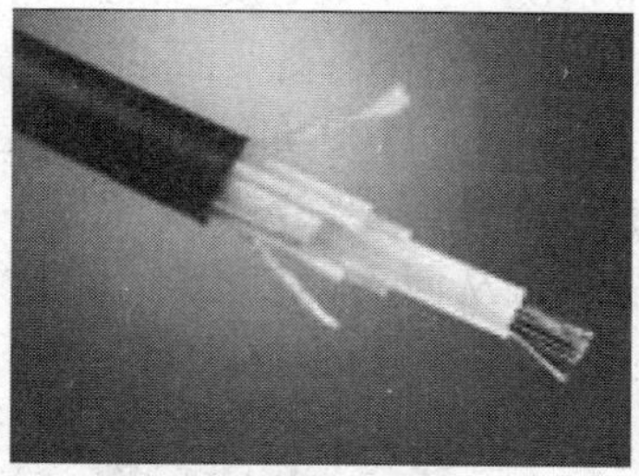

图 9-2　Dielectric 混合光缆

3．电子保护器件

由于工作在户外的电缆会经常受到雷电的袭击，从而产生瞬间的高电压及强电流，这种高电压及强电流会使通信设备及用户终端遭到致命的损坏，为了有效地保护通信设备，也提供了相应的设备保护单元，下面列出有代表性的两种。

（1）489 A&B 线路大厦入口保护器：489 类型的多对数电缆保护面板与 110 连接器配合使用，可以有效地保护通信设备和电路免受高电压及强电流的冲击，在这种面板中可以插入 3B、3C、4B 或 4C 系列的保护单元，从而增加了这种保护面板的灵活性，489 A&B 保护面板的结构如图 9-3 所示。

（2）五类线 OSP 保护器：五类线 OSP 保护器为进入大厦的五类数据电缆提供保护，每一个五类线 OSP 保护器可以保护 4 对数据电路，这种固态的保护器保护敏感的数据网络免受瞬间的高电压及强电流的冲击，这种保护器符合 ANSI/TIA/EIA-568A 的商业建筑通信电缆的电气标准，五类线 OSP 保护器如图 9-4 所示。

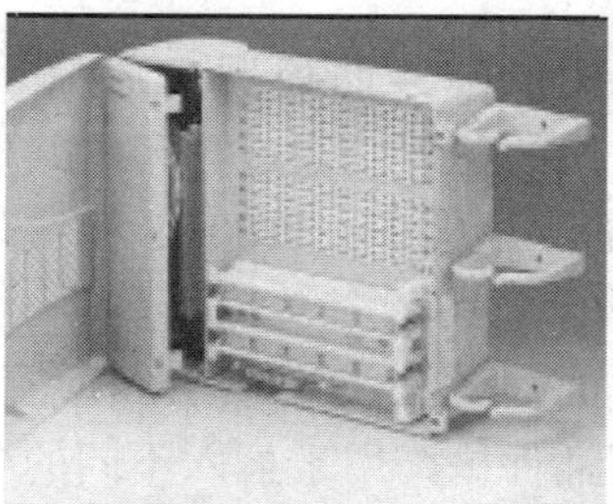

图 9-3　489A&B 建筑电缆入口保护器

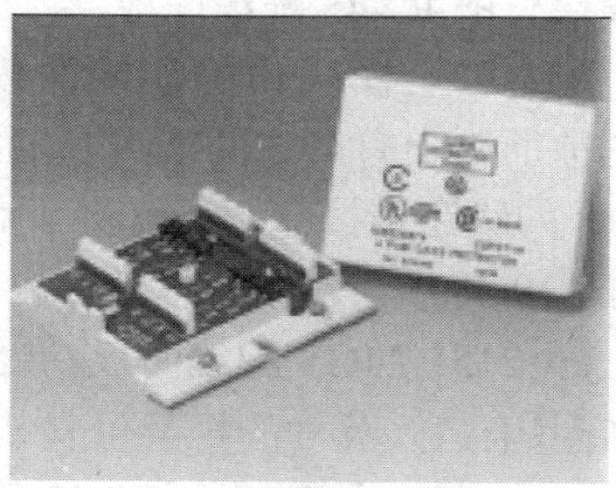

图 9-4　五类线 OSP 保护器

9.1.2　管理子系统布线器件

管理子系统包括使两个或更多的子系统能够互连或能够直连起来的布线子系统，通过对管理子系统的布线，可以很容易地实现布线盒、电信设备室及设备室的线路互连和直连路由，并且可以很容易地对线路连接根据需要进行修改，在对管理子系统进行布线时，根据 EIA/TIA 606 的线路标识规范采用不同的颜色对线路进行标注，以便于将来的维护。

在对管理子系统的布线中，常用到下面的布线器件。

1．110 连接器器件

（1）110A 及 110D 直连接线盒。110A 及 110D 布线器件经常用于在布线空间较为有限的应用场合，它们可以处理与 110P 同样的线路数，然而只需要 110P 布线空间的一半；在正常情况下，110A 及 110D 通过短跳线用于直连的布线系统中，110A 与 110D 的主要区别是 110A 安装有小支架而 110D 没有，如图 9-5 所示是 110A 与 110D 的结构示意图。

（2）110P 布线面板系统器件。110P 布线面板系统是 SYSTIMAX GigaSPEED 解决方案的一部分，它经常用于需要告诉数据通信的场合。在 110P 中使用 Patch 电缆，而不是使用跳线，从而可以获得较高的数据频率。110P 比 110A 具有更多的可管理特性，并且使线路的重新路由更加容易，如图 9-6 所示是 110P 的结构示意图。

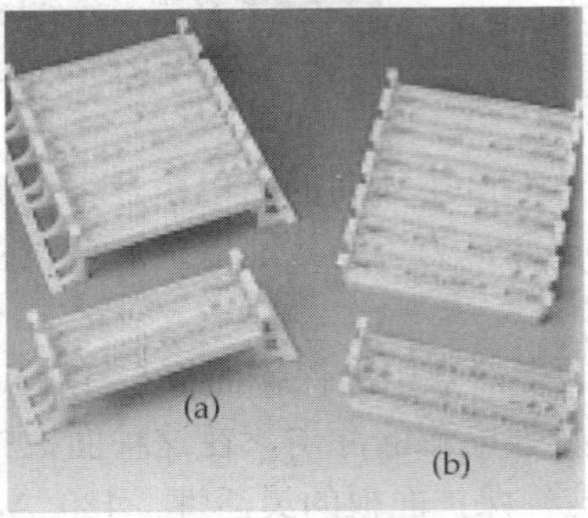

图 9-5　110A 和 110D 直连接线盒

图 9-6　110P 结构图

（3）110 VisiPatch System。110 VisiPatch System 是 110IDC 技术的新一代产品，它集成了电缆和电缆跳线、更高的电缆密度、更好的可管理性，并且可以安装在墙上以节省空间，内构的走线槽可以使线路更加整洁和规整；110 VisiPatch System 可以用于需要较高的线路密度和较高的 GigaSPEED 通信带宽的场合，其的结构示意图如图 9-7 所示。

2．模块化的 RJ-45 配线面板

（1）1100GS 模块化的配线面板。1100GS 模块化的配线面板用于通信设备室，在 1100GS 的前面板上有可选的 24 口、32 口、48 口和 64 口的配置，通过打印电路板连接背板的 1100IDC 的线路连接盒，可终接 4 对的电缆或 25 对的主干电缆；1100GS 模块化的配线面板是标准的 19 英寸宽，可以直接安装在机架内，其结构示意图如图 9-8 所示。

（2）PM2151-24GS 配线面板。PM2151-24GS 配线面板是 PATCHMAX 模块化配线系统的一种，它具有 19 英寸的机架可安装结构，有 4 个可插件槽，用于插入不同的分布模块。其中，每个分布模块具有 6 个 RJ-45 的通信接口，PM2151-24GS 是具有 24 口的 GigaSPEED 配线面板，其结构示意图如图 9-9 所示。

图 9-7　110VP 结构图

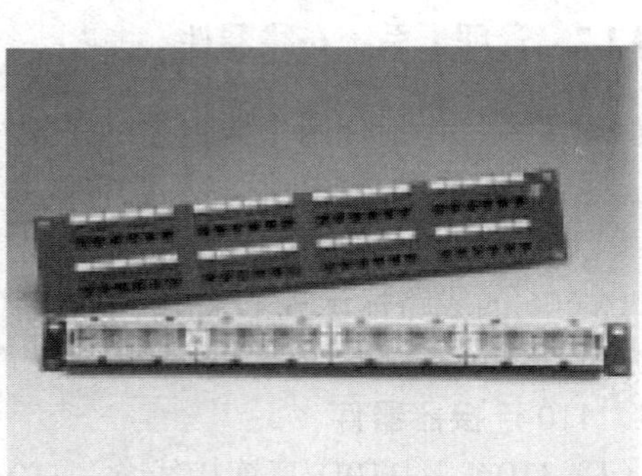
图 9-8　1100GS RJ-45 配线面板

(3) 2500Cat5 配线面板。2500Cat5 配线面板是 PowerSUM 布线解决方案的一部分，它主要应用于电信布线室与设备室之间的连接。2500Cat5 有 24 口和 48 口两种产品型号，在 2500Cat5 的前面板上是 RJ-45 的接口，通过打印电路板（PWB）连接后面板，后面板是 50 针的 525 连接器，其结构示意图如图 9-10 所示。

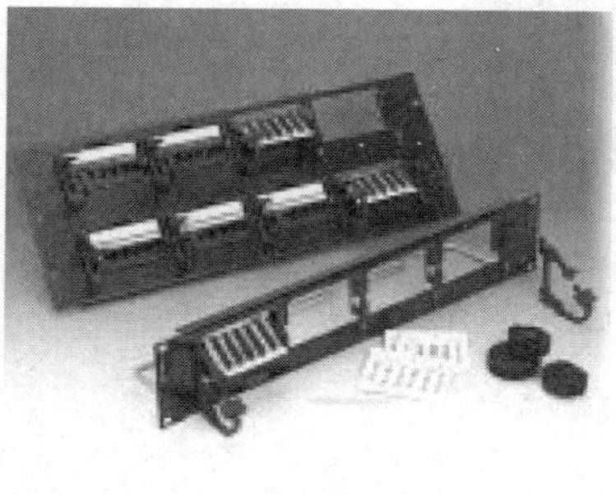

图 9-9　PM2151-24GS 配线面板

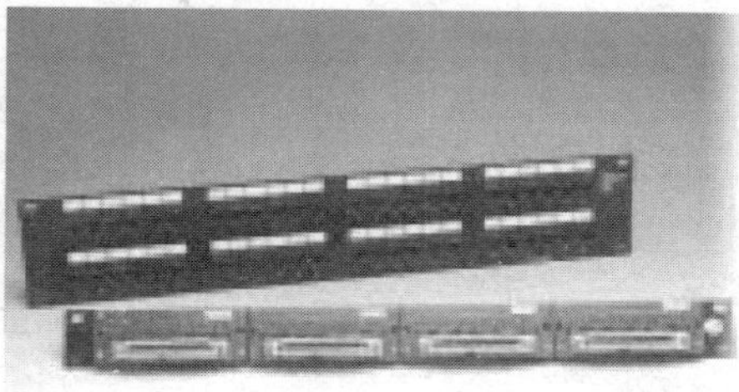

图 9-10　2500Cat5 配线面板

3. 光纤连接器

(1) LC 连接器。为了使光纤接口稳定可靠，设计提供了 LC 系列的光纤连接器，它可以工作在高温、潮湿乃至腐蚀的环境下。特别地，LC 光纤连接器是专为有高带宽、高可靠的应用而设计开发的，这类应用如 GigaSPEED 以太网，平均性能损失低于 0.1dB，在工作性能上高于相关标准。LC 连接器的结构示意图如图 9-11 所示。

(2) SC 光纤连接器。SC 连接器是通过推拉进行插入和拔出的光纤连接器，容易安装，并且保持了较好的光学稳定性。如图 9-12 所示是 SC 连接器的结构示意图。

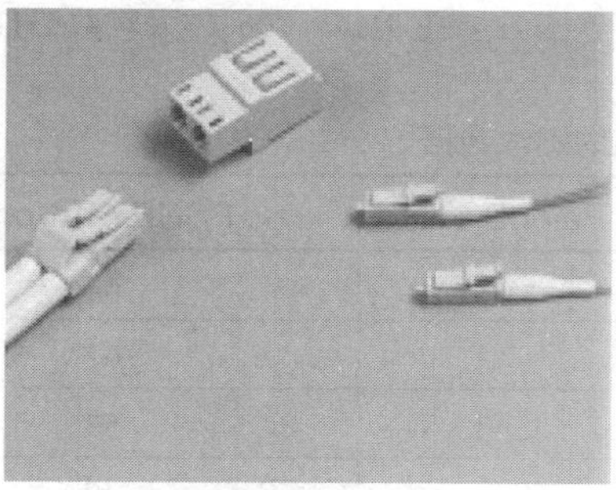

图 9-11　LC 光纤连接器和双工适配器

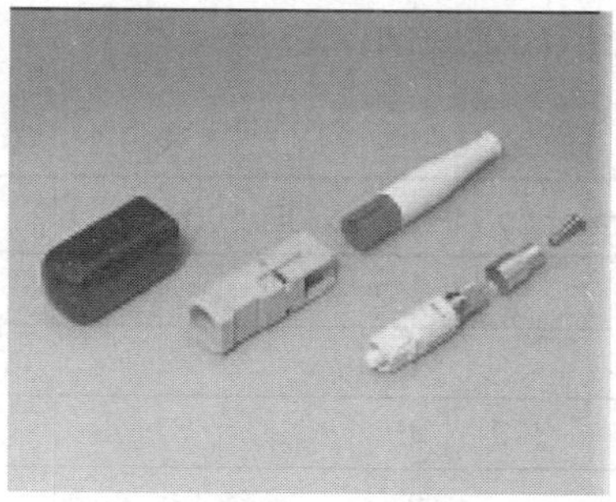

图 9-12　SC 光纤连接器

4. 光纤接口配线面板

(1) 200LS LIU 光纤配线面板。200LS LIU 光纤配线面板可以用于终接 24 个 SC/ST 的光纤连接器，或者用于终接 48 个 LC 的光纤连接器，并且可以根据光纤数量进行模块叠加；它可以同时支持 LazrSPEED 和 OptiSPEED 光纤解决方案，并且很容易安装，如图 9-13 所示是 200LS LIU 的结构示意图。

(2) 配线电缆。在管理子系统的尾端电缆中，根据配线面板的形式，可以使用 D8CM 系列、D8CP/D8CN 系列、110 系列、117 系列及 119 系列的尾端接口电缆。

在管理系统的光纤配线方面，可以使用 LC 接口配线、SC 接口配线或者其他混合接口的光纤配线。

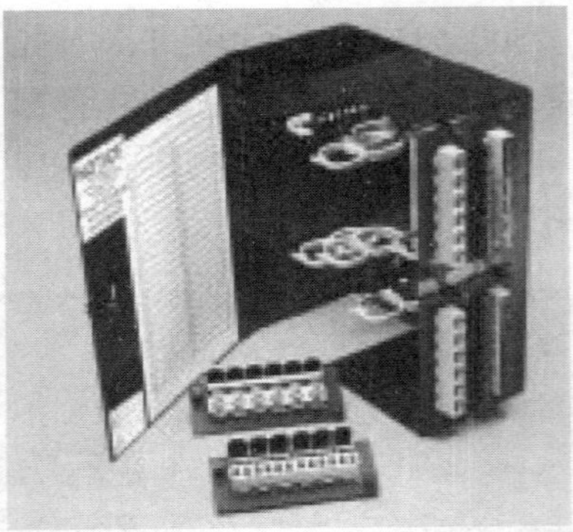

图 9-13　200LS LIU 光线接口配线面板

9.1.3　垂直主干子系统布线器件

垂直主干子系统有时也称为建筑物骨干布线子系统，它为建筑物提供骨干布线路由，在两个布线点之间建立起大对数通信链路，其中包括大对数电缆、多芯光缆及其他一些用于线路连接的设施。

1．大对数电缆

五类/超五类 PowerSUM 大对数电缆，其中的 1061C 25 对五类线大对数电缆采用高密度的聚烯烃包装，在电气特性上，1061C 25 对电缆符合甚至超过了 ISO/IEC 11801、EIA/TIA 568A 的规范标准，表 9-1 为 1061C 大对数电缆的测试数据。如图 9-14 所示是 1061C 的结构示意图。

图 9-14　1061C 大对数 UTP 电缆

表 9-1　1061C 大对数电缆的测试数据

Frequency MHz Max.dB/100m	Attenuation Pair dB	PSNEXT Worst
0.772	1.8	64
1	2.1	62
4	4.3	53
8	5.9	48
10	6.6	47
16	8.2	44
20	9.2	42
25	10.5	41
31.25	11.8	40
62.5	17.1	35
100	21.9	32

2．光缆

（1）LazrSPEED 户内光缆。LazrSPEED 多模光纤提供高达 10Gb/s 的通信带宽，可工作在 850nm 及 1300nm 的波长上，传输距离达 300m，内含光纤数量有 2、4、6、12 四种规格，LazrSPEED 光缆采用两层的外层包装，增强了 LazrSPEED 光缆对工作环境的适应能力。LazrSPEED 光缆的结构示意图如图 9-15 所示。

（2）OptiSPEED 户内光缆。OptiSPEED 户内光缆有多模和单模光纤两种形式，OptiSPEED 多模光纤工作在 850nm 及 1300nm 的波长上，它使用了精确控制的折射原理，有效地减小了信号衰减并增加了通信带宽，采用双层包装有效地保护了光纤的可靠性；OptiSPEED 单模光纤工作在 1310nm 的波长上。如图 9-16 所示是 OptiSPEED 户内光缆的结构示意图。

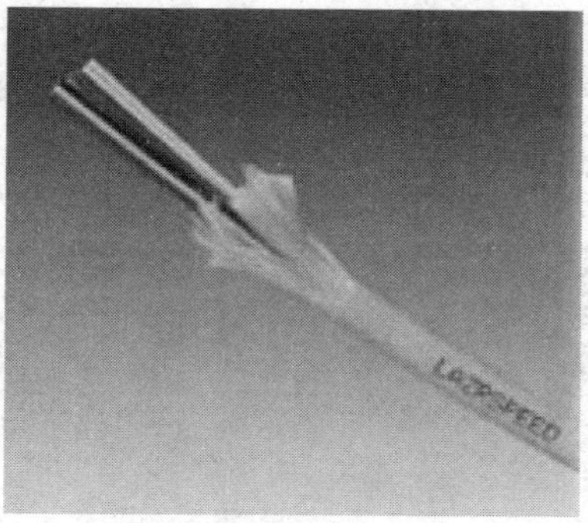

图 9-15　LazrSPEED 多模光缆

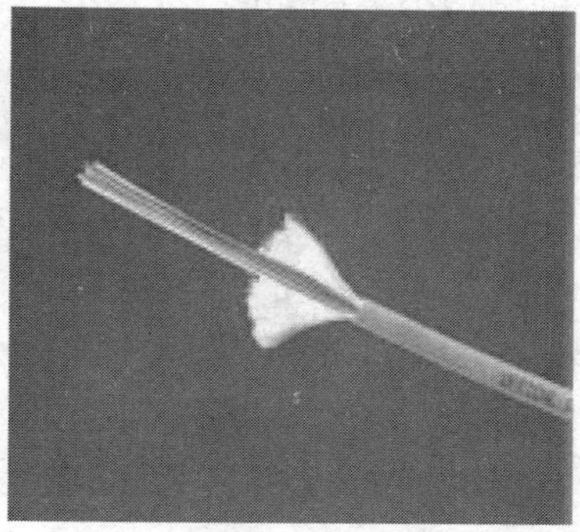

图 9-16　OptiSPEED 户光缆

9.1.4　设备子系统布线器件

在垂直骨干子系统与水平主干子系统的线路交接处，为了使线路的路由管理更加方便，在这个交接处，经常布设线路交接盒，我们称这个线路交接盒及相关的布线器件为设备子系统，根据线路交接的规模，可以采用 110 系列的线路连接器进行线路的连接，也可以采用在管理子系统中所使用的各种配线设备。

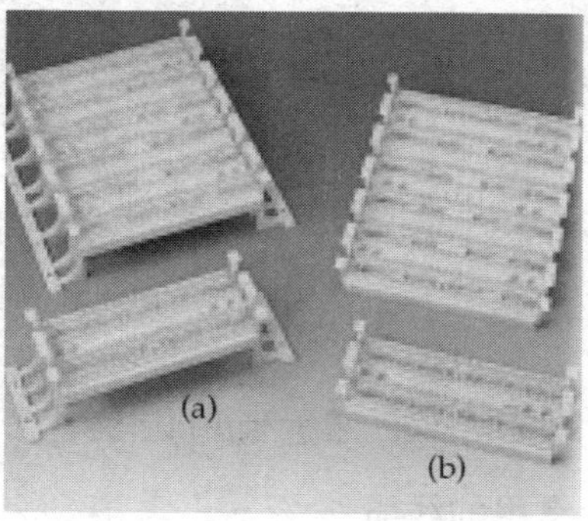

图 9-17　110A 和 110D 直连接线盒

9.1.5　水平主干子系统布线器件

水平主干子系统包含从工作区子系统到设备子系统（Telecommunication Closet）之间的布线，它包括信息输出口及从信息输出口到 Telecommunication Closet（TC）之间的传输介质，在一个建筑物的每一楼层都需要布设一个水平主干子系统。

1. 水平主干子系统布线中常用的信息输出口

（1）MPS100E PowerSUM 信息输出口。安装在工作位置的墙面或工作台面中，用于对 IDC（Insulation Displacement Connector）的端接，并提供 RJ-45 接口用于连接各种工作终端（如服务器、PC 等），MPS100 系列的信息输出口符合甚至超过五类/超五类的 ISO/IEC11801、EIA/TIA 568A 的规范标准，MPS100E 信息输出口的示意图如图 9-18 所示。

（2）MGS400 GigaSPEED 信息输出口。MGS400 系列的信息输出口器件满足六类的电气规范标准，它有效地解决了信号的近端及远端串音，是构建 Giga 应用的理想器件，MGS400 的结构示意图如图 9-19 所示。

图 9-18 MPS100E 信息输出口

图 9-19 MGS400 信息输出口

（3）信息输出口面板。为了使信息输出口在安装上较为美观和保护信息输出口，在信息输出口器件上一般都加上信息输出口面板，信息输出口面板有多种规格，其一般的结构如图 9-20 所示。

图 9-20 信息输出口面板

2. 水平主干子系统布线中常用的线缆

（1）电缆。根据水平主干系统的通信容量，在水平布线系统中可以采用 25 对的大对数的电缆及 4 对的电缆，由于我们在垂直骨干子系统中已经对大对数电缆作了介绍，在这一节中只介绍 4 对数的电缆。提供多种形式的 4 对数电缆，其中 GigaSPEED 电缆满足甚至超过六类线的规范标准。同时也提供 PowerSUM 系列的 4 对数电缆，PowerSUM 系列的 4 对数电缆满足五类/超五类标准，从外形结构上，与 GigaSPEED 线缆很相似。

在衡量数据通信电缆的质量时，可以检查电缆在各种工作频率下的信号衰减、近端串音、远端串音等相关的技术参数进行度量，表 9-2 是 1081 对绞线 GigaSPEED 的电缆的技术特性。

表 9-2　1081 GigaSPEED 电缆技术参数表

Frequency（MHz）	Attenuation	NEXT	PS NEXT	ELFEXT	PSELFEXT	Return Loss
0.772	1.6	86.0	84.0	70.0	67.0	-
1	1.8	84.3	82.3	67.8	64.8	20
4	3.6	75.3	73.3	55.7	52.7	23
8	5.1	71.8	68.8	49.7	46.7	24.5
10	5.8	69.3	67.3	47.8	44.8	25
16	7.3	66.3	64.3	43.7	40.7	25
20	8.2	64.8	62.8	41.7	38.7	25
25	9.2	63.3	61.3	39.8	36.8	24
31.25	10.4	61.9	59.9	37.9	34.9	24
62.5	15.0	57.4	55.4	31.8	28.8	22
100	19.3	54.3	52.3	27.8	24.8	20
200	29.3	49.8	47.8	21.7	18.7	18
250	32.1	48.3	46.3	19.8	16.8	17
300	35.6	47.2	45.2	18.2	15.2	17
350	38.9	46.2	44.2	16.9	13.9	16
400	42.0	45.3	43.3	15.7	12.7	16
450	45.0	44.5	42.5	14.7	11.7	16
500	47.9	43.8	41.8	13.8	10.8	15
550	50.6	43.2	41.2	12.9	9.9	15

（2）光缆。可采用与垂直骨干布线子系统中相同的光缆，即可采用 LazrSPEED 及 OptiSPEED 光缆。

9.1.6　工作区子系统布线器件

布设于信息输出口（也称为通信输出口）与终端设备之间的连接布线系统被称为工作区子系统，它包括尾端线缆、各种通信适配器及其他可以使通信终端连上水平主干子系统的一些电子传输 IO 设备。

1．尾端线缆

（1）D8CM GigaSPEED 和 PowerSUM 尾端电缆。两端均以 RJ-45 接头端接的 D8CM GigaSPEED 和 PowerSUM 尾端电缆可以确保在较长距离时的通信性能，它能在繁忙的数据网络中保证通信的质量，D8CM 尾端电缆的阻抗与 GigaSPEED 及 PowerSUM 电缆完全匹配，这样可以使信号的反射达到最小；在信号的衰减方面，D8CM 尾端电缆超过了 EIA/TIA-568A 及 ISO/IEC11801 的标准，这样可以使信号比标准尾端电缆传输得更远；D8CM 尾端电缆提供了多种颜色和多种长度可供选择。

（2）120GS 混合接头端接电缆。120GS 线缆用于端接高速设备的 RJ-45 接口到 110 连接器系统，它具有高性能和高可靠性，同时支持 GigaSPEED 和 PowerSUM，并且向后与五类线及超五类线兼容。

（3）LC、ST、SC 接口尾纤。在一些需要高速通信的终端设备中，为了满足高速通信的要求，可以采用光纤将设备（如服务器）连上水平子系统，可以采用 3 种接口形式的光纤尾纤，即 LC、ST、SC 尾纤，它们的示意图如图 9-21 所示。

（4）混合接口尾纤。为了使信息输出口点的接口形式能够与设备的通信接口形式匹配，提供了多种形式的混合接口尾纤，包括 LC-ST、LC-SC、LC-MTRJ 等，图 9-22 是 LC-MTRJ 混合接口的尾纤。

2．适配器

（1）451A RJ-45-RJ-45 适配器。451A RJ-45-RJ-45 适配器用于连接两段 RJ-45 的端接电缆，在需要高于 10Mb/s 的数据通信时，建议不要采用这种形式的电缆连接，451A 适配器的示意图如图 9-23 所示。

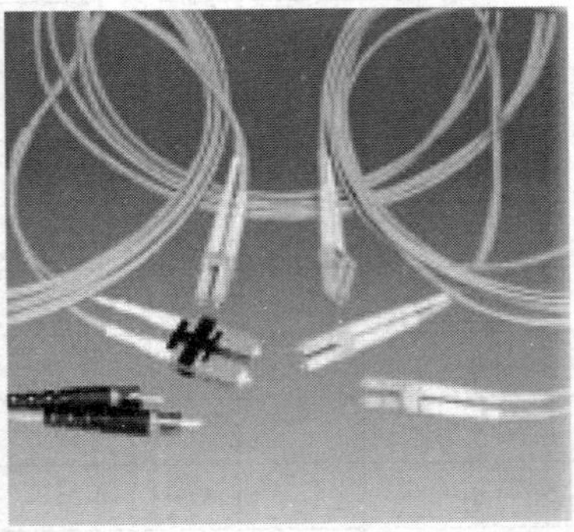

图 9-21　SC、ST、SC 端接的尾纤

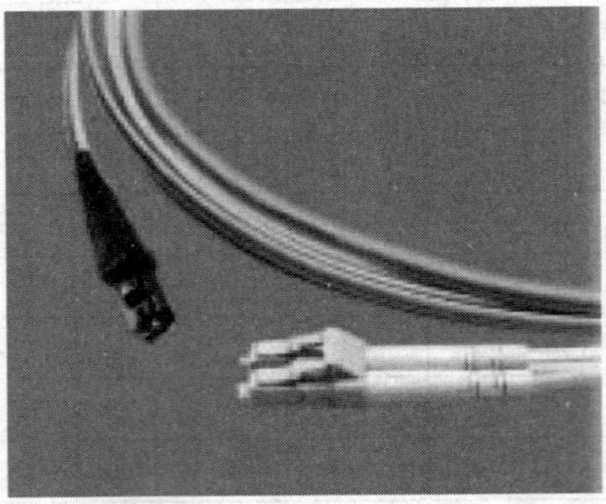

图 9-22　LC-MTRJ 混合尾纤

（2）368A RJ-45-DB25 适配器。368A 适配器用于适配 EIA-232-D 25 针的连接器到 RJ-45 接口，在 DB25 端可以是公头，也可以是母头，368A 的结构如图 9-24 所示。

图 9-23　451A RJ-45-RJ-45 适配器

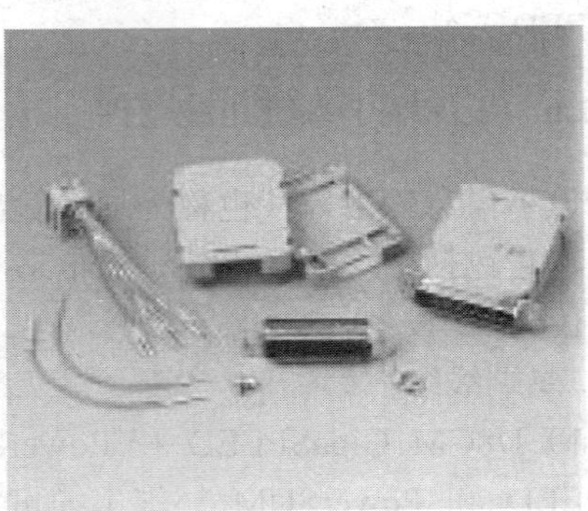

图 9-24　368A DB25-RJ-45 适配器

9.2 综合布线布线工程实例简介

现有一栋办公大楼：楼高十层，办公面积为 15000 平方米，每层 80 个信息点，其中语音 40 个点，数据 40 个点；合计语音 400 个点，数据 400 个点，共计 800 个信息点。

（一）办公大楼用途

企业内部网络管理。大楼内网络类型为 100Base-T 高速 Ethernet 网络，要求话音点和数据点可相互转换。总体布线工程要求一次到位。

（二）工程要求

（1）完成大楼内的综合布线系统工程的设计、施工与测试。

（2）完成大楼内网络工程的设计与施工。

（三）设计步骤

1．用户需求调研

（1）确定具体网络类型。

（2）确定数据、话音等信息点的具体点数。

2．画出建筑物平面图

（1）确定信息点的具体位置。

（2）确定楼层最长距离。

（3）确定线缆走线路由。

（4）确定线缆走线方式。

（5）确定水平线槽、桥架的尺寸。

3．画出综合布线系统示意图

（1）确定主配线架位置。

（2）确定楼层配线架位置及数量。

（3）确定主干路由。

（4）确定弱电井内竖井桥架的尺寸。

4．画出网络配置系统示意图

（1）确定网络硬件设备类型。

（2）确定网络连接类型。

（3）确定网络硬件设备数量。

5．设计软件介绍

（1）3D HOME 2。适合画建筑平面图，简单、方便、快捷。

（2）NetViz。

1）综合布线系统设计、管理。

2）网络系统设计、管理。

3）其他具有网络层次概念的系统设计、管理。

4）使用方便，灵活、快捷。

5）引入属性概念，具有数据库管理能力。

6）具有层次管理能力。

7）由图可自动生成表格及对应关系表。

8）开放性好，用户可随意扩充图标库及物件属性。

9）通用性强，适用于任何品牌产品。

6．确定主体方案

工作区

水平布线

干线布线

设备间

建筑群

三种方案可供选择：

（1）全 110 系列。

1）水平布线用五类 4 对非屏蔽双绞线。

2）数据、语音配线架全部采用 110 系列。

3）主干语音配线架采用 110 系列。

4）数据干线采用五类（4 对或大对数）UTP 或光纤。

5）语音干线采用三类大对数电缆。

6）数据配线架与网络设备连接用 4 对 110-RJ-45 跳线。

7）数据与语音转换用 RJ11-110 跳线。

（2）RJ-45+110 系列。

1）水平布线用五类 4 对非屏蔽双绞线。

2）数据配线架采用 RJ-45 系列。

3）语音配线架采用 110 系列。

4）主干语音配线架采用 110 系列。

5）语音干线采用三类大对数电缆。

6）数据配线架与网络设备连接用 RJ-45-RJ-45 跳线。

7）数据与语音转换用 RJ11-110 跳线。

（3）全 RJ-45 系列。

1）水平布线用五类（或以上）4 对非屏蔽双绞线。

2）数据和语音配线架全部采用 RJ-45 系列。

3）主干语音配线架采用 110 系列。

4）数据干线采用五类（4 对或大对数）UTP 或光纤。

5）语音干线采用三类大对数电缆。

6）数据配线架与网络设备连接用 RJ-45-RJ-45 跳线。

7）语音主干与水平相连用 RJ11-110 跳线。

8）语音与数据转换用 RJ-45-RJ-45 跳线。

三种方案比较：

（1）全 110 系列：经济、实用，但性能最高只能到五类。若使用原厂 4 对 110-RJ-45 接插线可达五类以上，但价格较高。

（2）RJ-45+110：投资适中，便于管理，数据传输性能稳定、可靠，数据部分性能可达五类以上。

（3）全 RJ-45 系列：投资较高，数据传输性能好，稳定可靠，语音与数据转换方便，所有信息点均可达到五类以上性能。

确定主干布线种类：

（1）大对数非屏蔽双绞线：语音用三类，数据用五类或五类以上。

（2）4 对非屏蔽双绞线+大对数电缆：语音用三类大对数电缆，数据用五类或五类以上 4 对非屏蔽双绞线。

（3）光纤+大对数电缆：语音用三类大对数电缆，数据用室内多模光纤，硬件需加光纤收发器或带光纤接口的网络设备（集线器或交换机）。

确定楼层配线架的数量和位置：

——依据每层信息点的数量和距离确定楼层配线架的数量和位置

——数量：小于 260 个信息点。

——距离：小于 90m。

7. 产品选型

根据主体方案和用户需求，选择合适的布线及网络产品

质量第一

价格因素

技术支持

质保体系

售后服务

是否成系列

8. 画出详细的系统设计图

系统框图

平面图

9. 列出材料、设备清单

定货编号

具体描述

定货单位

数量

单价

总价

10. 配线间设置

电缆竖井在大楼中部，网络中心、程控交换机设在大楼的四层，主配线间设在四层，在二、六、八、十层分别设有楼层配线间，用来管理相邻楼层的信息点

（四）主体方案

工作区：超五类信息插座模块

配 86×86（mm）双孔盒式插座

水平布线：超五类 4 对非屏蔽双绞线（UTP）

垂直主干：数据——6 芯室内多模光纤

语音——三类 25 对大对数铜缆

楼层配线间：水平端接——超五类 RJ-45 配线盘

语音主干——110 配线架

数据主干——ST 光纤配线架

设备间：水平端接——超五类 RJ-45 配线盘

语音主干——110 配线架

数据主干——ST 光纤配线架

（五）材料统计

1．工作区

盒式插座+RJ-45 模块+RJ-45-RJ-45 工作区软线

信息插座：（均为超五类模块配明装盒）

每一层：双孔盒式插座 40 套（语音+数据）

十层共计：40×10=400 套双孔盒式插座

信息模块：

每一层：超五类 8 芯 RJ-45 信息插座模块，80 个

十层共计：80×10=800 个 RJ-45 信息插座模块

数据终端连接线：

RJ-45 插头（超五类 8 芯水晶头，接用户终端设备用）

每一层：40×2=80 个（每层 40 个数据点）

十层共计：80×10=800 个（加 15%的余量）

用户设备接插线软线（超五类 3m）：

每层：3.2m×40=128m

十层共计：128×10=1280m≈5 箱

语音终端连接线：

RJ11 插头（4 芯，接语音设备）

每一层：40×2=80 个（每层 40 个语音点）

十层共计：80×10=800 个（加 15%的余量）

用户设备接插线软线（2 芯 3m）：

每层：3.2m×40=128m

十层共计：128×10=1280m≈5 箱

工作区材料清单：

超五类 RJ-45 信息插座模块

双孔信息插座面板

信息插座底盒

8 芯 RJ-45 水晶头

4 对超五类接插软线

4 芯 RJ11 水晶头

2 芯接插软线

2．管理部分

110 配线架（语音部分）

楼层配线架

每个楼层配线架管理两层 80 个语音点

2 对×80=160 对

需要 2 个 100 对 110 配线架

2 对 110-RJ-45 快接跳线：80 条

4 个楼层配线架合计

100 对 110 配线架：2×4=8 个

2 对 110-RJ-45 快接跳线：80×4=320 条

主配线架：管理两层 80 个语音点

2 对×80=160 对，需要 2 个 100 对配线架

连接 4 个楼层配线架：2 对×4×80=640 对

需要 7 个 100 对配线架

连接程控交换机：1 对×400=400 对

需要 4 个 100 对配线架

合计：1200 对

共计需要：2 个 300 对 110 配线架

6 个 100 对 110 配线架

1 对 110 快接跳线：400 条

2 对 110-RJ-45 快接跳线：80 条

3．水平端接部分

RJ-45 超五类配线盘（数据+语音部分）

每个楼层配线架：（2×80=160 个信息点）

48 端口 RJ-45 接线排 3 个

24 端口 RJ-45 接线排 1 个

合计：15 个 48 端口 RJ-45 接线排

5 个 24 端口 RJ-45 接线排

RJ-45-RJ-45 跳线：用于连接数据点

每个楼层配线架：40×2=80 条

合计：80×5=400 条

19 英寸 2m 机柜：1 个×5=5 个

光纤配线架：

12 口 ST-ST 光纤配线架：4 个

24 口 ST-ST 光纤配线架：1 个

光纤跳线：

ST-SC 双芯跳线（3m）：10 条

ST 连接头：48 个

其他配件：

110 配线架背板：10 个

110 配线架理线器：16 个

RJ-45 配线架理线器：20 个

线缆扎带

线缆标签条

光纤熔接耗材

主干系统：

语音：25 对大对数铜缆：7 条×4

数据：6 芯室内多模光缆：200m

计算出 PVC 线槽及附件的用量

线槽用量：

水平区：（100×40）3000m

工作区：（24×14）3600m

其他：线槽终端盖、左右弯角、连接盖等

超五类 4 对非屏蔽双绞线（UTP）

平均长度为：(30+62)÷2=46m

每层用线量：(46×1.1+10)×80=4848m

整栋楼用线量：(46×1.1+10)×80×10=48480m

每箱电缆走线长度=305÷(46×1.1+10)=5

整栋楼所需订购箱数=80×10÷5=160 箱

敷设方式：沿墙壁线槽

网络设备：（略）

（六）列出详细材料、设备清单，其中包括订货编号、中文名称、产地、规格、数量、单价及总价。根据设备清单计算出材料总报价。

参考文献及网站

[1] 吴达金．综合布线系统产品汇编和选用．北京：人民邮电出版社，2003．

[2] 向忠宏．综合布线产品与案例．北京：人民邮电出版社，2003．

[3] （美）David Groth，Jim McBee 著．网络布线从入门到精通．王启斌等译．北京：电子工业出版社，2001．

[4] 黎连业．网络综合布线系统与施工技术（第 2 版）．北京：机械工业出版社，2003．

[5] 张彝．网络综合布线工程技术．北京：人民邮电出版社，2002．

[6] 薛颂石．智能建筑与综合布线系统．北京：人民邮电出版社，2002．

[7] 千家综合布线网．http://www.cabling-system.com．

一盏古今愁

许渊冲译宋词三百首

许渊冲 译

300 Song Lyrics Classified by Time

汉英双语朗读版

朗读者：李玲玲　李 响

商務印書館国际有限公司
中国·北京

图书在版编目（CIP）数据

一盏古今愁 ： 许渊冲译宋词三百首 ： 汉英对照 / 许渊冲译 . -- 北京 ： 商务印书馆国际有限公司 , 2023.3

ISBN 978-7-5176-0965-0

I. ①一… II. ①许… III. ①英语－汉语－对照读物 ②宋词－选集 IV. ① H319.4: I

中国版本图书馆 CIP 数据核字（2022）第 255454 号

300 Song Lyrics Classified by Time

一盏古今愁——许渊冲译宋词三百首

译　者	许渊冲
出版发行	商务印书馆国际有限公司
地　址	北京市朝阳区吉庆里 14 号楼佳汇国际中心 A 座 12 层
邮　编	100020
电　话	010-65592876（编校部） 010-65598498（市场营销部）
网　址	www.cpi1993.com
印　刷	大地飞达（天津）印刷有限公司
开　本	787mm×1092mm 1/32
字　数	900 千字
印　张	30.25
版　次	2023 年 3 月第 1 版第 1 次印刷
书　号	ISBN 978-7-5176-0965-0
定　价	108.00 元

出版前言

本书即将付梓，许渊冲先生却已溘然长逝一年有余。回忆先生的音容笑貌历历如在眼前，我们每次去先生家里拜访，他都会滔滔不绝地介绍自己最新的翻译成果，拿出最新出版的图书评论其优长。看着年届百岁的先生依然如此孜孜不倦、如此乐此不疲地投身翻译工作，作为后生晚辈，在崇敬之余，每个人内心都会油然升起时不我待的紧迫感。

先生在接受采访时曾说过“生命并不是你活了多少日子，而是你记住了多少日子”。在先生 100 年的生命长河中，他用勤奋的工作记录了每一个日子，让生命的质和量都达到了常人难以企及的高度。先生是西南联大的高材生，致力于英语教学和翻译八十余年，专精中英、中法互译，共有译著 100 余部，他将很大一部分精力投入中国优秀传统文化精粹的翻译，很早以前，就有唐诗宋词等方面的译著由海外知名出版机构出版，同时为中国人带来了精妙绝伦的英法文学作品。先生在耄耋之年，仍然给自己制订了“每天翻译 1000 字”的工作计划，93 岁时为自己制定了翻译莎士比亚全集的目标。先生被誉为“诗译英法唯一人”，曾获“中国翻译文化终身成就奖”和国际翻译界最高奖项之一的“北极光”杰出文学翻译奖等殊荣。

《宋词三百首》是许渊冲先生的代表译作之一。众所周知，宋词是中国诗歌发展史上的又一个巅峰，许先生所选所译的宋词展现了宋代的风貌，写出了众多词人的家国情怀、离愁别绪。为能更好地概说宋词的特点，本书书名最终确定为《一盏古今愁——许渊冲译宋词三百首》。著名书法家徐康岩先生题写了书名，书中部分插画由以师承宋元山水见长的著名画家何松提供。本书一方面是给喜欢英文翻译的爱好者提供一个学习的参照，另一方面也让国外的读者了解中国诗词的韵律美、意境美。

为了出好先生的译作，做到文质兼美，拿到先生的授权之后，出版团队心存敬畏，精心设计版式，认真核改清样，反复推敲、设计封面和书名，邀请专业的中英文播音员朗读古诗词和先生的译作，并配以古琴音乐作为背景，尽最大努力将经典诗词与先生精妙的译作之美呈现给亲爱的读者。

我们怀着敬意和忐忑将这部作品敬献给先生的在天之灵，也希望我们的努力能得到广大读者的认可。

目　录

一、平芜尽处是春山

二、人间有味是清欢

三、风住尘香花已尽

平芜尽处是春山

宋词初期风格承袭了“花间”余绪，完成了词由唐入宋的发展过程。晚唐五代是词学发展的重要时期，这个时期的词人作品多以男女风月或者离愁别恨为主导，风格艳丽，意象堆砌。整体词风还没有冲脱小气象的藩篱。但这并未影响词后期的走向，如温庭筠的词尽管题材狭窄，词句藻丽，但在艺术手法上善于创造意境，表现含蓄，讲究声律，这无疑推动了词的发展。词入宋初期，承袭上个时代词风的同时也出现了“革新”苗头。

酒泉子（其四）

潘阆

长忆西湖。
尽日凭阑楼上望，
三三两两钓鱼舟，
岛屿正清秋。

笛声依约芦花里，
白鸟成行忽惊起。
别来闲整钓鱼竿，
思入水云寒。

Fountain of Wine (IV)

Pan Lang

I still remember West Lake,
Where, leaning on the rails, I gazed without a break.
Oh fishing boats in twos and threes,
And islets in clear autumn breeze.

Among flowering reeds faint flute-songs rose,
Startled white birds took flight in rows.
Since I left, I've repaired my fishing rod at leisure,
Thoughts of waves and clouds thrill me with pleasure.

酒泉子（其六）

潘　阆

长忆西山。
灵隐寺前三竺后，
冷泉亭上旧曾游，
三伏似清秋。

白猿时见攀高树，
长啸一声何处去。
别来几向画图看，
终是欠峰峦。

Fountain of Wine (VI)

Pan Lang

I still remember West Mountain:
Three bamboo groves in front, shady temple in rear.
I've visited the Pavilion of Cold Fountain,
Where summer's cool as autumn clear.

I've often seen white apes climb up high trees.
Where are they gone after long, long cry?
Can I find West Mountain in the picture, please?
The painted mountain has no real peaks high.

酒泉子（其十）

潘阆

长忆观潮，
满郭人争江上望。
来疑沧海尽成空，
万面鼓声中。

弄潮儿向涛头立，
手把红旗旗不湿。
别来几向梦中看，
梦觉尚心寒。

Fountain of Wine (X)

Pan Lang

I still remember watching tidal bore,
The town poured out on rivershore.
It seemed the sea had emptied all its water here,
And thousands of drums were beating far and near.

At the crest of huge billows the swimmers did stand,
Yet dry remained red flags they held in hand.
Coming back, I saw in dreams the tide o'erflow the river,
Awake, I felt my heart with fear still shiver.

* *The poet describes how he enjoys the beauty of West Lake in the first poem, of West Mountain in the second and of the tidal bore in the third.*

长相思

林　逋

吴山青，越山青。
两岸青山相送迎，
争忍有离情？

君泪盈，妾泪盈。
罗带同心结未成，
江边潮已平。

The Everlasting Longing

Lin Bu

Northern hills green,

Southern hills green,

The green hills greet your ship sailing between.

Who knows my parting sorrow keen?

Tears from your eyes,

Tears from my eyes,

Could silken girdle strengthen our heart-to-heart ties?

O see the river rise?

* *This lyric describes the parting grief of two lovers.*

点绛唇

林　逋

金谷年年，
乱生春色谁为主？
余花落处，
满地和烟雨。

又是离歌，
一阕长亭暮。
王孙去，萋萋无数，
南北东西路。

Rouged Lips

Lin Bu

In the garden, from year to year,

When spring runs riot, green grass will appear.

The ground covered with fallen blooms,

In mist and rain grass looms.

Again we sing the farewell song,

At dusk in the Pavilion Long.

Gone is my friend.

The grass still grows north, south, east, west without end.

* *The poet thinks of his friend when he sees the grass he saw at parting.*

苏幕遮

范仲淹

碧云天，
黄叶地。
秋色连波，
波上寒烟翠。
山映斜阳天接水。
芳草无情，
更在斜阳外。

黯乡魂，
追旅思。
夜夜除非，
好梦留人睡。

Waterbag Dance

Fan Zhongyan

Clouds veil emerald sky,

Leaves strewn in yellow dye.

Waves rise in autumn hue

And blend with mist cold and green in view.

Hills steeped in slanting sunlight, sky and waves seem one;

Unfeeling grass grows sweet beyond the setting sun.

A homesick heart,

When far apart,

Lost in thoughts deep,

Night by night but sweet dreams can lull me into sleep.

明月楼高休独倚。
酒入愁肠，
化作相思泪。

Don’t lean alone on rails when the bright moon appears!

Wine in sad bowels would turn to nostalgic tears.

* *This nostalgic lyric is well-known for the last line “Wine in sad bowels would turn to nostalgic tears.”*

离亭燕

张　昇

一带江山如画，
风物向秋潇洒。
水浸碧天何处断，
霁色冷光相射。
蓼屿荻花洲，
隐映竹篱茅舍。

天际客帆高挂，
门外酒旗低迓。
多少六朝兴废事，
尽入渔樵闲话。

Swallows Leaving Pavilion

Zhang Bian

So picturesque the land by riverside,

In autumn tints the scenery is purified.

Without a break green waves merge into azure sky,

The sunbeams after rain take chilly dye.

Bamboo fence dimly seen amid the reeds

And thatch-roofed cottages overgrown with weeds.

Among white clouds are lost white sails,

And where smoke coils up slow,

There wineshop streamers hang low.

How many of the fisherman's and woodman's tales

怅望倚危栏，
红日无言西下。

Are told about the Six Dynasties' fall and rise!

Saddened, I lean upon the tower's rails,

Mutely the sun turns cold and sinks in western skies.

* *The poet reflects on the rise and fall of the Six Dynasties.*

六州歌头

项羽庙

李　冠

秦亡草昧，
刘项起吞并。
鞭寰宇。驱龙虎。
扫欃枪。斩长鲸。
血染中原战。
视馀耳，皆鹰犬，
平祸乱，归炎汉。
势奔倾。兵散月明。
风急旌旗乱，
刁斗三更。
共虞姬相对，
泣听楚歌声。

Prelude to the Song of Six States

The Temple of Xiang Yu

Li Guan

At the Qin's close
Liu and Xiang rose.
Whipping the world driving dragons and tigers away,
Killing the whales and sweeping the comets in array.
Beating the foe,
Quelling the woe,
Liu won the war
With an uproar.
Xiang's army dispersed in moonlight,
His flags pell-mell at the dead of night.
He listened in the tent for long
His native Southern song

玉帐魂惊。
泪盈盈。

念花无主，凝愁苦，
挥雪刃，掩泉扃。
时不利，骓不逝，
困阴陵，叱追兵。
喑呜摧天地，
望归路，
忍偷生！
功盖世，
何处见遗灵？
江静水寒烟冷，
波纹细、古木凋零。
遣行人到此，
追念益伤情，
胜负难凭！

With Lady Yu in tears,
Her jade-like soul in fears.

The beauty grieved to lose her lord;
She killed herself with snow-bright sword.
Unfortunately he could not run his horse;
Surrounded he could still frighten the pursuing force.
Could sky and earth not be moved to tears?
Gazing on homeward way ahead,
Could he survive the dead?
Heroism unsurpassed
O where to find the hero's soul at last?
The river's still, the mist and water freeze,
It ripples in the breeze
Before the withered ancient trees.
Visitors would be moved none the less.
Could a hero be judged by failure or success?

* *By the end of the Qin Dynasty Xiang Yu and Liu Bang fought for the throne. Defeated, Xiang and his favorite Lady Yu committed suicide.*

画堂春

张　先

外湖莲子长参差，
霁山青处鸥飞。
水天溶漾画桡迟，
人影鉴中移。

桃叶浅声双唱，
杏红深色轻衣。
小荷障面避斜晖，
分得翠阴归。

Spring in Painted Hall

Zhang Xian

The lotus blooms in outer lake grow high and low;
After the rain over green hills fly the gulls white.
The painted boats on rippling water slowly go;
Our shadows move on mirror bright.

Two maidens sing the song of peach leaf in voices low,
Clad in light clothes apricot-red.
Sheltering from setting sun with lotus leaves,
They come back with green shadow fed.

* *The poet describes the lake and two maidens gathering lotus seeds.*

剪牡丹

舟中闻双琵琶

张　先

野绿连空，
天青垂水，
素色溶漾都净。
柳径无人，
堕絮飞无影。
汀洲日落人归，
修巾薄袂，
撷香拾翠相竞。
如解凌波，
泊烟渚春暝。

Peonies Cut Down

Hearing the Music of Double-*Pipa* in the Boat

Zhang Xian

The green plain extends far and wide,
The azure sky hangs over waterside.
The endless river flows with ripples purified.
On willowy lanes there's no man in sight;
The willow falls down without shadow in flight.
People come back, drowned in slanting sunlight.
Girt with long belt and dressed with thin sleeves,
Girls vie in plucking flowers and green leaves.
They know how to tread on the waves, it seems,
On misty rivershore spring dreams,

彩绦朱索新整。
宿绣屏、画船风定。
金凤响双槽，
弹出今古幽思谁省。
玉盘大小乱珠迸。
酒上妆面，
花艳眉相并。
重听。
尽汉妃一曲，
江空月静。

Newly adorned with tassels red and ribbons green,
They live behind embroidered screen.
The painted boat goes without breeze.
The golden phoenix on the *pipa* sings with ease.
Who knows if the woe old or new is played?
Big and small pearls run riot on the plate of jade.
Flowers and eyebrows vie in beauty in vain.
Listen again!
When the princess sings of her dream,
It will calm down the moon and the stream.

* *The poet describes his boating on the lake and the music of pipa he hears in the boat. The princess refers to Wang Zhaojun married to the Tartar chief in 33 BC and dreaming of returning to her homeland.*

蝶恋花

张　先

移得绿杨栽后院，
学舞宫腰，
二月青犹短。
不比灞陵多送远，
残丝乱絮东西岸。

几叶小眉寒不展，
莫唱《阳关》，
真个肠先断。
分付与春休细看，
条条尽是离人怨。

Butterflies in Love with Flowers

Zhang Xian

In my back courtyard I transplanted a willow tree,
Like dancer's waist, carefree.
In second moon green sprigs are short in view,
They're not so long as those at the Bridge of Adieu,
Strewn east and west with broken twigs and catkins anew.

A few browlike leaves not outspread in cold are not long.
Don't sing the farewell song!
Or it will break your heart.
Of sorrow leave to spring a greater part!
Each willow twig reveals the grief of those who part.

* *The poet describes the willow tree and compares it to a beauty with a willowlike waist.*

渔家傲

和程公辟赠别

张　先

巴子城头青草暮，
巴山重叠相逢处。
燕子占巢花脱树，
杯且举，
瞿塘水阔舟难渡。

天外吴门清霅路。
君家正在吴门住。
赠我柳枝情几许。
春满缕，
为君将入江南去。

Pride of the Fishermen

Farewell to Cheng Gongbi

Zhang Xian

By western city wall at dusk the grass grows green,
The western hills on hills where we met form a screen.
The swallows in the nest, flowers fall from the tree.
We drink wine cup in hand,
It's hard to sail between the cliffs for our homeland.

Your home at citygate and mine by riverside,
They are not separated by a river wide.
How deep your love to break a willow twig for me!
It's filled with spring,
A sprig to your home on the southern shore I'll bring.

* *The poet bids farewell to a friend of his native place.*

诉衷情

张 先

花前月下暂相逢。
苦恨阻从容。
何况酒醒梦断，
花谢月朦胧。

花不尽，
月无穷。
两心同。
此时愿作，
杨柳千丝，
绊惹春风。

Telling Innermost Feelings

Zhang Xian

Before flowers, beneath the moon, shortly we met
Only to part with bitter regret.
What's more, I wake from wine and dreams
To find fallen flowers and dim moonbeams.

Flowers will bloom again;
The moon will wax and wane.
Would our hearts be the same?
I'd turn the flame
Of my heart, string on string,
Into willow twigs to retain
The breeze of spring.

* *The poet describes the outer world to show his inner world.*

相思令

张　先

蘋满溪。
柳绕堤。
相送行人溪水西。
回时陇月低。

烟霏霏。
风凄凄。
重倚朱门听马嘶。
寒鸥相对飞。

Song of Longing

Zhang Xian

Duckweeds float on the brook in view;
The bank flanked with willow trees.
West of the brook I bade my lord adieu;
Back, I see the waning moon freeze.

Veiled in mist grey
And dreary breeze,
Leaning again on the door, I hear the horse neigh,
And see the gulls white two by two in flight.

* *This lyric describes a woman's parting with her love.*

木兰花

乙卯吴兴寒食

张　先

龙头舴艋吴儿竞，
笋柱秋千游女并。
芳洲拾翠暮忘归，
秀野踏青来不定。

行云去后遥山暝，
已放笙歌池院静。
中庭月色正清明，
无数杨花过无影。

Magnolia Flowers

Cold Food Day in 1075

Zhang Xian

The Southerners in dragon boats contest in speed,
Fair maidens on the bamboo seat swing to and fro.
Plucking sweet flowers, women linger in the mead,
Treading on the green field, townspeople come and go.

The floating clouds blown off, dim is the distant hill;
Flute songs are hushed, deserted gardens quiet.
Steeped in the moon's pure light, the middle court is still;
Leaving no shadow, countless willow downs run dot.

* *This lyric describes how people passed the Cold Food Day, which marked the end of the three-day period when Chinese families refrained from starting cooking fire at home.*

天仙子

张　先

时为嘉禾小倅，以病眠，不赴府会。

《水调》数声持酒听，
午醉醒来愁未醒。
送春春去几时回？
临晚镜，
伤流景，
往事后期空记省。

沙上并禽池上暝，
云破月来花弄影。

Song of the Immortal

Zhang Xian

Wine cup in hand, I listen to *Water Melody*;
Awake from wine at noon, but not from melancholy.
When will spring come back now it is going away?
In the mirror, alas!
I see happy time pass.
In vain may I recall the old days gone for aye.

Night falls on poolside sand where pairs of lovebirds stay;
The moon breaks through the clouds,
With shadows flowers play.

重重帘幕密遮灯，
风不定，
人初静，
明日落红应满径。

Lamplights veiled by screen on screen can't be seen.

The fickle wind still blows;

The night so silent grows.

Tomorrow fallen reds should cover the pathway.

* *The poet regrets that life will pass away just as flowers will fall.*

一丛花令

张　先

伤高怀远几时穷。
无物似情浓。
离愁正引千丝乱，
更东陌、
飞絮濛濛。
嘶骑渐遥，
征尘不断，
何处认郎踪。

Song of Flower Shrub

Zhang Xian

When will the sorrow end
To watch my parting friend
From a tower above?
Nothing is so intense as love.
My sorrow interweaves
A thousand twigs of willow leaves;
The pathway east of the town
Is shrouded in wafting willow down.
His neighing steed is far away,
A cloud of dust still darkening the day.
Where is the place
To find my lover's trace?

双鸳池沼水溶溶。
南北小桡通。
梯横画阁黄昏后，
又还是、
斜月帘栊。
沉恨细思，
不如桃杏，
犹解嫁东风。

A pair of lovebirds seems to melt in water clean:
Little leaflike boats go
North and south, to and fro.
After dusk in the twilight
I dare not go up the painted bower on the height.
What will again be seen
But the waning moon shining on window-screen?
How deeply I envy peach and apricot trees
Newly wed to and oft caressed by vernal breeze!

* *The poet describes a woman's love which is so deep as to envy the peach caressed by the breeze.*

玉楼春

宋　祁

东城渐觉风光好。
縠皱波纹迎客棹。
绿杨烟外晓寒轻，
红杏枝头春意闹。

浮生长恨欢娱少，
肯爱千金轻一笑。
为君持酒劝斜阳，
且向花间留晚照。

Spring in Jade Pavilion

Song Qi

The scenery is getting fine east of the town;
The rippling water greets boats rowing up and down.
Beyond green willows morning chill is growing mild;
On pink apricot branches spring is running wild.

In our floating life scarce are pleasures we seek after.
How can we value gold above a hearty laughter?
I raise wine cup to ask the slanting sun to stay
And leave among the flowers its departing ray.

* *The poet values time above gold.*

采桑子（其一）

欧阳修

轻舟短棹西湖好，
绿水逶迤。
芳草长堤。
隐隐笙歌处处随。

无风水面琉璃滑，
不觉船移。
微动涟漪。
惊起沙禽掠岸飞。

Gathering Mulberry Leaves (I)

Ouyang Xiu

Viewed from a light boat with short oars,
West Lake is fair.
Green water winds along.
The banks overgrown with sweet grass; here and there
Faintly we hear a flute song.

The water surface is smooth like glass when no wind blows;
I feel the boat moves no more.
Leaving ripples behind, it goes,
The startled waterbirds skim the flat sandy shore.

采桑子（其三）

欧阳修

画船载酒西湖好，
急管繁弦，
玉盏催传，
稳泛平波任醉眠。

行云却在行舟下，
空水澄鲜，
俯仰流连，
疑是湖中别有天。

Gathering Mulberry Leaves (III)

Ouyang Xiu

West Lake is fine for us in painted boat loaded with wine.
From pipes and strings comes music fast;
From hand to hand jade cups soon passed,
Secure on calming waves, drunk we lie.

Fleeting clouds seem to float beneath our moving boat.
The sky seems near to the diners now.
Looking up and below, we will not go away.
It seems there's in the lake another sky.

采桑子（其四）

欧阳修

群芳过后西湖好，
狼藉残红。
飞絮濛濛。
垂柳阑干尽日风。

笙歌散尽游人去，
始觉春空。
垂下帘栊。
双燕归来细雨中。

Gathering Mulberry Leaves (IV)

Ouyang Xiu

All flowers have passed away, West Lake is quiet;
The fallen blooms run riot.
Catkins from willow trees
Beyond the railings fly all day, fluffy in breeze.

Flute songs no longer sung and sightseers gone,
I begin to feel spring alone.
Lowering the blinds in vain,
I see a pair of swallows come back in the rain.

* *The poet describes the pleasure of boating and drinking on the West Lake in the first two poems and the quietude of lonely spring in the third.*

浪淘沙

欧阳修

把酒祝东风，
且共从容。
垂杨紫陌洛城东。
总是当时携手处，
游遍芳丛。

聚散苦匆匆，
此恨无穷。
今年花胜去年红。
可惜明年花更好，
知与谁同。

Sand-Sifting Waves

Ouyang Xiu

Wine cup in hand, I drink to the eastern breeze:
Let us enjoy with ease!
On the violet pathways
Green with willows east of the capital,
We used to stroll hand in hand in bygone days,
Rambling past flower shrubs one and all.

In haste to meet and part
Would ever break the heart.
Flowers this year
Redder than last appear.
Next year more beautiful they'll be.
But who will enjoy them with me?

* *This lyric sings of the poet' s friendship with another poet Mei Yaochen.*

浣溪沙

欧阳修

堤上游人逐画船，
拍堤春水四垂天。
绿杨楼外出秋千。

白发戴花君莫笑，
六幺催拍盏频传。
人生何处似尊前。

Silk-Washing Stream

Ouyang Xiu

With painted boats along the shore sightseers vie;
The sky hangs low on four sides washed by waves of spring.
Green willows throw a swing
Out of the bower high.

Do not laugh at the white hair adorned with red flowers!
To the quick beat of the song of Green Waist
Wine cups are passed in haste.
Where can you find a happier life than drinking hours?

* *This lyric describes the poet's joy of drinking with friends.*

蝶恋花

欧阳修

庭院深深深几许。
杨柳堆烟，
帘幕无重数。
玉勒雕鞍游冶处，
楼高不见章台路。

雨横风狂三月暮。
门掩黄昏，
无计留春住。
泪眼问花花不语，
乱红飞过秋千去。

Butterflies in Love with Flowers

Ouyang Xiu

Deep, deep the courtyard where he is, so deep
It's veiled by smokelike willows heap on heap,
By curtain on curtain and screen on screen.
Leaving his saddle and bridle, there he has been
Merry-making. From my tower his trace can't be seen.

The third moon now, the wind and rain are raging late;
At dusk I bar the gate,
But I can't bar in spring.
My tearful eyes ask flowers, but they fail to bring
An answer, I see red blooms fly over the swing.

* *This lyric describes the psychology of a deserted wife.*

诉衷情近

柳 永

雨晴气爽，
伫立江楼望处。
澄明远水生光，
重叠暮山耸翠。
遥认断桥幽径，
隐隐渔村，
向晚孤烟起。

残阳里。
脉脉朱阑静倚。
黯然情绪，

Telling Innermost Feelings

Liu Yong

The air is fresh on a fine day after the rain,
I stand in a riverside tower and gaze.
Afar the water stretches clear and bright.
Green hills on hills tower in the twilight.
I find the broken bridge and quiet lane
In fisher's village veiled in haze,
At dusk I see lonely smoke rise.

Seeing the sun sink,
Silent I lean on railings red,
With sorrow fed,

未饮先如醉。
愁无际。
暮云过了，
秋光老尽，
故人千里。
竟日空凝睇。

I'm drunk before I drink.

Boundless is my grief cold,

Evening clouds pass before my eyes.

Autumn turns old.

My friends stay miles away;

In vain I gaze all the long day.

* *The poet describes the place where he bade farewell to his friends so as to reveal his longing for them.*

玉蝴蝶

柳　永

望处雨收云断，
凭阑悄悄，
目送秋光。
晚景萧疏，
堪动宋玉悲凉。
水风轻、
蘋花渐老；
月露冷、
梧叶飘黄。
遣情伤。
故人何在，
烟水茫茫。

Jade Butterfly

Liu Yong

No rain nor clouds in sight,
Silent on rails I lean
To see off late autumn serene.
Lonely in the evening twilight,
Even the ancient poet would feel sad and cold.
The water rippled by the breeze,
The duckweed gradually grows old.
The dew shed by the moon would freeze
And yellow waft the plane-tree leaves.
How longing grieves!
Where is now my old friend?
Far and wide mist and waves extend.

难忘。

文期酒会，

几孤风月，

屡变星霜。

海阔山遥，

未知何处是潇湘。

念双燕、

难凭远信，

指暮天、

空识归航。

黯相望，

断鸿声里，

立尽斜阳。

Can I forget

The verse-composing and wine-drinking when we met?

How many moonlit nights were passed in vain?

How often stars and frost have changed again?

The sky is wide, the sea is far,

I cannot go to River Xiao Xiang where you are.

A pair of swallows fly.

Could they bring me a letter from you?

I point to evening sky.

To what avail returns the sail I knew?

At dusk I gaze far, far away

Until I hear no more wild geese's song.

I stand there long

Until the sun has shed all its departing ray.

* *The first stanza is a description of the scenery where the poet longs for his old friend, and the second his recollection of the bygone days.*

八声甘州

柳　永

对潇潇暮雨洒江天，
一番洗清秋。
渐霜风凄紧，
关河冷落，
残照当楼。
是处红衰翠减，
苒苒物华休。
唯有长江水，
无语东流。

Eight Beats of Ganzhou Song

Liu Yong

Shower by shower
The evening rain besprinkles the sky.
Over the river,
Washing cool the autumn air far and nigh.
Gradually frost falls and blows the wind so chill
That few people pass by the hill or rill.
In fading sunlight is drowned my bower.
Everywhere the red and the green wither away;
There's no more splendor of a sunny day.
Only the waves of River Long
Silently eastward flow along.

不忍登高临远，
望故乡渺邈，
归思难收。
叹年来踪迹，
何事苦淹留。
想佳人、
妆楼颙望，
误几回、
天际识归舟。
争知我、
倚阑干处，
正恁凝愁。

I cannot bear
To climb high and look far, for to gaze where
My native land is lost in mist so thick
Would make my lonely heart homesick.
I sigh over my rovings year by year.
Why should I hopelessly linger here?
From her bower my lady fair
Must gaze with longing eye.
How oft has she mistaken homebound sails
On the horizon as mine?
How could she know that I,
Leaning upon the rails,
With sorrow frozen on my face, for her I pine!

* *The first stanza describes the autumn scenery and the second the poet's homesickness and lovesickness for a fair lady he loves.*

蝶恋花

柳　永

伫倚危楼风细细。
望极春愁，
黯黯生天际。
草色烟光残照里，
无言谁会凭阑意。

拟把疏狂图一醉。
对酒当歌，
强乐还无味。
衣带渐宽终不悔，
为伊消得人憔悴。

Butterflies in Love with Flowers

Liu Yong

I lean alone on balcony in light, light breeze;
As far as the eye sees,
On the horizon dark parting grief grows unseen.
In fading sunlight rises smoke over grass green.
Who understands why mutely on the rails I lean?

I'd drown in wine my raging grief;
Chanting before the cup, strained mirth brings no relief.
I find my gown too large, but I will not regret;
It's worthwhile growing languid for my coquette.

* *The poet feels no regret to have grown thinner for his coquette.*

雨霖铃

柳 永

寒 蝉 凄 切 。
对 长 亭 晚 ，
骤 雨 初 歇 。
都 门 帐 饮 无 绪 ，
留 恋 处 、
兰 舟 催 发 。
执 手 相 看 泪 眼 ，
竟 无 语 凝 噎 。
念 去 去 、

Bells Ringing in the Rain

Liu Yong

Cicadas chill
Drearily shrill.
We stand face to face in an evening hour
Before the pavilion, after a sudden shower.
Can we care for drinking before we part?
At the city gate
We are lingering late,
But the boat is waiting for me to depart.
Hand in hand we gaze at each other's tearful eyes
And burst into sobs with words congealed on our lips.
I'll go my way,
Far, far away.

千里烟波，
暮霭沉沉楚天阔。

多情自古伤离别，
更那堪、
冷落清秋节。
今宵酒醒何处，
杨柳岸、
晓风残月。
此去经年，
应是良辰、
好景虚设。
便纵有、
千种风情，
更与何人说。

On miles and miles of misty waves where sail ships,
And evening clouds hang low in boundless Southern skies.

Lovers would grieve at parting as of old.
How could I stand this clear autumn day so cold!
Where shall I be found at daybreak
From wine awake?
Moored by a riverbank planted with willow trees
Beneath the waning moon and in the morning breeze.
I'll be gone for a year.
In vain would good times and fine scenes appear.
However gallant I am on my part,
To whom can I lay bare my heart?

* *This wellknown lyric describes in detail the parting grief of two lovers.*

卜算子慢

柳　永

江枫渐老，
汀蕙半凋，
满目败红衰翠。
楚客登临，
正是暮秋天气。
引疏砧、
断续残阳里。
对晚景、
伤怀念远，
新愁旧恨相继。

Slow Song of Divination

Liu Yong

The riverside maples grown old,
Sweet orchids wither by and by.
The faded red and green spread out before the eye.
A Southerner, I climb up high;
It's already late autumn cold.
The setting sun is drowned
In washerwomen's intermittent pounding sound.
With evening scenery in view,
Though far away, can I not think of you?
How can old grief not be followed by sorrow new?

脉脉人千里。
念两处风情，
万重烟水。
雨歇天高，
望断翠峰十二。
尽无言、
谁会凭高意。
纵写得、
离肠万种，
奈归云谁寄。

Silent, a thousand miles separate you and me.

In two places our dreams

Can't fly o'er streams on streams.

When stops the rain, the sky's serene;

My eyes can't go beyond the twelve peaks green.

Wordless, who would understand my

Leaning on railings at the height?

Though I can write

Down parting grief with broken heart,

Would clouds return and bring it for my part?

* *The poet describes the autumn scenery to reveal his parting grief.*

望海潮

柳　永

东南形胜，
三吴都会，
钱塘自古繁华。
烟柳画桥，
风帘翠幕，
参差十万人家。
云树绕堤沙。
怒涛卷霜雪，
天堑无涯。
市列珠玑，
户盈罗绮，

Watching the Tidal Bore

Liu Yong

Scenic splendor southeast of River Blue
And capital of ancient Kingdom Wu,
Qiantang's as flourishing as e'er.
The smokelike willows form a windproof screen;
Adorned with painted bridges and curtains green,
A hundred thousand houses spread out here and there.
Upon the banks along the sand,
Cloud-crowned trees stand.
Great waves roll up like snowbanks white;
The river extends till lost to sight.
Jewels and pearls at the fair on display,
Satins and silks in splendid array,

竞豪奢。

重湖叠巘清嘉，
有三秋桂子，
十里荷花。
羌管弄晴，
菱歌泛夜，
嬉嬉钓叟莲娃。
千骑拥高牙，
乘醉听箫鼓，
吟赏烟霞。
异日图将好景，
归去凤池夸。

People vie in magnificence
And opulence.

The lakes reflect the peaks and towers,
Late autumn fragrant with osmanthus flowers,
Lotus in bloom for miles and miles.
Northwestern pipes play with sunlight;
Water chestnut songs are sung by starlight;
Old fishermen and maidens young all beam with smiles.
With flags before and guards behind you come;
Drunken, you may listen to flute and drum,
Chanting the praises loud
Of the land beneath the cloud.
You may picture the scene another day
And boast to the Court where you'll go in full array.

* *The poet dedicates this lyric to Sun He, governor of Qiantang. The scenery in Qiantang is so well described in this lyric that even the commander-in-chief of the Jurchen invaders would cross the river to admire the scenic splendor.*

二郎神

七夕

柳　永

炎光谢。
过暮雨、
芳尘轻洒。
乍露冷风清庭户，
爽天如水、
玉钩遥挂。
应是星娥嗟久阻，
叙旧约、
飙轮欲驾。
极目处、

The Junior God

The Double Seventh Eve

Liu Yong

The heat will abate
After the evening rain,
Light fragrance and wet dust remain.
Cold turns the dew,
The breeze freshens the courtyard in view.
In the water-clear sky
A hooklike moon hangs high.
Hindered for long, the Weaving Maid sighs,
Now she may go on a date,
Driving her winged wheels in flight.
As far as she stretches her eyes,

微云暗度，

耿耿银河高泻。

闲雅。

须知此景，

古今无价。

运巧思、穿针楼上女，

抬粉面、

云鬟相亚。

钿合金钗私语处，

算谁在、

回廊影下。

愿天上人间，

占得欢娱，

年年今夜。

She sees fleecy clouds rise
Over the Silver River bright.

Such rendezvous is priceless since old days.
A maiden comes downstairs
To thread a needle in clever ways,
Looking upward, her cloudlike hairs
Caress her powdered face.
Who in the corridor whispers in the shade?
It's her friend and his maid,
Exchanging golden hairpin and silver case.
They wish lovers may unite
Every year as this night
On earth as in the sky.

* *The legend says that the Cowboy and the Weaving Maid are lover-stars separated by the Silver River (that is the Milky Way) could meet once every year on the seventh day of the seventh lunar month, that is, the Double Seventh Eve. The second stanza describes the rendezvous of earthly lovers.*

渔家傲

王安石

平岸小桥千嶂抱。
柔蓝一水萦花草。
茅屋数间窗窈窕。
尘不到。
时时自有春风扫。

午枕觉来闻语鸟。
欹眠似听朝鸡早。
忽忆故人今总老。
贪梦好。
茫然忘了邯郸道。

Pride of the Fishermen

Wang Anshi

Surrounded by peaks, a bridge flies from shore to shore;
A soft blue stream flows through flowers before the door.
A few thatched houses with windows I adore.
There comes no dust,
The place is swept by vernal breeze in fitful gusts.

I hear birds twitter when awake from nap at noon;
I wonder in my bed why the cock crows so soon.
Thinking of my friends who have all grown old,
Why indulge in a dream of gold?
Do not forget the way to glory is rough and cold!

* *The poet describes a rural scene and his rural life.*

浪淘沙

王安石

伊吕两衰翁。
历遍穷通。
一为钓叟一耕佣。
若使当时身不遇，
老了英雄。

汤武偶相逢。
风虎云龙。
兴王只在笑谈中。
直至如今千载后，
谁与争功。

Sand-Sifting Waves

Wang Anshi

The two prime ministers, while young, were poor;
They had been fisherman and peasant before.
Had they not met their sovereigns wise,
In vain would they grow old. How could they rise?

When they had met discerning eyes,
The tiger would raise the wind, the dragon the cloud.
They helped two emperors in laughter.
Now, in a thousand years after,
Who could rival them and be proud?

* *The poet, premier of the Song Dynasty, praises those of the Shang and the Zhou Dynasties.*

千秋岁引

王安石

别馆寒砧，
孤城画角。
一派秋声入寥廓。
东归燕从海上去，
南来雁向沙头落。
楚台风，
庾楼月，
宛如昨。

无奈被些名利缚。
无奈被他情担阁。

Prelude to a Thousand Autumns

Wang Anshi

Heard at the hostel, washerwomen's sigh
And painted horn on lonely tower high,
There autumnal songs rise and melt in boundless sky.
Returning swallows fly toward the eastern seas;
Upon the beach alight the south-going wild geese.
The king's refreshing breeze,
The poet's moonlit tower, each appears
The same as those in bygone years.

Why should I be enthralled by wealth and fame?
Why should I be delayed by quenchless flame?

可惜风流总闲却。
当初谩留华表语，
而今误我秦楼约。
梦阑时，
酒醒后，
思量着。

How I regret I have neglected love of beauty!

I deemed it then to build a monument my duty;

How can I fulfil now

O my miscarried vow!

Awake from wine and dreams,

My thoughts would flow in streams.

* *The poet was a prime minister who tried to make political reform from 1069 to 1085 but failed. This lyric is written probably after his failure in the reform.*

桂枝香

金陵怀古

王安石

登临送目。
正故国晚秋，
天气初肃。
千里澄江似练，
翠峰如簇。
归帆去棹残阳里，
背西风、
酒旗斜矗。
彩舟云淡，
星河鹭起，
画图难足。

Fragrance of Laurel Branch

Thinking of Ancient Times in Jinling

Wang Anshi

I climb the height
And stretch my sight:
Late autumn just begins its gloomy time.
The ancient capital looks sublime.
The limpid river, beltlike, flows a thousand miles;
Emerald peaks on peaks tower in piles.
In the declining sun sails come and go;
Against west wind wineshop streamers flutter high and low.
The painted boat
In cloud afloat,
Like stars in Silver River egrets fly.
What a picture before the eye!

念往昔，
繁华竞逐。
叹门外楼头，
悲恨相续。
千古凭高对此，
谩嗟荣辱。
六朝旧事随流水，
但寒烟衰草凝绿。
至今商女，
时时犹唱，
《后庭》遗曲。

The days gone by
Saw people in opulence vie.
Alas! Shame on shame came under the walls,
In palace halls.
Leaning on rails, in vain I utter sighs
Over ancient kingdoms' fall and rise.
The running water saw the Six Dynasties pass,
But I see only chilly mist and withered grass.
Even now and again
The songstresses still sing
The song composed in vain
By a captive king.

* *The poet, deposed prime minister, sighs for the captive king of Chen who loved only wine, woman and song.*

清平乐

春晚

王安国

留春不住。
费尽莺儿语。
满地残红宫锦污，
昨夜南园风雨。

小怜初上琵琶。
晓来思绕天涯。
不肯画堂朱户，
春风自在杨花。

Pure Serene Music

Later Spring

Wang Anguo

Spring cannot be retained,
Though orioles have exhausted their song.
The ground is strewn with fallen reds like brocade stained,
The southern garden washed by rain all the night long.

For the first time the songstress plucks the *pipa* string;
At dawn her yearning soars into the sky.
The painted hall with crimson door's no place for spring;
The vernal breeze with willow down wafts high.

* *This poem describes a songstress' regret for the departing spring.*

减字木兰花

春情

王安国

画桥流水，
雨湿落红飞不起。
月破黄昏，
帘里余香马上闻。

徘徊不语，
今夜梦魂何处去。
不似垂杨，
犹解飞花入洞房。

Shortened Form of Magnolia Flowers

Spring Love

Wang Anguo

Beneath the painted bridge water flows by;
No fallen flowers wet with rain can ever fly.
At dusk the moon is seen;
On horse I still smell the fragrance behind the screen.

Silently lingering around,
Where will my dreaming soul tonight be found?
Unlike the weeping willow,
Whose down will fly into her room and on her pillow.

* *This lyric describes a lover's complaint that he cannot enter his lover's room as the willow down.*

苏幕遮

梅尧臣

露堤平，
烟墅杳。
乱碧萋萋，
雨后江天晓。
独有庾郎年最少。
窣地春袍，
嫩色宜相照。

接长亭，
迷远道。
堪怨王孙，

Waterbag Dance

Mei Yaochen

Level banks wet with dew,
Mist-veiled cots out of view,
Green grass runs riot;
After the morning rain the river's quiet.
Only the official youngest in years,
Whose green gown caressing the ground, appears
To rival with the grass in tender hue.

It overspreads the pavilion of adieu,
And veils the lane stretched far away.
How can I not complain of my dear friend

不记归期早。
落尽梨花春又了。
满地残阳，
翠色和烟老。

Who's gone and won't return on an early day?

When all pear blossoms fall, spring has come to an end.

The land is steeped in the sun's departing ray,

The green grass will grow old with the smoke grey.

* *The poet describes grass and complains his friend won't come back with grass in spring.*

望江南

王　琪

江南月，
清夜满西楼。
云落开时冰吐鉴，
浪花深处玉沉钩。
圆缺几时休。

星汉迥，
风露入新秋。
丹桂不知摇落恨，
素娥应信别离愁。
天上共悠悠。

Dreaming of the South

Wang Qi

The Southern moon bright
Fills the western tower on a clear night.
The clouds throw out a mirror of ice;
Deep in the waves sinks a hook of jade so nice.
When will it wax and wane no more?

The River of Stars has no shore;
The breeze and dew bring an autumn new.
The laurel tree knows not the grief of fallen leaves;
The Moon Goddess should believe parting grieves.
She shares human woe as of yore.

* *The poet describes the moon and associates it with the grief of parting.*

浣溪沙

晏 殊

一曲新词酒一杯，
去年天气旧亭台。
夕阳西下几时回。

无可奈何花落去，
似曾相识燕归来。
小园香径独徘徊。

Silk-Washing Stream

Yan Shu

A song filled with new words, a cup filled with old wine,
The bower is last year's, the weather is as fine.
Will last year reappear as the sun on decline?

Deeply I sigh for the fallen flowers in vain;
Vaguely I seem to know the swallows come again.
In fragrant garden path alone I still remain.

* *The poet regrets that happy time will not reappear.*

浣溪沙

晏　殊

一向年光有限身，
等闲离别易销魂。
酒筵歌席莫辞频。

满目山河空念远，
落花风雨更伤春。
不如怜取眼前人。

Silk-Washing Stream

Yan Shu

What can a short-lived man do with the fleeting year
And soul-consuming separations from his dear?
Refuse no banquet when fair singing girls appear!

With hills and rills in sight, I miss the far-off in vain.
How can I bear the fallen blooms in wind and rain!
Why not enjoy the fleeting pleasure now again?

* *The poet thinks it better to enjoy the fleeting pleasure than to regret the fleeting time.*

蝶恋花

晏　殊

槛菊愁烟兰泣露。
罗幕轻寒，
燕子双飞去。
明月不谙离恨苦。
斜光到晓穿朱户。

昨夜西风凋碧树。
独上高楼，
望尽天涯路。
欲寄彩笺兼尺素。
山长水阔知何处。

Butterflies in Love with Flowers

Yan Shu

Orchids shed tears with doleful asters in mist grey.
How can they stand the cold silk curtains can't allay?
A pair of swallows flies away.
The moon, which knows not parting grief, sheds slanting light,
Through crimson windows all the night.

Last night the western breeze
Blew withered leaves off trees.
I mount the tower high
And strain my longing eye.
I'll send a message to my dear,
But endless ranges and streams separate us far and near.

* *This lyric describes a woman's grief of parting.*

踏莎行

晏　殊

祖席离歌，
长亭别宴。
香尘已隔犹回面。
居人匹马映林嘶，
行人去棹依波转。

画阁魂消，
高楼目断。
斜阳只送平波远。
无穷无尽是离愁，
天涯地角寻思遍。

Treading on Grass

Yan Shu

The farewell song is sung for you;
We drink our cups and bid adieu.
I look back though fragrant dust keeps you out of view.
My horse going home neighs along the forest wide,
Your sailing boat will go farther with rising tide.

My heart broken in painted bower,
My eyes worn out in lofty tower,
The sun sheds departing rays on the parting one.
Boundless and endless will my sorrow ever run;
On earth or in the sky it will never be done.

* *This lyric describes the farewell scene and the poet's longing for his parting friend.*

浣溪沙

晏几道

二月和风到碧城，
万条千缕绿相迎，
舞烟眠雨过清明。

妆镜巧眉偷叶样，
歌楼妍曲借枝名，
晚秋霜霰莫无情。

Silk-Washing Stream

Yan Jidao

The gentle breeze of second moon has greened the town.

Thousands of your branches swing and sway up and down.

You dance in mist and sleep in rain on Mourning Day.

Ladies pencil their brows to imitate your leaf.

Songstresses sing your song to diminish their grief.

Late autumn frost, why delight in willows' decay?

* *The poet writes this lyric to the willow and shows his sympathy for the songstress with willow-like waist.*

临江仙

晏几道

梦后楼台高锁，
酒醒帘幕低垂。
去年春恨却来时。
落花人独立，
微雨燕双飞。

记得小蘋初见，
两重心字罗衣。
琵琶弦上说相思。
当时明月在，
曾照彩云归。

Riverside Daffodils

Yan Jidao

Awake from dreams, I find the locked tower high;
Sober from wine, I see the curtain hanging low.
As last year spring grief seems to grow.
Amid the falling blooms alone stand I;
In the fine rain a pair of swallows fly.

I still remember when I first saw pretty Pin,
In silken dress embroidered with two hearts in a ring,
Revealing lovesickness by touching *pipa*'s string.
The moon shines bright just as last year:
It did see her like a cloud disappear.

* *This lyric describes the poet's love for a songstress who is compared to a rainbow cloud.*

思远人

晏几道

红叶黄花秋意晚，
千里念行客。
飞云过尽，
归鸿无信，
何处寄书得。

泪弹不尽临窗滴。
就砚旋研墨。
渐写到别来，
此情深处，
红笺为无色。

Thinking of the Far-off One

Yan Jidao

Red leaves and yellow blooms fall, late autumn is done,
I think of my far-roving one.
Gazing on clouds blown away by the breeze
And messageless wild geese,
Where can I send him word under the sun?

My endless tears drip down by windowside
And blend with ink when they're undried.
I write down the farewell we bade;
My deep love impearled throws a shade
On rosy papers and they fade.

长相思

晏几道

长 相 思 ，
长 相 思 。
若 问 相 思 甚 了 期 ，
除 非 相 见 时 。

长 相 思 ，
长 相 思 。
欲 把 相 思 说 似 谁 ，
浅 情 人 不 知 。

The Everlasting Longing

Yan Jidao

I yearn for long,
I yearn for long.
When may I end my yearning song?
Until you come along.

I yearn for long,
I yearn for long.
To whom may I sing my love song?
To none in love not strong.

* *This lyric is simple and clear, unlike the poet's other lyrics.*

贺圣朝

留 别

叶清臣

满斟绿醑留君住，
莫匆匆归去。
三分春色二分愁，
更一分风雨。

花开花谢，
都来几许？
且高歌休诉。
不知来岁牡丹时，
再相逢何处？

Homage to the Imperial Court

Detaining the Parting

Ye Qingchen

With cups full of green wine, I ask you to stay:
Don't go so soon away!
Two-thirds of spring are full of grief and pain,
One-third of wind and rain.

The flowers blow and fade.
How many have stayed?
Let's chant aloud! Of what can we complain?
Next year when peonies blow in vain,
Where can we meet again?

* *This lyric expresses the poet's deep regret of parting.*

生查子

闺情

陈 亚

相思意已深，
白纸书难足。
字字苦参商，
故要檀郎读。

分明记得约当归，
远至樱桃熟。
何事菊花时，
犹未回乡曲。

Mountain Hawthorn

Longing for Love

Chen Ya

I am so deep in love,
Paper's not long enough.
I'm grieved from you to part.
Why don't you know my heart?

You've promised to come back
Before ripen cherries black.
Chrysanthemums now bloom,
Why are you not in our room?

* *This lyric is written in medical terms which cannot be translated into English literally.*

二

人间有味是清欢

词入宋后，逐步发展成一种独立的文体，北宋词的主流虽沿袭了晚唐五代吟风弄月的词风，但苏轼等词人的出现为宋词的发展开辟了新的方向，即注重从词风词境入手，着意词体的变化。题材和内容突破了晚唐五代“调为艳科”的传统。词的题材、内容、艺术手法上出现了多种风格竞相发展的局面。宋词的发展到了第一个高峰，这样的成果彻底打破了当时“诗尊词卑”的局面。

卜算子

李之仪

我住长江头，
君住长江尾。
日日思君不见君，
共饮长江水。

此水几时休，
此恨何时已。
只愿君心似我心，
定不负相思意。

Song of Divination

Li Zhiyi

I live upstream and you downstream.
From night to night of you I dream.
Unlike the stream you're not in view,
Though we both drink from River Blue.

When will the water no more flow?
When will my grief no longer grow?
I wish your heart would be like mine,
Then not in vain for you I pine.

* *This lyric compares a woman's lovesickness with the Blue River.*

忆故人

王　诜

烛影摇红，
向夜阑，
乍酒醒、
心情懒。
尊前谁为唱《阳关》，
离恨天涯远。

无奈云沉雨散。
凭阑干、
东风泪眼。

Old Friends Recalled

Wang Shen

The candle flickers red
At dead of night,
I wake from wine in bed,
My mind in idle plight.
Who sings before a cup of wine songs of goodbye?
My parting grief goes as far as the sky.

What can I do after you brought fresh shower
For my thirsting flower?
I lean on balustrade,
In eastern breeze my eyes shed tears.

海棠开后，
燕子来时，
黄昏庭院。

When the crabapple flowers fade,

The swallow disappears,

The evening is hard in my courtyard.

* *This lyric describes a songstress' longing for her love after his departure.*

踏莎行

荷花

贺 铸

杨柳回塘，
鸳鸯别浦。
绿萍涨断莲舟路。
断无蜂蝶慕幽香，
红衣脱尽芳心苦。

返照迎潮，
行云带雨。

Treading on Grass

To Lotus

He Zhu

On winding pool with willows dim,
At narrow strait the lovebirds swim,
Green duckweeds float,
Barring the way of lotus-picking boat.
Nor butterflies nor bees
Love fragrance from the withered trees.
When her red petals fall apart,
The lotus bloom's bitter at heart.

The setting sun greets rising tide,
The floating clouds bring rain.

依依似与骚人语。
当年不肯嫁东风，
无端却被秋风误。

The swaying lotus seems to confide

Her sorrow to the poet in vain.

Then she would not be wed to vernal breeze.

What could she do now autumn drives away wild geese?

* *The poet describes the lotus bloom and compares its bitter heart to his own.*

琴调相思引

送范殿监赴黄岗

贺　铸

终日怀归翻送客。
春风祖席。
南城陌。
便莫惜。
离觞频卷白。
动管色。
催行色。
动管色。
催行色。

Lovesick Song of the Lute

Parting with a Friend

He Zhu

Homesick all the day long, I see my friend going down;
We bid adieu in vernal breeze south of the town.
Let us drink our cups dry!
The flute will blow and hasten you to go.
The flute will blow and hasten you to go.

何处投鞍风雨夕。
临水驿。
空山驿。
临水驿。
空山驿。
纵明月相思千里隔。
梦咫尺。
勤书尺。
梦咫尺。
勤书尺。

Where will you take shelter on windy and rainy night,

By waterside or mountainside?

By waterside or mountainside?

Though miles apart, we can see the same moonlight.

In dreams we're nigh. Write by and by!

In dreams we're nigh. Write by and by!

* *The poet expresses his parting grief by refrains.*

青玉案

贺　铸

凌波不过横塘路。
但目送、
芳尘去。
锦瑟华年谁与度。
月桥花院，
琐窗朱户，
只有春知处。

飞云冉冉蘅皋暮，
彩笔新题断肠句。
试问闲愁都几许？

Green Jade Cup

He Zhu

Never again will she tread on the lakeside lane.
I follow with my eyes
The fragrant dusts that rise.
With whom is she now spending her delightful hours,
Playing on zither string,
On a crescent-shaped bridge, in a yard full of flowers,
Or in a vermeil bower only known to spring?

At dusk the floating cloud leaves the grass-fragrant plain;
With blooming brush I write heart-broken verse again.
If you ask me how deep and wide I am lovesick,

一川烟草，
满城风絮。
梅子黄时雨。

Just see a misty plain where grass grows thick,

A townful of willow down wafting on the breeze,

Or drizzling rain yellowing all mume-trees!

* *This lyric is wellknown for the poet compares his lovesickness to overgrown grass, wafting willow down and drizzling rain which yellows mume trees.*

将进酒

贺　铸

城下路，
凄风露，
今人犁田古人墓。
岸头沙，
带蒹葭，
漫漫昔时流水今人家。
黄埃赤日长安道，
倦客无浆马无草。
开函关，
掩函关，
千古如何不见一人闲？

Invitation to Wine

He Zhu

The wind and dew so drear
Bring the buried no cheer.
We till the ground where were the graves of olden days.
Reed and rush grow
By rivershore,
Houses are built where flowed rivers of yore.
Yellow dust is raised under the sun on the way
To the capital town.
Tired wayfarers have no drink and horses no hay.
The passage closed down
Opens again;
As of old we see but passengers come and go.

六国扰，
三秦扫，
初谓商山遗四老。
驰单车，
致缄书，
裂荷焚芰接武曳长裾。
高流端得酒中趣，
深入醉乡安稳处。
生忘形，
死忘名，
谁论二豪初不数刘伶？

Six States no more. Began Han's reign.

Where are the loyal hermits then?

Seeing the emperor's cabs,

Receiving the emperor's letters,

They burned old things and put on robes in display.

Wise men enjoy delight in wine;

Drunk, they will find the country fine.

Neglecting health

And fame and wealth,

Why should I care for what the lords and hermits say?

* *The poet voices his discontent of the times.*

凌歊

铜人捧露盘引

贺铸

控沧江。
排青嶂，
燕台凉。
驻彩仗、
乐未渠央。
岩花磴蔓，
妒千门、珠翠倚新妆。
舞闲歌悄，
恨风流、不管余香。

繁华梦，

Scraping the Sky

Song of the Yellow Mountains

He Zhu

The reinless stream goes through
The steep cliff blue
Under the Peak scraping the sky.
Colored flags flew,
The king made merry far and nigh.
Flowers and vine
Would envy ladies' attire so fine.
Nor dance nor song,
However gallant, could last long.

The splendid dream

惊俄顷，
佳丽地，
指苍茫。
寄一笑、
何与兴亡。
量船载酒，
赖使君、相对两胡床。
缓调清管，
更为侬、三弄斜阳。

Soon fades away,

Fair land and stream

Turn pale and grey.

I see in laughter

The rise and fall before and after.

I'd sail with wine.

You in your place and I in mine.

Playing on the flute, will you

Sing for me to the setting sun adieu?

* *This lyric criticizes Emperor Wu of the Liang Dynasty.*

台城游

贺　铸

南国本潇洒，
六代浸豪奢。
台城游冶，
襞笺能赋属宫娃。
云观登临清夏，
璧月留连长夜，
吟醉送年华。
回首飞鸳瓦，
却羡井中蛙。

访乌衣，成白社，
不容车。

The Terrace Wall

He Zhu

Gallant the Southern land far and wide,
Six Dynasties in opulence vied.
Wine, woman and song on Terrace Wall,
Eight beauties wrote verse in palace hall.
In summer clear they mounted the cloud-scraping height,
Under the jadelike moon they loitered in long night,
They drank and crooned the years away.
Leaving the lovebirds tiles pell-mell
They tried to hide like frogs in a well.

On street of mansions overgrown with grass,
No cabs could pass.

旧时王谢、
堂前双燕过谁家。
楼外河横斗挂，
淮上潮平霜下，
樯影落寒沙。
商女篷窗罅，
犹唱《后庭花》。

The swallows in the mansions of bygone days,

In whose hall now do they stay?

Over the tower the Silver River bars the sky,

The Plough hangs high.

The tide runs up and down on frosty River Huai.

The shadow of townwalls on cold sand falls.

Through the window gap of the bower

I see the songstress sing the *Backyard Flower*.

* *The poet sighs for the rise and fall of the Six Dynasties.*

六州歌头

贺铸

少年侠气，
交结五都雄。
肝胆洞，毛发耸。
立谈中，死生同。
一诺千金重。
推翘勇，
矜豪纵。
轻盖拥，
联飞鞚，
斗城东。
轰饮酒垆，

Prelude to the Song of Six States

He Zhu

A gallant young man calls
For heroes from five capitals.
He would see through heart and soul true.
While talking in wrath, his hair
Would stand on end, he'd share
The fate of life and death with friends bold,
And keep his word as dear as gold.
They vie in bravery and gallantry.
In eastern town they go in carriage light
And ride on horse side by side as if in flight.
They drink and bring to the jar cold

春色浮寒瓮，
吸海垂虹。
闲呼鹰嗾犬，
白羽摘雕弓，
狡穴俄空。
乐匆匆。

似黄粱梦。
辞丹凤，
明月共，
漾孤篷。
官冗从，
怀倥偬，
落尘笼。
簿书丛，
鹖弁如云众，
供粗用，

The hue of spring as rainbow on the sea.

Their eagles and dogs pursue their preys which flee.

They bend their bows and shoot arrows of feathers white.

Leaving the empty cave,

They are so brave.

Since I left the capital town,

Life has passed like a dream with ups and downs.

I sail a boat alone,

Accompanied but by the moon.

A petty officer like me,

How can I wish to kill the foe?

Fallen in dusty world, can I be free from woe?

The officers in crowd

Only follow like cloud.

How can they ride their steeds and do great deeds?

忽奇功。
笳鼓动，
渔阳弄，
思悲翁。
不请长缨，
系取天骄种，
剑吼西风。
恨登山临水，
手寄七弦桐，
目送归鸿。

Heating the horn and drumbeats,

How can I do in war great feats?

I can't bind with a long rope the proud enemy,

Leaving my sword in vain sigh,

I can only climb the mountain high,

Play my lute of seven strings in western breeze,

And gaze on flying wild geese.

* *The poet describes his life with his friends in the capital and sighs that a petty officer like him cannot do great feats.*

行路难

贺　铸

缚虎手，悬河口，
车如鸡栖马如狗。
白纶巾，扑黄尘，
不知我辈可是蓬蒿人？
衰兰送客咸阳道，
天若有情天亦老。
作雷颠，不论钱，
谁问旗亭，
美酒斗十千。

Hard Is the Way

He Zhu

Binding a tiger with bare hands,
Speaking as flowing water expands,
I ride in a cagelike cab, on a doglike steed.
Putting on silk hood white,
Raising yellow dust light,
Who knows we countrymen can do great deed?
The withered orchids see me off on homeward way,
If heaven had a heart, he would grow old today.
I'd play a madman old
And would not care for gold.
I'd spend ten thousand coins to buy good wine
And write in high pavilion verses fine.

酌大斗，更为寿，
青鬓常青古无有。
笑嫣然，舞翩然，
当垆秦女十五语如弦。
遗音能记秋风曲，
事去千年犹恨促。
揽流光，系扶桑，
争奈愁来一日却为长。

Let's fill our brimful cup,

To old age let's live up!

No man can grow old with black hair since days of yore.

A smiling face

Dances with grace,

The western songstress at fifteen would speak and sing

As a musical string.

She sings the song of autumn breeze,

Which, sung long ago, could still please.

A thousand years have passed like one day and no more.

Stop time that flies

And bind sunrise!

But when sorrow comes near,

One day seems as long as a year.

* *The poet complains of talents unemployed, and would drown sorrow in wine with woman and song.*

梦江南

太平时

贺　铸

九曲池头三月三，
柳毵毵。
香尘扑马喷金衔，
浣春衫。

苦笋鲥鱼乡味美，
梦江南。
阊门烟水晚风恬，
落归帆。

Dreaming of the South

Peaceful Time

He Zhu

By winding stream with pools in third moon on third day,
The willow branches sway.
Fragrant dust is raised by spitting steeds with golden bit
And vernal dress is stained with spit.

I dream of the south.
How delicious are fish and bamboo shoots to the mouth!
The evening breeze calms misty waves before the town,
Returning sails lowered down.

* *The first stanza describes a scene of the capital and the second one of the south.*

西江月

苏　轼

顷在黄州，春夜行蕲水中，过酒家饮，酒醉，乘月至一溪桥上，解鞍曲肱，醉卧少休。及觉已晓，乱山攒拥，流水锵然，疑非尘世也。书此语桥柱上。

照野弥弥浅浪，
横空隐隐层霄。
障泥未解玉骢骄，
我欲醉眠芳草。

可惜一溪风月，
莫教踏碎琼瑶。
解鞍欹枕绿杨桥，
杜宇一声春晓。

The Moon over the West River

Su Shi

Wavelet on wavelet glimmers by the shore;
Cloud on cloud dimly appears in the sky.
Unsaddled is my white-jadelike horse;
Drunk, asleep in the sweet grass I'll lie.

My horse's hoofs may break, I'm afraid,
The breeze-rippled brook paved by moonlit jade.
I tether my horse to a bough of green willow
Near the bridge where I pillow
My head on arms and sleep till the cuckoo's song awakes
A spring daybreak.

* *The poet describes the happiness of his sleep after drinking.*

行香子

过七里滩

苏　轼

一叶舟轻，
双桨鸿惊。
水天清、
影湛波平。
鱼翻藻鉴，
鹭点烟汀。
过沙溪急，
霜溪冷，
月溪明。

Song of Incense

Passing the Seven-*Li* Shallows

Su Shi

A leaflike boat goes light;
At dripping oars wild geese take fright.
Under a sky serene
Clear shadows float on calm waves green.
Among the mirrored water grass fish play
And egrets dot the riverbank mist-grey.
Thus I go past
The sandy brook flowing fast,
The frosted brook cold,
The moonlit brook bright to behold.

重重似画，
曲曲如屏。
算当年、
虚老严陵。
君臣一梦，
今古空名。
但远山长，
云山乱，
晓山青。

Hill upon hill is a picturesque scene;

Bend after bend looks like a screen.

I recall those far-away years:

The hermit wasted his life till he grew old;

The emperor shared the same dream with his peers.

Then as now, their fame was left out in the cold.

Only the distant hills outspread

Till they're unseen,

The cloud-crowned hills look disheveled

And dawnlit hills so green.

* *The poet describes the beauty of nature and his detachment after he left the capital. The hermit refers to Yan Guang who fished at the Seven-Li Shallows for he would refuse the offer of a high post from his former schoolmate, who became the first emperor of the Eastern Han Dynasty.*

浣溪沙

苏　轼

风压轻云贴水飞，
乍晴池馆燕争泥。
沈郎多病不胜衣。

沙上不闻鸿雁信，
竹间时听鹧鸪啼。
此情惟有落花知！

Silk-Washing Stream

Su Shi

Pressed by the breeze, over water the light clouds fly;
In pecking clods by poolside tower swallows vie.
I feel too weak to wear my gown, ill for so long.

I have not heard the message-bearing wild goose's song;
Partridges among bamboos seem to call me home;
Only fallen blooms know the heart of those who roam.

* *This poet describes a fragile scene and his homesickness.*

南乡子

梅花词和杨元素

苏　轼

寒雀满疏篱。
争抱寒柯看玉蕤。
忽见客来花下坐，惊飞。
踏散芳英落酒卮。

痛饮又能诗。
坐客无毡醉不知。
花尽酒阑春到也，离离。
一点微酸已著枝。

Song of Southern Country

Mume Blossoms for Yang Yuansu

Su Shi

On the fence perch birds feeling cold
To view the blooms of jade they dispute for branch old.
Seeing a guest sit under flowers, they fly up
And scatter petals over his wine cup.

Writing verses and drinking wine,
The guest knows not he's not sitting on felt fine.
Wine cup dried up, spring comes with fallen flower.
Leave here! The branch has felt a little sour.

* *This lyric written for Yang Yuansu, governor of Hangzhou, shows the love of the two friends for the mume blossoms.*

水龙吟

次韵章质夫杨花词

苏　轼

似花还似非花，
也无人惜从教坠。
抛家傍路，
思量却是，
无情有思。
萦损柔肠，
困酣娇眼，
欲开还闭。
梦随风万里，
寻郎去处，

Water Dragon's Chant

In Reply to Zhang Zhifu's *On Poplar Blossoms*

Su Shi

They seem to be but are not flowers;
None pities them when they fall down in showers.
Forsaking leafy home,
By the roadside they roam.
I think they're fickle, but they've sorrow deep.
Their grief-o'erladen bowels tender
Like willow branches slender;
Their leaves like wistful eyes near shut with sleep,
About to open, yet soon closed again.
They dream of drifting with the wind for long,
Long miles to find their men,

又还被、
莺呼起。

不恨此花飞尽，
恨西园、
落红难缀。
晓来雨过，
遗踪何在，
一池萍碎。
春色三分，
二分尘土，
一分流水。
细看来，
不是杨花，
点点是离人泪。

But are aroused by orioles' song.

Grieve not for willow catkins flown away,
But that in western garden fallen petals red
Can't be restored. When dawns the day
And rain is o'er, we cannot find their traces
But in a pond with duckweeds overspread.
Of spring's three Graces,
Two have gone with the roadside dust
And one with waves. But if you just
Take a close look, then you will never
Find willow down but tears of those who part,
Which drop by drop
Fall without stop.

* *The poet personifies and compares the willow down to a deserted woman.*

洞仙歌

苏　轼

江南腊尽，
早梅花开后。
分付新春与垂柳。
细腰肢、
自有入格风流。
仍更是、
骨体清英雅秀。

永丰坊那畔，
尽日无人，
谁见金丝弄晴昼？

Song of a Fairy in the Cave

Su Shi

By the end of the year on the Southern shore
When early mume blossoms disappear,
The newcome spring dwells on the weeping willow tree.
Its slender waist reveals a personality free,
And what is more,
Its trunk appears more elegant and free.

Along the way
There is no sightseer all the day.
Who'd come to see your golden thread in sunlight sway?

断肠是飞絮时，
绿叶成阴，
无个事、一成消瘦。
又莫是东风逐君来，
便吹散眉间，
一点春皱。

Your heart would break to see catkins fly,

Your green leaves make a shade of deep dye.

Having nothing to do,

You would grow thinner, too.

If you come again with vernal breeze now,

It would dispel the vernal grief on your brow.

* *The poet describes the willow tree and compares it to a beautiful lady.*

浣溪沙

苏　轼

菊暗荷枯一夜霜。
新苞绿叶照林光。
竹篱茅舍出青黄。

香雾噀人惊半破，
清泉流齿怯初尝。
吴姬三日手犹香。

Silk-Washing Stream

Su Shi

Chrysanthemums are darkened and lotus flowers lost.
The wood is brightened by leaves green and buds new,
The thatched cot and fence would grow yellow and blue.

Her mouth half open, she smells the fragrance sweet;
She's timid to drink the fountain her teeth meet.
Her hand still fragrant stays for three long days.

* *The poet describes the orangery in the first stanza and a young maiden eating an orange in the second. The fountain refers to the orange juice.*

满庭芳

苏　轼

元丰七年四月一日，余将去黄移汝，留别雪堂邻里二三君子，会李仲览自江东来别，遂书以遗之。

归去来兮，
吾归何处？
万里家在岷峨，
百年强半，
来日苦无多，
坐见黄州再闰，
儿童尽、楚语吴歌，
山中友，鸡豚社酒，
相劝老东坡。

Courtyard Full of Fragrance

Su Shi

Why not go home?
Where shall I go today?
My home in Eyebrow Mountain is a thousand miles away.
Fifty years old, I have not many days to come.
Living here for four years,
My children sing the southern song.
Villagers and mountaineers
With meat and wine ask me to stay
In Eastern Slope for long.

云何，
当此去，
人生底事，
来往如梭。
待闲看，
秋风洛水清波。
好在堂前细柳，
应念我，
莫剪柔柯。
仍传语，
江南父老，
时与晒渔蓑。

What shall I say
When I've left here?
How will my life appear?
Just as a shuttle comes and goes.
At leisure I'll see autumn breeze blows
And ripples the river clear.
I'll think of my willow tree slender.
Will you trim for me its twigs tender?
Please tell southern villagers not to forget
To bask my fishing net!

* *The poet writes this farewell poem for the people of Huangzhou.*

满庭芳

苏　轼

有王长官者，弃官黄州三十三年，黄人谓之王先生。因送陈慥来过余，因为赋此。

三十三年，
今谁存者，
算只君与长江。
凛然苍桧，
霜干苦难双。
闻道司州古县，
云溪上、竹坞松窗。
江南岸、不因送子，
宁肯过吾邦？

Courtyard Full of Fragrance

Su Shi

After thirty-three years,
Who still remains today?
Only you and the long, long river stay.
Upright like the cypress evergreen,
Frost-proof, you have no compeers.
In your old county I have seen,
Your cot surrounded by bamboos
Stands by the cloudy stream framed with pine tree on tree.
If you leave the southern shore not to say adieus,
How could you come to see me?

摐摐，

疏雨过，

风林舞破，

烟盖云幢。

愿持此邀君，

一饮空缸。

居士先生老矣，

真梦里，

相对残缸。

歌声断，

行人未起，

船鼓已逢逢。

After a sudden shower the trees
Dance in the breeze,
A veil of mist rises with cloud screen.
I hold high the wine cup
And invite you to drink it up.
Now old, I think it's like a dream sweet
To drink face to face with you.
We hear no more songs of adieu,
For early risers, drums begin to beat.

* *The poet writes this poem for his new friend Mr. Wang.*

归朝欢

和苏坚伯固

苏　轼

我梦扁舟浮震泽，
雪浪摇空千顷白。
觉来满眼是庐山，
倚天无数开青壁。
此生长接淅，
与君同是江南客。
梦中游、
觉来清赏，
同作飞梭掷。

Happy Return to the Court

In Reply to Su Jian

Su Shi

I dream my leaflike boat on the vast lake afloat,
Snowlike waves surge up for miles and whiten the air.
I wake to find Mount Lu resplendent to my eye,
Blue cliffs upon blue cliffs open against the sky.
I've suffered setbacks all my life long;
You and I sing alike the roamer's song.
Dreaming of boating on the lake,
I like the thrilling scene when awake,
And feel as happy as the shuttle flies.

明日西风还挂席，
唱我新词泪沾臆。
灵均去后楚山空，
澧阳兰芷无颜色。
君才如梦得，
武陵更在西南极。
《竹枝词》、
莫徭新唱，
谁谓古今隔。

You will set sail in western breeze tomorrow;

I'll croon in tears for you a new verse full of sorrow.

When Poet Qu is gone, the Southern Mountain's bare,

Sweet orchids and clovers will lose their hue.

Like the poet of *Willow Branch Song*, you

Will go farther southwest.

But you may compose as a guest.

And then who says

The modern age cannot surpass the bygone days?

* *The poet writes this lyric for an old friend whom he has not seen for years.*

南乡子

重九涵辉楼呈徐君猷

苏　轼

霜降水痕收，
浅碧鳞鳞露远洲。
酒力渐消风力软，飕飕。
破帽多情却恋头。

佳节若为酬。
但把清樽断送秋。
万事到头都是梦，休休。
明日黄花蝶也愁。

Song of Southern Country

To Governor Xu on Mountain-Climbing Day

Su Shi

The tide flows out after the fall of frost,
From rippling green water a beach of sand will rise.
The soughing wind softens, the vigor of wine is lost,
When blows the breeze,
My sympathetic hat won't leave my head with ease.

How shall we pass the holiday?
Wine cup in hand, we may send autumn away.
Everything will end in dreams.
It seems
Tomorrow fallen blooms will sadden butterflies.

* *This lyric is written after the poet's banishment to Huangzhou.*

南乡子

送述古

苏　轼

回首乱山横，
不见居人只见城。
谁似临平山上塔，
亭亭，
迎客西来送客行。

归路晚风清，
一枕初寒梦不成。
今夜残灯斜照处，
荧荧，
秋雨晴时泪不晴。

Song of Southern Country

Seeing Chen Shugu off

Su Shi

Turning my head, I find rugged mountains bar the sky,
I can no longer see you in the town.
Who can be like the hilltop tower looking down,
So high?
It welcomed you from the west and bids you goodbye.

I come back at dusk in a gentle breeze.
On chilly pillow how can I dream with ease?
Where will the flickering lamp shed its lonely light,
Tonight?
When autumn rain no longer falls drop by drop,
Oh, will tears stop?

* *The poet writes this lyric when he sees the governor of Hangzhou off.*

鹊桥仙

七夕送陈令举

苏　轼

缑山仙子，
高情云渺，
不学痴牛骙女。
风箫声断月明中，
举手谢时人欲去。

客槎曾犯，
银河波浪，
尚带天风海雨。
相逢一醉是前缘，
风雨散、飘然何处？

Immortals at the Magpie Bridge

Farewell on Double Seventh Eve

Su Shi

Like the immortal leaving the crowd,
Wafting above the cloud,
Unlike the Cowherd and the Maid who fond remain,
You blow your flute in moonlight,
Waving your hand, you go in flight.

Your boat will go away
Across the Milky Way,
In celestial wind and rain.
We've met and drunk as if by fate.
Where will you waft when wind and rain abate?

* *According to Chinese myth, the Cowherd and the Weaving Maid are two lover-stars separated by the Milky Way, who would meet once every year on the eve of the seventh day of the seventh moon. But this lyric is a farewell poem of two friends on that eve.*

昭君怨

金山送柳子玉

苏　轼

谁作桓伊三弄，
惊破绿窗幽梦？
新月与愁烟，
满江天。

欲去又还不去，
明日落花飞絮。
飞絮送行舟，
水东流。

The Lament of a Fair Lady

Farewell to Liu Ziyu on Mountain Jin

Su Shi

Who's playing on the flute a gloomy tune,
Breaking the green window's dreary dream?
The dreary mist veils the new moon,
Outspread in the sky over the stream.

You linger still though you must go.
Flowers and willow down will fall tomorrow.
They will see your boat off, laden with sorrow,
But still the stream will eastward flow.

* *This philosophical lyric says friends will part just as flowers will fall and streams will flow.*

八声甘州

寄参寥子

苏　轼

有情风万里卷潮来，
无情送潮归。
问钱塘江上，
西兴浦口，
几度斜晖？
不用思量今古，
俯仰昔人非。
谁似东坡老，
白首忘机。

Eight Beats of Ganzhou Song

For a Buddhist Friend

Su Shi

The heart-stirring breeze brings in the tidal bore;
The heartless wind sees it flow out from river shore.
At the river's mouth
Or the ferry south,
How many times have we heard parting chimes?
Don't grieve over the past!
The world changes fast.
Who could be like me,
Though white-haired, yet carefree?

记取西湖西畔，
正春山好处，
空翠烟霏。
算诗人相得，
如我与君稀。
约它年、东还海道，
愿谢公雅志莫相违。
西州路，
不应回首，
为我沾衣。

Do not forsake the western shore of the lake:
On fine day the vernal hills are green;
On rainy day they are veiled by misty screen.
Few poets would be
Such bosom friends as you and me.
Do not forget in our old age,
We'll live together in hermitage.
Even if I should disappear,
You should not turn to weep for your compeer.

* *This lyric describes the poet's friendship with a Buddhist.*

江城子

孤山竹阁送述古

苏　轼

翠蛾羞黛怯人看。
掩霜纨，
泪偷弹。
且尽一尊，
收泪唱阳关。
漫道帝城天样远，
天易见，
见君难。

Riverside Town

Farewell to Governor Chen at Bamboo Pavilion on Lonely Hill

Su Shi

Her eyebrows penciled dark; she feels shy to be seen.
Hidden behind a silken fan so green,
Stealthily she sheds tear on tear.
Let me drink farewell to you and hear
Her sing, with tears wiped away, her song of adieu.
Do not say the imperial town is as far as the sky.
It is easier to see the sun high
Than to meet you.

画堂新构近孤山。
曲阑干，
为谁安。
飞絮落花，
春色属明年。
欲棹小舟寻旧事，
无处问，
水连天。

The newly built painted hall to Lonely Hill is near.

For whom is made

The winding balustrade?

Falling flowers and willow down fly;

Spring belongs to next year.

I try to row a boat to find the things gone by.

O whom can I ask? In my eye

I only see water one with the sky.

* *The poet writes this lyric to bid adieu to the governor of Hangzhou.*

永遇乐

寄孙巨源

苏　轼

孙巨源以八月十五日离海州，坐别于景疏楼上。既而与余会于润州，至楚州乃别。余以十一月十五日至海州，与太守会于景疏楼上，作此词以寄巨源。

长忆别时，
景疏楼上，
明月如水。
美酒清歌，
留连不住，
月随人千里。
别来三度，
孤光又满，

Joy of Eternal Union

To Sun Juyuan

Su Shi

I long remember when we bade goodbye
On Northeast Tower high,
The silvery moonlight looked like water bright.
But songs and wine, however fine,
Could not keep you from going away.
Only the moon followed you for miles on your way.
Since we parted, I've seen the moon wax and wane.

冷落共谁同醉？
卷珠帘、
凄然顾影，
共伊到明无寐。

今朝有客，
来从濉上，
能道使君深意。
凭仗清淮，
分明到海，
中有相思泪。
而今何在？
西垣清禁，
夜永露华侵被。
此时看、回廊晓月，
也应暗记。

But who would drink with lonely me again?
Uprolling the screen,
Only my shadow's seen,
I stay awake until daybreak.

Today your friend comes from the river's end,
And brings to me your memory.
You ask the river clear
To bring nostalgic tear
As far as the east sea.
I do not know now where are you.
In palace hall by western wall,
Is your coverlet in deep night wet with dew?
When you see in the corridor the moving moon rays,
Could you forget the bygone days?

* *The poet writes this lyric for a friend with whom he parted on a moonlit night.*

行香子

苏　轼

携手江村，
梅雪飘裙。
情何限、
处处消魂。
故人不见，
旧曲重闻。
向望湖楼，
孤山寺，
涌金门。

寻常行处，
题诗千首，

Song of Incense

Su Shi

We visited the riverside village hand in hand,
Letting snow-like mume flowers on silk dress fall.
How can I stand
The soul-consuming fairy land!
Now separated from you for years long,
Hearing the same old song,
Can I forget the lakeside hall,
The temple on the Lonely Hill
And Golden Gate waves overfill?

Wherever we went on whatever day,
We have written a thousand lines.

绣罗衫、与拂红尘。

别来相忆，

知是何人。

有湖中月，

江边柳，

陇头云。

The silken sleeves would sweep the dust away.
Since we parted, who
Would often think of you?
The moon which on the lake shines,
The lakeside willow trees,
The cloud and breeze.

* *This lyric describes the poet's friendship with a friend in Hangzhou.*

虞美人

有美堂赠述古

苏　轼

湖山信是东南美，
一望弥千里。
使君能得几回来，
便使樽前醉倒更徘徊。

沙河塘里灯初上，
水调谁家唱。
夜阑风静欲归时，
唯有一江明月碧琉璃。

The Beautiful Lady Yu

Written for Governor Chen at the Scenic Hall

Su Shi

How fair the lakes and hills of the Southern land are,
With plains extending wide and far!
How often, wine cup in hand, have you been here
That you can make us linger though drunk we appear!

By Sandy River Pool the new-lit lamps are bright.
Who is singing the water melody at night?
When I come back, the wind goes down, the bright moon
paves
With emerald glass the river's waves.

* *The poet describes the beauty of the West Lake to make the governor linger before his departure for a new post.*

虞美人

苏　轼

波声拍枕长淮晓，
隙月窥人小。
无情汴水自东流，
只载一船离恨向西州。

竹溪花浦曾同醉，
酒味多于泪。
谁教风鉴在尘埃？
酝造一场烦恼送人来！

The Beautiful Lady Yu

Su Shi

River Huai's waves seem to beat my pillow till dawn;
A ray of moonbeam peeps at me forlorn.
The heartless River Bian flows eastward down,
Laden with parting grief, you've left the town.

Once we got drunk by riverside bamboo and flower,
My tears made sweet wine sour.
How could a mirror not be stained with dust?
Who could predict the trouble brewing up in gust?

* *The poet tells Qin Guan what happens to him after Qin's departure.*

更漏子

送孙巨源

苏　轼

水涵空，
山照市，
西汉二疏乡里。
新白发，
旧黄金。
故人恩义深。

海东头，
山尽处，
自古客槎来去。

Song of Water Clock

Seeing Sun Juyuan Off

Su Shi

The water joins the sky,
The town girt with hills high,
This is a land of talents as of yore.
Your hair has turned white,
Of gold you make light,
You value friendship more.

East of the sea,
Where end the hills you see,
Boats come and go since days of old.

槎有信，

赴秋期。

使君行不归。

They have a date;

For you I'll wait.

Will you come back with the autumn cold?

* *The poet writes this lyric for Sun Juyuan who left the capital together with him but goes back before him.*

阳关曲

中秋月

苏　轼

暮云收尽溢清寒，
银汉无声转玉盘。
此生此夜不长好，
明月明年何处看。

Song of the Sunny Pass

The Mid-Autumn Moon

Su Shi

Evening clouds withdrawn, pure cold air floods the sky;
The River of Stars mute, a jade plate turns on high.
How oft can we enjoy a fine mid-autumn night?
Where shall we view next year a silver moon so bright?

* *This poet writes this lyric on the Mid-Autumn Festival for his younger brother who is going to leave him on the next day.*

西江月

梅花

苏 轼

玉骨那愁瘴雾，
冰肌自有仙风。
海仙时遣探芳丛，
倒挂绿毛幺凤。

素面翻嫌粉涴，
洗妆不褪唇红。
高情已逐晓云空，
不与梨花同梦。

The Moon over the West River

To the Fairy of Mume Flower

Su Shi

Your bones of jade defy miasmal death;
Your flesh of snow exhales immortal breath.
The sea sprite among flowers often sends to you
A golden-eyed, green-feathered cockatoo.

Powder would spoil your face;
Your lips need no rouge cream.
As high as morning cloud you rise with grace;
With pear flower you won't share your dream.

* *The poet compares his beloved Morning Cloud to the fairy of mume flower.*

蝶恋花

苏　轼

花褪残红青杏小。
燕子飞时，
绿水人家绕。
枝上柳绵吹又少。
天涯何处无芳草。

墙里秋千墙外道。
墙外行人，
墙里佳人笑。
笑渐不闻声渐悄。
多情却被无情恼。

Butterflies in Love with Flowers

Su Shi

Red flowers fade, green apricots appear still small,
When swallows pass
Over blue water that surrounds the garden wall.
Most willow catkins have been blown away, alas!
But there is no place where grows no sweet grass.

Without the wall there is a path, within a swing.
A passer-by
Hears a fair maiden's laughter in the garden ring.
The ringing laughter fades to silence by and by;
For the enchantress the enchanted can only sigh.

* *This lyric compares the grief of departing spring with that of a beauty unseen.*

江城子

乙卯正月二十日夜记梦

苏　轼

十年生死两茫茫。
不思量。
自难忘。
千里孤坟，
无处话凄凉。
纵使相逢应不识，
尘满面、
鬓如霜。

Riverside Town

A Dream on the Night of the Twentieth Day of the First Moon 1075

Su Shi

For the long years the living of the dead knows nought,
Though to my mind not brought,
Could the dead be forgot?
Her lonely grave is far, a thousand miles away.
To whom can I my grief convey?
Revived even if she be, could she still know me?
My face is worn with care,
And frosted is my hair.

夜来幽梦忽还乡。
小轩窗。
正梳妆。
相顾无言，
惟有泪千行。
料得年年肠断处，
明月夜、
短松冈。

Last night I dreamed of coming to my native place;
She was making up her face
Before her mirror with grace.
Each saw the other hushed,
But from our eyes tears gushed.
Can I not be heart-broken when I am awoken
From her grave clad with pines,
Where only the moon shines!

* *The poet writes this pathetic elegy on his deceased wife who died ten years ago.*

念奴娇

赤壁怀古

苏　轼

大江东去，
浪淘尽、
千古风流人物。
故垒西边，
人道是、三国周郎赤壁。
乱石穿空，
惊涛拍岸，
卷起千堆雪。
江山如画，
一时多少豪杰！

Charm of a Maiden Singer

Thinking of Ancient in Red Cliff

Su Shi

The endless river eastward flows,
With its huge waves are gone all those
Gallant heroes of bygone years.
West of the ancient fortress appears
Red Cliff where General Zhou won his early fame
When the Three Kingdoms were in flame.
Rocks tower in the air and waves beat on the shore,
Rolling up a thousand heaps of snow.
To match the land so fair, how many heroes of yore
Had made great show!

遥想公瑾当年，
小乔初嫁了，
雄姿英发。
羽扇纶巾，
谈笑间、樯橹灰飞烟灭。
故国神游，
多情应笑我，
早生华发。
人生如梦，
一樽还酹江月。

I fancy General Zhou at the height
Of his success, with a plume fan in hand,
In a silk hood, so brave and bright,
Laughing and jesting with his bride so fair,
While enemy ships were destroyed as planned
Like castles in the air.
Should their souls revisit this land,
Sentimental, his bride would laugh to say:
Younger than they, I have my hair turned grey.
Life is but like a dream.
O moon, I drink to you who have seen them on the stream.

* *The poet praises General Zhou who defeated the strong Northern army by setting their warships on fire at the Red Cliff in 208.*

江城子

密州出猎

苏轼

老夫聊发少年狂。
左牵黄，
右擎苍。
锦帽貂裘，
千骑卷平冈。
为报倾城随太守，
亲射虎，
看孙郎。

酒酣胸胆尚开张。
鬓微霜，又何妨。

Riverside Town

Hunting at Mizhou

Su Shi

Rejuvenated, I my fiery zeal display;
On left hand leash, a yellow hound,
On right hand wrist, a falcon grey.
A thousand silk-capped, sable-coated horsemen sweep
Across the rising ground
And hillocks steep.
Townspeople pour out of the city gate
To watch the tiger-hunting magistrate.

Heart gladdened with strong wine, who cares
About a few new-frosted hairs?

持节云中，

何日遣冯唐。

会挽雕弓如满月，

西北望，射天狼。

When will the court imperial send

An envoy to recall the exile? Then I'll bend

My bow like a full moon, and aiming northwest, I

Will shoot down the fierce Wolf from the sky.

* *By hunting the poet expresses his patriotic feeling to fight the foe on northwest border.*

南乡子

苏　轼

怅望送春杯。
渐老逢春能几回。
花满楚城愁远别，
伤怀。
何况清丝急管催。

吟断望乡台。
万里归心独上来。
景物登临闲始见，
徘徊。
一寸相思一寸灰。

Song of Southern Country

Su Shi

Wine cup in hand, I see spring off in vain.
How many times can I, grown old, see spring again?
The town in bloom, I'm grieved to be far, far away.
Can I be gay?
The pipes and strings do hasten spring not to delay.

I croon and gaze from Homesick Terrace high;
Coming for miles and miles, alone I mount and sigh.
Things can be best enjoyed in a leisurely way;
For long I stay,
And inch by inch my heart burns into ashes grey.

* *The poet banished to Huangzhou grieves for the departing spring and his heart burned into ashes.*

行香子

苏 轼

清夜无尘，
月色如银。
酒斟时、
须满十分。
浮名浮利，
虚苦劳神。
叹隙中驹，
石中火，
梦中身。

虽抱文章，

Song of Incense

Su Shi

Stainless is the clear night;
The moon is silver bright.
Fill my wine cup
Till it brims up!
Why toil with pain
For wealth and fame in vain?
Time flies as a steed white
Passes a gap in flight.
Like a spark in the dark
Or a dream of moonbeam.

Though I can write,

开口谁亲。
且陶陶、
乐尽天真。
几时归去，
作个闲人。
对一张琴，
一壶酒，
一溪云。

Who thinks I'm right?

Why not enjoy

Like a mere boy?

So I would be

A man carefree.

I would be mute before my lute;

It would be fine in face of wine;

I would be proud to cleave the cloud.

* *The poet compares time to a steed, a spark, a dream, and would be free, mute and proud.*

鹧鸪天

苏　轼

林断山明竹隐墙，
乱蝉衰草小池塘。
翻空白鸟时时见，
照水红蕖细细香。

村舍外，古城旁。
杖藜徐步转斜阳。
殷勤昨夜三更雨，
又得浮生一日凉。

Partridges in the Sky

Su Shi

Through forest breaks appear hills and
Bamboo-screened wall;
Cicadas shrill o'er withered grass near a pool small.
White birds are seen now and then looping in the air;
Pink lotus blooms on lakeside exude fragrance spare.

Beyond the cots,
Near ancient town,
Cane in hand, I stroll round while the sun's slanting down.
Thanks to the welcome rain which fell when night was deep,
Now in my floating life one more fresh day I reap.

* *The poet describes his carefree life in banishment.*

浣溪沙

苏　轼

徐州石潭谢雨，道上作五首。潭在城东二十里，常与泗水增减，清浊相应。

旋抹红妆看使君，
三三五五棘篱门，
相挨踏破蒨罗裙。

老幼扶携收麦社，
乌鸢翔舞赛神村，
道逢醉叟卧黄昏。

Silk-Washing Stream

Su Shi

Maidens make up in haste to see the magistrate;
By threes and fives they come out at their hedgerow gate.
They push and squeeze and trample each other's skirt red.

Villagers old and young to celebration are led;
With crows and kites they dance thanksgiving in array.
At dusk I see an old man lie drunk on the way.

* *This lyric describes how the villagers welcome the governor coming to give thanks for rain at Stony Pool in Xuzhou.*

浣溪沙

苏　轼

麻叶层层苘叶光，
谁家煮茧一村香？
隔篱娇语络丝娘。

垂白杖藜抬醉眼，
捋青捣麨软饥肠，
问言豆叶几时黄？

Silk-Washing Stream

Su Shi

The leaves of jute and hemp are thick and lush in this land;
The scent of boiling cocoons in the village spreads.
Across the fence young maidens prate while reeling threads.

An old man raises dim-sighted eyes, cane in hand;
He blends new wheat with old and says, "Eat if you please."
I ask him when will yellow the leaves of green peas.

* *This lyric describes the rural life after the governor prays for rain. It also shows the governor's care for the villagers when he asks when peas will ripen.*

浣溪沙

苏　轼

簌簌衣巾落枣花，
村南村北响缲车，
牛衣古柳卖黄瓜。

酒困路长唯欲睡，
日高人渴漫思茶，
敲门试问野人家。

Silk-Washing Stream

Su Shi

Date flowers fall in showers on my hooded head;
At both ends of the village wheels are spinning thread;
A straw-cloaked man sells cucumbers beneath a willow tree.

Wine-drowsy when the road is long, I yearn for bed;
Throat parched when the sun is high, I long for tea.
I knock at a farmer's door to see what he'll treat me.

* *This lyric describes the relationship between the governor and the villagers.*

蝶恋花

密州上元

苏　轼

灯火钱塘三五夜。
明月如霜，
照见人如画。
帐底吹笙香吐麝，
更无一点尘随马。

寂寞山城人老也！
击鼓吹箫，
却入农桑社。
火冷灯稀霜露下，
昏昏雪意云垂野。

Butterflies in Love with Flowers

Lantern Festival at Mizhou

Su Shi

On Lantern Festival by riverside at night,
The moon frost-white
Shone on the beauties fair and bright.
Fragrance exhaled and music played under the tent,
The running horses raised no dust on the pavement.

Now I am old in lonely hillside town,
Drumbeats and flute songs up and down
Are drowned in prayers amid mulberries and lost.
The lantern fires put out, dew falls with frost.
Over the fields dark clouds hangs low:
It threatens snow.

* *The Lantern Festival falls on the fifteenth day of the first lunar month.*

西江月

黄州中秋

苏　轼

世事一场大梦，
人生几度秋凉？
夜来风叶已鸣廊，
看取眉头鬓上。

酒贱常愁客少，
月明多被云妨。
中秋谁与共孤光，
把盏凄然北望。

The Moon over the West River

The Mid-Autumn Moon in Huangzhou

Su Shi

Like dreams pass world affairs untold,
How many autumns in our life are cold?
My corridor is loud with wind-blown leaves at night.
See my brows frown and hair turn white!

Of my poor wine few guests are proud;
The bright moon is oft veiled in cloud.
Who would enjoy with me the mid-autumn moon lonely?
Wine cup in hand, northward I look only.

* *The poet thinks life is like a dream.*

临江仙

送钱穆父

苏　轼

一别都门三改火，
天涯踏尽红尘。
依然一笑作春温。
无波真古井，
有节是秋筠。

惆怅孤帆连夜发，
送行淡月微云。
樽前不用翠眉颦。
人生如逆旅，
我亦是行人。

Riverside Daffodils

Farewell to a Friend

Su Shi

Three years have passed since we left the capital;
We've trodden all the way from rise to fall.
Still I smile as on warm spring day.
In ancient well no waves are raised;
Upright, the autumn bamboo's praised.

Melancholy, your lonely sail departs at night;
Only a pale cloud sees you off in pale moonlight.
You need no songstress to drink your sorrow away.
Life is like a journey;
I too am on my way.

* *The poet thinks life is like a journey.*

临江仙

夜归临皋

苏 轼

夜饮东坡醒复醉，
归来仿佛三更。
家童鼻息已雷鸣。
敲门都不应，
倚杖听江声。

长恨此身非我有，
何时忘却营营。
夜阑风静縠纹平。

Riverside Daffodils

Coming Back to Lingao Pavilion at Night

Su Shi

Drinking at Eastern Slope by night,
I sober, then get drunk again.
When I come back, it's near midnight,
I hear the thunder of my houseboy's snore;
I knock but no one answers the door.
What can I do but, leaning on my cane,
Listen to the river's refrain?

I long regret I am not master of my own.
When can I ignore the hums of up and down?
In the still night the soft winds quiver

小舟从此逝，
江海寄余生。

On ripples of the river.

From now on I would vanish with my little boat;

For the rest of my life on the sea I would float.

* *The poet wishes to be master of his own and ignore the ups and downs in the world.*

醉落魄

苏州阊门留别

苏　轼

苍颜华发，
故山归计何时决！
旧交新贵音书绝，
惟有佳人，
犹作殷勤别。

离亭欲去歌声咽，
潇潇细雨凉吹颊。
泪珠不用罗巾浥，
弹在罗衫，
图得见时说。

Drunk and Lost

Farewell at the Gate of Suzhou

Su Shi

A pale face with hair grey,
When can I go home without care?
No word's received from my friends old or new,
Only the songstress fair
Comes to sing for me a song of adieu.

On leaving the pavilion, with sobs she sings;
The chilly breeze a drizzling rain to my cheeks brings.
Don't use your handkerchief to wipe your tears away!
Let them fall on your silken sleeves!
When we meet again, I know how it grieves.

* *The poet writes this lyric for a songstress who sheds tears when they part.*

浣溪沙

苏　轼

游蕲水清泉寺，寺临兰溪，溪水西流。

山下兰芽短浸溪，
松间沙路净无泥，
萧萧暮雨子规啼。

谁道人生无再少？
门前流水尚能西，
休将白发唱黄鸡。

Silk-Washing Stream

Su Shi

In the stream below the hill there drowns the orchid bud;
On sandy path between pine trees you see no mud.
Shower by shower falls the rain while cuckoos sing.

Who says an old man can't return unto his spring?
Before Clear Fountain's Temple water still flows west.
Why can't the cock still crow though with a snow-white
  crest?

* *The poet is very optimistic to say that an old man can be restored to his youth.*

定风波

苏　轼

三月七日，沙湖道中遇雨。雨具先去，同行皆狼狈，余独不觉，已而遂晴，故作此。

莫听穿林打叶声，
何妨吟啸且徐行。
竹杖芒鞋轻胜马，
谁怕？
一蓑烟雨任平生。

料峭春风吹酒醒，
微冷。
山头斜照却相迎。

Calming the Waves

Su Shi

Listen not to the rain beating against the trees.
Why don't you slowly walk and chant at ease?
Better than saddled horse I like sandals and cane.
O I would fain
Spend a straw-cloaked life in mist and rain.

Drunken, I'm sobered by vernal wind shrill
And rather chill.
In front I see the slanting sun atop the hill;

回首向来萧瑟处，
归去，
也无风雨也无晴。

Turning my head, I see the dreary beaten track.

Let me go back!

Impervious to wind, rain or shine, I'll have my will.

* *The poet shows his impervious attitude toward the world.*

满庭芳

苏轼

蜗角虚名，
蝇头微利，
算来著甚干忙。
事皆前定，
谁弱又谁强。
且趁闲身未老，
尽放我、些子疏狂。
百年里，浑教是醉，
三万六千场。

思量。
能几许，

Courtyard Full of Fragrance

Su Shi

For fame as vain as a snail's horn
And profit as slight as a fly's head,
Should I be busy and forlorn?
Fate rules for long,
Who is weak? Who is strong?
Not yet grown old and having leisure,
Let me be free to enjoy pleasure!
Could I be drunk in a hundred years,
Thirty-six hundred times without shedding tears?

Think how long life can last,

忧愁风雨，
一半相妨。
又何须、
抵死说短论长。
幸对清风皓月，
苔茵展、
云幕高张。
江南好，
千钟美酒，
一曲满庭芳。

Though sad and harmful storms I've passed.

Why should I waste my breath

Until my death,

To say the short and long

Or right and wrong?

I am happy to enjoy clear breeze and the moon bright,

Green grass outspread

And a canopy of cloud white.

The Southern shore is fine

With a thousand cups of wine

And the courtyard fragrant with song.

* *The poet talks about his attitude toward fame and wealth, his detached, transcendental way of living.*

水调歌头

苏　轼

丙辰中秋，欢饮达旦，大醉，作此篇，兼怀子由。

明月几时有，
把酒问青天。
不知天上宫阙，
今夕是何年。
我欲乘风归去，
又恐琼楼玉宇，
高处不胜寒。
起舞弄清影，
何似在人间。

Prelude to Water Melody

Su Shi

How long will the full moon appear?

Wine cup in hand, I ask the sky.

I do not know what time of year

'T would be tonight in the palace on high.

Riding the wind, there I would fly,

Yet I'm afraid the crystalline palace would be

Too high and cold for me.

I rise and dance, with my shadow I play.

On high as on earth, would it be as gay?

转朱阁，
低绮户，
照无眠。
不应有恨，
何事长向别时圆。
人有悲欢离合，
月有阴晴圆缺，
此事古难全。
但愿人长久，
千里共婵娟。

The moon goes round the mansions red

Through gauze-draped windows to shed

Her light upon the sleepless bed.

Against man she should have no spite.

Why then when people part, is she oft full and bright?

Men have sorrow and joy; they part or meet again;

The moon is bright or dim and she may wax or wane.

There has been nothing perfect since the olden days.

So let us wish that man

Will live long as he can!

Though miles apart, we'll share the beauty she displays.

* *The poet talks about his attitude toward sorrow and joy, his love of freedom to enjoy pleasure and his fraternal feeling for his younger brother.*

卜算子

黄州定慧院寓居作

苏　轼

缺月挂疏桐，
漏断人初静。
谁见幽人独往来，
飘渺孤鸿影。

惊起却回头，
有恨无人省。
拣尽寒枝不肯栖，
寂寞沙洲冷。

Song of Divination

Written in Dinghui Temple in Huangzhou

Su Shi

From a sparse plane tree hangs the waning moon;
The water clock is still and hushed is man.
Who sees a hermit pacing up and down alone?
Is it the shadow of a swan?

Startled, he turns his head.
With a grief none behold.
Looking all over, he won't perch on branches dead,
But on the lonely sandbank cold.

* *The poet feels lonely as a swan after his banishment to Huangzhou by the side of the Yangtze River.*

水调歌头

游览

黄庭坚

瑶草一何碧，
春入武陵溪。
溪上桃花无数，
枝上有黄鹂。
我欲穿花寻路，
直入白云深处，
浩气展虹霓。
只恐花深里，
红露湿人衣。

Prelude to Water Melody

Sightseeing

Huang Tingjian

How could grass be so green? O Spring
Enters the fairy stream,
Where countless peach blooms beam,
And on the branch of the tree golden orioles sing.
I try to find a way through the flowers so gay,
Straight into clouds so white
To breathe a rainbow bright,
But I'm afraid in the depth of the flowers in my view,
My sleeves would be wet with rosy dew.

坐玉石，
倚玉枕，
拂金徽。
谪仙何处，
无人伴我白螺杯。
我为灵芝仙草，
不为朱唇丹脸，
长啸亦何为。
醉舞下山去，
明月逐人归。

I sit on a stone and

Lean on a pillow of jade,

A tune on golden lute is played.

Where is the poet of the fairyland?

Who would drink up with me my spiral cup?

I come to seek for the immortal's trace,

Not for the rouged lips and powdered face.

Why should I long, long croon?

Drunk, I would dance downhill soon,

Followed by the bright moon.

* *This poem depicts the worldly outlook symbolized by rouged lips and powdered face, and the otherworldly outlook symbolized by the immortal poet in the fairyland, who refers to Li Bai.*

醉蓬莱

黄庭坚

对朝云叆叇，

暮雨霏微，

乱峰相倚。

巫峡高唐，

锁楚宫朱翠。

画戟移春，

靓妆迎马，

向一川都会。

万里投荒，

一身吊影，

成何欢意。

Drunk in the Fairyland

Huang Tingjian

In the face of heavy morning cloud again
And drizzling evening rain,
Leaning on each other, rugged the hills remain.
The Gorge of Witch and lofty peaks
Lock in the Southern Palace rosy cheeks.
In spring the halberds move in force,
Maids in fair dress welcome heroes on horse,
To the riverside town they go only.
I come to the wasteland a thousand miles away,
With my shadow so lonely.
How can I become cheerful and gay?

尽道黔南，
去天尺五，
望极神州，
万重烟水。
樽酒公堂，
有中朝佳士。
荔颊红深，
麝脐香满，
醉舞裀歌袂。
杜宇声声，
催人到晓，
不如归是。

It is said the Southern land is so high,
It nearly scrapes the sky.
To the capital I stretch my eye,
I see but misty water far and nigh.
When I drank in the hall,
My friends were talents all.
Songstresses sang with rosy face
And dancers danced with grace,
Drunk, they intoxicated the place.
Hearing the cuckoo's home-going song
All the night long,
Could I resist my yearning strong?

* *The poet makes a contrast between his joy in bygone days and his sorrow in exile.*

虞美人

宜州见梅作

黄庭坚

天涯也有江南信，
梅破知春近。
夜阑风细得香迟，
不道晓来开遍向南枝。

玉台弄粉花应妒，
飘到眉心住。
平生个里愿杯深，
去国十年老尽少年心。

The Beautiful Lady Yu

Mume Blossoms Viewed in Yizhou

Huang Tingjian

Message comes from the south to the end of the sky,
When mumes burst open, spring is nigh.
At dead of night the wind is slight, your fragrance late.
Who knows at dawn your branches bloom at southern gate?

You're envied by powder of the Terrace of Jade;
You waft amid the brows and will not fade.
All my life long I love you with wine cup in hand;
My young heart oldens ten years away from homeland.

* *The poet writes this lyric to the mume flower and compares her purity to his own personality.*

品　令

茶 词

黄庭坚

凤舞团团饼。
恨分破，
教孤令。
金渠体净，
只轮慢碾，
玉尘光莹。
汤响松风，
早减了二分酒病。

Song of Enjoyment

The Tea

Huang Tingjian

A phoenix dances on the round tea cake
I can't but break,
And lonely feel.
You're clean in golden light,
Ground slowly by a wheel
Into fine powder still jade-bright.
When boiled, you sing like the breeze through the pine.
I feel no longer sick of wine.

味浓香永。
醉乡路，
成佳境。
恰如灯下，
故人万里，
归来对影。
口不能言，
心下快活自省。

Your floral taste will longer stay.

When drunk,

In better state I'm sunk.

Just as by candlelight

A friend comes from far, far away.

We sit face to face, left and right,

Without a word,

Our joy at heart can still be heard.

* *The poet describes the delight of drinking tea. The dancing phoenix is a trademark printed on the tea cake.*

千秋岁

黄庭坚

少游得谪，尝梦中作词云：“醉卧古藤阴下，了不知南北。”竟以元符庚辰，死于藤州光华亭上。崇宁甲申，庭坚窜宜州，道过衡阳。览其遗墨，始追和其《千秋岁》词。

苑边花外。
记得同朝退。
飞骑轧，
鸣珂碎。
齐歌云绕扇，
赵舞风回带。
严鼓断，
杯盘狼藉犹相对。

A Thousand Autumns

Huang Tingjian

I remember after the court hours
We visited the garden of flowers.
Our horses ran,
Their gold bells rang.
Dancers with skirt in wind danced with their fan;
Into the cloud songstresses sang.
The drumbeats stopped when night was late;
We still sat face to face with leftovers in the plate.

洒泪谁能会。
醉卧藤阴盖。
人已去，
词空在。
免园高宴悄，
虎观英游改。
重感慨，
波涛万顷珠沉海。

Who understands why I shed tears after wine?

Drunk, we lay down in the shade of old vine.

Now you are gone, in vain

Your verses still remain.

In the garden of pleasure the feast is quiet;

In the Temple of White Tiger there's no more riot.

Deeply I sigh,

In the depth of the sea like a pearl you should lie.

* *The poet writes this lyric while passing by the place where Qin Guan died.*

蓦山溪

赠衡阳妓陈湘

黄庭坚

鸳鸯翡翠，
小小思珍偶。
眉黛敛秋波，
尽湖南、山明水秀。
娉娉嫋嫋，
恰似十三余。
春未透，
花枝瘦，
正是愁时候。

Hillside Creek at Dusk

Farewell to a Songstress

Huang Tingjian

Like lovebirds high or low, here and there,
While young, you think of flying in pair.
Your brows like bright green hills,
Your eyes like autumn rills
To the south of the lake.
You swing and sway
Just like a teenager awake
On a budding spring day,
Or a flower on a branch thin,
To know sorrow you just begin.

寻花载酒，
肯落谁人后。
只恐远归来，
绿成阴，
青梅如豆。
心期得处，
每自不由人。
长亭柳，
君知否，
千里犹回首？

Seeking flowers with wine,

I would not lag behind when day is fine.

Coming back from afar, I'm afraid,

I'll see mume trees bear fruit and make shade.

My heart's desire cannot be gratified.

O willow tree by Long Pavilion's side,

Do you not know my heart?

I often turn my head though miles apart.

* *The poet describes a young songstress he loves, and compares her to a green mume tree which may bear fruit when he comes back from afar, that is to say, the songstress may be married and give birth to babies, so he often turns his head to Long Pavilion where they bade adieu.*

鹧鸪天

黄庭坚

坐中有眉山隐客史应之和前韵，即席答之。

黄菊枝头生晓寒。
人生莫放酒杯干。
风前横笛斜吹雨，
醉里簪花倒著冠。

身健在，
且加餐。
舞裙歌板尽清欢。
黄花白发相牵挽，
付与时人冷眼看。

Partridges in the Sky

Huang Tingjian

On yellow chrysanthemums dawns the morning chill.
Do not let your wine cup go dry while you live still!
Play on your flute when slants the rain and blows the breeze!
Drunk, pin a flower on your invert hat with ease!

When you keep fit, eat better meal and drink more wine!
Enjoy your fill with dancers sweet and songstress fine!
As golden blooms become the young, white hair the old.
Why should I care for other people's glances cold?

* *The poet reveals his discontent while indulged in wine, woman and song.*

西江月

黄庭坚

老夫既戒酒不饮，遇宴集，独醒其旁。坐客欲得小词，援笔为赋。

断送一生惟有，
破除万事无过。
远山横黛蘸秋波，
不饮旁人笑我。

花病等闲瘦弱，
春愁无处遮拦。
杯行到手莫留残，
不道月斜人散。

The Moon over the West River

Huang Tingjian

Nothing dissipates life as you,
Nor rids it of sorrow new.
Before blue-hill-like brow and wave-like eye,
I should be laughed at if I don't drink my cup dry.

For no reason the flower fades.
Could I bar spring grief which invades?
Leave no cup in hand undrunk!
Don't wait till all are gone and the moon sunk.

* *The poet says that wine can get rid of sorrow, when drinking with a fair songstress.*

南乡子

黄庭坚

重阳日，宜州城楼宴集，即席作。

诸将说封侯，
短笛长歌独倚楼。
万事尽随风雨去，
休休，
戏马台南金络头。

催酒莫迟留，
酒味今秋似去秋。
花向老人头上笑，
羞羞，
白发簪花不解愁。

Song of Southern Country

Huang Tingjian

Generals talk of nobility for long;
I lean on balustrade, listening to flute song.
Everything will be gone with wind and rain,
In vain, in vain!
The golden bridle of the steed can't long remain.

Drink wine without delay!
It tastes as good now as last Mountain-Climbing Day.
Flowers would smile on an old man's head,
Blush and go red.
To rid of grief white hair with flowers will be wed.

* *This is the poet's last lyric.*

点绛唇

秦　观

醉漾轻舟，
信流引到花深处。
尘缘相误。
无计花间住。

烟水茫茫，
千里斜阳暮。
山无数。
乱红如雨。
不记来时路。

Rouged Lips

Qin Guan

Drunk, at random I float
Along the stream my little boat.
By misfortune, among
The flowers I cannot stay long.

Misty waters outspread,
I find the slanting sun on turning my head,
And countless mountains high.
Red flowers fall in showers,
I don't remember the way I came by.

* *The banished poet writes this poem on his southward way, in which he describes the scenery of the peach blossom land he dreamed of.*

好事近

梦中作

秦　观

春路雨添花，
花动一山春色。
行到小溪深处，
有黄鹂千百。

飞云当面化龙蛇，
夭矫转空碧。
醉卧古藤阴下，
了不知南北。

Song of Good Event

In Dream

Qin Guan

The spring rain hastens roadside flowers to grow;
They undulate and fill mountains with spring.
Deep, deep along the stream I go,
And hear hundreds of orioles sing.

Flying cloud in my face turns to dragon or snake,
And swiftly melts in azure sky.
Lying drunk 'neath old vines, I can't make
Out if it's north or south by and by.

* *This poem describes a dream in which the poet fancies clouds to be dragons or snakes.*

江城子

秦观

西城杨柳弄春柔。
动离忧。
泪难收。
犹记多情，
曾为系归舟。
碧野朱桥当日事，
人不见，
水空流。

韶华不为少年留。
恨悠悠。
几时休。

Riverside Town

Qin Guan

West of the town the willows sway in the winds of spring.
Thinking of our parting would bring
To my eyes ever-flowing tears.
I still remember to the sympathetic tree
Her hand tied my returning boat for me
By the red bridge in the green field on that day.
But now she no longer appears,
Though water still flows away.

The youthful days once gone will never come again;
My grief is endless. When
Will it come to an end then?

飞絮落花时候、
一登楼。
便做春江都是泪，
流不尽，
许多愁。

While willow catkins and falling flowers fly,
I mount the tower high.
Even if my tears turn into a stream in May,
Could it carry away
My grief growing each day?

* *The poet compares his parting grief to the ever-flowing river.*

鹊桥仙

秦　观

纤云弄巧，
飞星传恨，
银汉迢迢暗渡。
金风玉露一相逢，
便胜却人间无数。

柔情似水，
佳期如梦，
忍顾鹊桥归路。
两情若是久长时，
又岂在朝朝暮暮。

Immortals at the Magpie Bridge

Qin Guan

Clouds float like works of art,
Stars shoot with grief at heart.
Across the Milky Way the Cowherd meets the Maid.
When Autumn's Golden Wind embraces Dew of Jade,
All the love scenes on earth, however many, fade.

Their tender love flows like a stream;
Their happy date seems but a dream.
How can they bear a separate homeward way?
If love between both sides can last for aye,
Why need they stay together night and day?

* *The poet tells the love story between the Cowherd and the Weaving Maid, two stars separated by the Silver River, who could meet once every year on the seventh day of the seventh moon by crossing the bridge paved by magpies.*

踏莎行

秦观

雾失楼台，
月迷津渡。
桃源望断无寻处。
可堪孤馆闭春寒，
杜鹃声里斜阳暮。

驿寄梅花，
鱼传尺素。
砌成此恨无重数。
郴江幸自绕郴山，
为谁流下潇湘去。

Treading on Grass

Qin Guan

Bowers are lost in mist;
Ferry dimmed in moonlight.
Peach Blossom Land ideal is beyond the sight.
Shut up in lonely inn, can I bear the cold spring?
I hear at lengthening sunset homebound cuckoos sing.

Mume blossoms sent by friends
And letters brought by post,
Nostalgic thoughts uncounted assail me oft in host.
The lonely river flows around the lonely hill.
Why should it southward flow, leaving me sad and ill?

* *This lyric is written in an inn after the poet's banishment from place to place.*

行香子

秦　观

树绕村庄，
水满陂塘。
倚东风、豪兴徜徉。
小园几许，
收尽春光。
有桃花红，
李花白，
菜花黄。

远远苔墙，
隐隐茅堂。
飏青旗、流水桥旁。

Song of Incense

Qin Guan

The village girt with trees,
The pools overbrim with water clear.
Leaning on eastern breeze,
My spirit soars up higher and freer.
The garden small
Has inhaled vernal splendor all:
Peach red, plums mellow
And rape flowers yellow.

Far off stand mossy walls,
Dim, dim the thatched halls.
The wineshop streamers fly,
Under the bridge water flows by.

偶然乘兴，
步过东风。
正莺儿啼，
燕儿舞，
蝶儿忙。

By luck in spirits high

I pass where the eastern hills rise.

Orioles sing their song,

Swallows dance along,

Busy are butterflies.

* *The poet describes a rural scene in this lyric.*

望海潮

秦　观

梅英疏淡，
冰澌溶泄，
东风暗换年华。
金谷俊游，
铜驼巷陌，
新晴细履平沙。
长记误随车。
正絮翻蝶舞，
芳思交加。

Watching the Tidal Bore

Qin Guan

Mume blossoms fade;
Ice melts away;
The speechless eastern breezes bring
In early spring.
I still remember the West Garden in the shade
Of willow trees on a fine day;
We slowly toured on sandy way.
I followed a handsome carriage wrong.
When willow catkins flew along
With dancing butterflies above,
My mind was full of joy and love.

柳下桃蹊，
乱分春色到人家。

西园夜饮鸣笳。
有华灯碍月，
飞盖妨花。
兰苑未空，
行人渐老，
重来是事堪嗟。
烟暝酒旗斜。
但倚楼极目，
时见栖鸦。
无奈归心，
暗随流水到天涯。

Beneath peach trees spring running riot
Disturbed all houses' quiet.

Can I forget we drank and played on the pipe at night,
The moon was outshone by lanterns bright
And flowers screened by flying canopies?
The pleasure garden glitters still with gold,
But I who come again am growing old.
Everything I see evokes but sighs.
In misty dusk the wineshop streamers slanting low.
Leaning on railings of the bar,
I gaze afar.
What I see now and then is nesting crow on crow.
What can I do apart
With a homesick heart
Which follows secretly the running brook
Until the end of the earth or its farthest nook?

* *The poet compares his past pleasure with his present sorrow.*

满庭芳

秦　观

山抹微云，
天连衰草，
画角声断谯门。
暂停征棹，
聊共引离尊。
多少蓬莱旧事，
空回首、烟霭纷纷。
斜阳外，寒鸦万点，
流水绕孤村。

销魂。
当此际，香囊暗解，

Courtyard Full of Fragrance

Qin Guan

A belt of clouds girds mountains high
And withered grass spreads to the sky.
The painted horn at the watchtower blows.
Before my boat sails up,
Let's drink a farewell cup.
How many things do I recall in bygone days,
All lost in mist and haze!
Beyond the setting sun I see but dots of crows
And that around a lonely village water flows.

I'd call to mind the soul-consuming hour
When I took off your perfume purse unseen

罗带轻分。
谩赢得、
青楼薄幸名存。
此去何时见也，
襟袖上、
空惹啼痕。
伤情处，
高城望断，
灯火已黄昏。

And loosened your silk girdle in your bower.

All this has merely won me in the Mansion Green

The name of fickle lover.

Now I'm a rover,

O when can I see you again?

My tears are shed in vain;

In vain they wet my sleeves.

It grieves

My heart to find your bower out of sight;

It's lost at dusk in city light.

* *The poet writes this lyric for his beloved songstress in the Green Mansion.*

千秋岁

秦　观

水边沙外。
城郭春寒退。
花影乱，
莺声碎。
飘零疏酒盏，
离别宽衣带。
人不见，
碧云暮合空相对。

忆昔西池会。
鹓鹭同飞盖。

A Thousand Autumns

Qin Guan

Beyond the sandbar by the waterside,

Out of the town the spring chill begins to subside.

The flowers' shadows running riot,

The orioles' warble breaks the quiet.

Lonely, I drink few cups of wine,

My belt loosens, for friends I pine.

But where are they?

In vain clouds gather up at the end of the day.

I still remember our Western Pool's rendezvous:

Together with our cabs herons and egrets flew.

携手处，
今谁在？
日边清梦断，
镜里朱颜改。
春去也，
飞红万点愁如海。

Where we stood hand in hand,

Who still stays in that land?

My dream can't fly to sunny place;

The mirror shows my wrinkled face.

Away spring's sped;

My grief looks like a sea of falling petals red.

* *The poet writes this lyric about his rendezvous at the Western Pool in the capital.*

临江仙

秦　观

千里潇湘挼蓝浦，
兰桡昔日曾经。
月高风定露华清。
微波澄不动，
冷浸一天星。

独倚危樯情悄悄，
遥闻妃瑟泠泠。
新声含尽古今情。
曲终人不见，
江上数峰青。

Riverside Daffodils

Qin Guan

I roam along the thousand-mile blue river-shore,
Where floated Poet Qu's orchid boat of yore.
The moon is high, the wind goes down, the dew is clear.
Ripples tranquil appear,
A skyful of stars shiver.

Silent, leaning against the high mast on the river,
I seem to hear the lute of the fairy queen.
Her music moves all hearts now as before.
When her song ends, she is not seen,
Leaving, on the stream but peaks green.

* *The poet expresses his loneliness and dreariness when banished to the riverside where the fairy queen of Emperor Shun and the poet Qu were drowned.*

卜算子

春情

秦 湛

春透水波明，
寒峭花枝瘦。
极目烟中百尺楼，
人在楼中否？

四和袅金凫，
双陆思纤手。
拟倩东风浣此情，
情更浓于酒。

Song of Divination

Spring Love

Qin Zhan

Spring mirrored in the water clear,
Flowers are thin in cold severe.
I stretch my eye to the sky's end for the high tower.
Is she still in her bower?

From golden censer wafts incense nice.
Are her fair hands playing with dice?
I'd ask the east breeze to bring her a lover's line,
For love intoxicates more than wine.

* *Son of Qin Guan, the poet writes this poem for his love, well-known for the last line.*

点绛唇

汪　藻

新月娟娟，
夜寒江静山衔斗。
起来搔首。
梅影横窗瘦。

好个霜天，
闲却传杯手。
君知否。
乱鸦啼后。
归兴浓于酒。

Rouged Lips

Wang Zao

The crescent moon so fair,
The night so chill.
The stream so still,
I rise and scratch my hair.
The mumes cast slender shadows across windowsill.

The frosty sky so fine,
A cup in hand, I can't but pine.
Do you not know
After the wailing of the crow
I am more homesick than thirsty for wine?

* *The poet describes the outer world to reveal his inner world.*

木兰花令

柳

王　观

铜驼陌上新正后。
第一风流除是柳。
勾牵春事不如梅，
断送离人强似酒。

东君有意偏撋就，
惯得腰肢真个瘦。
阿谁道你不思量，
因甚眉头长恁皱。

Song of Magnolia Flowers

Willow Trees

Wang Guan

On the pathway after the spring day,
The first to waft in breeze are willow trees,
Not so attractive to spring as mume blooms divine,
But to those who part more heart-breaking than wine.

The Sun God in the East has for you a love tender;
He's fond of your waist slender.
No lady could forget you now
When she unknits her leaf-like brow.

* *The willow tree is compared to a fair lady and its leaves to her eyebrows.*

卜算子

送鲍浩然之浙东

王　观

水是眼波横，
山是眉峰聚。
欲问行人去那边？
眉眼盈盈处。

才始送春归，
又送君归去。
若到江南赶上春，
千万和春住。

Song of Divination

Parting with Bao Haoran to the East of Zhejiang

Wang Guan

The rippling stream's a beaming eye;
The arched brows are mountains high.
May I ask where you're bound?
There beam the eyes with arched brows around.

Spring's just made her adieu,
And now I'll part with you.
If you overtake Spring on southern shore,
Oh, stay with her once more!

* *This lyric has personified the parting scene without the usual parting grief.*

苏幕遮

周邦彦

燎沉香，
消溽暑。
鸟雀呼晴，
侵晓窥檐语。
叶上初阳干宿雨，
水面清圆，
一一风荷举。

故乡遥，
何日去。
家住吴门，

Waterbag Dance

Zhou Bangyan

I burn an incense sweet
To temper steamy heat.
Birds chirp at dawn beneath the eaves,
Announcing a fine day. The rising sun
Has dried last night's raindrops on the lotus leaves,
Which, clear and round, dot water surface. One by one
The lotus blooms stand up with ease
And swing in morning breeze.

My homeland's far away;
When to return and stay?
My kinsfolk live in south by city wall.

久作长安旅。

五月渔郎相忆否。

小楫轻舟，

梦入芙蓉浦。

Why should I linger long in the capital?

Will not my fishing friends remember me in May?

In a short-oared light boat, it seems,

I'm back 'mid lotus blooms in dreams.

* *This poem describes the lotus after rain and the poet's thoughts of home.*

花　犯

梅花

周邦彦

粉墙低，
梅花照眼，
依然旧风味。
露痕轻缀。
疑净洗铅华，
无限佳丽。
去年胜赏曾孤倚。
冰盘同燕喜。
更可惜、
雪中高树，
香篝熏素被。

Invaded by Flowers

To Mume Blossoms

Zhou Bangyan

Over low rosy wall appear
The mume flowers, dazzling the eyes
Still as last year.
Lightly adorned with dew, you rise
Like a beauty of the day,
With powder washed away.
Last year I leaned alone on your tree,
And drank and ate from the plate ice-bright.
It is lovely to see
Snow-covered mume carefree
Like a perfuming stove under coverlet white.

今年对花最匆匆，
相逢似有恨，
依依愁悴。
吟望久，
青苔上、旋看飞坠。
相将见、脆丸荐酒，
人正在、
空江烟浪里。
但梦想、
一枝潇洒，
黄昏斜照水。

In face of your flower this year, I feel time is fleet.

You seem to be grieved when we meet,

Looking still so languid and sweet.

For long I croon,

And see you fall down on green mosses soon.

I would like to eat your fruit fine

While drinking wine.

I seem to be

In mist and on waves free,

But still I dream

Of your detached branch over the evening stream.

* *The poet describes the mume flower and compares it to a beautiful friend.*

水龙吟

梨花

周邦彦

素肌应怯余寒，
艳阳占立青芜地。
樊川照日，
灵关遮路，
残红敛避。
传火楼台，
妒花风雨，
长门深闭。
亚帘栊半湿，
一枝在手，

Water Dragon's Chant

To Pear Blossoms

Zhou Bangyan

To your white skin the lingering cold may do harm;
You stand on your green grass under the sun.
You shine on northern land and cover southern way,
You whom remnant reds would shun.
On Cold Food Day
The wind and rain would envy you,
The Long Gate closed anew.
The low-hanging window curtain half wet appears.
When you stretch a branch out as an arm,

偏勾引、黄昏泪。

别有风前月底。
布繁英，
满园歌吹。
朱铅退尽，
潘妃却酒，
昭君乍起。
雪浪翻空，
粉裳缟夜，
不成春意。
恨玉容不见，
琼英谩好，
与何人比。

The evening is moved to tears.

In breeze or moonlight quiet
Your blooms run riot.
When songs fulfill your garden place,
Unpowdered and unrouged is your face
Like the beauty before she drinks wine
Or the princess rising like sunshine.
In the air surge the waves snow-white,
Silken dress brightens the night.
Unequalled by other vernal flowers in tears,
When your jade-like face disappears.
Other flowers may be fair,
But with you none can compare.

* *The poet writes to the pear blossoms and compares them to beautiful ladies.*

六　丑

蔷薇谢后作

周邦彦

正单衣试酒，
怅客里、光阴虚掷。
愿春暂留，
春归如过翼。
一去无迹。
为问花何在，
夜来风雨，
葬楚宫倾国。
钗钿堕处遗香泽。
乱点桃蹊，
轻翻柳陌。

Six Toughies

Faded Roses

Zhou Bangyan

Again it's time to taste new wine in dresses light.
How I regret to have misspent my time day and night.
Far from home, far away!
I wish that spring would stay
A little longer, but fine spring
Is on the wing.
Once gone, it's left no traces.
I ask where are the flowers.
They fell with ancient rosy faces,
Whose fallen hairpins still shed
A fragrance sweet.
The peach path and willowy lanes
Are dotted now with petals red.

多情为谁追惜。
但蜂媒蝶使，
时叩窗隔。

东园岑寂，
渐蒙笼暗碧。
静绕珍丛底，
成叹息。
长条故惹行客。
似牵衣待话，
别情无极。
残英小、强簪巾帻。
终不似、一朵钗头颤袅，
向人欹侧。
漂流处、莫趁潮汐。
恐断红、尚有相思字，
何由见得。

What loving heart would for them utter sighs
But match-making bees and message-bearing butterflies,
Knocking from time to time at window-panes?

The eastern garden in a shroud
Of dark green cloud,
The deep silence beneath
The deflowered tree is broken by the sighs I breathe.
Its long thorned branches pull at my sleeves
As if to tell me how the flowers' parting grieves.
I try to pin a little flower not yet dead
To the turban on my head,
But it's unlike one on a golden hairpin new,
Shivering and beckoning to you.
O roses, do not drift away
With tide or ebb by night or day!
On broken petals red, I fear,
There's message for a lover dear.

* *The poet sympathizes with the faded roses and regrets the departing spring.*

风流子

周邦彦

新绿小池塘。
风帘动、
碎影舞斜阳。
羡金屋去来，
旧时巢燕，
土花缭绕，
前度莓墙。
绣阁凤帏深几许，
听得理丝簧。
欲说又休，
虑乖芳信，

Song of Gallantry

Zhou Bangyan

The little pond is newly greened;
The breeze ruffles the window screened.
The broken shadows dance with slanting sunny rays.
I envy swallows flying to and fro
Under the eaves of golden hall,
And rampant flowers creeping high and low
Upon the age-old earthen wall.
I hear in curtained bower deep she plays
And vibrates zither strings.
She stops before she says anything,
She'd not betray her spring.

未歌先咽，
愁近清觞。

遥知新妆了，
开朱户、
应自待月西厢。
最苦梦魂，
今宵不到伊行。
问甚时说与，
佳音密耗，
寄将秦镜，
偷换韩香。
天便教人，
霎时厮见何妨。

She sobs before she sings,

So sad as to decline

A cup of sweetest wine.

I know that after making up her face

She'd open crimson doors and pace

To view the moon from western bower.

It grieves me most tonight

That I can't bring fresh shower for the thirsting flower.

When will she tell me with delight

The time for us to meet?

When may I send her mirror bright

And she in turn her incense sweet?

O Heaven! O what harms

If I stay a while in her arms!

* *This lyric describes the poet's lovesickness for a married woman.*

西园竹

周邦彦

浮云护月，
未放满朱扉。
鼠摇暗壁，
萤度破窗，
偷入书帏。
秋意浓，
闲贮立、
庭柯影里。
好风襟袖先知。

夜何其。
江南路绕重山，

Bamboos in West Garden

Zhou Bangyan

Floating clouds protect the moon bright,
They will not let the red door be steeped in her light.
Rats under the dark wall are seen,
Through the torn window fireflies pass,
And flit in stealth by window screen.
Autumn is deep, alas!
I stand on the grass
In the shade of the evergreen trees,
My sleeves feel the soft breeze.

How old is night?
A long way winds across mountains to southern shore.

心知谩与前期。
奈向灯前堕泪，
肠断萧娘，
旧日书辞。
犹在纸。
雁信绝，
清宵梦又稀。

How could you keep the date of yore?

How can I not shed tears by candlelight

To think with broken heart of you

And read your oldened billet-doux?

No more wild geese will bring your letter to me.

Can dreams on lonely night be free?

* *This lyric describes a lonely night when the poet thinks of his love far in the south.*

解语花

上元

周邦彦

风销焰蜡，
露浥红莲，
花市光相射。
桂华流瓦。
纤云散，
耿耿素娥欲下。
衣裳淡雅。
看楚女、纤腰一把。
箫鼓喧，
人影参差，

Intelligent Flower

The Lantern Festival

Zhou Bangyan

The candle flames redden the breeze;

The lotus lanterns seem to freeze.

The sky brightens the fair and the fair the sky.

The tiles are steeped in moonlight.

When fleecy clouds disperse in flight,

The Moon Goddess would come down from on high.

In elegant dress appear

The southern maidens tender

With waist so slender.

The drums boom far and near,

The crowd's shadows rise and fall,

满路飘香麝。

因念都城放夜。
望千门如昼，
嬉笑游冶。
钿车罗帕。
相逢处，
自有暗尘随马。
年光是也。
唯只见、
旧情衰谢。
清漏移，
飞盖归来，
从舞休歌罢。

Fragrance wafts over all.

I remember the capital's lantern night:
A thousand doors overwhelmed with light,
People made merry in laughter.
From golden cabs silk handkerchiefs dropped down,
The gallants ran after
The cabs as dim dust raised by steeds in the town.
But years have passed,
Now I see only for my part
With an unfeeling heart.
How time flies fast.
The cabs will not come back again
And people have sung and danced in vain.

* *The poet describes how the Southerners spend the Lantern Festival and remembers how the Northern gallants ran after fragrant cabs in the capital.*

满庭芳

夏日溧水无想山作

周邦彦

风老莺雏，
雨肥梅子，
午阴嘉树清圆。
地卑山近，
衣润费炉烟。
人静乌鸢自乐，
小桥外、
新绿溅溅。

Courtyard Full of Fragrance

Written on a Summer Day in Wuxiangshan Mountain

Zhou Bangyan

In balmy breeze
Fledged orioles in flight,
In gentle rain
The mumes are filling out.
At noon the rounded shadows of the stately trees
Are pools of cool delight.
Low is the plain
With hills about.
The clothes damp need incense smoke to make them dry.
It's so reposeful that e'er crows won't fly.
Beyond the little bridge green water sings its song.

凭阑久，
黄芦苦竹，
疑泛九江船。

年年。
如社燕，
飘流瀚海，
来寄修椽。
且莫思身外，
长近尊前。
憔悴江南倦客，
不堪听、
急管繁弦。
歌筵畔，
先安簟枕，
容我醉时眠。

Leaning on rails for long,
I seem to see that exiled poet who
Was fenced in by a tangle of weeds and bamboo.

From year to year
I'm like a swallow swift that leaves
For northern sea and wanders there and here,
But glad to come back under the same old eaves.
Well, why waste thoughts on downs and ups?
Just drink the ever-brimming cups!
For weary southerner with thoughts homebound,
E'en merry flutes and strings would hollow sound.
Beside the banquet table spread
Put mat and pillow on a bed
Where, drunken, I may rest my head!

* *The poet describes a reposeful summer day but he is as melancholic as the exiled poet Bai Juyi .*

齐天乐

秋思

周邦彦

绿芜凋尽台城路，
殊乡又逢秋晚。
暮雨生寒，
鸣蛩劝织，
深阁时闻裁剪。
云窗静掩。
叹重拂罗裀，
顿疏花簟。
尚有練囊，
露萤清夜照书卷。

Universal Joy

Autumn Thoughts

Zhou Bangyan

Green trees are withered on the way to the capital;
In late autumn I stay by alien city wall.
Cold grows out of evening rain by and by,
The crickets seem to chirp for weaving maid,
Deep in her bower winter clothes are being made.
With windows quietly closed, I sigh
To change the bamboo mat for quilt of brocade.
Like poor scholar, I would read by the light
Of fireflies in the clear night.

荆江留滞最久，
故人相望处，
离思何限。
渭水西风，
长安乱叶，
空忆诗情宛转。
凭高眺远。
正玉液新篘，
蟹螯初荐。
醉倒山翁，
但愁斜照敛。

By riverside the longest I stay,

Thinking of my old friends so far away.

How can my longing not lengthen with each day?

The river rippled by the western breeze,

The capital is covered with fallen leaves;

In vain do I remember the verse which grieves

Though it was written with ease.

I climb up high and look afar.

How good the new-brewed wine and new-caught crabs are!

Like an old poet I'll be drunk,

Grieved to see the sinking sun so early sunk.

* *The poet is grieved at late autumn and the autumn of his life.*

采桑子

吕本中

恨君不似江楼月，
南北东西。
南北东西。
只有相随无别离。

恨君却似江楼月，
暂满还亏。
暂满还亏。
待得团团是几时？

Gathering Mulberry Leaves

Lü Benzhong

I'm grieved to find you unlike the moon at its best,
North, south, east, west.
North, south, east, west,
It would accompany me without any rest.

I am grieved to find you like the moon which would fain,
Now wax, now wane.
You wax and wane.
When will you come around like the full moon again?

* *This lyric compares lovers' parting to the waning moon and their meeting to the waxing moon.*

八声甘州

寿阳楼八公山作

叶梦得

故都迷岸草，
望长淮、
依然绕孤城。
想乌衣年少，
芝兰秀发，
戈戟云横。
坐看骄兵南渡，
沸浪骇奔鲸。
转盼东流水，
一顾功成。

Eight Beats of Ganzhou Song

Written in an Ancient Battlefield

Ye Mengde

The shore of the ancient capital in rank grass drowned,

The River Huai still goes around

The lonely ancient battleground.

The black-gowned young heroes like orchid bright

Wielded their spears to bar the cloud.

They beat the hostile army proud

Crossing the River Long

Like surging waves to frighten away the whale strong.

O how I wish the river which eastward flows

Would turn back to beat the foes!

千载八公山下，
尚断崖草木，
遥拥峥嵘。
漫云涛吞吐，
无处问豪英。
信劳生、空成今古，
笑我来、何事怆遗情。
东山老，可堪岁晚，
独听桓筝。

A thousand years have passed,

At the foot of the mountain grass grows thick and fast,

The broken cliffs remember still the glory past.

Though clouds break on high and waves surge below,

Where to find heroes of so long ago?

All labor lost now as then will pass away.

Why should I come to grieve over the bygone day!

In Eastern Hills the hero's old.

Could he alone in his late years hear the lute cold?

* *The poet overlooking an ancient battlefield from the mountain top thinks of General Xie who defeated at heavy odds the Northern enemy on River Fei in 383.*

念奴娇

叶梦得

云峰横起，
障吴关三面，
真成尤物。
倒卷回潮，
目尽处秋水黏天无壁。
绿鬓人归，如今虽在，
空有千茎雪。
追寻如梦，
漫余诗句犹杰。

闻道尊酒登临，
孙郎终古恨，

Charm of a Maiden Singer

Ye Mengde

Cloudy peaks bar the sky,
Screening three sides of Kingdom Wu,
A marvel on high.
The tide flows out as far as I stretch my eye,
The autumn water like a wall blends with the blue.
I left the town with black hair; now I come again
With a thousand stems of snow-white hair in vain.
The past gone like a dream,
My verse would pour out as a stream.

It is said young General Sun oft came here with wine
And crooned verse fine.

长歌时发。
万里云屯瓜步晚，
落日旌旗明灭。
鼓吹风高，画船遥想，
一笑吞穷发。
当时曾照，
更谁重问山月。

To our regret early he died.

Clouds spread for miles and miles over the riverside;

The setting sun cast light and shade on Melon Isle.

With the drumbeats the wind runs high;

In my painted boat my thoughts fly.

When can we beat the foe with smiles?

The moon has shone on heroes of yore,

But who would care for heroes any more?

* *The poet, twice governor of the ancient capital of Wu, thinks of General Sun, founder of the Kingdom and friend of General Zhou who beat the Northern foe in 208.*

水调歌头

叶梦得

九月望日，与客习射西园，余偶病不能射。

霜降碧天静，
秋事促西风。
寒声隐地初听，
中夜入梧桐。
起瞰高城回望，
寥落关河千里，
一醉与君同。
叠鼓闹清晓，
飞骑引雕弓。

Prelude to Water Melody

Ye Mengde

Frost falls and quiet is the azure sky,
The west wind blows and hastens autumn high.
At first its song shivers me,
At midnight it enters the plane tree.
I rise to mount the city wall and gaze
To find mountains and rivers stretch for miles in haze.
What can I do
But to get drunk with you?
Drum beats on beats announce daylight,
The cavaliers bend their bow in flight.

岁将晚，
客争笑，
问衰翁。
平生豪气安在，
走马为谁雄？
何似当筵虎士，
挥手弦声响处，
双雁落遥空。
老矣真堪愧，
回首望云中。

The end of the year draws nigh,

In laughter guests would vie.

They ask me, old

If I can still be bold

As in days gone by.

Can I still ride my horse

And try my force?

Could I be like the archer who with ease

Would twang the string

With his fingers and bring

Down two wild geese

From the high sky?

I regret that old now. I cannot draw my bow

But turn my head to the northwest in the cloud

And long for heroes proud.

* *The poet writes this lyric on seeing an archer make three hits without a miss.*

点绛唇

绍兴乙卯登绝顶小亭

叶梦得

缥缈危亭，
笑谈独在千峰上。
与谁同赏。
万里横烟浪。

老去情怀，
犹作天涯想。
空惆怅。
少年豪放。
莫学衰翁样。

Rouged Lips

Written in Summit Pavilion in 1135

Ye Mengde

The frowning pavilion dimly appears;

We talk and laugh above peak on peak.

Who would enjoy with me,

The misty waves undulating for a thousand *li*?

Old as am I,

I still think of recovering the lost frontiers.

In vain I sigh.

Be brave, young man, don't act as a man old and weak!

* *This lyric exhorts the young to be braver than the old.*

水龙吟

晁端礼

倦游京洛风尘，
夜来病酒无人问。
九衢雪小，
千门月淡，
元宵灯近。
香散眉梢，
冻消池面，
一番春信。
记南楼醉里，
西城宴阕，
都不管、人春困。

Water Dragon's Chant

Chao Duanli

Tired of the wind and dust of the capital,
I'm sick after drinking but no one cares at all.
The thoroughfares covered with snow slight,
From door to door the moon sheds a pale light,
Near is the Lantern Day.
Fragrance spread from mume spray
And ice melt on the pool will bring
The message of spring.
I remember drinking in southern bowers
And feasting in western towns,
I was never tired of vernal hours.

屈指流年未几，

早人惊、潘郎双鬓。

当时体态，

如今情绪，

多应瘦损。

马上墙头，

纵教瞥见，

也难相认。

凭阑干，

但有盈盈泪眼，

把罗襟揾。

Counting up, only a few years have passed,
But I'm surprised my forehead has turned grey so fast.
The beauty with her grace
After these days' ups and downs
Should turn into a lean face.
On horse or over the wall,
Could we recognize each other at all?
Leaning on balustrade, her tearful look grieves,
For tears can't be wiped away by silken sleeves.

* *The poet writes this lyric after thirty years of banishment. In the first part he compares the present with the past; in the last he thinks of a beauty he loves.*

水龙吟

晁补之

问春何苦匆匆，
带风伴雨如驰骤。
幽葩细萼，
小园低槛，
壅培未就。
吹尽繁红，
占春长久，
不如垂柳。
算春长不老，
人愁春老，
愁只是、人间有。

Water Dragon's Chant

Chao Buzhi

Why should spring go so soon, indeed,
With wind and rain like a galloping steed?
The flowers sweet in garden small
Are not deep planted in the soil at all.
Red blossoms will be blown down by the breeze;
They cannot last longer than willow trees.
Spring won't old grow.
How can it bring woe?
For weal and woe
Only in human world go.

春恨十常八九，
忍轻辜、芳醪经口。
那知自是、桃花结子，
不因春瘦。
世上功名，
老来风味，
春归时候。
最多情犹有，
尊前青眼，
相逢依旧。

Nine out of ten people regret spring's fleet.

Should we neglect a mouthful of wine sweet?

The peach tree won't grow thin for spring

But for the fruit which it will bring.

Do not sigh for glory on the decline,

Till old are you

Or till spring says adieu.

Only a bosom friend

Before a cup of wine

Will last to the end.

* *The poet sighs for the departing spring and the weal and woe it brings.*

迷神引

贬玉溪对江山作

晁补之

黯黯青山红日暮。
浩浩大江东注。
余霞散绮，
向烟波路。
使人愁，
长安远，
在何处。
几点渔灯小，
迷近坞。
一片客帆低，
傍前浦。

Song of Enchantment

Written in Banishment

Chao Buzhi

Dim, dim the mountains blue, red, red the setting sun;
The boundless, endless river waves eastward run.
The rainbow clouds like brocade spread
Seem to flow on the misty waves going ahead.
It grieves me
To leave the capital
I cannot see.
A few dots of fishing lanterns small
Flicker in the docks near the town,
By riverside sails lowered down.

暗想平生，
自悔儒冠误。
觉阮途穷，
归心阻。
断魂素月，
一千里、伤平楚。
怪竹枝歌，
声声怨，
为谁苦。
猿鸟一时啼，
惊岛屿。
烛暗不成眠，听津鼓。

Thinking of bygone days,
I regret to have lost my ways.
If I can't farther roam,
Why not go home?
Heart-broken to see the moon wane,
I'm grieved to view the far-flung plain
Stretching for a thousand *li*.
The bamboo branch song grieves me.
For whom should it complain?
Monkeys and crows cry on the river,
Even the islets shiver.
In dimming candlelight I can't fall asleep,
But hear the ferry drums announce that night is deep.

* *The poet banished to Yuxi writes this lyric on his way.*

如梦令

曹　组

门外绿阴千顷，
两两黄鹂相应。
睡起不胜情，
行到碧梧金井。
人静，
人静。
风动一庭花影。

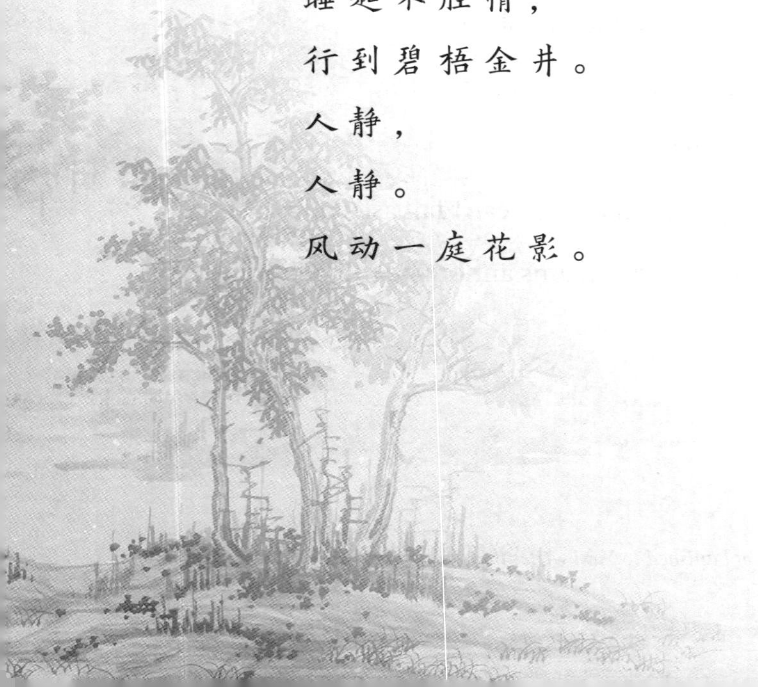

A Dreamlike Song

Cao Zu

Outdoors green shade spreads far and wide;
Golden orioles sing side by side.
They wake and sadden me,
I rise and go around the well under the plane tree.
What a tranquil day!
What a tranquil day!
When the breeze blows,
I see only one flower sway.

卜算子

曹　组

松竹翠萝寒，
迟日江山暮。
幽径无人独自芳，
此恨凭谁诉。

似共梅花语。
尚有寻芳侣。
着意闻时不肯香，
香在无心处。

Song of Divination

Cao Zu

You are cold among pines, bamboos and vines,
When over the land the setting sun shines.
Alone you're fragrant on a lonely lane.
To whom of your loneliness can you complain?

With the mume blossoms you may speak,
Whom lovers of flowers might seek.
But you would not exude fragrance to please;
It can't be sought for as the breeze.

* *The orchid flower is personified to symbolize the poet himself.*

三

风住尘香花已尽

南渡后，词的发展又经历了过渡期、中兴期、衰落期。南宋初的词人以李清照、陈与义、朱敦儒等为代表，他们都是由北宋入南宋的词人。他们早期的词承袭北宋后期的创作特点，多是婉约词，情绪相对低落。辛弃疾、陈亮、姜夔、陆游等词人的出现无疑是宋词再度兴旺的标志。随着南宋后期政治、军事的逐步衰落，词的创作达到了一个小高峰。这段时期也出现了史达祖、吴文英、周密、刘克庄等著名词人，对后世的影响很大。

玉楼春

李清照

红酥肯放琼苞碎。
探著南枝开遍未。
不知酝藉几多香，
但见包藏无限意。

道人憔悴春窗底。
闷损阑干愁不倚。
要来小酌便来休，
未必明朝风不起。

Spring in Jade Pavilion

Li Qingzhao

The red mume blossoms let their jade-like buds unfold.
Try to see if all sunny branches are in flower!
I do not know how much fragrance they enfold,
But I see the infinite feeling they embower.

You say I languish by the window without glee,
Reluctant to lean on the rails, laden with sorrow.
Come if you want to drink a cup of wine with me!
Who knows if the wind won't spoil the flowers tomorrow?

* *The poetess is lyrical in describing the red mume blossoms.*

鹧鸪天

桂花

李清照

暗淡轻黄体性柔，
情疏迹远只香留。
何须浅碧深红色，
自是花中第一流。

梅定妒，菊应羞，
画栏开处冠中秋。
骚人可煞无情思，
何事当年不见收。

Partridges in the Sky

To the Laurel Flowers

Li Qingzhao

You are so tender, though of pale, light yellow hue;
Far from caress of heart and hand, fragrant are you.
How can you need the color of rose and green jade?
Beside you there're no beautiful flowers but fade.

Envious mumes should grow;
Chrysanthemums feel shy;
By balustrade you blow
Under mid-autumn sky.
The poet Qu must be insensible of your beauty,
Or how could he neglect to praise you as was his duty?

* *The poetess describes the purity of the laurel flowers and regrets that Qu Yuan did not praise their beauty in his long poem Sorrow After Departure.*

孤雁儿

李清照

藤床纸帐朝眠起，
说不尽、无佳思。
沉香断续玉炉寒，
伴我情怀如水。
笛里三弄，
梅心惊破，
多少春情意。

小风疏雨萧萧地，
又催下、千行泪。
吹箫人去玉楼空，

A Lonely Swan

Li Qingzhao

Woke up at dawn on cane-seat couch with silken screen,
How can I tell my endless sorrow keen?
With incense burnt, the censer cold
Keeps company with my stagnant heart as of old.
The flute thrice played
Breaks the mume's vernal heart which vernal thoughts invade.

A grizzling wind and drizzling rain
Call forth streams of tears again.
The flutist gone, deserted is the bower of jade

肠断与谁同倚。
一枝折得，
人间天上，
没个人堪寄。

Who'd lean with me, broken-hearted, on the balustrade?

A twig of mume blossoms broken off, to whom can I

Send it, on earth or on high?

* *Seeing mume blossoms, the poetess thinks of her deceased husband who played on the flute and enjoyed the mume blossoms together with her.*

一剪梅

李清照

红藕香残玉簟秋。
轻解罗裳，
独上兰舟。
云中谁寄锦书来，
雁字回时，
月满西楼。

花自飘零水自流。
一种相思，
两处闲愁。
此情无计可消除，
才下眉头，
却上心头。

A Twig of Mume Blossoms

Li Qingzhao

Fragrant lotus blooms fade, autumn chills mat of jade.
My silk robe doffed, I float
Alone in orchid boat.
Who in the cloud would bring me letters in brocade?
When swans come back in flight,
My bower is steeped in moonlight.

As fallen flowers drift and water runs its way,
One longing leaves no traces
But overflows two places.
O how can such lovesickness be driven away?
From eyebrows kept apart,
Again it gnaws my heart.

* *This lyric describes the poetess' love for her husband who is far away from home.*

醉花阴

李清照

薄雾浓云愁永昼，
瑞脑消金兽。
佳节又重阳，
玉枕纱橱，
半夜凉初透。

东篱把酒黄昏后，
有暗香盈袖。
莫道不销魂，
帘卷西风，
人比黄花瘦。

Tipsy in the Flowers' Shade

Li Qingzhao

Veiled in thin mist and thick cloud, how sad the long day!
Incense from golden censer melts away.
The Double Ninth comes again,
Alone I still remain
In silken bed curtain, on pillow smooth like jade,
Feeling the midnight chill invade.

At dusk I drink before chrysanthemums in bloom,
My sleeves filled with fragrance and gloom.
Say not my soul
Is not consumed. Should the west wind uproll
The curtain of my bower,
You'll see a face thinner than yellow flower.

* *The poetess longs for her husband far away, saying she has become more slender than a chrysanthemum.*

声声慢

李清照

寻寻觅觅，
冷冷清清，
凄凄惨惨戚戚。
乍暖还寒时候，
最难将息。
三杯两盏淡酒，
怎敌他、
晚来风急。

Slow, Slow Tune

Li Qingzhao

I look for what I miss;
I know not what it is.
I feel so sad, so drear,
So lonely, without cheer.
How hard it is
To keep me fit
In this lingering cold!
Hardly warmed up
By cup on cup
Of wine so dry,
O how could I
Endure at dusk the drift
Of wind so swift?

雁过也，

正伤心，

却是旧时相识。

满地黄花堆积。

憔悴损，

如今有谁堪摘。

守着窗儿，

独自怎生得黑。

梧桐更兼细雨，

到黄昏、点点滴滴。

这次第，

怎一个愁字了得！

It breaks my heart, alas!

To see the wild geese pass,

For they are my acquaintances of old.

The ground is covered with yellow flowers,

Faded and fallen in showers.

Who will pick them up now?

Sitting alone at the window, how

Could I but quicken

The pace of darkness that won't thicken?

On plane's broad leaves a fine rain drizzles

As twilight grizzles.

O what can I do with a grief

Beyond belief?

* *The poetess describes her loneliness after the death of her dear husband.*

永遇乐

李清照

落日镕金，
暮云合璧，
人在何处。
染柳烟浓，
吹梅笛怨，
春意知几许。
元宵佳节，
融和天气，
次第岂无风雨。
来相召、
香车宝马，
谢他酒朋诗侣。

Joy of Eternal Union

Li Qingzhao

The setting sun like molten gold,
Gathering clouds like marble cold,
Where is my dear?
Willows take misty dye,
Flutes for mume blossoms sigh.
Can you say spring is here?
On Lantern Festival
Weather's agreeable.
Will wind and rain not come again?
I thank my friends in verse and wine,
With scented cabs and horses fine,
Coming to invite me in vain.

中州盛日，
闺门多暇，
记得偏重三五。
铺翠冠儿，
捻金雪柳，
簇带争济楚。
如今憔悴，
风鬟霜鬓，
怕见夜间出去。
不如向、帘儿底下，
听人笑语。

I remember the pleasure
Ladies enjoyed at leisure
In capital of olden day.
Headdress with emerald
And filigree of gold
Vied in fashion display.
Now with a languid air
And dishevelled frosty hair
I dare not go out in the evening.
I'd rather forward lean
Behind the window screen
To hear other people's laughter ring.

* *The poetess compares the Lantern Festival before and after her husband's death.*

昭君怨

咏荷上雨

杨万里

午梦扁舟花底，
香满西湖烟水。
急雨打篷声，
梦初惊。

却是池荷跳雨，
散了真珠还聚。
聚作水银窝，
泛清波。

The Lament of a Fair Lady

Raindrops on Lotus Leaves

Yang Wanli

I nap at noon in a leaflike boat beneath lotus flowers;
Their fragrance spreads over mist-veiled West Lake.
I hear my boat's roof beaten by sudden showers,
And startled, I awake.

I find on lotus leaves leap drops of rain;
Like pearls they scatter and get together again.
They melt then into liquid silver,
Flowing down the rippling river.

* *The poet gives a very vivid picture of the lotus in rain.*

虞美人

大光祖席，醉中赋长短句

陈与义

张帆欲去仍搔首，
更醉君家酒。
吟诗日日待春风，
及至桃花开后却匆匆。

歌声频为行人咽，
记著樽前雪。
明朝酒醒大江流，
满载一船离恨向衡州。

The Beautiful Lady Yu

Written While Drunk in a Farewell Feast

Chen Yuyi

Setting sail, I will go but still I scratch my hair,
Drunk with your wine and care.
We've waited for spring breeze, crooning verse day by day,
But when peach blossoms blow, in haste I'll go away.

The songstress sobs when I'm about to go.
Can I forget, wine cup in hand, her song of snow?
When I awake tomorrow, the river still flows;
Laden with parting grief, the ship still southward goes.

* *The poet expresses in this lyric his grief of parting with spring and with his friend.*

虞美人

陈与义

予甲寅岁，自春官出守湖州。秋杪，道中荷花无复存者。乙卯岁，自琐闼以病得请奉祠，卜居青墩镇。立秋后三日，行舟之前后，如明霞相映，望之不断也。以长短句记之。

扁舟三日秋塘路，
平度荷花去。
病夫因病得来游，
更值满川微雨洗新秋。

去年长恨拏舟晚，
空见残荷满。
今年何以报君恩，
一路繁花相送到青墩。

The Beautiful Lady Yu

Chen Yuyi

Three days after the Autumn Day,
My boat goes along the lotus poolside way.
Ill, I come for an autumn view;
The drizzling rain has washed clear autumn new.

Last year's regret of coming late would still remain;
I saw but withered blooms in vain.
How should I show my gratitude this year,
When all the way flowers in bloom appear?

* *The poet describes what he saw after he left the capital.*

临江仙

陈与义

高咏《楚词》酬午日，
天涯节序匆匆。
榴花不似舞裙红。
无人知此意，
歌罢满帘风。

万事一身伤老矣，
戎葵凝笑墙东。
酒杯深浅去年同。
试浇桥下水，
今夕到湘中。

Riverside Daffodils

Chen Yuyi

I chant the *Southern Verse* on Poet-Mourning Day
Far, far from home; time flies away.
The pomegranate's not so red as the dancer's dress,
No one knows my distress,
My song ruffles the curtain none the less.

What can I do now I am old!
The sunflower's smile congealed in eastern corner cold.
My cup is brimful of wine as last year,
I pour libation here,
Each drop would turn into a tear.

* *The poet writes this lyric in memory of Qu Yuan, a patriotic poet who drowned himself on the fifth day of the fifth lunar month in 278 BC.*

临江仙

夜登小阁忆洛中旧游

陈与义

忆昔午桥桥上饮，
坐中多是豪英。
长沟流月去无声。
杏花疏影里，
吹笛到天明。

二十余年如一梦，
此身虽在堪惊。
闲登小阁看新晴。

Riverside Daffodils

Mounting the Tower at Night to Recall the Former Visit in Luoyang

Chen Yuyi

I still remember drinking on the Bridge of Noon
With bright wits of the day.
The silent moon
On endless river rolled away.
In lacy shadows cast by apricot flowers,
We played our flutes till morning hours.

O'er twenty years have passed like dreams;
It is a wonder that I'm still alive.
Carefree, I mount the tower bathed in moonbeams.

古今多少事，
渔唱起三更。

So many things passed long

Ago survive

Only in fishermen's midnight song.

* *The poet compares moonlit nights in the south and that in the north.*

水调歌头

淮阴作

朱敦儒

当年五陵下，
结客占春游。
红缨翠带，
谈笑跋马水西头。
落日经过桃叶，
不管插花归去，
小袖挽人留。
换酒春壶碧，
脱帽醉青楼。

Prelude to Water Melody

Written in Huaiyin

Zhu Dunru

In the capital then
We made merry in spring now and again.
With green belt and tassels red
We laughed and rode across the western river head.
At sunset we passed the ferry of peach leaves,
Flowers on head, we were retained by songstress' sleeves.
Green wine poured out from vernal pot,
Hats off, we got drunk in the blue tower. Why not?

楚云惊，陇水散，

两漂流。

如今憔悴，

天涯何处可销忧。

长揖飞鸿旧月。

不知今夕烟水，

都照几人愁。

有泪看芳草，

无路认西州。

The Southern cloud in fright,

The Northern river flows away,

Both drift in different ways.

But languid now,

Where on earth could I unknit my brow?

I salute the old moon with wild geese in flight,

Without knowing on whom she sheds her light

Across mist-veiled river tonight.

In tears I see lush fragrant grass,

But no way leads to Western State, alas!

* *The poet leaves the Northern capital occupied by Jurchen invaders and, passing by Huaiyin, he writes this lyric for a songstress he loved in the lost Western State.*

临江仙

朱敦儒

堪 笑 一 场 颠 倒 梦 ，
元 来 恰 似 浮 云 。
尘 劳 何 事 最 相 亲 。
今 朝 忙 到 夜 ，
过 腊 又 逢 春 。

流 水 滔 滔 无 住 处 ，
飞 光 匆 匆 西 沉 。
世 间 谁 是 百 年 人 。
个 中 须 著 眼 ，
认 取 自 家 身 。

Riverside Daffodils

Zhu Dunru

Laughable life is a dream of fall and rise;
It's just like a cloud floating in the skies.
What business do you like best,
Toiling from morning till night,
From winter cold to spring bright?

Water flows on and on without rest.
The sun flies, suddenly it sinks in the west.
Who on earth can live to a hundred years old?
You should have discerning eyes
To know if you are clay or gold.

* *The poet thinks life is full of ups and downs.*

西江月

朱敦儒

世事短如春梦，
人情薄似秋云。
不须计较苦劳心，
万事原来有命。

幸遇三杯酒好，
况逢一朵花新。
片时欢笑且相亲，
明日阴晴未定。

The Moon over the West River

Zhu Dunru

Life is as short as a spring dream;
Love is fleeting like autumn stream.
Don't on gain or loss speculate!
We can't avoid our fate.

I'm lucky to have three cups of good wine.
What's more, I can enjoy fresh flower.
Make merry in laughter for an hour.
Who knows if tomorrow it will be fine.

* *The poet cannot but accept his failure.*

西江月

朱敦儒

日日深杯酒满，
朝朝小圃花开。
自歌自舞自开怀，
且喜无拘无碍。

青史几番春梦，
红尘多少奇才。
不须计较与安排，
领取而今现在。

The Moon over the West River

Zhu Dunru

From day to day I drink my cupfuls of wine dry;
From morn to morn in my small garden flowers blow.
Singing and dancing, how happy am I!
Glad I'm not hindered wherever I go.

History consists of dream on dream;
Of society there's cream on cream.
Do not array or calculate!
Why not accept our present fate?

* *The poet cannot but accept his fate.*

贺新郎

送胡邦衡待制赴新州

张元幹

梦绕神州路。
怅秋风，
连营画角，
故宫离黍。
底事昆仑倾砥柱。
九地黄流乱注。
聚万落、千村狐兔。
天意从来高难问，
况人情、老易悲如许。
更南浦，
送君去。

Congratulations to the Bridegroom

Seeing Hu Quan off to Xinzhou

Zhang Yuangan

Haunted by dreams of the lost Central Plain,
I hear the autumn wind complain.
From tent to tent horns dreary blow;
In ancient palace weeds o'ergrow.
How could Mount Pillar suddenly fall down
And Yellow River overflow the town,
A thousand villages overrun with foxes and hares?
We can't question the heaven high;
The court will soon forget humiliating affairs.
'Tis sad and drear
To say good-bye
At Southern River.

凉生岸柳催残暑。
耿斜河、
疏星淡月，
断云微度。
万里江山知何处。
回首对床夜语。
雁不到、
书成谁与。
目尽青天怀今古，
肯儿曹、
恩怨相尔汝。
举大白，
听《金缕》。

Cold breath of river willows flies away
The remnant heat of summer day.
The Milky Way slants low;
Past pale moon and sparse stars clouds slowly go.
Mountains and rivers stretch out of view.
O where shall I find you?
I still remember our talking at dead
Of night while we two lay in bed.
But now wild geese can't go so far.
Who will send my letters where you are?
I gaze on azure sky,
Thinking of the hard times gone by.
Can we have but personal love or hate
As beardless young men often state?
Hold up a cup of wine
And hear this song of mine!

* *The poet writes this farewell poem for Hu Quan who was banished to a southernmost place for his proposal against the capitulationist policy.*

石州慢

张元幹

寒水依痕，
春意渐回，
沙际烟阔。
溪梅晴照生香，
冷蕊数枝争发。
天涯旧恨，
试看几许销魂，
长亭门外山重叠。
不尽眼中青，
是愁来时节。

Slow Song of Stone State

Zhang Yuangan

Cold water flows along its trace;
Spring comes back to old place.
Among the sands mist spreads high.
The creekside mume exhales fragrance in sunlight;
Some cold sprigs of flowers in blooming vie.
The old regret extends to the end of the sky.
How much it has broken my heart
To be far, far apart!
I see but hill on hill in view
Beyond the Pavilion of Adieu.
The endless green spreads out of sight.
I am surprised to see grief symbolized.

情切。

画楼深闭，

想见东风，

暗销肌雪。

孤负枕前云雨，

尊前花月。

心期切处，

更有多少凄凉，

殷勤留与归时说。

到得却相逢，

恰经年离别。

I'm grieved to see the deep-closed painted bower.

The eastern breeze, methinks,

May have paled your skin snow-white.

Your pillow has not witnessed the fresh shower

Nor your wine-cup the moonlight-brimming flower.

How I feel sad and drear anew

Where my hope sinks!

When I come home, I will tell you.

But when we meet again,

How many years have passed in vain!

* *The poet expresses his nostalgic and patriotic feelings in this lyric.*

水调歌头

追和

张元幹

举手钓鳌客，
削迹种瓜侯。
重来吴会，
三伏行见五湖秋。
耳畔风波摇荡，
身外功名飘忽，
何路射旄头？
孤负男儿志，
怅望故园愁。

Prelude to Water Melody

Composing an Old Poetry

Zhang Yuangan

Fishing the giant turtle with my hand,
I plant melons when retired in my land,
Coming to the Lake Tai,
I find clear autumn in summer high.
The breeze blows waves up in my ear,
Beyond my reach wafts my career.
When can I shoot my arrows at the foe?
My high ambition unfulfilled,
How could I long for my native field?

梦中原，

挥老泪，遍南州。

元龙湖海豪气，

百尺卧高楼。

短发霜黏两鬓，

清夜盆倾一雨，

喜听瓦鸣沟。

犹有壮心在，

付与百川流。

Dreaming of the lost Central Plain,

I shed tears over the south in vain.

What is the use of spirits high?

I can only in the hundred-foot tower lie.

My forehead grown with hair frost-white,

I listen to pouring rain at night.

Glad to hear the torrent of war cry,

My flaming heart would glow

Just as a hundred rivers flow.

* *The poet sighs that he cannot fulfill his ambition of recovering the lost Central Plain.*

水调歌头

金山观月

张孝祥

江山自雄丽，
风露与高寒。
寄声月姊，
借我玉鉴此中看。
幽壑鱼龙悲啸，
倒影星辰摇动，
海气夜漫漫。
涌起白银阙，
危驻紫金山。

Prelude to Water Melody

The Moon Viewed on Golden Hill

Zhang Xiaoxiang

The lofty mountain stands in view,
When wind is high and cold is dew.
I'd ask the Goddess of the Moon
To lend me her jade mirror soon.
To see in deep water fish and dragon sigh
And stars shiver as if fallen from on high.
The boundless sea mingles her breath with boundless night.
On the waves surges the palace silver-white;
The Golden Hill Temple frowns on the height.

表独立，
飞霞珮，
切云冠。
漱冰濯雪，
眇视万里一毫端。
回首三山何处，
闻道群仙笑我，
要我欲俱还。
挥手从此去，
翳凤更骖鸾。

Alone it towers high,

Girt with a rainbow bright,

Its crown would scrape the sky.

With ice and snow purified,

It overlooks the boundless land far and wide.

Looking back; where are the fairy hills two or three?

The immortals may laugh at me;

They ask me to go with them to the sea.

Waving my hand,

I'll leave the land

With a phoenix as my canopy.

* *The poet describes the magnificence of the Golden Hill and the moonlit scene viewed from the Temple.*

六州歌头

张孝祥

长淮望断，

关塞莽然平。

征尘暗，

霜风劲，

悄边声，

黯销凝。

追想当年事，

殆天数，

非人力；

洙泗上，

Prelude to the Song of Six States

Zhang Xiaoxiang

I strain my eye
As far as River Huai.
Wild grass grows high
On borders far and nigh.
Dust darkens the frontier,
Frosty wind strong and clear,
No sound assails the ear,
I feel so sad and drear.
I think of the mortified state.
Perhaps it was fate
Beyond our power.
By riverside

弦歌地，
亦膻腥。
隔水毡乡，
落日牛羊下，
区脱纵横。
看名王宵猎，
骑火一川明。
笳鼓悲鸣。
遣人惊。

念腰间箭，
匣中剑，
空埃蠹，
竟何成！
时易失，
心徒壮，
岁将零。
渺神京。

Where music was played well
There hangs the foe's stinking smell.
Felt tents spread on the other side.
At sunset sheep and cattle lost
Between one and another enemy post.
See the foe hunt at night:
With torches e'en the stream is bright.
Hearing their drum and horn,
Can our heart not be torn?

The arrows at my waist
And my sword well encased
Are dusted over or worn out.
What have I done about?
Time will be lost amain;
My heart is strong in vain.
The year is drawing near its last day,
The capital still far away.

干羽方怀远，
静烽燧，
且休兵。
冠盖使，
纷驰骛，
若为情。
闻道中原遗老，
常南望、
翠葆霓旌。
使行人到此，
忠愤气填膺，
有泪如倾。

With flags and shields the foe's appeased;

Beacon fire ceased.

Our army beat

A safe retreat.

Envoys are sent

By the government.

They come and go

In weal or woe?

It's said the refugees in the lost Central Plain

Oft southward look for the northern campaign.

If they come here,

Indignant, they would shed tear on tear.

* *The poet writes this lyric against the capitulationists seeking peace with the Jurchen invaders.*

念奴娇

过洞庭

张孝祥

洞 庭 青 草 ，
近 中 秋 、
更 无 一 点 风 色 。
玉 鉴 琼 田 三 万 顷 ，
着 我 扁 舟 一 叶 。
素 月 分 辉 ，
明 河 共 影 ，
表 里 俱 澄 澈 。
悠 然 心 会 ，
妙 处 难 与 君 说 。

Charm of a Maiden Singer

Passing the Lake Dongting

Zhang Xiaoxiang

Lake Dongting, Lake Green Grass,
Near the Mid-Autumn night,
Unruffled for no winds pass,
Like thirty thousand acres of jade bright
Dotted with the leaflike boat of mine.
The skies with pure moonbeams o'erflow;
The water surface paved with moonshine:
Brightness above, brightness below.
My heart with the moon becomes one,
Felicity to share with none.

应念岭表经年，

孤光自照，

肝胆皆冰雪。

短发萧骚襟袖冷，

稳泛沧溟空阔。

尽挹西江，

细斟北斗，

万象为宾客。

扣舷独啸，

不知今夕何夕。

Thinking of the southwest, where I passed a year,
To lonely pure moonlight skin,
I feel my heart and soul snow-and-ice-clear.
Although my hair is short and sparse, my gown too thin,
In the immense expanse I keep floating up.
Drinking wine from the River West
And using Dipper as wine cup,
I invite Nature to be my guest.
Beating time aboard and crooning alone,
I sink deep into time and place unknown.

* *The poet thinks his heart becomes one with the moon on the lake, bright within and without.*

满江红

岳　飞

怒发冲冠，
凭栏处、
潇潇雨歇。
抬望眼、
仰天长啸，
壮怀激烈。
三十功名尘与土，
八千里路云和月。
莫等闲、
白了少年头，
空悲切。

The River All Red

Yue Fei

Wrath sets on end my hair;
I lean on railings where
I see the drizzling rain has ceased.
Raising my eyes
Towards the skies,
I heave long sighs,
My wrath not yet appeased.
To dust is gone the fame achieved in thirty years;
Like cloud-veiled moon the thousand-mile Plain disappears.
Should youthful heads in vain turn grey,
We would regret for aye.

靖康耻，
犹未雪。
臣子恨，
何时灭。
驾长车踏破、
贺兰山缺。
壮志饥餐胡虏肉，
笑谈渴饮匈奴血。
待从头、收拾旧山河，
朝天阙。

Lost our capitals,

What a burning shame!

How can we generals

Quench our vengeful flame!

Driving our chariots of war, we'd go

To break through our relentless foe.

Valiantly we'd cut off each head;

Laughing, we'd drink the blood they shed.

When we've reconquered our lost land,

In triumph would return our army grand.

* *The poet is a famous general fighting against the Jurchen invaders with many victories but put to death by the emperor who fears to be dethroned if the emperor captured by the invaders should come back to the capital and be restored to the throne.*

满江红

登黄鹤楼有感

岳　飞

遥望中原，
荒烟外、
许多城郭。
想当年，
花遮柳护，
凤楼龙阁。
万岁山前珠翠绕，
蓬壶殿里笙歌作。
到而今、铁骑满郊畿，
风尘恶。

The River All Red

On Mounting Yellow Crane Tower

Yue Fei

I gaze on Central Plain from afar.

Beyond the wasteland drear and dry,

How many city walls and towns there are!

In years gone by,

As many pavilions and bowers

Were screened by green willows and red flowers,

The Royal Hill adorned with pearls and emerald,

The Fairy Palace filled with flute songs. Now behold!

Neath city walls enemy horses raise a dust

When the wind blows in gust.

兵安在？

膏锋锷。

民安在？

填沟壑。

叹江山如故，

千村寥落。

何日请缨提锐旅，

一鞭直渡清河洛。

却归来、再续汉阳游，

骑黄鹤。

Where are our armed men?
By swords they were slain.
And people alike
Have filled moat and dyke.
Alas! The land still seems the same,
But villages lie ruined in war flame.
When can I get the order
To lead my warriors brave,
Whipping my steed, to cross the river wave
And clear the border?
When I come back again,
I'll make a southern trip on yellow crane.

* *The poet is a famous general fighting against the Jurchen invaders with many victories but put to death by the emperor who fears to be dethroned if the emperor captured by the invaders should come back to the capital and be restored to the throne.*

小重山

岳　飞

昨夜寒蛩不住鸣。
惊回千里梦，
已三更。
起来独自绕阶行。
人悄悄，
帘外月胧明。

白首为功名。
旧山松竹老，
阻归程。
欲将心事付瑶琴。

Manifold Little Hills

Yue Fei

The autumn crickets chirped incessantly last night,
Breaking my dream homebound;
'T was already midnight.
I got up and alone in the yard walked around;
On window screen the moon shone bright;
There was no human sound.

My hair turns grey
For the glorious day.
In native hills bamboos and pines grow old.
O when can I see my household?
I would confide to my lute what I have in view,

知音少，

弦断有谁听？

But connoisseurs are few.

Who would be listening,

Though I break my lute string?

* *General Yue grieved that he could no longer win the glorious day.*

喜迁莺

晋师胜淝上

李　纲

长江千里，限南北，
雪浪云涛无际。
天险难逾，
人谋克壮，
索虏岂能吞噬！
阿坚百万南牧，
倏忽长驱吾地。
破强敌，
在谢公处画，
从容颐指。

Migrant Orioles

Victory on River Fei

Li Gang

The river a thousand miles long divides
The North from Southern land
By endless snowlike white-crested tides,
Impossible barrier set up by Heaven's hand
Strengthened by human forces,
Could it be crossed by Tartar horses?
The foe a million in strength
Fell on the south out of the sky.
But in a twinkling of the eye,
General Xie defeated them with ease, at length.

奇伟！泥水上，
八千戈甲，
结阵当蛇豕。
鞭弭周旋，
旌旗麾动，
坐却北军风靡。
夜闻数声鸣鹤，
尽道王师将至。
延晋祚，庇烝民，
周雅何曾专美。

How great and strong!

On River Fei eight thousand spears in array

Defeated the giant swines and serpents long.

With whip in hand, and flags over the land.

They beat the foe as wind blows grass away.

Hearing the crane at night,

The foe, taking it for war cry, fled in fright.

They who prolonged the reign

And protected the land with might and main

Should be glorified by triumphant songs.

* *After the fall of the Northern Song capital, General Li Gang thinks of General Xie who defeated the strong foe against heavy odds on River Fei in 383.*

六幺令

李　纲

次韵和贺方回金陵怀古，鄱阳席上作。

长江千里，
烟淡水云阔。
歌沉玉树，
古寺空有疏钟发。
六代兴亡如梦，
苒苒惊时月。
兵戈凌灭。
豪华销尽，
几见银蟾自圆缺。

Song of the Green Waist

Li Gang

For miles and miles flows River Long,
Veiled in thin mist and cloud far and wide.
No more the captive's Jade Tree Song;
In vain old temple bell rang and sighed.
Like dreams Six Dynasties rose and fell fast,
Which would surprise the moon.
Gone are the wars and splendor of the past.
Who's seen the silver crescent wax and wane so soon?

潮落潮生波渺，
江树森如发。
谁念迁客归来，
老大伤名节。
纵使岁寒途远，
此志应难夺。
高楼谁设。
倚阑凝望，
独立渔翁满江雪。

The tides run up and down, the waves run far,
The riverside trees like thick hairs are.
Who cares for an old exile who came
Back wounded in fame?
Although the year is cold, the road is long.
How can I be deprived of my will strong!
I lean on rails in tower high
And look with longing eye
For lonely fisherman who fishes
Snow in the river as he wishes.

* *The poet was prime minister in 1132, defeated Jurchen invaders but was deposed 75 days later and wrote this lyric at Poyang by the side of the River Long.*

水调歌头

定王台

袁去华

雄跨洞庭野，
楚望古湘州。
何王台殿，
危基百尺自西刘。
尚想霓旌千骑，
依约入云歌吹，
屈指几经秋。
叹息繁华地，
兴废两悠悠。

Prelude to Water Melody

Prince Ding's Terrace

Yuan Quhua

Towering over the lakeside
In ancient southern state far and wide,
Whose palace hall is it? And by which prince?
Its base still stands a hundred feet high since.
I fancy a thousand steeds with rainbow flags proud
And songs and music waft into the cloud.
How many autumns have passed so fast!
I sigh over the magnificent capital,
Over its rise and fall!

登临处，
乔木老，
大江流。
书生报国无地，
空白九分头。
一夜寒生关塞，
万里云埋陵阙，
耿耿恨难休。
徙倚霜风里，
落日伴人愁。

Where I climb high,

Old is the tree,

The great river flows by.

What can I do to make our motherland free?

Nine-tenths of my hair have grown white.

The cold invades the frontier overnight;

The palaces proud are buried for miles in cloud.

How can my wrath be done?

In vain I'm lost in wind and frost,

My grief is only shared by the setting sun.

* *The poet writes this lyric on Prince Ding's Terrace built in the Han Dynasty.*

鹧鸪天

建康上元作

赵　鼎

客路那知岁序移。
忽惊春到小桃枝。
天涯海角悲凉地，
记得当年全盛时。

花弄影，月流辉。
水精宫殿五云飞。
分明一觉华胥梦，
回首东风泪满衣。

Partridges in the Sky

Lantern Festival in the Southern Capital

Zhao Ding

The season changes not for a passer-by,
Suddenly I see spring on a sprig of peach tree.
The lost land far away saddens me.
Could I forget its splendor in days gone-by?

With shadows flowers play,
The moon sheds her bright ray.
Over crystal palace rainbow clouds fly.
All, all are gone like a vain dream;
Turning my head in the east wind, down my tears stream.

* *This is the earliest lyric on Lantern Festival in the Southern Song Dynasty, in which the poet compares the splendor of the Northern and Southern capitals.*

鹧鸪天

东阳道中

辛弃疾

扑面征尘去路遥，
香篝渐觉水沉销。
山无重数周遭碧，
花不知名分外娇。

人历历，马萧萧，
旌旗又过小红桥。
愁边剩有相思句，
摇断吟鞭碧玉梢。

Partridges in the Sky

On the Way to Dongyang

Xin Qiji

Facing the dust, I have to go a long, long way;
I feel the incense in the censer burned away.
Countless green hills around me undulate;
Nameless flowers all the more fascinate.

Men go their way and horses neigh,
Flags pass the small red bridge again.
Searching nostalgic lines with might and main,
I flip my singing whip till it breaks off its tips.

* *The poet describes the scenery on the way and his joyful mood.*

清平乐

忆吴江赏木樨

辛弃疾

少年痛饮，
忆向吴江醒。
明月团团高树影，
十里水沉烟冷。

大都一点宫黄，
人间直恁芬芳。
怕是秋天风露，
染教世界都香。

Pure Serene Music

To Laurel Flowers Enjoyed at Wujiang

Xin Qiji

While young, I drank till drunk, awake from dream,
I remember I found in face the Southern Stream.
The full moon cast your shadow all around
On mist-veiled water deep, flowing without a sound.

Only a yellow dot of mirth
Spreads so much fragrance on earth.
Dyed in autumn breeze and dew,
You would give the whole world a perfume new.

* *The poet describes the spirit of the laurel flower and reveals his own spirit.*

鹧鸪天

送　人

辛弃疾

唱彻《阳关》泪未干，
功名余事且加餐。
浮天水送无穷树，
带雨云埋一半山。

今古恨，几千般，
只应离合是悲欢？
江头未是风波恶，
别有人间行路难。

Partridges in the Sky

Farewell to a Friend

Xin Qiji

Tears are not dried after the songs of adieu,
Take meals and let no cares worry you.
The boundless water flows along endless trees high,
Half of the mountains buried in the cloudy sky.

Weal and woe, old and new,
Joy to meet, grief to part, all come in view.
Not only waves will rise by riverside,
The way of the world is hard far and wide.

* *This lyric reveals the parting grief by describing the parting scene.*

八声甘州

辛弃疾

夜读《李广传》，不能寐。因念晁楚老、杨民瞻约同居山间，戏用李广事，赋以寄之。

故将军饮罢夜归来，
长亭解雕鞍。
恨灞陵醉尉，
匆匆未识，
桃李无言。
射虎山横一骑，
裂石响惊弦。
落魄封侯事，
岁晚田间。

Eight Beats of Ganzhou Song

Xin Qiji

The Flying General was famed for his force.
When drunk, he came back at night,
At Long Pavilion unsaddled his horse.
But the officer drunk knew not the hero bright,
So the general stood without speech
Like plum or peach.
His galloping steed
Crossed the mountain in speed,
Taking a rock for a tiger, he twanged his string tight
And pierced the stone.
Not ennobled late in years, unknown,
He lived in countryside, alone.

谁向桑麻杜曲，
要短衣匹马，
移住南山。
看风流慷慨，
谈笑过残年。
汉开边、功名万里，
甚当时、健者也曾闲。
纱窗外、斜风细雨，
一阵轻寒。

Who would live in the fields with wine,
In short coat or on a horse fine,
And move to the foot of the southern hill?
Valiant and fervent still,
I'd pass in laughter the rest of my years.
On the thousand-mile-long frontiers,
How many generals won a name!
But the strongest was not ennobled with his fame.
Out of my window screen the slanting breeze
And drizzling rain would freeze.

* *The poet, deposed for his proposal to recover the lost land, thinks of Flying General Li Guang of the first century BC, who was not ennobled after many victories he had won.*

卜算子

漫兴

辛弃疾

千古李将军，
夺得胡儿马。
李蔡为人在下中，
却是封侯者。

芸草去陈根，
笕竹添新瓦。
万一朝家举力田，
舍我其谁也。

Song of Divination

Random Thoughts

Xin Qiji

Long, long ago General Li was famed for his force,
Captive, he escaped by taking a Tartar horse.
Another Li was a man of common clay,
Yet he became minister ennobled in his day.

I mow the root of grass wet with dew,
And cleave bamboo to make tiles new.
If the court needed men to till the land,
I would be the best hand.

* *The poet complains of his being unemployed as General Li Guang unennobled.*

南乡子

登京口北固亭有怀

辛弃疾

何处望神州？
满眼风光北固楼。
千古兴亡多少事？
悠悠，
不尽长江滚滚流。

年少万兜鍪，
坐断东南战未休。
天下英雄谁敌手？
曹刘。
生子当如孙仲谋！

Song of Southern Country

Thoughts of Mounting the Northern Tower

Xin Qiji

I gaze beyond the Northern Tower in vain.
It has seen dynasties fall and rise
As time flies
Or as the endless river rolls before my eyes.

While young, Sun had ten thousand men at his command;
Steeled in battles, he defended the southeastern land.
Among his equals in the world, who were heroes true
But Cao and Liu?
And even Cao would have a son like Sun Zhongmou.

* *The poet thinks of Sun Quan who defended the Southern shore against the Northern invasion and regrets that the Southern Song capitulationist would not.*

破阵子

辛弃疾

醉里挑灯看剑，
梦回吹角连营。
八百里分麾下炙，
五十弦翻塞外声。
沙场秋点兵。

马作的卢飞快，
弓如霹雳弦惊。
了却君王天下事，

Dance of the Cavalry

Xin Qiji

Though drunk, we lit the lamp to see the glaive;
Sober, we heard the horns from tent to tent.
Under the flags, beef grilled
Was eaten by our warriors brave,
And martial airs were played by fifty instruments:
’T was an autumn manoeuvre in the field.

On gallant steed,
Running full speed,
We'd shoot with twanging bows.
Recovering the lost land for the sovereign,

赢得生前身后名。

可怜白发生。

'T is everlasting fame that we would win.

But alas! White hair grows!

* *The poet writes this lyric for his friend Chen Liang to show his regret that they could not recover the lost land occupied by Jurchen invaders.*

永遇乐

京口北固亭怀古

辛弃疾

千古江山，
英雄无觅，
孙仲谋处。
舞榭歌台，
风流总被，
雨打风吹去。
斜阳草树，
寻常巷陌，
人道寄奴曾住。
想当年，

Joy of Eternal Union

Thinking of Ancient in the Northern Tower

Xin Qiji

The land is boundless as of yore,
But nowhere can be found
A hero like the king defending southern shore.
The singing hall, the dancing ground,
All gallant deeds now sent away
By driving wind and blinding rain!
The slanting sun sheds its departing ray
O'er tree-shaded and grassy lane
Where lived the Cowherd King retaking the lost land.
In bygone years,

金戈铁马，
气吞万里如虎。

元嘉草草，
封狼居胥，
赢得仓皇北顾。
四十三年，
望中犹记，
烽火扬州路。
可堪回首，
佛狸祠下，
一片神鸦社鼓。
凭谁问，
廉颇老矣，
尚能饭否？

Leading armed cavaliers,
With golden spear in hand,
Tigerlike, he had slain
The foe on the thousand-mile Central Plain.

His son launched in haste a northern campaign;
Defeated at Mount Wolf, he shed his tears in vain.
I still remember three and forty years ago
The thriving town destroyed in flames by the foe.
How can I bear
To see the chief aggressor's shrine
Worshipped 'mid crows and drumbeats as divine?
Who would still care
If an old general
Is strong enough to take back the lost capital?

* *The poet thinks of heroes of days gone by and regrets he could not take back the lost Northern capital.*

阮郎归

耒阳道中为张处父推官赋

辛弃疾

山前灯火欲黄昏，
山头来去云。
鹧鸪声里数家村，
潇湘逢故人。

挥羽扇，
整纶巾，
少年鞍马尘。
如今憔悴赋招魂，
儒冠多误身。

The Lovers' Return

Meeting a Friend on My Way to Leiyang

Xin Qiji

At the foot of the hills lamplights hasten nightfall;
Over the hills clouds come and go like a pall.
Passing the village, I hear the partridge's homesick song,
I'm glad to meet an old friend on my journey long.

Head covered with silk hood, a feather fan in hand,
While young, our steeds raised dust on the land.
Now languid, we're in spirits low,
The scholar's habit has brought us woe.

* *The poet regrets he is not a warrior but a scholar.*

贺新郎

辛弃疾

陈同父自东阳来过余，留十日。与之同游鹅湖，且会朱晦庵于紫溪，不至，飘然东归。既别之明日，余意中殊恋恋，复欲追路。至鹭鸶林，则雪深泥滑，不得前矣。独饮方村，怅然久之，颇恨挽留之不遂也。夜半投宿吴氏泉湖四望楼，闻邻笛悲甚，为赋《贺新郎》以见意。又五日，同父书来索词，心所同然者如此，可发千里一笑。

把酒长亭说。
看渊明、风流酷似，
卧龙诸葛。
何处飞来林间鹊，
蹙踏松梢微雪。
要破帽多添华发。
剩水残山无态度，

Congratulations to the Bridegroom

Xin Qiji

Wine cup in hand, at Long Pavilion I say
About poet Tao's style and way
Like the premier's of ancient day.
From where comes the magpie in flight,
Treading on the tip of pine covered with snow slight,
Which falls on my cap worn and adds to my hair white.
The hills and rills desolate appear,

被疏梅料理成风月。
两三雁，
也萧瑟。

佳人重约还轻别。
怅清江、天寒不渡，
水深冰合。
路断车轮生四角，
此地行人销骨。
问谁使、君来愁绝？
铸就而今相思错，
料当初、费尽人间铁。
长夜笛，莫吹裂。

Only sparse mume blossoms blow in the breeze
And shiver in moonlight.
Two or three wild geese
Look also sad and drear.

Of parting and not meeting we made light,
I regret on river clear I was lost,
In weather cold it can't be crossed.
For water deep-frozen into ice won't flow.
The road is broken and no wheels can forward go;
Coming back, I'm frozen to the bone.
Saddened why should I have come alone?
My yearning is so strong,
Can I for you not long?
Now hearing at night the flute song,
I fear our parting might be wrong.

* *The first part of this lyric describes the poet's meeting with Chen Liang at Goose Lake; the last his regret to have parted with him, his effort and his failure to overtake him. As he could not cross the river, they cannot get together to enjoy the flute song at night.*

鹧鸪天

辛弃疾

有客慨然谈功名，因追念少年时事，戏作。

壮岁旌旗拥万夫，
锦襜突骑渡江初。
燕兵夜娖银胡䩮，
汉箭朝飞金仆姑。

追往事，
叹今吾，
春风不染白髭须。
却将万字平戎策，
换得东家种树书。

Partridges in the Sky

Xin Qiji

While young, beneath my flag I had ten thousand knights;
With these outfitted cavaliers I crossed the river.
The foe prepared their silver shafts during the nights;
During the days we shot arrows from golden quiver.

I can't call those days back
But sigh over my plight;
The vernal wind can't change my hair from white to black.
Since thwarted in my plan to recover the lost land,
I'd learn from neighbors how to plant fruit trees by hand.

* *The poet compares his rural life with his heroic deeds of bygone days.*

千年调

辛弃疾

开山径得石壁，因名曰苍壁。事出望外，意天之所赐邪，喜而赋。

左手把青霓，
右手挟明月。
吾使丰隆前导，
叫开阊阖。
周游上下，
径入寥天一。
览玄圃，
万斛泉，
千丈石。

Song of a Thousand Years

Xin Qiji

In my left hand I hold the rainbow bright,
And I bring down the moon with my right.
I order the Thunder God to go before
To open for me the celestial door.
I go up and down, far and nigh,
Become one with the only and lonely sky.
I see the hanging mountain,
The inexhaustible fountain,
And the green rock of a thousand feet high.

钧天广乐，

燕我瑶之席。

帝饮予觞甚乐，

赐汝苍璧。

嶙峋突兀，

正在一丘壑。

余马怀，

仆夫悲，

下恍惚。

Hearing heavenly music played,

I'm feasted by the Pool of Jade.

Our Lord invites me to wine

And gives me a mini-cliff divine.

Rugged and steep,

It epitomizes mountain high and valley deep.

My horse won't leave,

My servant seems to grieve.

Awake, I don't believe.

* *Having discovered a mini-cliff, the poet imagines it to be colored as rainbow and bright like the moon, a gift of the Lord who invites him to wine. The mini-cliff or green rock may symbolize the Central Plain lost to the invaders. The last three lines imitate the last part of Qu Yuan's Sorrow After Departure, written in the third century BC.*

清平乐

村居

辛弃疾

茅檐低小，
溪上青青草。
醉里吴音相媚好，
白发谁家翁媪。

大儿锄豆溪东，
中儿正织鸡笼。
最喜小儿无赖，
溪头卧剥莲蓬。

Pure Serene Music

Living in Countryside

Xin Qiji

The thatched roof slants low,
Beside the brook green grasses grow.
Who talks with drunken Southern voice to please?
White-haired man and wife at their ease.

East of the brook their eldest son is hoeing weeds;
Their second son now makes a cage for hens he feeds.
How pleasant to see their spoiled youngest son who heeds
Nothing but lies by brookside and pods lotus seeds!

* *The poet describes the rural life in this lyric.*

清平乐

检校山园，书所见

辛弃疾

连云松竹，
万事从今足。
拄杖东家分社肉，
白酒床头初熟。

西风梨枣山园，
儿童偷把长竿。
莫遣旁人惊去，
老夫静处闲看。

Pure Serene Music

Hillside Garden

Xin Qiji

Bamboos and pines extend to the clouds far and wide,
From now on, with all I am satisfied.
Cane in hand, I go east to take my share of meat,
At the head of my bed the first brew of wine sweet.

The west wind ripens pears and dates in hillside land,
Children come stealthily, long pole in hand.
Do not scare them out of their pleasure!
I will sit quietly at leisure.

* *The poet describes his leisurely life, letting children steal his pears and dates with poles.*

鹧鸪天

游鹅湖，醉书酒家壁

辛弃疾

春入平原荠菜花。
新耕雨后落群鸦。
多情白发春无奈，
晚日青帘酒易赊。

闲意态，细生涯。
牛栏西畔有桑麻。
青裙缟袂谁家女，
去趁蚕生看外家。

Partridges in the Sky

Written on the Wall of a Wine Shop

Xin Qiji

Spring comes to the plain with shepherd's purse in flower,
A flock of crows fly down on new-tilled fields after shower.
What could an old man with young heart do on days fine?
At dusk he drinks on credit in the shop of wine.

People with ease
Do what they please.
West of the cattle pen there're hemps and mulberries.
Why should the newly-wed in black skirt and white coat run
To see her parents before cocoons are spun?

* *The poet describes the leisurely rural life to reveal his grief. The last two lines make fun of a newly-wed who hastens to go back before she starts to spin silk.*

鹧鸪天

辛弃疾

陌上柔桑破嫩芽。
东邻蚕种已生些。
平冈细草鸣黄犊，
斜日寒林点暮鸦。

山远近，路横斜。
青旗沽酒有人家。
城中桃李愁风雨，
春在溪头荠菜花。

Partridges in the Sky

Xin Qiji

The tender twigs begin to sprout along the lane;
The silkworm's eggs of my east neighbor have come out.
The yellow calves grazing fine grass bawl on the plain;
At sunset in the cold forest crows fly about.

The mountains extend far and near;
Lanes crisscross there and here.
Blue streamers fly where wine shops appear.
Peach and plum blossoms in the town fear wind and
showers,
But spring dwells by the creekside where blossom
wildflowers.

* *The poet prefers flowers in the countryside to those in the town.*

西江月

夜行黄沙道中

辛弃疾

明月别枝惊鹊，
清风半夜鸣蝉。
稻花香里说丰年，
听取蛙声一片。

七八个星天外，
两三点雨山前。
旧时茅店社林边，
路转溪桥忽见。

The Moon over the West River

Huangsha Road at Night

Xin Qiji

Startled by magpies leaving the branch in moonlight,
I hear cicadas shrill in the breeze at midnight.
The rice fields' sweet smell promises a bumper year;
Listen, how frogs' croaks please the ear!

Beyond the clouds seven or eight stars twinkle;
Before the hills two or three raindrops sprinkle.
There is an inn beside the village temple. Look!
The winding path leads to the hut beside the brook.

* *This lyric describes a beautiful summer night in the countryside.*

青玉案

元夕

辛弃疾

东风夜放花千树。
更吹落，
星如雨。
宝马雕车香满路。
凤箫声动，
玉壶光转，
一夜鱼龙舞。

蛾儿雪柳黄金缕。
笑语盈盈暗香去。
众里寻他千百度。

Green Jade Cup

The Lantern Festival

Xin Qiji

One night's east wind adorns a thousand trees with
flowers,
And blows down stars in showers.
Fine steeds and carved cabs spread fragrance en route;
Music vibrates from the flute;
The moon sheds its full light,
While fish and dragon lanterns dance all night.

In gold-thread dress, with moth or willow ornaments,
Giggling, she melts into the throng with trails of scents.
But in the crowd once and again,

蓦然回首，
那人却在，
灯火阑珊处。

I look for her in vain.

When all at once I turn my head,

I find her there where lantern light is dimly shed.

* *The poet writes about an isolate beauty on the Lantern Festival.*

丑奴儿

书博山道中壁

辛弃疾

少年不识愁滋味，
爱上层楼。
爱上层楼，
为赋新词强说愁。

而今识尽愁滋味，
欲说还休。
欲说还休，
却道天凉好个秋。

Song of Ugly Slave

Written on a Wall in Mountain Bo

Xin Qiji

While young, I knew no grief I could not bear;
I'd like to go upstair.
I'd like to go upstair
To write new verses with a false despair.

I know what grief is now that I am old;
I would not have it told.
I would not have it told,
But only say I'm glad that autumn's cold.

* *The poet compares the grief of youth and age.*

水龙吟

登建康赏心亭

辛弃疾

楚天千里清秋，
水随天去秋无际。
遥岑远目，
献愁供恨，
玉簪螺髻。
落日楼头，
断鸿声里，
江南游子。
把吴钩看了，
阑干拍遍，

Water Dragon's Chant

Mounting the Shangxin Arbour in Jiankang City

Xin Qiji

The Southern sky for miles and miles in autumn dye
And boundless autumn water spread to meet the sky,
I gaze on far-off northern hills
Like spiral shells or hair decor of jade,
Which grief or hatred overfills.
Leaning at sunset on balustrade
And hearing a lonely swan's song,
A wanderer on southern land,
I look at my precious sword long
And pound all the railings with my hand,

无人会、登临意。

休说鲈鱼堪脍，
尽西风、季鹰归未。
求田问舍，
怕应羞见，
刘郎才气。
可惜流年，
忧愁风雨，
树犹如此。
倩何人，
唤取红巾翠袖，
揾英雄泪？

But nobody knows why
I climb the tower high.

Don't say for food
The perch is good!
When west winds blow,
Why don't I homeward go?
I'd be ashamed to see the patriot,
Should I retire to seek for land and cot.
I sigh for passing years I can't retain;
In driving wind and blinding rain
Even an old tree grieves.
To whom then may I say
To wipe my tears away
With her pink handkerchief or her green sleeves?

* *The poet, seeing the lost Northern land from the Southern capital, sighs that he cannot drive the Jurchen invaders away.*

清平乐

独宿博山王氏庵

辛弃疾

绕床饥鼠，
蝙蝠翻灯舞。
屋上松风吹急雨，
破纸窗间自语。

平生塞北江南，
归来华发苍颜。
布被秋宵梦觉，
眼前万里江山。

Pure Serene Music

Staying Alone at Wang's Hut in Mountain Bo

Xin Qiji

Around the bed run hungry rats;
In lamplight to and fro fly bats.
On pine-shaded roof the wind and shower rattle;
The window paper scraps are heard to prattle.

I roam from north to south, from place to place,
And come back with grey hair and wrinkled face.
I woke up in thin quilt on autumn night,
The boundless land I dreamed of still remains in sight.

* *Though old, the poet cannot forget to recover the lost land even in dream.*

贺新郎

同父见和，再用韵答之

辛弃疾

老大那堪说。
似而今、元龙臭味，
孟公瓜葛。
我病君来高歌饮，
惊散楼头飞雪。
笑富贵、千钧如发。
硬语盘空谁来听？
记当时、只有西窗月。
重进酒，
换鸣瑟。

Congratulations to the Bridegroom

In Reply to Chen Liang

Xin Qiji

What shall I say with my old age in view?
I have but close relations and friendship with you.
Ill when you came, I rose and crooned, we drank by day;
The startled snow on the roof flew away.
We laughed at rank and wealth as light as hair.
Who would listen to our brave words in the air?
I remember when night was deep,
Only the moon into my west window would peep.
We drank our wine again
And played on lute in vain.

事无两样人心别。
问渠侬、
神州毕竟，
几番离合？
汗血盐车无人顾，
千里空收骏骨。
正目断、关河路绝。
我最怜君中宵舞，
道“男儿、到死心如铁”。
看试手，
补天裂。

Minds differ on one and the same thing.

I would ask them an answer to bring.

How many times has our sacred land been united

Or divided?

A fast steed used as a draft horse would lose its breath.

Should its value be unknown till its death?

I stretch my eyes to find the broken way

And admire you dancing before the break of day.

A hero should not fear to look death in the eye.

See how we try

To mend the sky!

* *The poet blames the capitulationists not to recover the lost land.*

最高楼

辛弃疾

吾拟乞归，犬子以田产未置止我，赋此骂之。

吾衰矣，
须富贵何时？
富贵是危机。
暂忘设醴抽身去，
未曾得米弃官归。
穆先生，
陶县令，
是吾师。

The Highest Tower

Xin Qiji

I am old now.

Do I care for wealth and rank the world prizes?

Wealth and rank would lead to crisis.

Mu left the king who neglected to serve him wine,

And Tao would not bow for his stipend but resign.

Master Mu,

Prefect Tao,

I'll learn from you.

待葺个园儿名“佚老”。
更作个亭儿名“亦好”，
闲饮酒，
醉吟诗。
千年田换八百主，
一人口插几张匙？
便休休，
更说甚，
是和非！

I'll build a garden called "Recluse"

And a pavilion where I may do what I choose.

I'll drink at leisure

And chant with pleasure.

Land changes hands from year to year in north and south.

How many spoonfuls could one put at once in his mouth?

Stop your old song!

Do not tell me what's right or wrong!

* *The poet shows how he values freedom above wealth and rank.*

青玉案

被檄出郊，题陈氏山居

张　榘

西风乱叶溪桥树。
秋在黄花羞涩处。
满袖尘埃推不去。
马蹄浓露，
鸡声淡月，
寂历荒村路。

身名多被儒冠误。

Green Jade Cup

Written on a Hill House

Zhang Ju

Leaves fallen from the creekside trees
Run riot in the breeze;
I see autumn in yellow chrysanthemums shy.
How can I clean my dusty sleeves?
Horse hoofs seem lost
In heavy frost,
The village on lonely pathway grieves,
Cocks crow at the waning moon in the sky.

Rank and fame are not won
By the hard-working one.

十载重来慢如许。
且尽清樽公莫舞。
六朝旧事，
一江流水，
万感天涯暮。

Ten years later I come again, slow I remain.

Do not dance but drink your cup dry.

The splendor of six dynasties is gone in vain

With the running water of the stream,

I feel on earth all like a dream.

* *The poet sighs for autumn and for the ten years of his official life.*

蝶恋花

范成大

春涨一篙添水面。
芳草鹅儿，
绿满微风岸。
画舫夷犹湾百转，
横塘塔近依前远。

江国多寒农事晚。
村北村南，
谷雨才耕遍。
秀麦连冈桑叶贱，
看看尝面收新茧。

Butterflies in Love with Flowers

Fan Chengda

In spring the water rises high,
The grassy shore is greened by the light breeze.
Where swim the geese,
The painted boats move slowly on the winding streams,
The tower is still far away, though near it seems.

The weather's cold by riverside,
The fields are not tilled far and wide
Till the season of rain comes nigh.
Wheat and mulberry leaves spread a green hue,
Soon we may taste the grain and reap the cocoon new.

* *The poet describes a Southern scenery and the Southerners' life.*

水调歌头

杨炎正

把酒对斜日，
无语问西风。
胭脂何事，
都做颜色染芙蓉。
放眼暮江千顷，
中有离愁万斛，
无处落征鸿。
天在阑干角，
人倚醉醒中。

Prelude to Water Melody

Yang Yanzheng

Wine cup in hand, I face the slanting sun;
Silent, I ask what the western wind has done.
Why should the rouge redden lotus in dye?
I stretch my eye
To see the evening river far and wide,
Brimming with parting grief
Beyond belief,
Where no message-bearing wild geese can alight.
Beyond the balustrade extends the sky,
I lean on it, half-drunk and half-awake.

千万里，
江南北，
浙西东。
吾生如寄，
尚想三径菊花丛。
谁是中州豪杰，
借我五湖舟楫，
去作钓鱼翁。
故国且回首，
此意莫匆匆。

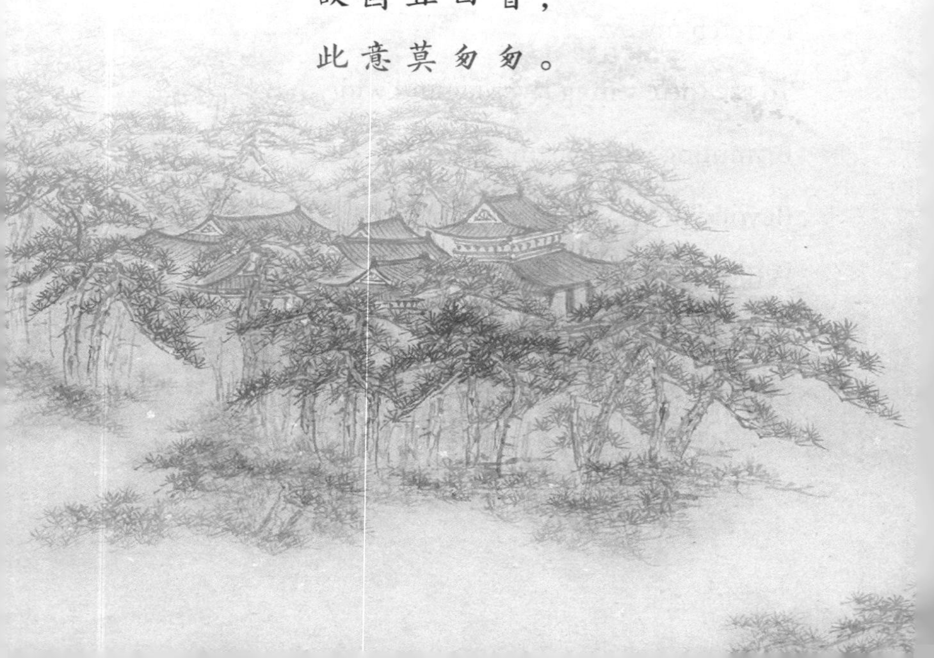

For miles and more
Over the north and south
Of the river mouth,
And east and west of the river shore,
I roam like a parasite.
Thinking of the chrysanthemums along the pathways,
Who is so generous in those days
To lend me a boat to float on the lake
Or fish by riverside?
Turning my head to gaze on the lost land,
How could I, doing nothing, here stand!

* *The poet describes the grief-laden autumn and his grief-laden heart for he can do nothing to recover the lost land.*

贺新郎

寄辛幼安，和见怀韵

陈　亮

老去凭谁说？
看几番、神奇臭腐，
夏裘冬葛！
父老长安今余几？
后死无仇可雪。
犹未燥、当时生发！
二十五弦多少恨，
算世间、那有平分月！
胡妇弄，汉宫瑟。

Congratulations to the Bridegroom

In Reply to Xin Qiji

Chen Liang

To whom can I say I am old?
How many times have I seen good turn bad,
And people wear thin silk in winter cold?
How many old men live with burning shame?
How many young men burn with vengeful flame?
The twenty-five strings reveal so much grief and pain.
Shining over the earth,
How can the moon wax and not wane?
Now only Tartar women play music in mirth.

树犹如此堪重别。
只使君、
从来与我，
话头多合。
行矣置之无足问，
谁换妍皮痴骨？
但莫使伯牙弦绝。
九转丹砂牢拾取，
管精金只是寻常铁。
龙共虎，
应声裂。

Even trees grieve

To see us leave.

Only you and I are glad

To talk heart to heart.

How can we bear to part?

Now parted we are, without doubt.

Who could change our bones and skin,

Fair without,

Hard within?

Don't break for a connoisseur your lute string!

Even iron may melt into gold.

Let dragon bold and tiger bring

Back the lost land age-old!

* *The poet has written many patriotic lyrics together with Xin Qiji. This lyric reveals their grief of being unable to recover the lost land.*

贺新郎

酬辛幼安，再用韵见寄

陈　亮

离乱从头说。
爱吾民、金缯不爱，
蔓藤累葛。
壮气尽消人脆好，
冠盖阴山观雪。
亏杀我、一星星发！
涕出女吴成倒转，
问鲁为齐弱何年月。
丘也幸，
由之瑟。

Congratulations to the Bridegroom

In Reply to Xin Qiji

Chen Liang

How has our country become weak?

The people loved far less than gold

Live on grass and vine old.

Our vigor spent away, for peace we seek

Across the Northern Mountain peak.

My hair turns white as snow,

Ashamed I go,

Like the princess sent to the frontier

With tear on tear.

Lucky was Confucius old,

He had Zi Lu, a disciple bold.

斩新换出旗麾别。
把当时、一桩大义，
拆开收合。
据地一呼吾往矣，
万里摇肢动骨，
这话霸、又成痴绝。
天地洪炉谁扇鞴，
算于中、安得长坚铁。
淝水破，
关东裂。

If you came out with flags and banners new,
And commanded an army in view,
You'd gather ours or scatter hostile force.
If you held your hand high
And raised a cry,
I would be prompt to ride my horse,
And go for miles and miles and swing my arm,
But this is only a fanciful alarm.
The world is a furnace great,
Where we may melt our fate.
In a battle against the strong,
Victory to the weak might belong.

* *The poet would rather fight to recover the lost land than seek peace by offering gold to the foe.*

一丛花

溪堂玩月作

陈　亮

冰轮斜辗镜天长，
江练隐寒光。
危阑醉倚人如画，
隔烟村、何处鸣榔？
乌鹊倦栖，
鱼龙惊起，
星斗挂垂杨。

芦花千顷水微茫，
秋色满江乡。
楼台恍似游仙梦，

A Shrub of Flowers

The Moon Viewed from the Hillside Hall

Chen Liang

The wheel-like icy moon rolls in mirrorlike sky,
The silklike stream exhales a silvery light.
Drunk, I lean on picturesque balustrade high.
Who's catching fish by beating the deck at night?
Tired crows and magpies rest in their dark nest;
The startled fish and dragon leap from water deep,
Stars hang and freeze on willow trees.

The waterside reed's bed for miles and miles outspread,
The village veiled in autumn hue.
Fantastic bowers seem to mingle with wild dream.

又疑是、洛浦潇湘。
风露浩然，
山河影转，
今古照凄凉。

I doubt if the riverside is where fairies abide.

The breeze brings dew to the land anew,

And sheds a light dreary and cold now as of old.

* *Icy moon, freezing stars, dreary light, all reveal the poet's grief for the lost land.*

柳梢青

送卢梅坡

刘　过

泛菊杯深，
吹梅角远，
同在京城。
聚散匆匆，
云边孤雁，
水上浮萍。

教人怎不伤情。
觉几度、
魂飞梦惊。

Willow Tips Green

Farewell to a Friend

Liu Guo

Drinking a cupful of chrysanthemum wine
And hearing flute songs of mume flowers fine,
We were then under capital's roofs.
We've met and now in haste we part,
Like lonely swan passing the clouds with speed
Or on the water floating duckweed.

How can grief not come like a stream?
How many times have we been awakened from dream
With broken heart?

后夜相思，
尘随马去，
月逐舟行。

I will miss you in the deep night

Like dust raised by horsehoofs

Or the boat followed by the moon bright.

念奴娇

留别辛稼轩

刘　过

知音者少，
算乾坤许大，
著身何处。
直待功成方肯退，
何日可寻归路。
多景楼前，
垂虹亭下，
一枕眠秋雨。
虚名相误，
十年枉费辛苦。

Charm of a Maiden Singer

Farewell to Xin Qiji

Liu Guo

The connoisseurs are few,
Immense is the land,
Where can I stand?
If I do not retire till my aims are fulfilled,
Then when can I go back to till my field?
Before the tower of multiple view,
Under the pavilion of rainbow hue,
I'll sleep on my pillow to hear autumn rain.
For high renown
I have toiled up and down
Ten years in vain.

不是奏赋明光，

上书北阙，

无惊人之语。

我自匆忙天未许，

赢得衣裾尘土。

白璧追欢，

黄金买笑，

付与君为主。

莼鲈江上，

浩然明日归去。

Not that I can't write verse in palace hall
Nor that what I say has no worth at all,
But Heaven's Son won't approve my toil.
What I have won is but dust on my soil.
I won't make merry with white jade,
Nor buy a beauty's smile with gold displayed,
But leave all for you to decide.
I'll eat my bream on native riverside
And go home tomorrow
Without regret or sorrow.

* *This lyric reveals the poet's discontent because he cannot fulfil his aims.*

醉太平

闺情

刘过

情高意真，
眉长鬓青。
小楼明月调筝，
写春风数声。

思君忆君，
魂牵梦萦。
翠销香暖云屏，
更那堪酒醒。

Drunk in Time of Peace

Longing for Love

Liu Guo

With heart and mind aspiring high,
With eyebrows long and forehead dark,
In moonlit bower to play on zither I try.
O vernal wind, O hark!

I think of you, I long for you, unseen
Even in my dream, O beloved of mine!
When incense warms the mica screen,
What can I do when I'm awake from wine?

* *This lyric describes a fair zither player thinking of her beloved.*

贺新郎

刘 过

弹铗西来路。
记匆匆、经行十日，
几番风雨。
梦里寻秋秋不见，
秋在平芜远树。
雁信落、家山何处。
万里西风吹客鬓，
把菱花、自笑人如许。
留不住，
少年去。

Congratulations to the Bridegroom

Liu Guo

Unrecognized on my way,
In haste I passed ten days,
Tempered in wind and rain.
I seek but cannot find lost autumn in my dream,
It hangs on far-off trees in far-flung plain.
I would confide my message to the wild geese,
But could they reach my homeland by the stream?
My hair is whitened by long, long western breeze,
Looking into the glass,
I laugh how languid I am, alas!
How could I stop my youth from passing away?

男儿事业无凭据。
记当年、悲歌击楫，
酒酣箕踞。
腰下光铓三尺剑，
时解挑灯夜语。
谁更识、
此时情绪？
唤起杜陵风月手，
写江东渭北相思句。
歌此恨，慰羁旅。

Could I attain my ideal of bygone days?

I remember heroes drank and sang plaintive lays,

But all in vain.

I can only speak to my sword bright

And stroke it by candlelight.

Who understands me in such plight?

Could I awaken the poet Du Fu to croon

In the breeze or under the moon,

To write nostalgic verse by riverside

In the country far and wide?

I'd drown my grief

To find relief.

* *The poet sighs for the fleeting time and his unattained ideal to recover the lost land.*

唐多令

刘　过

安远楼小集，侑觞歌板之姬黄其姓者，乞词于龙洲道人，为赋此《唐多令》。同柳阜之、刘去非、石民瞻、周嘉仲、陈孟参、孟容。时八月五日也。

芦叶满汀洲，
寒沙带浅流。
二十年重到南楼。
柳下系船犹未稳，
能几日，
又中秋。

黄鹤断矶头，

Song of More Sugar

Liu Guo

Reeds overspread the small island;
A shallow stream girds the cold sand.
After twenty years,
I pass by the Southern Tower again.
How many days have passed since I tied my boat
Beneath the willow tree! But Mid-Autumn Day nears.

On broken rocks of Yellow Crane,

故人今在否？
旧江山总是新愁。
欲买桂花同载酒，
终不似，
少年游。

Do my old friends still remain?

The old land is drowned in sorrow new.

Even if I can buy laurel wine for you

And get afloat,

Could our youth renew?

* *The poet is grieved to see the old land drowned in new sorrow.*

渔家傲

寄仲高

陆　游

东望山阴何处是。
往来一万三千里。
写得家书空满纸。
流清泪。
书回已是明年事。

寄语红桥桥下水。
扁舟何日寻兄弟。
行遍天涯真老矣。
愁无寐。
鬓丝几缕茶烟里。

Pride of the Fishermen

For My Elder Cousin

Lu You

I gaze eastward: where is my native land?
I see but thousands of rivers and mountains stand.
I've written letter on letter but in vain.
Having shed tear on tear,
I can receive no reply till next year.

I ask the running water under the Bridge Red,
When my boat can go to find you at river's head.
I'm growing old by roaming to the end of the sky,
Sleepless I sigh,
Amid the tea and smoke only grey hairs remain.

* *The poet writes this nostalgic lyric for his cousin, twelve years his senior.*

双头莲

呈范至能待制

陆　游

华鬓星星，
惊壮志成虚，
此身如寄。
萧条病骥。
向暗里、消尽当年豪气。
梦断故国山川，
隔重重烟水。
身万里，
旧社凋零，
青门俊游谁记？

Double Lotus

For Fan Chengda

Lu You

My forehead dotted with sparks white,
I start to find my ambition hard to fulfil,
My life as a parasite.
Like a steed drear and ill,
Swallowing up my pride of bygone years, I sigh
To find my native land only in dreams,
Severed by mountains and misty streams.
I'm far away,
Few friends still stay.
Who can remember the prime of our day gone by?

尽道锦里繁华，
叹官闲昼永，
柴荆添睡。
清愁自醉。
念此际、付与何人心事。
纵有楚柁吴樯，
知何时东逝？
空怅望，
鲙美菰香，
秋风又起。

Though flourishing is the Silk Town,

I have few things to do early or late,

But sleep within closed gate.

I can but drink to drown

My grief, for now in whom can I confide?

Though there's east-going boat on boat,

When can my ship begin to float?

I long in vain

For fish and food of native land by riverside,

For the west wind rises again.

* *The poet confides his grief to another poet Fan Chengda.*

钗头凤

陆　游

红酥手，
黄縢酒，
满城春色宫墙柳。
东风恶，
欢情薄。
一怀愁绪，
几年离索。
错，错，错。

春如旧，
人空瘦，
泪痕红浥鲛绡透。

Phoenix Hairpin

Lu You

Pink hands so fine,

Gold-branded wine,

Spring paints the willows green palace walls can't confine.

East wind unfair,

Happy times rare.

In my heart sad thoughts throng;

We've been separated for years long.

Wrong, wrong, wrong!

Spring is as green,

In vain she's lean.

Her kerchief soaked with tears and red with stains unclean.

桃花落，
闲池阁。
山盟虽在，
锦书难托。
莫，莫，莫！

Peach blossoms fall

Near deserted hall.

Our oath is still there. Lo!

No words to her can go.

No, no, no!

* *The poet writes this lyric for his first wife whom he loves dearly and whom he was compelled to divorce by the order of his mother, referred to as the unfair east wind in this lyric.*

水调歌头

多景楼

陆　游

江左占形胜，
最数古徐州。
连山如画，
佳处缥缈著危楼。
鼓角临风悲壮，
烽火连空明灭，
往事忆孙刘。
千里曜戈甲，
万灶宿貔貅。

Prelude to Water Melody

The Multi-Viewed Tower

Lu You

Of scenic spots on eastern riverside,
None's better than Xu State so far and wide.
Hill on hill like a scroll,
A frowning tower overlooks where the waves roll.
Drums beat and horns blow long in the breeze sad and
strong.
The beacon fire now dim now bright kindles the sky.
How can I not remember generals of fame high?
For miles and miles they wielded spears;
In open air slept brave compeers.

露沾草，
风落木，
岁方秋。
使君宏放，
谈笑洗尽古今愁。
不见襄阳登览，
磨灭游人无数，
遗恨黯难收。
叔子独千载，
名与汉江流。

Grass wet with dew,

Leaves fall in breeze

Of autumn hue.

Your spirits high

In laughter wash away all sorrow old and new.

I see not heroes of the days gone by.

What can today's visitors do?

It is a lasting regret hard to appease.

But you alone can leave a thousand years' name,

As long as rivers flow will last your fame.

* *The poet writes this lyric for the governor visiting the Tower together with him.*

鹊桥仙

夜闻杜鹃

陆　游

茅檐人静，
蓬窗灯暗，
春晚连江风雨。
林莺巢燕总无声，
但月夜、
常啼杜宇。

催成清泪，
惊残孤梦，
又拣深枝飞去。
故山犹自不堪听，
况半世、飘然羁旅！

Immortals at the Magpie Bridge

Hearing the Cuckoo's Cry at Night

Lu You

Under the thatched eaves all's still at night;
By the straw window flickers candlelight,
While wind and rain o'erspread the river in late spring.
Nor orioles nor swallows in their nests will sing,
But I hear the cuckoo's cry
Oft rend the moonlit sky.

Urging clear tears to stream
And startling me from lonely dream,
Away to a deep-hidden branch they fly.
Even in native hills I could not stand their song,
Let alone after half my life drifting along.

* *The poet is sad to hear the cuckoo's home-going song for he cannot go home without recovering the lost land.*

诉衷情

陆　游

当年万里觅封侯，
匹马戍梁州。
关河梦断何处，
尘暗旧貂裘。

胡未灭，
鬓先秋，
泪空流。
此生谁料，
心在天山，
身老沧洲。

Telling Innermost Feelings

Lu You

Alone I went a thousand miles long, long ago
To serve in the army at the frontier.
Now to the fortress town in dream I could not go,
Outworn my sable coat of cavalier.

The foe not beaten back,
My hair no longer black,
My tears have flowed in vain.
Who could have thought that in this life I would remain
With a mountain-high aim
But an old mortal frame!

* *The poet is grieved not to have beaten back the invaders.*

谢池春

陆　游

壮岁从戎，
曾是气吞残虏。
阵云高、狼烟夜举。
朱颜青鬓，
拥雕戈西戍。
笑儒冠、自来多误。

功名梦断，
却泛扁舟吴楚。

Spring on the Pool

Lu You

Adult, I served in the army long ago,
The breath I exhaled would swallow the beaten foe.
War clouds rose higher,
At night burned beacon fire.
With reddened face, black hair and sharpened spear,
We marched to the west frontier.
But my scholar's habit has hindered my career.

Awake from my wild dream,
I float my leaflike boat on Southern stream.

漫悲歌、伤怀吊古。
烟波无际，
望秦关何处。
叹流年、又成虚度。

Singing the plaintive lays,

I think of heroes of bygone days.

On boundless misty waves, alas!

Where can I find the ancient Pass?

In vain I've passed another year.

* *In this lyric the poet recalls his army life on the frontier.*

蝶恋花

陆　游

桐叶晨飘蛩夜语。
旅思秋光，
黯黯长安路。
忽记横戈盘马处。
散关清渭应如故。

江海轻舟今已具。
一卷兵书，
叹息无人付。
早信此生终不遇。
当年悔草长杨赋。

Butterflies in Love with Flowers

Lu You

The plane's leaves fall at dawn and crickets chirp at night.
In dreary autumn light,
Leaving for capital, I make my gloomy way.
Remembering the day
When I rode on my horse and wielded my spear,
The Western Pass should stand still and the stream as clear.

I would float on the sea as I wished before.
To whom can I confide my book on the art of war?
If I had known I'd meet in life no connoisseur,
Why should I have advised in vain the emperor?

* *The poet writes this lyric on leaving the frontier for the capital.*

临江仙

离果州作

陆　游

鸠雨催成新绿，
燕泥收尽残红。
春光还与美人同。
论心空眷眷，
分袂却匆匆。

只道真情易写，
那知怨句难工。
水流云散各西东。
半廊花院月，
一帽柳桥风。

Riverside Daffodils

Leaving Guozhou

Lu You

The drizzling rain hastens grass to green the place;
Swallows peck clods blended with fallen red.
Spring is as beautiful as a rosy face;
With a lingering heart
She's unwilling to part.

I thought true feeling easy to paint;
But know not it's hard to voice a complaint.
Water flows east or west and clouds wide spread,
Flowers in the yard steeped in moonlight,
On willowy bridge my hat is filled with breeze light.

* *The poet regrets the departing spring and describes the parting grief.*

木兰花

立春日作

陆　游

三年流落巴山道。
破尽青衫尘满帽。
身如西瀼渡头云，
愁抵瞿塘关上草。

春盘春酒年年好。
试戴银幡判醉倒。
今朝一岁大家添，
不是人间偏我老。

Magnolia Flowers

Written on Spring Day

Lu You

A roamer from the east to the west for three years,
Worn out in my blue gown, dusty my hat appears.
Like floating cloud over the ferry of west stream,
Or grass overgrown in Three Gorges, my grief would seem.

From year to year spring plate is as good as spring wine;
We vie to be drunk adorned with ribbons fine.
All of us have grown older by one year today;
I'm not the only one to olden in my way.

* *The poet describes the grief of a roamer on Spring Day.*

夜游宫

记梦寄师伯浑

陆　游

雪晓清笳乱起，
梦游处、不知何地。
铁骑无声望似水。
想关河，雁门西，
青海际。

睡觉寒灯里。
漏声断、月斜窗纸。
自许封侯在万里，
有谁知，
鬓虽残，心未死。

Palace Visited at Night

A Dream

Lu You

On a snowy morning I hear flute on flute pell-mell.
Where did I dream? I know not well.
I seemed to see a flood of silent cavaliers
On the northwest frontiers,
West of the Wild Geese Pass
By desert-side, alas!

Awake, I only find cold candlelight.
The water clock no longer goes,
At my paper window peeps the slanting moonlight.
I promised to win victory far away.
But, O, who knows?
My hope sinks dead, my hair turns grey.

* *The poet dreams of the cavaliers on the northwest frontier and writes this lyric for a patriotic friend.*

卜算子

咏梅

陆　游

驿外断桥边，
寂寞开无主。
已是黄昏独自愁，
更著风和雨。

无意苦争春，
一任群芳妒。
零落成泥碾作尘，
只有香如故。

Song of Divination

Ode to the Mume Blossoms

Lu You

Beside the broken bridge and outside the post hall,
A flower is blooming forlorn.
Saddened by her solitude at nightfall,
By wind and rain she's further torn.

Let other flowers their envy pour!
To spring she lays no claim.
Fallen in mud and ground to dust, she seems no more,
But her fragrance is still the same.

* *This lyric glorifies the spirit of the mume blossom and of the poet himself.*

霜天晓角

仪真江上夜泊

黄　机

寒江夜宿。
长啸江之曲。
水底鱼龙惊动，
风卷地、
浪翻屋。

Morning Horn and Frosty Sky

Mooring at Night on River Yizhen

Huang Ji

At night my boat is tied
By the cold riverside,
I croon for long
My verse and song.
In water deep
The startled fish and dragon leap.
Wind sweeps the ground;
In waves houses seem drowned.

诗情吟未足。
酒兴断还续。
草草兴亡休问，
功名泪、
欲盈掬。

I have not crooned my fill;

Not drunk, then I drink still.

Don't ask at all

About the rise and fall!

How can I not shed tears

Over the lost frontiers?

* *The poet grieves over the lost frontiers.*

八声甘州

读诸葛武侯传

王　质

过隆中、
桑柘倚斜阳，
禾黍战悲风。
世若无徐庶，
更无庞统，
沉了英雄。
本计东荆西益，
观变取奇功。
转尽青天粟，
无路能通。

Eight Beats of Ganzhou Song

On Reading Zhuge Liang's Biography

Wang Zhi

When I pass by the premier's cot,
At sunset stand mulberry trees,
The millet struggles in sad breeze.
Were he not recommended by his peers,
How could the hero appear?
He planned to win over the east and west,
Of his career to reach the crest.
But with all the millet under the sky,
How could he build a way on high?

他日杂耕渭上，
忽一星飞堕，
万事成空。
使一曹三马，
云雨动蛟龙。
看璀璨、出师一表，
照乾坤、牛斗气常冲。
千年后，
锦城相吊，遇草堂翁。

His soldiers tilled the ground by riverside,

But suddenly his star fell and he died.

Then all turned out in vain.

The three steeds became dragons in cloud and rain.

How glorious his plan to recover Northern plain!

His spirit rises high,

And shines in the blue sky.

After hundreds of years

The poet in the thatched hall still shed sad tears.

* *The poet glorifies Zhuge Liang , prime minister of the Kingdom of Shu. After his death, the three Steeds unified the three Kingdoms. The poet in the last line refers to Du Fu who mourned over the premier's death.*

月上瓜洲

南徐多景楼作

张　辑

江头又见新秋。
几多愁。
塞草连天何处、
是神州。

英雄恨，
古今泪，
水东流。
惟有渔竿明月、
上瓜洲。

The Moon over Melon Islet

Written on the Multi-Scene Tower

Zhang Ji

How much grief to see the autumn wind blows
By the riverside again!
Frontier grass skyward grows.
Where's the lost Central Plain?

Our heroes' tear on tear,
Though shed from year to year,
With the eastward-going river flows.
Only the moonshine
With my fishing line
On Melon Islet goes.

* *At the moonlit Melon Islet the poet thinks of the lost Central Plain in moonlight.*

西　河

和王潜斋韵

曹　豳

今日事，
何人弄得如此。
漫漫白骨蔽川原，
恨何日已。
关河万里寂无烟，
月明空照芦苇。

谩哀痛，无及矣。
无情莫问江水。
西风落日惨新亭，
几人坠泪。

The West River

In Reply to Wang Qianzhai

Cao Bin

Today's affairs, my friend,
How can they come to such a state?
So many bleached bones are buried in the plain.
When can our grief come to an end?
For miles and miles no smoke rises from towns desolate.
The moon shines on the reeds in vain.

Our grief so deep cannot be drowned anew
In running water of the heartless stream.
The western breeze at sunset saddens the pavilion new.
How many would shed tears even in dream?

战和何者是良筹，
扶危但看天意。

只今寂寞薮泽里，
岂无人、
高卧闾里。
试问安危谁寄。
定相将、有诏催公起。
须信前书言犹未。

Should we seek peace or war?

We could confide the state only to the fate.

Could there be no heroes in the land far and wide?

They lie in bed, lonely in countryside.

On whom can we rely any more?

I wish you would rise as general

To lead the army to defend the capital.

Don't you believe what I have said before?

* *The poet sighs for heroes unemployed and wishes his friend would rise to be a general defending the country.*

长亭怨慢

姜　夔

余颇喜自制曲。初率意为长短句，然后协以律，故前后阕多不同。桓大司马云：“昔年种柳，依依汉南。今看摇落，凄怆江潭。树犹如此，人何以堪！”此语余深爱之。

渐吹尽、枝头香絮，
是处人家，绿深门户。
远浦萦回，
暮帆零乱向何许？
阅人多矣，
谁得似长亭树。
树若有情时，
不会得青青如此！

Complaint of the Pavilion of Adieu

Jiang Kui

Gradually the western breeze has blown
All fragrant willow catkins down.
The leaves so green
Hide houses like a screen.
The winding streams stretch high and low;
Where will the lonely sail in twilight go?
Who's seen more people part
Than trees of the Pavilion of Adieu?
If they had a heart,
Would they grow green and lush anew?

日暮，

望高城不见，

只见乱山无数。

韦郎去也，

怎忘得、玉环分付。

第一是早早归来，

怕红萼无人为主。

算空有并刀，

难剪离愁千缕。

At sunset I can't see the city wall

But rugged hills which rise and fall.

Though I've left you, can I forget what you said

While putting on my finger your ring of jade:

"O first of all,

Come back as early as you can, for I'm afraid

None will take care

Of the peony red."

Even if I have a pair of scissors sharp,

How can I cut off parting grief thread on thread?

* *The poet writes on the willow tree and his beloved songstress whose waist is as slender as a willow sprig.*

暗　香

姜　夔

辛亥之冬，予载雪诣石湖。止既月，授简索句，且征新声，作此两曲。石湖把玩不已，使工妓肄习之，音节谐婉，乃命之曰《暗香》、《疏影》。

旧时月色，算几番照我，
梅边吹笛？
唤起玉人，
不管清寒与攀摘。
何逊而今渐老，
都忘却、春风词笔。
但怪得、竹外疏花，
香冷入瑶席。

Gloomy Fragrance

Jiang Kui

How often has the moonlight of yore shone on me

Playing a flute by a mume tree?

I'd awaken the fair

To pluck a sprig in spite of chilly air.

But now I've gradually grown old

And forgotten how to sing

Of the sweet breeze of spring.

I wonder why the fragrance cold

From sparse blossoms beyond the bamboo should invade

My cup of jade.

江国，

正寂寂。

叹寄与路遥，

夜雪初积。

翠尊易泣，

红萼无言耿相忆。

长记曾携手处，

千树压、

西湖寒碧。

又片片吹尽也，

几时见得？

This land of streams
Still as in dreams.
How could I send a sprig to her who's far away
When snow at night begins to weigh
The branches down? Even my green goblet would weep
And wordless petals pink be lost in longing deep.
I always remember the place
Where we stood hand in hand and face to face.
A thousand trees in bloom reflected
On the cool green West Lake. And then
Petal on petal could not be collected
Once blown away. O when
Can we see them again?

* *The poet describes the mume blossoms viewed in moonlight and in snow.*

疏　影

姜　夔

苔枝缀玉。
有翠禽小小，
枝上同宿。
客里相逢，
篱角黄昏，
无言自倚修竹。
昭君不惯胡沙远，
但暗忆、江南江北。
想佩环、月夜归来，
化作此花幽独。

Sparse Shadows

Jiang Kui

The moss-grown branch seems covered with jade green
Where a pair of kingfishers blue
Roosting side by side are seen.
Roving at dusk by the hedgerow, I met her who
Without a word, was leaning on a tall bamboo.
The Bright Lady, unused to distant Tartar sands,
Secretly longed for the northern and southern lands.
I fancy her returning at the moonlit hour
And metamorphosed into this lonely flower.

犹记深宫旧事，
那人正睡里，
飞近蛾绿。
莫似春风，
不管盈盈，
早与安排金屋。
还教一片随波去，
又却怨、玉龙哀曲。
等恁时、重觅幽香，
已入小窗横幅。

I still remember in the ancient palace deep,
Where the fair princess lay asleep,
A blossom flew near her green-painted brows.
Be not like a spring breeze
Which blows away blossoms from trees!
Shelter them in a golden house!
Another petal drifts with the waves; you'll complain
Of Jade Dragon flute's mournful song.
But when you come to seek the furtive scent again,
You'll find it in a picture near the window long.

* *The poet writes on the Goddess of Mume Blossom metamorphosed into a kingfisher and compares her to the Bright Lady sent to the desert in 33 BC to marry the chieftain of the Tartars. Then he writes on the princess who adorned her forehead with mume blossoms. Then he sings the Jade Dragon's song mourning over fallen mume flowers.*

江梅引

姜　夔

丙辰之冬，予留梁溪，将诣淮而不得，因梦思以述志。

人间离别易多时。
见梅枝。
忽相思。
几度小窗，
幽梦手同携。
今夜梦中无觅处，
漫徘徊。
寒侵被、尚未知。

湿红恨墨浅封题。

Song of Riverside Mume

Jiang Kui

Long, long ago we bade adieu.
Seeing mume trees,
How can I not miss you?
How many times in our native land
I've dreamed of strolling with you hand in hand!
I can't find you in my dreams tonight.
Alone I toss in bed, left and right,
Without knowing my coverlet chilled through.

The tears I shed on my letter mingle with ink.

宝筝空、无雁飞。
俊游巷陌，
算空有、
古木斜晖。
旧约扁舟，
心事已成非。
歌罢淮南春草赋，
又萋萋。
漂零客、泪满衣。

None play the lute or drink.

I'll send my letter but find no wild geese.

Last time we visited the lane;

The old trees are now steeped in setting sun in vain.

You can't but break

The promise of boating with me on the lake.

Singing the song of spring grass growing lush again,

The roamer grieves

And sheds tears to wet his sleeves.

* *The poet often dreams of his love on seeing mume blossoms.*

踏莎行

姜　夔

自沔东来。丁未元日至金陵，江上感梦而作。

燕燕轻盈，
莺莺娇软。
分明又向华胥见。
夜长争得薄情知，
春初早被相思染。

别后书辞，
别时针线。
离魂暗逐郎行远。

Treading on Grass

Jiang Kui

Light as a swallow's flight,
Sweet as an oriole's song,
Clearly I saw you again in dream.
How could you know my endless longing night?
Early spring dyed in grief strong.

Your letter broken-hearted,
Your needlework done when we parted,
And your soul secretly follows me.

淮南皓月冷千山，
冥冥归去无人管。

Over the southern stream,

The bright moon chills

A thousand hills.

How can your lonely soul go back without company?

* *The poet, dreaming again of his love on the river, is afraid her lonely soul cannot go back over a thousand hills chilled by the moon.*

扬州慢

姜　夔

淳熙丙申至日，予过维扬。夜雪初霁，荠麦弥望。入其城，则四顾萧条，寒水自碧，暮色渐起，戍角悲吟。予怀怆然，感慨今昔，因自度此曲。千岩老人以为有《黍离》之悲也。

淮左名都，
竹西佳处，
解鞍少驻初程。
过春风十里，
尽荠麦青青。
自胡马窥江去后，
废池乔木，
犹厌言兵。

Slow Song of Yangzhou

Jiang Kui

In the famous town east of River Huai
And scenic spot of Bamboo West,
Breaking my journey, I alight for a short rest.
The three-mile splendid road in breeze have I passed by;
It's now overgrown with wild green wheat and weeds.
Since Northern shore was overrun by Jurchen steeds,
Even the tall trees beside the pond have been war-torn.

渐黄昏，
清角吹寒，
都在空城。

杜郎俊赏，
算而今重到须惊。
纵豆蔻词工，
青楼梦好，
难赋深情。
二十四桥仍在，
波心荡，
冷月无声。
念桥边红药，
年年知为谁生。

As dusk is drawing near,
Cold blows the horn;
The empty town looks drear.

The place Du Mu the poet prized,
If he should come again today,
Would render him surprised.
His verse on the cardamon spray
And on sweet dreams in mansions green
Could not express
My deep distress.
The Twenty-four Bridges can still be seen,
But the cold moon floating among
The waves would no more sing a song.
For whom should the peonies near
The bridge grow red from year to year?

* *The poet compares the riverside town before and after the Jurchen invasion.*

淡黄柳

姜　夔

客居合肥南城赤阑桥之西，巷陌凄凉，与江左异，唯柳色夹道，依依可怜。因度此阕，以纾客怀。

空城晓角，
吹入垂杨陌。
马上单衣寒恻恻。
看尽鹅黄嫩绿，
都是江南旧相识。

正岑寂，
明朝又寒食。
强携酒，小桥宅。

Pale Golden Willow

Jiang Kui

The morning horn of the deserted town
Blows over the willowy lane.
On horseback, I feel chilled in simple gown.
Though I have seen
The pale yellow and tender green,
They're my acquaintances of yore
I knew on southern rivershore.

I'm mute with sorrow;
It will be Cold Food Day tomorrow.
I force myself to bring wine to my lady fair,

怕梨花落尽成秋色。
燕燕飞来，
问春何在，
唯有池塘自碧。

Yet I fear autumn should reign

With fallen blossoms of pear.

When swallows come and ask where spring can be seen,

Only the musing pool replies with vernal green.

* *The poet contrasts the willow trees with the deserted lanes.*

卜算子

严　蕊

不是爱风尘，
似被前缘误。
花落花开自有时，
总赖东君主。

去也终须去，
住也如何住！
若得山花插满头，
莫问奴归处。

Song of Divination

Yan Rui

Is it a fallen life I love?
It's the mistake of fate above.
In time flowers blow, in time flowers fall;
It's all up to the east wind, all.

By fate! Have to go my way;
If not, where can I stay?
If my head were crowned with flowers,
Do not ask me where are my bowers!

* *The poetess was put in jail and was released after writing this lyric.*

霜天晓角

高观国

春云粉色。
春水和云湿。
试问西湖杨柳，
东风外、几丝碧。

望极。
连翠陌。
兰桡双桨急。
欲访莫愁何处，
旗亭在、画桥侧。

Morning Horn and Frosty Sky

Gao Guanguo

Spring's rosy clouds are high,
Yet wet with vernal rain.
Ask the lakeside willow trees,
How many branches greened by vernal breeze?

I stretch my eyes
Over the vast green plain
And row the two oars across the lake wide.
Where is the songstress fair?
The poet's pavilion is still there,
By the bridge side.

* *This poem describes the beauty of the West Lake. The poet refers to Wang Zhihuan, author of the verse: You can enjoy a grander sight, by climbing to a greater height.*

金人捧露盘

水仙花

高观国

梦湘云，
吟湘月，
吊湘灵。
有谁见、
罗袜尘生。
凌波步弱，
背人羞整六铢轻。
娉娉嫋嫋，
晕娇黄、
玉色轻明。

The Golden Statue with Plate of Dew

The Daffodil

Gao Guanguo

Like Southern cloud in dream,
Singing of the Southern moon,
Who mourns for the fairy queen alone?
Who has seen on the stream
Her stainless silk socks white
Treading on waves with steps light?
Turning her back to strip off,
She's slender and tender for man to love.
She faints in charming yellow hue
Like a jade bright in view.

香心静，
波心冷，
琴心怨，
客心惊。
怕佩解、
却返瑶京。
杯孳清露，
醉春兰友与梅兄。
苍烟万顷，
断肠是、
雪冷江清。

Her sweet heart is tranquil

Amid waves chill.

A lute complains,

Her heart feels pains.

I am afraid

Rid of her pendants of jade,

She would return to fairy bower.

Holding a cupful of clear dew,

She'd drink with orchid and mume flower.

Mist-veiled for miles and miles till out of view,

It breaks her dream

To see the snow-clad clear stream.

* *The daffodil is personified into a fairy in this lyric.*

少年游

草

高观国

春风吹碧，
春云映绿，
晓梦入芳裀。
软衬飞花，
远连流水，
一望隔香尘。

萋萋多少江南恨，
翻忆翠罗裙。
冷落闲门，
凄迷古道，
烟雨正愁人。

Wandering While Young

The Grass

Gao Guanguo

Greened by the breeze of spring,
Under clouds on the wing,
Your fragrant land seems like a morning dream.
As soft as fallen blooms,
As far as water looms,
I stretch my eyes, we're separated by a fragrant stream.

How much regret and grief on Southern shore
Remind me of the green silk skirt I adore!
Grass overgrown before her door
Near a pathway of yore,
The mist and water sadden me all the more.

* *The poet describes the grass and his parting grief on seeing it.*

钗头凤

唐　婉

世情薄，
人情恶，
雨送黄昏花易落。
晓风干，
泪痕残。
欲笺心事，
独语斜阑。
难，难，难！

人成各，
今非昨，

Phoenix Hairpin

Tang Wan

The world unfair,

True manhood rare.

Dusk melts away in rain and blooming trees turn bare.

Morning wind high,

Tear traces dry.

I'd write to him what's in my heart;

Leaning on rails, I speak apart.

Hard, hard, hard!

Go each our ways!

Gone are our days.

病魂常似秋千索。
角声寒，
夜阑珊。
怕人寻问，
咽泪装欢。
瞒，瞒，瞒！

My sick soul groans like ropes of swing which sways.

The horn blows cold;

Night has grown old.

Afraid my grief may be descried,

I try to hide my tears undried.

Hide, hide, hide!

* *The poetess, divorced wife of Lu You, writes this lyric in reply to the preceding one.*

沁园春

忆黄山

汪　莘

三十六峰，
三十六溪，
长锁清秋。
对孤峰绝顶，
云烟竞秀；
悬崖峭壁，
瀑布争流。
洞里桃花，
仙家芝草，
雪后春正取次游。
亲曾见，

Spring in a Pleasure Garden

Yellow Mountain Recalled

Wang Shen

Thirty-six peaks
And thirty-six streams
Have long locked clear autumn in dreams.
In face of lonely peaks and lofty crest,
Clouds and mist vie to look their best.
Over cliffs steep and high
Cascades in roaring vie.
In the cave grow peach flowers,
And life-long herbs in divine bowers.
After spring snow one by one they will come in sight.
I have seen with my eyes

是龙潭白昼，
海涌潮头。

当年黄帝浮丘，
有玉枕玉床还在不。
向天都月夜，
遥闻凤管；
翠微霜晓，
仰盼龙楼。
砂穴长红，
丹炉已冷，
安得灵方闻早修。
谁知此，
问源头白鹿，
水畔青牛。

The Dragon's Pool in broad daylight,
The sea in angry billows rise.

Of the Yellow Emperor's reign,
Do the jade bed and pillow still remain?
From the Celestial Town in moonlight,
I've heard the phoenix flute play music bright.
On green mountains in frosty morning hours,
I've looked up to Dragon's towers.
Still red is the elixir old,
But the Magical Stove is cold.
How could a mortal turn divine?
If you do want to know,
Ask the white deer at the source fine
Or the waterside buffalo.

* *The poet describes the miraculous beauty of the Yellow Mountain and mythic legends concerning it.*

柳梢青

岳阳楼

戴复古

袖剑飞吟。
洞庭青草，
秋水深深。
万顷波光，
岳阳楼上，
一快披襟。

不须携酒登临。
问有酒、何人共斟。
变尽人间，
君山一点，
自古如今。

Willow Tips Green

Yueyang Tower

Dai Fugu

With sword in sleeve, I croon and fly
Over two lakes deep, deep in autumn dye.
Of Yueyang Tower from the height,
I see the vast expanse of rippling light,
The breeze affords me great delight.

I need not mount with wine;
I'd ask who'd drink with me and write verse fine.
The world has changed not the Queen's Isle
Seeing the past and present with a smile.

* *The poet visits the Queen's Isle where the two wives of Emperor Shun drowned themselves after the emperor's death. He fancies himself to be an immortal in the first line.*

满江红

赤壁怀古

戴复古

赤 壁 矶 头，
一 番 过、 一 番 怀 古。
想 当 时、 周 郎 年 少，
气 吞 区 宇。
万 骑 临 江 貔 虎 噪，
千 艘 列 炬 鱼 龙 怒。
卷 长 波、 一 鼓 困 曹 瞒，
今 如 许？

江 上 渡，
江 边 路。

The River All Red

The Red Cliff

Dai Fugu

Passing the head of the Cliff Red,
Can I forget the bygone days,
When the young general spread his heroic rays?
Thousands of steeds roared like tigers by riverside;
Hundreds of ships in wrath with fish and dragon vied.
Rolling long wave on wave,
They beat the foe so brave.
What happens nowadays?

The ferry on the tide
And roads by riverside

形胜地，
兴亡处。
览遗踪，
胜读史书言语。
几度东风吹世换，
千年往事随潮去。
问道傍、杨柳为谁春，
摇金缕。

Have witnessed all

Dynasties' rise and fall.

Seeing the relics of war,

We understand history all the more.

How many times has changed the world which raves!

A thousand years has passed away with the waves.

I ask the roadside willow trees:

"For whom are you swaying in vernal breeze?"

* *The poet passing by Red Cliff thinks of General Zhou who won the war in 208.*

西　河

王　埜

天下事，
问天怎忍如此！
陵图谁把献君王，
结愁未已。
少豪气概总成尘，
空余白骨黄苇。

千古恨，
吾老矣。
东游曾吊淮水。
绣春台上一回登，

The West River

Wang Ye

How could Heaven tolerate
The affairs of the state?
Who would offer a plan of campaign to the Crown?
My grief has weighed me down.
My spirit of youth has turned to dust, alas!
In vain are white bones buried under withered grass.

Could I be bold
To revenge for the shame, now I am old?
I've visited in the east the River Huai
And mounted the vernal Terrace high,

一回揾泪。
醉归抚剑倚西风，
江涛犹壮人意。

只今袖手野色里，
望长淮、
犹二千里。
纵有英心谁寄！
近新来又报胡尘起。
绝域张骞归来未？

But I could not refrain from shedding tears.
Come back when drank, I stroke my sword in western breeze.
The surging waves still stimulate my mind ill at ease.

But I can only fold my arms in the twilight,
Watching the long River Huai still extend
For miles and miles without an end.
But who would bring heroism to its height?
Of late, the Tartar dust is raised on the border.
When would our hero come back to restore order?

* *The poet wishes in vain that the emperor would start a campaign to revenge on the foe for the shame of the lost land. The hero in the last line refers to Zhang Qian who restored order on the northwest border in the Han Dynasty.*

望江南

吴文英

三月暮，
花落更情浓。
人去秋千闲挂月，
马停杨柳倦嘶风。
堤畔画船空。

恹恹醉，
长日小帘栊。

Dreaming of the South

Wu Wenying

Late in spring
The fallen blooms
Add to my growing gloom.
She's gone; the crescent moon hangs idle over the swing;
The horse beneath willow trees
Neighs tiredly in the breeze.
By waterside an empty painted boat is tied.

Drunk and weary,
All the day long I stay behind the curtain dreary.

宿燕夜归银烛外，
啼莺声在绿阴中。
无处觅残红。

The swallows coming back at night

Take rest beyond my silver candlelight.

Orioles' warble fades

Amid green shades.

Nowhere out of the bower

Can be found an unfallen flower.

浣溪沙

吴文英

门隔花深梦旧游。
夕阳无语燕归愁。
玉纤香动小帘钩。

落絮无声春堕泪，
行云有影月含羞。
东风临夜冷于秋。

Silk-Washing Stream

Wu Wenying

I dreamed of the door parting me from my dear flower,
The setting sun was mute and homing swallows drear.
Her fair hands hooked up fragrant curtains of her bower.

The willow down falls silently and spring sheds tear;
The floating clouds cast shadows when the moon feels shy;
The spring wind blows at night colder than autumn high.

* *The poet missing his love thinks the spring wind colder than the autumn breeze.*

风入松

吴文英

听风听雨过清明。
愁草瘗花铭。
楼前绿暗分携路，
一丝柳、
一寸柔情。
料峭春寒中酒，
交加晓梦啼莺。

西园日日扫林亭。
依旧赏新晴。
黄蜂频扑秋千索，

Wind Through Pines

Wu Wenying

Hearing the wind and rain while mourning for the dead,
Sadly I draft an elegy on flowers.
Over dark green lane hang willow twigs like thread,
We parted before the bowers,
Each twig revealing
Our tender feeling.
I drown my grief in wine in chilly spring;
Drowsy, I wake again when orioles sing.

In West Garden I sweep the pathway
From day to day,
Enjoying the fine view

有当时、
纤手香凝。
惆怅双鸳不到，
幽阶一夜苔生。

Still without you.

On the ropes of the swing the wasps often alight

For fragrance spread by fingers fair.

I'm grieved not to see your foot traces, all night

The mossy steps are left untrodden there.

* *The poet mourns for his deceased lover.*

八声甘州

陪庾幕诸公游灵岩

吴文英

渺空烟四远，
是何年、青天坠长星。
幻苍崖云树，
名娃金屋，
残霸宫城。
箭径酸风射眼，
腻水染花腥。
时靸双鸳响，
廊叶秋声。

Eight Beats of Ganzhou Song

Visiting Star Cliff

Wu Wenying

Mist spreads as far as sees the eye.
When did the big star fall from the blue sky?
It changed into a green cliff with cloudlike trees,
Where golden bowers were built for lady fair
In royal palace now in sad debris.
On Arrow Lane the eyes were hurt in chilly air
And water stained rouge with fallen flowers sweet.
Leaves fall on hollow ground;
'Tis autumn's sound;
It seems as if I heard the lady's slippered feet.

宫里吴王沉醉，
倩五湖倦客，
独钓醒醒。
问苍波无语，
华发奈山青。
水涵空、阑干高处，
送乱鸦、斜日落渔汀。
连呼酒，
上琴台去，
秋与云平。

In royal palace drunk the king did lie,

But the tired hermit on the lake

Fished all alone awake.

In vain I ask the silent sky;

My hair turns grey in face of mountains green.

The sky is mirrored in water serene.

Leaning on railings high,

I see crows scatter on the beach in setting sun.

I ask for wine long and loud,

And stand upon Lute Terrace, where is none

But autumn high and lonely as a cloud.

* *The poet visits Star Cliff where the king of Wu built a palace with golden bowers for his favorite Lady Xi Shi, and drank with her in the Gallery of Hollow Ground, beside Arrow Lane or on Lute Terrace until his kingdom was overthrown in 482 BC.*

莺啼序

春晚感怀

吴文英

残寒正欺病酒，
掩沉香绣户。
燕来晚、
飞入西城，
似说春事迟暮。
画船载、
清明过却，
晴烟冉冉吴宫树。
念羁情游荡，
随风化为轻絮。

Prelude to Orioles' Warble

Recalling with Emotion in the Spring Evening

Wu Wenying

Drunkenness aggravated by lingering cold,
I close the window incense-perfumed.
The swallows coming late
Fly to the western town
As if complaining spring's grown old.
After the Mourning Day,
I sail a painted boat and see green willows sway
Before the ancient palace gate,
Veiled in light smoke and by sunbeams illumed.
My sorrow wafting in wind turns to willow down.

十载西湖，
傍柳系马，
趁娇尘软雾。
溯红渐、
招入仙溪，
锦儿偷寄幽素。
倚银屏、
春宽梦窄，
断红湿、
歌纨金缕。
暝堤空，
轻把斜阳，
总还鸥鹭。

幽兰旋老，
杜若还生，

For ten long years around West Lake I've roved;
Tethered my horse to willow green
Or rode in the fine dust raised by breeze light.
I passed through flowers red,
Invited to a fairy stream
Where my songstress beloved,
Hastened my feet
By secret letter sweet.
She leaned against the silvery screen,
Long was the vernal night,
But short our dream.
Wet petals reddened silk fan and robe of gold thread.
The dusk-deserted bank was cool,
Leaving the slanting sun to heron and gull.

The fragrant orchid has grown old,
The lonely cuckoo flower cold

水乡尚寄旅。
别后访、
六桥无信，
事往花委，
瘗玉埋香，
几番风雨。
长波妒盼，
遥山羞黛，
渔灯分影春江宿。
记当时、
短楫桃根渡。
青楼仿佛。
临分败壁题诗，
泪墨惨淡尘土。

危亭望极，
草色天涯，

By waterside remain.

Since her departure I

Visit again Six Bridges in vain;

With withered flowers the past has gone by.

Her deeply buried jade-like bone

Through wind and rain has gone.

The waves still envy glance of her amorous eye;

Compared with her green brows, the distant hills feel shy.

The fisher's lamp remembers the shadows we cast

On vernal river in the past;

At Ferry of Peach Flower

Our oars did ripple shadow of her bower.

When we two parted, I wrote lines on broken wall,

But now my dreary tears and dust have blurred them all.

I look afar from tower high,

An endless green spreads far and nigh.

叹鬓侵半芒。
暗点检、
离痕欢唾，
尚染鲛绡，
亸凤迷归，
破鸾慵舞。
殷勤待写，
书中长恨，
蓝霞辽海沉过雁，
漫相思、
弹入哀筝柱。
伤心千里江南，
怨曲重招，
断魂在否？

Over my hair half grey I sigh.
I see in secret on silk kerchief reappears
The trace of parting grief or stain of joyful tears.
The phoenix stray won't flap its wing
Nor dance before its mirrored image nor sing.
I'd pour my grief in letter long,
But message-bearing wild geese have sunk their song
Into the boundless sea which would turn blue the cloud.
I can but let my sorrow sing
On zither string.
The long, long southern shore with it will be o'erflowed.
Could her soul be called back, awoken
By my song sung with a heart broken?

* *The poet describes the lake he visited together with his beloved songstress who is dead and buried by the lakeside.*

夜合花

吴文英

柳暝河桥，
莺清台苑，
短策频惹春香。
当时夜泊，
温柔便入深乡。
词韵窄，
酒杯长。
剪蜡花、壶箭催忙。
共追游处，
凌波翠陌，
连棹横塘。

Night Flower

Wu Wenying

The bridge o'ershadowed by a willow tree,
Orioles warbling over sunny bowers,
Our ride was often sweetened by spring flowers.
When our boat in delight
Was moored at night,
My tender love went deep into the land with me.
We wrote verse line,
Long we drank wine,
And trimmed lamp-wick,
Time passed so quick.
Can I forget our land or river trip
By rowing boat or flipping whip?

十年一梦凄凉。
似西湖燕去，
吴馆巢荒。
重来万感，
依前唤酒银罂。
溪雨急，
岸花狂。
趁残鸦、
飞过苍茫。
故人楼上，
凭谁指与，
芳草斜阳。

Like dreary dreams ten years have passed.

The swallows have flown over the Lake of the West,

Leaving in ancient palace but an empty nest.

I feel so sad and drear

When again I come here.

I call for silver cups of wine as before;

Over the brook the rain comes fast

And falling petals run riot on the shore,

E'en the lingering crows fly across the sky vast.

In the bower where lived my dear, alas!

Who'd grieve at sunset over fragrant grass!

* *The poet passing by Suzhou writes this lyric for his beloved who wrote verse and made trips together with him.*

唐多令

吴文英

何处合成愁。
离人心上秋。
纵芭蕉，
不雨也飕飕。
都道晚凉天气好，
有明月、
怕登楼。

年事梦中休。
花空烟水流。
燕辞归、
客尚淹留。

Song of More Sugar

Wu Wenying

Where comes sorrow? Autumn on the heart
Of those who part.
See the banana trees
Sigh without rain or breeze!
All say that cool and nice is night,
But I won't climb the height
For fear of the moon bright.

My years have passed in dreams
Like flowers on the streams.
The swallow gone away,
In alien land I still stay.

垂柳不萦裙带住，

漫长是、系行舟。

O willow twigs, long as you are,

Why don't you gird her waist and bar

Her way from going afar?

* *This lyric describes the parting grief and nostalgic feeling.*

长相思

陈东甫

花深深，
柳阴阴。
度柳穿花觅信音，
君心负妾心。

怨鸣琴，
恨孤衾。
钿誓钗盟何处寻？
当初谁料今。

The Everlasting Longing

Chen Dongfu

Flowers in bloom
And willows loom.
I pass through them to seek your letter fine,
But your heart belies mine.

My lute is dead,
Lonely my bed.
Where is the vow by my headdress and pin you've made?
Now the bygone days fade.

* *This lyric describes the grief of a woman who has received no letters from her love.*

绮罗香

咏春雨

史达祖

做冷欺花，
将烟困柳，
千里偷催春暮。
尽日冥迷，
愁里欲飞还住。
惊粉重、
蝶宿西园，
喜泥润、
燕归南浦。
最妨他、佳约风流，
钿车不到杜陵路。

Perfume of Silk Dress

To Spring Rain

Shi Dazu

You breathe the cold to chill the flower's heart,
And shroud the willows in mist grey;
Silent for miles and miles, you hasten spring to part.
You grizzle all the day;
Your grief won't fly but stay.
Surprised to find their wings heavy,
The butterflies won't leave the garden in the west;
The moistened clods of clay make happy
The swallows building on the southern pool their nest.
But what is more, you prevent the gallant to meet
In golden cab his mistress sweet.

沉沉江上望极，
还被春潮晚急，
难寻官渡。
隐约遥峰，
和泪谢娘眉妩。
临断岸、
新绿生时，
是落红、
带愁流处。
记当日、
门掩梨花，
剪灯深夜语。

With straining eyes I gaze on the stream vast and dim,
With spring time flood at dusk, its waters overbrim,
The ferry can hardly be found.
Half-hidden peaks like Beauty's brows in tears are drowned.
On broken bank where new green grows,
The fallen red with saddened water flows.
I still remember how outdoors you beat
On the pear blossoms white,
I trimmed lamp-wick and whispered to my sweet
At the dead of a night.

* *This lyric to spring rain reveals the poet's grief in spring.*

留春令

咏梅花

史达祖

故人溪上，
挂愁无奈，
烟梢月树。
一涓春水点黄昏，
便没顿、相思处。

曾把芳心深相许。
故梦劳诗苦。
闻说东风亦多情，
被竹外、香留住。

Retaining Spring

To Mume Flowers

Shi Dazu

Strolling along your streams,
What can I do but hang my grief and dream
On moonlit mist-veiled tree?
The vernal water threads through the twilight.
Of longing for you can I be free?

You have confided your love to me,
So I've lost labor in dreaming of verse bright.
It is said spring's as sentimental as you,
Retained by fragrance beyond the bamboo.

* *The poet has personified the mume flower and speaks to her as if she were his love.*

齐天乐

白　发

史达祖

秋风早入潘郎鬓，
斑斑遽惊如许。
暖雪侵梳，
晴丝拂领，
栽满愁城深处。
瑶簪谩妒。
便羞插宫花，
自怜衰暮。
尚想春情，
旧吟凄断茂陵女。

Universal Joy

My White Hair

Shi Dazu

Early has the autumn breeze whitened my forehead,
I am surprised to find grey thread on thread.
My comb seems to be invaded by snow white,
My collar caressed by sunbeams bright,
My heart overgrown with grief will fade.
Envying my hairpin of jade,
I would feel shy to be adorned with palace flowers,
And I pity my decrepit hours.
Recalling love of yore, an old song has denied
A new bride.

人间公道唯此。
叹朱颜也恁，
容易堕去。
涅不重缁，
搔来更短，
方悔风流相误。
郎潜几缕。
渐疏了铜驼，
俊游俦侣。
纵有夥夥，
奈何诗思苦。

Will white hair do justice then alike to all men?

I sigh:

A rosy face will lose its dye.

Dyed black, my hair will turn white again;

Scratched, it will shorter remain.

I regret to have misused my youth in gallantry.

A few wreaths alienate

My friends early and late.

Though still I have a few hairs black,

Could bitter verse to my young days turn me back?

双双燕

史达祖

过春社了，
度帘幕中间，
去年尘冷。
差池欲住，
试入旧巢相并。
还相雕梁藻井，
又软语商量不定。
飘然快拂花梢，
翠尾分开红影。

A Pair of Swallows

Shi Dazu

Spring's growing old.
Between the curtain and the screen,
The dust in last year's nest is cold.
A pair of swallows bank and halt to see
If they can perch there side by side.
Looking at painted ceiling and carved beams
And twittering, they can't decide,
It seems.
Clipping the tips of blooming tree,
They shed
The shadow of their forked tails so green
And cleave their way through flowers red.

芳径，
芹泥雨润。
爱贴地争飞，
竞夸轻俊。
红楼归晚，
看足柳昏花暝。
应自栖香正稳，
便忘了、
天涯芳信。
愁损翠黛双蛾，
日日画阑独凭。

Along the fragrant way
Where rain has wetted clods of clay,
They like to skim over the ground,
Striving to be fleet
In flight.
Returning late to mansion sweet,
They've gazed their fill, till in twilight.
Dim willows are drowned,
And flowers fall asleep.
Now they'd be perching deep
In fragrant nest,
Forgetting to bring message from the end of the sky.
Grieved, with eyebrows knit, the lady's seen to rest
Her elbow on the painted balustrade and sigh.

* *This lyric describes the swallows in pair and contrasts them with the lonely poet.*

东风第一枝

咏春雪

史达祖

巧沁兰心，
偷黏草甲，
东风欲障新暖。
谩凝碧瓦难留，
信知暮寒轻浅。
行天入镜，
做弄出、
轻松纤软。
料故园、
不卷重帘，
误了乍来双燕。

The First Branch in the Eastern Breeze

To Spring Snow

Shi Dazu

Penetrating with art
Into the orchid's heart,
And clinging like a lass
To the leaves of grass,
The eastern breeze brings new warmth you try to delay.
Congealed on green tiles, you cannot long stay;
Coming late, we know you are thin and light.
Flying up or down to the mirror of the sky,
You seem to be soft and sly.
Seeing the undrawn screen in my hometown,
The swallows coming back would take it for place unknown.

青未了、
柳回白眼。
红欲断、
杏开素面。
旧游忆着山阴，
后盟遂妨上苑。
寒炉重暖，
便放慢、
春衫针线。
怕凤靴、
挑菜归来，
万一灞桥相见。

The grass still green,

Willows turn white;

Apricot's rosy face

Is veiled with grace.

You beautify the friends' journey at night,

And delay poets' visit to garden scene.

The stove rekindled for you,

We may put off the sewing of spring garment new.

I fear I cannot meet

The beauty coming with vegetables sweet,

Then how could I seek my metrical feet?

* *This lyric describes snow in spring; the last couplet means the poet seeking poetical lines cannot meet with the beautiful seller of vegetables for she may not come in snow.*

闻鹊喜

吴山观涛

周　密

天水碧，
染就一江秋色。
鳌戴雪山龙起蛰，
快风吹海立。

数点烟鬟青滴，
一杼霞绡红湿，
白鸟明边帆影直，
隔江闻夜笛。

Glad to Hear Magpies

Waves Viewed from Wushan

Zhou Mi

The sky with water blends,
The river dyed in autumn hues extends.
Snow-crowned hills and dragons rise from the deep;
Swift wind blows the sea up like a wall steep.

Blue dots seem to drip from mist-veiled hills,
The rainbow clouds redden the sky like grills.
Far away white birds mingle with sails white,
Beyond the stream we hear a flute at night.

* *This poem describes the tidal bore watched from the Southern Hill.*

乳燕飞

周　密

辛未首夏，以书舫载客游苏湾，徙倚危亭，极登览之趣。所谓浮玉山、碧浪湖者，皆横陈于前，特吾几席中一物耳。遥望具区，渺如烟云，洞庭、缥缈诸峰，矗矗献状，盖王右丞、李将军著色画也。松风怒号，暝色四起，使人浩然忘归。慨然怀古，高歌举白，不知身世为何如也！溪山不老，临赏无穷，后之视今，当有契余言者。因大书山楹，以纪来游。

波影摇涟甃。
趁熏风、
一舸来时，
翠阴清昼。
去郭轩楹才数里，
藓磴松关云岫。

Nursling Swallows' Flight

Zhou Mi

The stone bank's shadows shake in the waves of the lake;
In summer breeze a boat comes near
When the green shade at noon is clear.
A few miles away from the city wall,
Over mossy lanes and pine-clad hills clouds veil all.

快屐齿、
筇枝先后。
空半危亭堪聚远，
看洞庭、
缥缈争奇秀。
人自老，
景如旧。

来帆去棹还知否？
问古今、
几度斜阳，
几番回首。
晚色一川谁管领，
都付雨荷烟柳。
知我者、
燕朋鸥友。

With boots on foot and cane in hand,

We can see in mid-air the pavilion stand

With a far-flung view to command.

See floating peaks in beauty vie,

Marvels under the sky.

In vain have oldened men;

The scene's the same as then.

Do you not know boats come and go

Now as long, long ago?

How many times has the sun set?

How many things not to forget?

Who would now enjoy the beautiful evening scene?

None but lotus in rain and mist-veiled willow green.

Who are my friends who know me?

Only the gulls and swallows keep me company.

笑拍阑干呼范蠡，
甚平吴、
却倩垂纶手。
吁万古，
付卮酒。

Laughing and beating on the rail,

I ask General Fan to what avail.

He had conquered the Northern land;

Now he had only a fishing line in hand.

Days pass by, rain or shine;

I'd drink a cup of wine.

* *Unable to save the tottering dynasty, the poet tries to enjoy the beauty of West Lake with his friends. General Fan refers to the general who had conquered the Kingdom of Wu in 473 BC and retired to fish on the lake.*

瑶花慢

琼 花

周 密

朱钿宝玦。
天上飞琼，
比人间春别。
江南江北，曾未见，
漫拟梨云梅雪。
淮山春晚，
问谁识、芳心高洁。
消几番、花落花开，
老了玉关豪杰。

金壶剪送琼枝，

Song of Jasper Flower

To the Jasper Flower

Zhou Mi

Like red headdress adorned with jade,
You are a fairy flying down from the sky;
Seeing you, other spring flowers would feel shy.
On southern shore or northern, where
You surpass snowlike mume and cloudlike pear.
When late spring comes anew,
Who is on southern hills as pure as you?
How many times you blow and fade!
How many heroes have grown old and unmade!

Your branch cut down and sent in golden vase

看一骑红尘，
香度瑶阙。
韶华正好，
应自喜、
初识长安蜂蝶。
杜郎老矣，
想旧事、花须能说。
记少年，一梦扬州，
二十四桥明月。

By galloping steeds raising a cloud of dust red
With fragrance wide spread.
In your prime you'd be glad to know the bees
And butterflies in the breeze.
The poet's old. Forget not what he says
Of the bygone days.
While young, he dreamed of the city bright
With twenty-four bridges immersed in moonlight.

* *The poet sings the praises of the jasper flower grown in Yangzhou, a splendid city with twenty-four bridges.*

花犯

赋水仙

周密

楚江湄，
湘娥乍见，
无言洒清泪。
淡然春意。
空独倚东风，
芳思谁寄。
凌波路冷秋无际，
香云随步起。
漫记得、汉宫仙掌，
亭亭明月底。

Invaded by Flowers

To the Daffodil

Zhou Mi

By the southern rivershore
Like the princess you appear;
Silent, you shed tear on tear.
You care for spring no more,
In vain on eastern breeze you lean.
To whom will you send fragrance green?
You seem to tread on waves to hear cold autumn's sighs;
After your steps fragrant clouds rise,
To what avail should you
Recall the fairy with a plate of dew,
Who stands fair and bright in the moonlight?

冰弦写怨更多情，
骚人恨，
枉赋芳兰幽芷。
春思远，
谁叹赏、国香风味。
相将共、岁寒伴侣，
小窗净，
沉烟熏翠袂。
幽梦觉，
涓涓清露，
一枝灯影里。

The icy strings reveal the grief of lovesick heart.

The poet regrets to have sung of orchids and grass,

But keep you apart.

Your vernal thoughts go far away.

Who would enjoy the fragrance of bygone days?

Why not share with me the quiet window you've seen,

Where incense perfumes your sleeves green?

Awake from my sweet dream, alas!

I find by candlelight a part of you

Steeped in clear dew.

* *The poet compares the daffodil to the princess who drowned herself after the death of her dear husband.*

一萼红

登蓬莱阁有感

周 密

步深幽。
正云黄天淡，
雪意未全休。
鉴曲寒沙，
茂林烟草，
俯仰千古悠悠。
岁华晚、
飘零渐远，
谁念我、
同载五湖舟。
磴古松斜，

A Sprig of Reds

On the Fairy Bower

Zhou Mi

Deeper and deeper I go,
When yellow clouds fly under the pale blue sky
And still it threatens snow.
In Mirror Lake the sand is cold,
In dense woods mist-veiled grasses feeze,
I look up and down for the woe thousand years old.
The year's late and turns grey,
I wander farther away.
Who would still float
With me on five lakes the same boat?
By stone steps slant the old pine trees,

崖阴苔老，
一片清愁。

回首天涯归梦，
几魂飞西浦，
泪洒东州。
故国山川，
故园心眼，
还似王粲登楼。
最怜他、
秦鬟妆镜，
好江山、
何事此时游！
为唤狂吟老监，
共赋消忧。

In the shade of the cliff old grows the moss;
Sad and drear, I am at a loss.

Turning my head from where I stand,
Could I not dream of my homeland?
How can I not shed tears for my compeers?
The mountains and rivers of the land lost,
How I long for my garden of flowers!
Could I not gaze back as the poet on the towers?
What I regret the most,
Is the fair Chignon mirrored on the Lake.
Should I revisit the land when my heart would break?
I would revive the fanatic poet old
To croon away the woe ice-cold.

* *This lyric is written in the year of the downfall of the Southern Song capital, where Mount Chignon and Mirror Lake are two scenic spots.*

念奴娇

吴　渊

我来牛渚，
聊登眺、客里襟怀如豁。
谁著危亭当此处，
占断古今愁绝。
江势鲸奔，
山形虎踞，
天险非人设。
向来舟舰，
曾扫百万胡羯。

追念照水然犀，
男儿当似此，

Charm of a Maiden Singer

Wu Yuan

I come to Cattle Hill to gaze my fill.
I open heart and breast as a wandering guest.
Who has built the pavilion high
To make all old and new visitors sigh?
The torrent like a whale rashes along;
The mountain stands like tiger strong.
The natural barrier is beyond human power.
In bygone days our warships beat
A million foes and hostile fleet.

I remember the rhino horn burned by the riverside,
Discovered monsters far and wide.

英雄豪杰。
岁月匆匆留不住，
鬓已星星堪镊。
云暗江天，
烟昏淮地，
是断魂时节。
栏干捶碎，
酒狂忠愤俱发。

A man should do feats east or west.

In haste the years will pass away,

My hair is sprinkled with dots of grey.

The clouds overshadow the sky,

The smoke darkens the land far and nigh.

Such is the heart-broken hour.

Drunk, I beat the broken rail,

And pour out my loyal wrath, but to what avail?

* *The poet shows his patriotism on seeing the ancient battlefield at Cattle Hill.*

南　浦

春水

王沂孙

柳下碧粼粼，
认麹尘乍生，
色嫩如染。
清溜满银塘，
东风细、
参差縠纹初遍。
别君南浦，
翠眉曾照波痕浅。
再来涨绿迷旧处，
添却残红几片。

Southern Riverside

Spring Water

Wang Yisun

Green water shimmers under willow trees;

Dustlike things grow by riverside

With tender hue as if they were dyed.

The silver pond of clear drops full,

The gentle eastern breeze

Spreads ripples here and there on the pool.

We bade adieu on Southern shore;

Your eyebrows mirrored have left on the waves your trace.

Green waves rise when you come again to the old place:

You'll find a few fallen petals more.

葡萄过雨新痕，
正拍拍轻鸥，
翩翩小燕。
帘影蘸楼阴，
芳流去，
应有泪珠千点。
沧浪一舸，
断魂重唱蘋花怨。
采香幽泾鸳鸯睡，
谁道湔裙人远。

On grape-hued water you'll find new traces of rain,
The gulls flap their wings light
With young swallows in flight.
In the shade of the tower your screen appears
With your fragrance out of sight,
You may find thousands of drops of tears.
A lonely boat on the main,
You'd hear the heart-broken song of duckweed again.
The lovebirds sleep on the fragrant pathway.
Who knows the rosy dress is far away?

* *The poet describes his parting sorrow on seeing spring water.*

眉妩

新月

王沂孙

渐新痕悬柳，
淡彩穿花，
依约破初暝。
便有团圆意，
深深拜，
相逢谁在香径。
画眉未稳，
料素娥、犹带离恨。
最堪爱、一曲银钩小，
宝帘挂秋冷。

Lovely Eyebrows

The Crescent Moon

Wang Yisun

Gradually the new moon hangs on the willow tree
And 'mid the flowers sheds pale beams
As if day broke the twilight dreams.
The crescent would turn round with glee.
To it I bow.
Whom should I meet on fragrant pathway now?
It's like the Moon Goddess' undulating brow,
Gnawed by her parting sorrow still.
What's loveliest of all,
A hook-like silver crescent small
Hangs on the pearly curtain of Autumn's chill.

千古盈亏休问。
叹慢磨玉斧，
难补金镜。
太液池犹在，
凄凉处、
何人重赋清景。
故山夜永。
试待他、
窥户端正。
看云外山河，
还老尽、桂花影。

From age to age it waxes and wanes.

Don't ask how long!

Though you may whet the axe of jade,

How can you mend the mirror of gold?

The royal garden still remains,

But now so drear. Who'll sing a song

In praise of marble balustrade?

In native land the night is endless as of old.

I'll wait until

The moon turns round and peeps into my room.

O see beyond the clouds the hill and rill,

Where even laurel trees grow old and cast a gloom!

* *The poet describes the crescent moon and thinks of his native land invaded by the foe.*

水龙吟

落叶

王沂孙

晓霜初著青林，
望中故国凄凉早。
萧萧渐积，
纷纷犹坠，
门荒径悄。
渭水风生，
洞庭波起，
几番秋杪。
想重崖半没，
千峰尽出，
山中路，无人到。

Water Dragon's Chant

To Fallen Leaves

Wang Yisun

The green forest is lost in morning frost;
I think my homeland should look sad and drear.
Shower by shower you pile up high,
Leaves on leaves fall and sigh,
On the lane or before the door.
On the stream the breeze blows;
In the lake the waves roar,
Deeper and deeper autumn grows.
You cover half the hills high and low,
Bare peaks appear,
On mountain path few come and go.

前度题红杳杳，
溯宫沟、
暗流空绕。
啼螀未歇，
飞鸿欲过，
此时怀抱。
乱影翻窗，
碎声敲砌，
愁人多少。
望吾庐甚处，
只应今夜，
满庭谁扫。

No more verse on red leaf flows

From palace dike down

To wind around an empty town.

Cicadas trill without cease,

High up fly the wild geese,

They seem to know how my heart sighs.

How much it grieves

To see the shadow of falling leaves

And hear the sound when they scratch the ground.

I stretch my eyes

To see leaves cover my cot before the day.

Who will sweep them away?

* *Seeing the fallen leaves, the poet sighs for his wandering life and thinks of the palace maid who wrote a verse on a red leaf which flowed down to the hand of a poet, who married her in the end.*

绮罗香

红 叶

王沂孙

玉杵余丹，
金刀剩彩，
重染吴江孤树。
几点朱铅，
几度怨啼秋暮。
惊旧梦、
绿鬓轻凋，
诉新恨、
绛唇微注。
最堪怜，
同拂新霜，

Fragrance of Silk Dress

Red Leaves

Wang Yisun

In remnants of elixir red
And colored silken thread,
The riverside lonely tree's dyed.
A few rouged drops appear
Like late autumn's bloody tear.
Awake from dreams of old again,
Your green color fades and drips.
Of new grief you complain,
Biting your rouged lips.
We deplore all the more,
Though you are lost in frost,

绣蓉一镜晚妆妒。

千林摇落渐少，
何事西风老色，
争妍如许。
二月残花，
空误小车山路。
重认取、
流水荒沟，
怕犹有、
寄情芳语。
但凄凉、
秋苑斜阳，
冷枝留醉舞。

The lotus looking down
On water envy your evening gown.

Shed down from wood to wood, fewer you grow.
Why should you vie in the west wind with evening glow?
Redder than spring flowers new,
More cabs would come along the path for you.
See close again
If on the water of the dike
There is a leaf looking alike
With love hidden in vain.
How sad and drear to see
In autumn garden you have left no trace.
The slanting sun shines only on cold dancing tree
With drunken face!

* *The poet sings his love of beauty in red leaves and regrets they should fall in the dike, though one red leaf with a verse on it helped a poet fall in love with a palace maid.*

齐天乐

蝉

王沂孙

一襟余恨宫魂断，
年年翠阴庭树。
乍咽凉柯，
还移暗叶，
重把离愁深诉。
西窗过雨。
怪瑶佩流空，
玉筝调柱。
镜暗妆残，
为谁娇鬓尚如许。

Universal Joy

The Cicada

Wang Yisun

The cicada transformed from the wronged Queen of Qi,
Pours out her broken heart from year to year on the tree.
It sobs now on cold twig and now on darkened leaves;
Again and again
It laments her death and grieves.
When the west window's swept by rain,
It sings in the air as her jasper pendant tings
Or her fair fingers play on zither's stings.
No longer black is now her mirrored hair;
I ask for whom its wings should still be black and fair.

铜仙铅泪似洗，
叹携盘去远，
难贮零露。
病翼惊秋，
枯形阅世，
消得斜阳几度。
余音更苦。
甚独抱清高，
顿成凄楚。
谩想薰风，
柳丝千万缕。

The golden statue steeped in tears of lead
Was carried far away with plate in days of old.
Where can the cicada find dew on which it fed?
Its sickly wings are afraid of autumn cold
And its abandoned form has witnessed rise and fall.
How many sunsets can it still endure?
Its last song is saddest of all.
Why should it sing alone on high and pure
And suddenly appear
So sad and drear?
Can it forget the summer breeze
When waved thousands of twigs of willow trees?

* *The poet compares himself with the cicada which has witnessed summer's glory and autumn's dreariness.*

壶中天

夜渡古黄河，与沈尧道、曾子敬同赋

张　炎

扬舲万里，
笑当年底事，
中分南北。
须信平生无梦到，
却向而今游历。
老柳官河，
斜阳古道，
风定波犹直。
野人惊问，

Sky in a Vase

Crossing the Yellow River at Night

Zhang Yan

I sail a boat for miles and miles
And ask with smiles,
Why should the Yellow River then divide
The land into northern and southern sides?
I believe all my life long I have not a dream
Of the Yellow River, but now I see the stream.
The rivershore with willow trees,
The ancient pathways in departing sunrays,
The waves seem straight when calms the breeze.
People ask me in surprise,

泛槎何处狂客！

迎面落叶萧萧，
水流沙共远，
都无行迹。
衰草凄迷秋更绿，
唯有闲鸥独立。
浪挟天浮，
山邀云去，
银浦横空碧。
扣舷歌断，
海蟾飞上孤白。

Why should I sail a boat at moonrise?

Leaves fall shower by shower in my face,
Water with sand flows far away
Without leaving a trace.
Withered grass veils autumn's green lands.
Only a gull at leisure stands.
The skies on surging waves float;
Mountains invite the clouds to come down from on high.
The Silver River bars the blue sky.
I sing and beat on the deck of my boat.
The lonely moon in flight
Has turned the Yellow River bright.

水龙吟

白莲

张 炎

仙人掌上芙蓉，
涓涓犹滴金盘露。
轻装照水，
纤裳玉立，
飘飘似舞。
几度销凝，
满湖烟月，
一汀鸥鹭。
记小舟夜悄，
波明香远，
浑不见、花开处。

Water Dragon's Chant

To the White Lotus

Zhang Yan

The lotus in the fairy's hand
Drips drops of dew on golden tray.
Mirrored on water, your light dress aglow,
Like jade in a fine robe you stand
As a dancer you swing and sway.
From time to time you fade and blow,
When the lake is veiled in mist or steeped in moonlight,
And gulls and herons perch on the sand.
Remember my leaflike boat in a quiet night
On clear waves where fragrance spreads far,
White dressed I cannot find where you are.

应是浣纱人妒。

褪红衣、被谁轻误。

闲情淡雅，

冶姿清润，

凭娇待语。

隔浦相逢，

偶然倾盖，

似传心素。

怕湘皋佩解，

绿云十里，

卷西风去。

Even the beauty should envy you,

When you take your rosy dress off.

Who would not fall with you in love?

You are elegant at leisure

Or charming with pleasure.

You fascinate as if you would speak anew.

I see you in the lake in view:

Sometimes you lean apart

As if you would open your heart,

But when the west wind blows, I'm afraid,

With your cloudlike green leaves you would fade.

* *The poet has personified and beautified the white lotus.*

南　浦

春水

张　炎

波暖绿粼粼，
燕飞来，
好是苏堤才晓。
鱼没浪痕圆，
流红去，
翻笑东风难扫。
荒桥断浦，
柳阴撑出扁舟小。
回首池塘青欲遍，
绝似梦中芳草。

Southern Waterside

Spring Water

Zhang Yan

Waves warm up and turn green,

When flying swallows seen,

The bank begins to wake.

Fish swim and leave round traces in the lake,

The fallen flowers flowing away.

Why does the eastern breeze not clear its way?

Under the bridge where no visit is paid,

A little leaflike boat comes out of willows' shade.

I turn my head to find the green pool gleam,

Just like the fragrant grass in a dream.

和云流出空山，

甚年年净洗，

花香不了？

新绿乍生时，

孤村路，

犹忆那回曾到。

余情渺渺，

茂林觞咏如今悄。

前度刘郎归去后，

溪上碧桃多少。

With clouds the creek flows out of the hill,
Though washed from year to year,
The flowers are fragrant still.
When the roadside has just turned green,
I shall remember the lonely village unseen,
Where I came with peer on peer.
Where are the drinking night and singing day?
All, all have passed away.
Since the fairies are gone,
How many peaches on the tree have grown!

* *This lyric describes the vernal beauty of the West Lake.*

解连环

孤雁

张　炎

楚江空晚。
怅离群万里，
恍然惊散。
自顾影、欲下寒塘，
正沙净草枯，
水平天远。
写不成书，
只寄得、相思一点。
料因循误了，
残毡拥雪，
故人心眼。

Double Rings Unchained

The Lonely Wild Swallow

Zhang Yan

Over the southern stream at the close of the day,
Suddenly startled, you go astray
And from the row in flight you're miles away.
You gaze at your own image in the sandy pool
And would alight 'mid withered grass by water cool.
Alone in the vast sky you cannot form a row,
So like a dot of yearning you should go.
How can you not delay
The message of the envoy eating wool
Mixed with snow!

谁怜旅愁荏苒。

谩长门夜悄，

锦筝弹怨。

想伴侣、犹宿芦花，

也曾念春前，

去程应转。

暮雨相呼，

怕蓦地、玉关重见。

未羞他、双燕归来，

画帘半卷。

Who would pity your loneliness?

The queen deserted, companionless.

At quiet night in Palace of Long Gate,

Might play pitiful tunes on zither's string.

You may think of flowering reeds where rests your mate,

Who should come back before next spring.

What if you meet at Gate of Jade again,

Calling each other in the evening rain!

Then you won't envy swallows in pair,

Flitting by half unrolled curtain of the fair.

* *The poet is wellknown for this lyric which describes the lonely wild goose and his own as well as his friend's loneliness.*

摸鱼子

高爱山隐居

张　炎

爱吾庐、傍湖千顷，
苍茫一片清润。
晴岚暖翠融融处，
花影倒窥天镜。
沙浦迥。
看野水涵波，
隔柳横孤艇。
眠鸥未醒。
甚占得莼乡，
都无人见，

Groping for Fish

Hermitage in Mount High Love

Zhang Yan

I love my cot by the lakeside

So fair and wide,

A vast expanse so vague and clear.

On fine days the far-flung hills warm appear,

With flowers reflected in the mirror of the skies.

The sand beach far away, I seem

To see the rippling water beam,

Under the willow trees a lonely boat lies.

The gulls asleep, not yet awake,

Unseen in my native village by the lake.

The setting sun would bring

斜照起春暝。

还重省。
岂料山中秦晋，
桃源今度难认。
林间即是长生路，
一笑元非捷径。
深更静。
待散发吹箫，
跨鹤天风冷。
凭高露饮。
正碧落尘空，
光摇半壁，
月在万松顶。

Twilight to spring.

I meditate:
Who can anticipate
Even Peach Blossom Land
Will witness dynasties fall or stand?
The pathway in the woods will lead to a long life.
I laugh, for it is not a shortcut to win in strife.
It's calm when deep is night,
I would play on my flute with loosened hair
And ride my crane to brave the cold wind in my flight.
I would drink dew on high
And waft in the air.
The moon atop the pines sheds its light
Over the conquered land far and nigh.

* *The poet prefers his hermitage in the southern mountains than officialdom in the northern capital.*

甘　州

寄李筠房

张　炎

望涓涓一水隐芙蓉，
几被暮云遮。
正凭高送目，
西风断雁，
残月平沙。
未觉丹枫尽老，
摇落已堪嗟。
无避秋声处，
愁满天涯。

Song of Ganzhou

To a Friend

Zhang Yan

See lotus in bloom
On mist-veiled water loom!
I climb up high and gaze afar on the wild geese
Under the waning moon over the beach in west breeze.
I'm grieved for maples grown old
Have shed all red leaves cold.
Where can I not hear autumn sigh?
Grief brims over the end of the sky.

一自盟鸥别后，
甚酒瓢诗锦，
轻误年华。
料荷衣初暖，
不忍负烟霞。
记前度、翦灯一笑，
再相逢、知在那人家。
空山远，
白云休赠，
只赠梅花。

Since you left me, I've spent my years in verse and wine;
Clad in lotus, could you leave rainbow cloud so fine?
Last time we met, we laughed by candlelight;
Meeting again, can we enjoy the same delight?
Your mountain's bare and far away from my bower.
Do not bring me clouds white
But the cold-proof mume flower!

* *The poet writes this lyric for a friend, describing the dreary autumn to reveal his grief after the downfall of the Southern Song Dynasty in 1279, but he says it would be better to be a cold-proof mume flower than the carefree white cloud.*

忆秦娥

刘克庄

梅谢了。
寒垣冻解鸿归早。
鸿归早。
凭伊问讯，
大梁遗老。

浙河西面边声悄，
淮河北去炊烟少。
炊烟少。
宣和宫殿，
冷烟衰草。

Dream of a Fair Maiden

Liu Kezhuang

Mume blossoms fail,
Ice melts on the frontier where early go wild geese.
Early going wild geese,
Would you ask, please,
After old folks in ancient capital?

On western frontier we hear no war cries;
On northern river we see less chimney smoke rise.
Seeing less chimney smoke rise,
In ancient palace hall, alas!
There're but cold smoke and withered grass.

* *The poet shows his love for the people in the lost northern land.*

贺新郎

送陈子华赴真州

刘克庄

北望神州路，
试平章、这场公事，
怎生分付？
记得太行山百万，
曾入宗爷驾驭。
今把作握蛇骑虎。
君去京东豪杰喜，
想投戈、
下拜真吾父。
谈笑里，定齐鲁。

Congratulations to the Bridegroom

Seeing Chen Zihua off to Zhenzhou

Liu Kezhuang

Gazing on the lost Northern plain,

I do not know who plans the campaign

To recover the lost land.

I remember a million warriors under Zong's command

In the mountain or by the lake;

Now they are treated as tiger or snake.

When you arrive, the warriors will feel delight.

They would lay down their spears and serve you left and right.

You would recover in laughter

The eastern provinces after.

两河萧瑟惟狐兔，
问当年、
祖生去后，
有人来否？
多少新亭挥泪客，
谁梦中原块土？
算事业、须由人做。
应笑书生心胆怯，
向车中、闭置如新妇。
空目送，塞鸿去。

Fox and hares run riot

By the two riversides dreary and quiet.

Since the Northern hero passed away,

Has any hero come today?

How many in the New Pavilion have shed tears?

Have they dreamed of recovering the land?

There are no deeds but done by human hand.

But scholars timid at heart would hide

In their carriage like a bride.

In vain I see you off like wild geese to the frontiers.

* *The poet seeing his friend off to be governor of Zhenzhou, wishes him to make a plan to recover the lost Northern plain. He compares the foe to tiger, snake, fox and hare.*

贺新郎

实之三和有忧边之语，走笔答之

刘克庄

国脉微如缕。
问长缨何时入手，
缚将戎主？
未必人间无好汉，
谁与宽些尺度？
试看取当年韩五。
岂有谷城公付授，
也不干曾遇骊山母。
谈笑起，
两河路。

Congratulations to the Bridegroom

Reply to Wang Shizhi on His Worries of the Frontiers

Liu Kezhuang

The state at stake,

When can we take

The long, long rope in hand

To bind the foe invading our land?

Is there on earth no talents strong?

The measure should be long.

General Han did not learn from a sage,

Nor know the secret of the Golden Age.

Laughing he rose

And beat the foes.

少时棋柝曾联句。
叹而今登楼揽镜，
事机频误。
闻说北风吹面急，
边上冲梯屡舞。
君莫道投鞭虚语。
自古一贤能制难，
有金汤、
便可无张许？
快投笔，
莫题柱。

While young, we rhymed each other's verse,

And opened new horizon for better or worse.

But now we sigh,

Looking into the mirror in tower high

To find our hair sprinkled with frost

And many chances lost.

'Tis said the northern wind would bite the face,

The foe would dance with ladder high on the frontier.

Don't say the river can't be crossed by our cavalier.

Since olden days a hero could turn the tide.

The stronghold can't be strong without the general's guide.

Give up the pen and take the spear!

Don't leave only on the pillar your trace!

* *The poet urges on his friend to give up the pen to take up the spear, to leave not only verse on the pillar but also traces in the battlefield. General Han who beat the Jurchen invaders was unlike Zhang Liang of the Han Dynasty who had learned from a sage.*

贺新郎

席上闻歌有感

刘克庄

妾出于微贱。
少年时、朱弦弹绝，
玉笙吹遍。
粗识国风关雎乱，
羞学流莺百啭。
总不涉、闺情春怨。
谁向西邻公子说，
要珠鞍、迎入梨花院。
身未动，
意先懒。

Congratulations to the Bridegroom

A Songstress Singing at the Banquet

Liu Kezhuang

I was born in a humble family.

While young, I played on all the strings of lutes

And blew on jade flutes.

I've learned the Cooing and Wooing song,

But I'm ashamed to hear orioles warbling long.

I will not sing lovers' complaint in spring.

Who would tell the noble son to bring

A saddled horse to carry me

To his boudoir fragrant with white pear flowers?

But before I start,

I'm idle at heart.

主家十二楼连苑。
那人人、靓妆按曲，
绣帘初卷。
道是华堂箫管唱，
笑杀鸡坊拍衮。
回首望、侯门天远。
我有平生离鸾操，
颇哀而不愠微而婉。
聊一奏，
更三叹。

The noble son has twelve gardens and bowers.
His favorite in fancy dress would play
In the bower green with uprolled screen.
I thought in splendid hall should vibrate fine strings,
But what I hear is laughable vulgar things.
Looking back, I find the mansion far away.
I know my plaintive but not mourning song
I've played all my life long.
Once I but try,
Thrice you would sigh.

* *The poet writes this lyric for a songstress, in whom we can find the poet himself. The noble son alludes to the emperor and his favorite to the capitulationist ministers. The Cooing and Wooing is the first song in The Book of Poetry which sings of communion of man with nature and which all Chinese intellectuals of ancient days should learn by heart. Vulgar songs refer to what the capitulationists sing.*

一剪梅

余赴广东，实之夜饯于风亭

刘克庄

束缊宵行十里强，
挑得诗囊，
抛了衣囊。
天寒路滑马蹄僵，
元是王郎，
来送刘郎。

酒酣耳热说文章，
惊倒邻墙，
推倒胡床。
旁观拍手笑疏狂，

A Twig of Mume Blossoms

Farewell at Wind Pavilion

Liu Kezhuang

I traveled by torchlight for ten long miles at night,
With light baggage
But thick package.
On slippery roadside in cold day horsehoofs slide;
You come anew
To say adieu.

With face flushed with wine, we talk and write verse fine,
Trembling the wall,
Startled the hall.
People clap hands so glad, laughing to say we're mad.

疏又何妨，

狂又何妨！

What if we're free

Or in high glee?

* *The poet looking drunk is sober in mind; seeming mad, he is sad at heart.*

浣溪沙

春日即事

刘辰翁

远远游蜂不记家，
数行新柳自啼鸦，
寻思旧事即天涯。

睡起有情和画卷，
燕归无语傍人斜，
晚风吹落小瓶花。

Silk-Washing Stream

A Spring Day

Liu Chenweng

Far away the bees roam without knowing their home;
On a few new shoots of willow trees the crows cry.
I think of the days gone by as far as the end of the sky.

Awake from sleep, I roll up my dream with my scroll.
The silent swallows come back in slanting sunrays;
The evening wind blows down flowers in a vase.

* *The bees, crows, swallows, flowers remind the poet of his homeland.*

山花子

刘辰翁

此处情怀欲问天，
相期相就复何年。
行过章江三十里，
泪依然。

早宿半程芳草路，
犹寒欲雨暮春天。
小小桃花三两处，
得人怜。

Song of Mountain Flowers

Liu Chenweng

Ask Heaven what I feel while parting here.
When may we meet again? Oh, in which year?
Thirty miles after the river disappears,
Still I'm in tears.

I take early rest by the grassy lane;
Still cold in late spring, I fear it will rain.
Two or three small flowers on the peach tree
Win my sympathy.

* *The poet describes his parting grief in the first stanza and his journey in the second.*

虞美人

用李后主韵二首（其一）

刘辰翁

梅梢腊尽春归了。
毕竟春寒少。
乱山残烛雪和风。
犹胜阴山海上、窖群中。

年光老去才情在。
唯有华风改。
醉中幸自不曾愁。
谁唱春花秋叶、泪偷流。

The Beautiful Lady Yu

In the Same Rhyme Scheme as Li Yu's (I)

Liu Chenweng

Spring comes back when mume flowers end their winter song,
The cold won't linger long.
The snow, wind, rugged hills by candlelight I see
Are better than Northern Mountain and Southern Sea.

I grow old but still bright when years pass by,
Only my spirit not as high.
By luck I feel no sorrow in my drunken hours.
Why shed tears on singing of autumn leaves and spring flowers?

* *The poet writes these two lyrics in using the rhyme scheme of Li Yu, last ruler of the Southern Tang Dynasty, who become captive after the downfall of his kingdom, and who wrote the following lines: "When will there be no more autumn leaves and spring flowers?" and "With flowers fallen on the waves spring's gone away."*

虞美人

用李后主韵二首（其二）

刘辰翁

情知是梦无凭了。
好梦依然少。
单于吹尽五更风。
谁见梅花如泪、不言中。

儿童问我今何在。
烟雨楼台改。
江山画出古今愁。
人与落花何处、水空流。

The Beautiful Lady Yu

In the Same Rhyme Scheme as Li Yu's (II)

Liu Chenweng

Although I know I can't rely on dreams so fleet,
Still I have few dreams sweet.
The Northern flute has blown with the wind at midnight.
Who has seen speechless, tearful mume blooms in sad
plight?

The children ask me where has the splendor gone by.
Mist and rain have veiled towers high.
The land and stream reveal the sorrow old and new;
With flowers on the waves men will pass out of view.

踏莎行

雨中观海棠

刘辰翁

命薄佳人，
情钟我辈。
海棠开后心如碎。
斜风细雨不曾晴，
倚阑滴尽胭脂泪。

恨不能开，
开时又背。
春寒只了房栊闭。
待他晴后得君来，
无言掩帐羞憔悴。

Treading on Grass

Crabapple Flowers Viewed in Rain

Liu Chenweng

Ill-fated beauty in view,
How can I not fall in love with you?
I'm broken-hearted to see you fade.
In wind and rain fine day's no more;
You've shed all rouged tears by the balustrade.

To my regret you are not in full bloom
When you're in bloom, I fall in gloom.
For spring is cold and I must shut the door.
When the day's fine, I see you sigh,
Wordless, veiled by the screen, languid and shy.

* *This lyric compares the crabapple flower in rain to a tearful beauty.*

浣溪沙

感别

刘辰翁

点点疏林欲雪天。
竹篱斜闭自清妍。
为伊憔悴得人怜。

欲与那人携素手，
粉香和泪落君前。
相逢恨恨总无言。

Silk-Washing Stream

Grief of Parting

Liu Chenweng

It threatens snow in forests scattered here and there;
Why should the bamboo fence look free from care?
Languid, how can I bear to leave my love so fair?

I want to take her hand so slender.
How can I bear her tearful face so tender!
We meet with broken heart, speechless for soon we'll part.

* *This lyric describes the lovers' grief of meeting and parting.*

宝鼎现

春 月

刘辰翁

红妆春骑。
踏月影、
竿旗穿市。
望不尽、楼台歌舞，
习习香尘莲步底。
箫声断，
约彩鸾归去，
未怕金吾呵醉。
甚辇路、喧阗且止。

The Precious Tripod

Spring Moon

Liu Chenweng

On vernal ride in dresses bright,
Men trod in the moonlight,
With colored banners casting shadows on the fair.
Lo! Singing bowers here and dancing terrace there,
And gust on gust
Of fragrant dust
Rising from neath the lotus feet.
When flutes ceased their songs sweet,
The lovers went away with phoenix bells ringing.
They need not fear the watchmen's blame for being drunk.
Why was imperial road in silence sunk?

听得念奴歌起。

父老犹记宣和事，
抱铜仙、
清泪如水。
还转盼、沙河多丽。
滉漾明光连邸第。
帘影冻、
散红光成绮。
月浸葡萄十里。
看往来神仙才子，
肯把菱花扑碎。

肠断竹马儿童，
空见说、三千乐指。

It was because the famous songstress was singing.

Old folks remember the crowned kings in tears
Left the northern capital for the frontiers.
But if they turned their eyes,
They'd see the Sandy River Pool
So beautiful.
On ripples green
The shadows of mansions fall and rise.
When shadows moved upon the screen,
Into brocade were woven colors bright.
For miles the waves looked like green grapes steeped in moonlight.
The talents coming to and fro would fear to break
The mirror of West Lake.

The children riding hobby horse have heard in vain,
None of three thousand musical fingers remain.

等多时、春不归来，
到春时欲睡。
又说向灯前拥髻，
暗滴鲛珠坠。
便当日、亲见霓裳，
天上人间梦里。

We wait long for spring which comes not till we're to sleep.

Like the unhappy lady in sad plight,

Holding her chignon by lamplight

And shedding pearly tears, I'd weep.

Even if I witnessed the Dance of Rainbow Cloak,

The earthly paradise would melt like dream or smoke.

* *The first stanza describes the Lantern Festival in the capital of the Northern Song; the second, of the Southern Song; the third, after the downfall of the Song Dynasty.*

忆秦娥

刘辰翁

中斋上元客散感旧，赋《忆秦娥》见属，一读凄然。随韵寄情，不觉悲甚。

烧灯节，
朝京道上风和雪。
风和雪，
江山如旧，
朝京人绝。

百年短短兴亡别，
与君犹对当时月。
当时月，
照人烛泪，
照人梅发。

Dream of a Fair Maiden

Liu Chenweng

On Lantern Day
Wind and snow rage along the way.
Wind and snow rage,
The land looks as of yore,
But pilgrimage no more.

We have seen rise and fall in a hundred short years,
But you and I still see the same moon appears.
The same moon appears
To brighten our sad tears
And whiten the hair of our peers.

* *This lyric shows the poet's deep grief after the downfall of the Song Dynasty.*

鹊桥仙（其一）

刘辰翁

轻风澹月，
年年去路。
谁识小年初度。
桥边曾弄碧莲花，
悄不记、人间今古。

吹箫江上，
沾衣微露。
依约凌波曾步。
寒机何意待人归，
但寂历、小窗斜雨。

Immortals at the Magpie Bridge (I)

Liu Chenweng

The gentle breeze caresses the moon clear
On the way I used to go from year to year.
Who knows I've just passed my birthday?
Beside the bridge with lotus blooms once I did play,
Forgetting what day passed in vain.

I played the flute at dawn on the river,
My gown wet with dew would shiver.
I seemed to see fairy steps over all,
While my wife was waiting by window small,
Listening to the slanting rain.

* *The poet wrote these two fantastic lyrics on his birthday.*

鹊桥仙（其二）

刘辰翁

天香吹下，
烟霏成路。
飒飒神光暗度。
桥边犹记泛槎人，
看赤岸、苔痕如古。

长空皓月，
小风斜露。
寂寞江头独步。
人间何处得飘然，
归梦入、梨花春雨。

Immortals at the Magpie Bridge (II)

Liu Chenweng

Who blows celestial fragrance down
From misty Milky Way?
Who sheds divine light on my birthday?
I seem to see the Cowherd Star on the red shore,
Where moss grows as of yore.

But in the endless sky the moon is bright;
The dew is slight and the breeze light.
By riverside I stroll in lonely gown.
Where can I be carefree?
A dream of pear blossoms in tears haunts me.

沁园春

寒食郓州道中

谢枋得

十五年来，逢寒食节，
皆在天涯。
叹雨濡露润，
还思宰柏，
风柔日媚，
羞看飞花。
麦饭纸钱，只鸡斗酒，
几误林间噪喜鸦。
天笑道，
此不由乎我，
也不由他。

Spring in a Pleasure Garden

On Cold Food Day

Xie Fangde

For fifteen years, on Cold Food Day,
I have roamed far away.
I sigh when dew falls or it rains hard.
Can I not think of the cypress in the graveyard?
When the wind's soft and the sun bright,
I feel ashamed to see flowers in plight.
The paper money, wheat and rice,
Chicken and wine can't be offered for sacrifice.
Hungry are hovering magpies and crows in flight.
In laughter Heaven said,
"I'm not to blame, nor are you at all."

鼎中炼熟丹砂。
把紫府清都作一家。
想前人鹤驭，
常游绛阙，
浮生蝉蜕，
岂恋黄沙。
帝命守坟，
王令修墓，
男子正当如是邪。
又何必，
待过家上冢，
书锦荣华。

When in the tripod the elixir's made,
I'd fly to the palace of Taoist capital.
Think of the immortal who on the crane's back flew
To the celestial hall!
With yellow sand I will no more fall in love
Than a cicada with its slough.
I'm ordered to guard
The imperial graveyard;
Is it what a man should properly do?
Why should I forsake the old for the new,
To live in a vain glorious hue?

* *The poet reveals his grief that he could not offer sacrifice to his ancestral graveyard occupied by Jurchen invaders, but have to do what he is ordered to.*

凤栖梧

兰溪

曹冠

桂棹悠悠分浪稳。
烟幕层峦，
绿水连天远。
赢得锦囊诗句满，
兴来豪饮挥金碗。

飞絮撩人花照眼。
天阔风微，
燕外晴丝卷。
翠竹谁家门可款？
舣舟闲上斜阳岸。

Phoenix Perching on Plane Tree

The Orchid Stream

Cao Guan

The laurel boat cleaving the waves slowly goes by,
Mist veils peaks low and high,
Green water joins the far-off sky.
My pocket with verse and rhyme is filled up,
In high spirits I drink in my golden cup.

The willow down and flowers in flight tease my eye,
A soft breeze blows in the vast sky,
Through willow branches swallows fly.
Whose green bamboo invites me to the door?
I moor my boat at sunset and go to the shore.

* *The poet describes his leisurely life on boating.*

南柯子

吴　潜

池水凝新碧，
阑花驻老红。
有人独立画桥东，
手把一枝杨柳、系春风。

鹊绊游丝坠，
蜂拈落蕊空。
秋千庭院小帘栊，
多少闲情闲绪、雨声中。

Song of a Dream

Wu Qian

By pools of congealed green,
Red flowers form a screen.
East of the painted bridge alone stands she,
Trying to bind spring breeze with sprigs of willow tree.

Magpies fly through gossamer light,
The bees alight on falling flowers in vain.
A swing hangs in the yard before the window bright.
How much sorrow and leisure she feels in the rain!

* *This poem expresses a young woman's regret for the departing spring.*

鹊桥仙

吴　潜

扁舟昨泊，
危亭孤啸，
目断闲云千里。
前山急雨过溪来，
尽洗却、人间暑气。

暮鸦木末，
落凫天际，
都是一团秋意。
痴儿騃女贺新凉，
也不道、西风又起。

Immortals at the Magpie Bridge

Wu Qian

I moor my boat and then I croon
Beneath the high pavilion alone.
I stretch my eyes
To see for miles and miles clouds rise.
The hasty rain sweeps from the hills
Across the rills,
Washing away all the summer heat.

At dusk the crows perch on top of the trees;
From the horizon come the wild geese.
They bring the fresh autumnal air;
My children are fond of the fresh cool here and there.
They do not see the rise again of the west breeze.

* *The poet describes his solitude in this poem.*

一剪梅

舟过吴江

蒋　捷

一片春愁待酒浇。
江上舟摇，
楼上帘招。
秋娘渡与泰娘桥，
风又飘飘，
雨又萧萧。

何日归家洗客袍，
银字笙调，
心字香烧。

A Twig of Mume Blossoms

My Boat Passing by Southern River

Jiang Jie

Can boundless grief be drowned in spring wine?
My boat tossed by waves high,
Streamers of wineshop fly.
The Farewell Ferry and the Beauty's Bridge would pine:
Wind blows from hour to hour;
Rain falls shower by shower.

When may I go home to wash my old robe outworn,
To play on silver lute
And burn the incense mute?

流光容易把人抛，
红了樱桃，
绿了芭蕉。

Oh, time and tide will not wait for a man forlorn:

With cherry red spring dies,

When green banana sighs.

* *The poet tired of roaming sighs for home and over fleeting time.*

满江红

送廖叔仁赴阙

严　羽

日近觚棱，
秋渐满、
蓬莱双阙。
正钱塘江上，
潮头如雪，
把酒送君天上去，
琼裾玉佩鹓鸿列。
丈夫儿、
富贵等浮云，
看名节。

The River All Red

Parting with a Friend

Yan Yu

The sun sheds its departing rays over the tiles,
Gradually autumn smiles
And fulfils the two palace towers.
Viewed from the riverside town,
The tidal bore is white as snow.
Wine cup in hand, I see you skywards go
To join the lords in row.
A hero proud
Regards wealth and rank as floating cloud
Not so high as honor or renown.

天下事，
吾能说。
今老矣，
空凝绝。
对西风慷慨，
唾壶歌缺。
不洒世间儿女泪，
难堪亲友中年别。
问相思、
他日镜中看，
萧萧发。

The world affair
Is what I care.
But now I'm old,
What can be told?
Sighing in western breeze,
I can't do as I please.
Unlike a woman shedding tears,
How can I part with my middle-aged peers?
We'll miss each other, alas!
Another day
When we look into the glass,
What can we find but our hair grey?

* *The writer is a lyric critic.*

水龙吟

采药径

葛长庚

云屏漫锁空山，
寒猿啼断松枝翠。
芝英安在，
术苗已老，
徒劳屐齿。
应记洞中，
凤箫锦瑟，
镇常歌吹。
怅苍苔路杳，

Water Dragon's Chant

The Way of Picking Herbs

Ge Changgeng

Clouds veil the empty mountains like a screen;
Cold monkeys cry on pine branches green.
Where is the wonderful grass
And oldened seed? Alas!
I've tried to find them, but in vain.
Does the fairy cave still remain?
Do fairies often blow their phoenix flute
And play on broidered lute?
I sigh for the way is covered with moss,
No message comes from the stone gate, I'm at a loss.

石门信断，
无人问、溪头事。

回首暝烟无际，
但纷纷、落花如泪。
多情易老，
青鸾何处，
书成难寄。
欲问双娥，
翠蝉金凤，
向谁娇媚。
想分香旧恨，
刘郎去后，
一溪流水。

The fairies would be hard to seek;

Would they lead me along the creek?

I turn my head, a boundless plain appears,

And petals shed like tears.

Lovers are easy to grow old.

Have they heard

Where is the blue bird

To bring to them a word?

I would ask the fair maid

For whom the golden phoenix and green jade

Displaying their charm, are displayed.

When the lover wakes from his dream,

What's left is only fallen petals on the stream.

* *This lyric is a combination of reality and imagination.*

鹊桥仙

富沙七夕为友人赋

赵以夫

翠绡心事，
红楼欢宴，
深夜沉沉无暑。
竹边荷外再相逢，
又还是、浮云飞去。

锦笺尚湿，
珠香未歇，
空惹闲愁千缕。

Immortals at the Magpie Bridge

Written for a Friend on the Double Seventh Eve

Zhao Yifu

The green-dressed songstress told me what she'd say,
When first we feasted in the bower red,
The night was deep, so cool and clear.
Beyond bamboos and lotus blooms we met again,
Again like floating cloud she flew away.

Her letter is still wet,
Perfume not dispersed yet.
I feel in vain
Sorrow in thread.

寻思不似鹊桥人，
犹自得、
一年一度。

Unlike the cowherd and his sweet

Who could still meet

Once every year.

* *The poet describes his rendezvous with a songstress and regrets her departure. The myth says that the cowherd and the weaving maid are two lover-stars who, separated by the Silver River (the Milky Way), could meet on the seventh day of the seventh moon, once every year.*

卜算子

答施

乐　婉

相思似海深，
旧事如天远。
泪滴千千万万行，
更使人、愁肠断。

要见无因见，
了拚终难拚。
若是前生未有缘，
待重结、来生愿。

Song of Divination

In Reply to Her Love

Le Wan

My love is deep as the sea high;
The past is far away as the sky.
The thousand streams of tears I shed
Make me heart-broken and half dead.

If I cannot see you again,
Why don't we cut to kill my pain?
If we are fated not to be man and wife,
Let's be married in another life!

* *The songstress writes this lyric in reply to an official whom she loves and who writes on his departure from her the following lyric: Our love was deep when we first met. Why not earlier so we may not regret? A thousand songstresses I knew, but no one is as good as you. I leave you to go on my way. I'm much grieved, but what can I say? You'd lean on rails of your bower, alas! And shed tears on sweet grass.*

传言玉女

钱塘元夕

汪元量

一片风流，
今夕与谁同乐？
月台花馆，
慨尘埃漠漠。
豪华荡尽，
只有青山如洛。
钱塘依旧，
潮生潮落。

万点灯光，
羞照舞钿歌箔。

Message to Jade Maiden

Lantern Festival After the Downfall of the Song Dynasty

Wang Yuanliang

Who would enjoy any more the delight
Of splendid lantern night?
In bright moonlight among the flowers
We only see now dusty bowers.
Gone is the splendor of yore,
Only green mountains stand as before.
In the riverside capital,
We only see the tide rise and fall.

Dots on dots of lantern light
Feel shame to see the dancer fair and songstress bright,

玉梅消瘦，
恨东皇命薄。
昭君泪流，
手捻琵琶弦索。
离愁聊寄，
画楼哀角。

Mume blossoms look like jade,

Before the Lord of Spring they fade.

The princess sheds tear on tear,

Playing on *pipa* strings in fear.

If you will know her parting grief forlorn,

Just listen in watchtower to the dreary horn!

* *The poet reveals his deep grief by comparing the lantern festivals before and after the downfall of the Song Dynasty. The princess refers to Zhaojun married to the Khan of the Tartars in 33 BC in order that the Tartars might not invade the Han frontier.*

沁园春

题潮阳张许二公庙

文天祥

为子死孝，
为臣死忠，
死又何妨。
自光岳气分，
士无全节；
君臣义缺，
谁负刚肠。
骂贼张巡，
爱君许远，
留取声名万古香。
后来者，

Spring in a Pleasure Garden

Written in the Temple of Zhang Xun and Xu Yuan

Wen Tianxiang

If sons should die for filial piety

And ministers for loyalty,

What matters for us to be dead?

Our sacred land is torn in shreds,

No patriot could feel at ease,

Have loyal subjects done what they ought to?

How could my righteous wrath appease?

Zhang Xun, whom the rebels could not subdue,

And Xu Yuan were loyal to the crown;

They've left an undying renown,

Those who come after them should feel

无二公之操，

百炼之钢。

人生翕欻云亡。

好烈烈轰轰做一场。

使当时卖国，

甘心降虏，

受人唾骂，

安得流芳。

古庙幽沉，

仪容俨雅，

枯木寒鸦几夕阳。

邮亭下，

有奸雄过此，

仔细思量。

The lack of their loyal zeal,

And they should be hardened into steel.

Life will soon pass away like a flickering flame;

A man should work, shine or rain,

With all his might and main.

If Zhang and Xu had fallen to the foe,

They would have borne the blame,

And down in history their names could never go.

Their temple gloomy at the forest's side,

Their statues, awe-inspiring, dignified,

How many times have they been worshipped when crows fly

Over old trees and the setting sun kindles the sky!

Should a traitor pass by,

Let him open his eye!

* *The poet writes this lyric to glorify Zhang Xun and Xu Yuan who did not submit the city to the besieging rebels under An Lushan and sacrificed their lives.*

匠心之“美”

李 响

这是一本凝聚了大国工匠智慧和心血的大成之作，许渊冲用英文翻译将国之瑰宝、文之精华带给世界。他的翻译并非传达意思这么简单，常常在完成意思的巧妙转化后又辅以一定的艺术加工：有的一气呵成，有的小心翼翼；有的气吞山河，有的细若游丝。手捧这一本工匠巨制的你和此时的我一样，正穿越古今，横跨中外，享受着一场诗韵的饕餮盛宴！

刚刚接到出版社邀请的时候，我并不平静。“中国翻译文化终身成就奖”，世界文学翻译领域最高奖“北极光”杰出文学翻译奖，中国翻译泰斗……这些在许老身上的光环并不是让我“不平静”的原因。早在意气风发的大学时代，刚刚接触翻译学的我便对“许渊冲”三个字充满了崇敬之情，未曾想过多年后的今天，竟能有幸作为许老经典翻译作品的朗读者，试着用一颗敬畏之心诠释中国传奇的译韵之“美”。于是在戴上耳机面对话筒之前，我总是不断翻阅相关资料，试图参透这位译坛先圣的“音美，形美，意美”。

翻译是个苦差事，“In spring the river rises as high as the sea, and with the river's tide uprises the moon bright.”（春江潮水连海平，海上明月共潮生）也许是夜明月如钩，许老先生也译思如流，夜不能寐；“Among pine trees bright moonbeams peer; Over crystal stones flows water clear.”（明月松间照，清泉石上流）也许是夜风清月皎，许老反复推敲，最后化繁为简……我的录音室也有一方小小的窗，我也喜欢在晚上工作。我常痴想，抛下白天的繁华，静夜里一盏台灯，一张工作台，一位老者，也是何等的“美”景。说实话，在几百首诗歌的配音朗诵工作中，我丝毫不觉得疲惫，相反，能与读者分享这一片美好的际遇，让人好生流连。

有的翻译是二度创作，有的翻译是忠于原文，这在翻译学中被称作“异化”和“同化”。很显然，许老希望结合两者，并试图将另外一套语言体系中的意蕴之美与原诗结合，不仅仅是还原，更是一种创造。那作为声音演绎者的我呢？我不知道，但我不会掺杂许多个性，许多妄断或者许多修饰，我将怀着一颗崇敬之心，用欣赏的语气尽力保持一个后来者对于先人和先生的情感还原。但有时我也是冲动的，每当录到许老翻译的绝妙之处，我便忘乎所以，由着性子让情感溢出来，填满整个录音室。

这次出版与以往不同，我们尽力完成了“音美”的部分，好诗可吟，许老的翻译强调美感的传达，从来都不是冷冰冰的。就像许老的为人，桀骜、大胆、热情……许老说：“我认为这人生最大的乐趣是创造美，发现美。同样一句话，我翻得比人家好，或者比自己更好，这就是一种乐趣。这个乐趣很大，别人夺不走的。”我希望在配上有声的英文“吟诵”之后，这本书不仅能够更好地传播中国诗歌的含义，更能在听觉上带给读者关于美的享受。

“择一事终一生，不为繁华易匠心。”许老并非繁华中的匠人，他一生经历坎坷，饱经沧桑。100 岁，100 年，一个世纪。2021 年 6 月 17 日下午，我和出版社的编辑约了见面聊许老新书的录音工作，然而却突然得知了许老上午去世的消息。和许老终于未能相见，就让我隔着时空，用声音试着和这位百岁泰斗对话吧。许老曾在一个电视节目里说：“这是你们重要的任务之一：使中国文化走向世界，使世界文化更加光辉灿烂！”晚辈一定尽心尽力，不负匠心之“美”，传承大国诗韵。

2021 年 10 月 30 日夜